系统架构设计师备考一本通
（第二版）

倪奕文　王建平　编著

中国水利水电出版社
www.waterpub.com.cn
·北京·

内 容 提 要

系统架构设计师考试是全国计算机技术与软件专业技术资格（水平）考试（简称"软考"）系列中的一个重要的高级专业技术资格考试，是计算机专业技术人员获得系统架构设计师职称的一个重要途径。系统架构设计师考试涉及的知识面极广，几乎涵盖了计算机专业课程的全部内容，并且有一定的难度。目前市面上关于系统架构设计师考试的辅导书籍大部分都是侧重于某一个方向，例如单纯的知识点、真题等，而没有从该考试的三个科目（综合知识、案例专题、论文专题）去全面地阐述，这样就增加了考生复习上的困难。

本书完全根据第二版考试大纲进行编写，结合了作者多年从事软考教育培训和试题研究的心得体会，精心分析、梳理了第二版考试大纲颁布后考试内容及考查形式方面的变化特点，详细阐述了系统架构设计师考试三个科目所涉及的大部分知识点及真题。读者通过学习本书中的知识，可以全面且快速地提高复习效率，做到复习时有的放矢，考试时得心应手。

本书可作为参加系统架构设计师考试的考生的自学用书，也可作为软考培训班的教材。

图书在版编目（CIP）数据

系统架构设计师备考一本通 / 倪奕文，王建平编著
. -- 2版. -- 北京 : 中国水利水电出版社，2024.5（2024.12 重印）
ISBN 978-7-5226-2461-7

Ⅰ. ①系… Ⅱ. ①倪… ②王… Ⅲ. ①计算机系统－资格考试－自学参考资料 Ⅳ. ①TP303

中国国家版本馆CIP数据核字(2024)第095601号

策划编辑：周春元　　　责任编辑：王开云　　　封面设计：李　佳

书　　名	系统架构设计师备考一本通（第二版） XITONG JIAGOU SHEJISHI BEIKAO YIBENTONG
作　　者	倪奕文　王建平　编著
出版发行	中国水利水电出版社 （北京市海淀区玉渊潭南路 1 号 D 座　100038） 网址：www.waterpub.com.cn E-mail: mchannel@263.net（答疑） 　　　　 sales@mwr.gov.cn 电话：（010）68545888（营销中心）、82562819（组稿）
经　　售	北京科水图书销售有限公司 电话：（010）68545874、63202643 全国各地新华书店和相关出版物销售网点
排　　版	北京万水电子信息有限公司
印　　刷	三河市鑫金马印装有限公司
规　　格	184mm×240mm　16 开本　24.75 印张　597 千字
版　　次	2022 年 8 月第 1 版　2022 年 8 月第 1 次印刷 2024 年 5 月第 2 版　2024 年 12 月第 2 次印刷
印　　数	3001—5000 册
定　　价	88.00 元

凡购买我社图书，如有缺页、倒页、脱页的，本社营销中心负责调换

版权所有·侵权必究

前　言

　　说到系统架构设计，软件行业从业人员应该都听说过这个名词，但在现实工作中很少看到纯粹的系统架构设计师岗位，这主要是因为系统架构设计概念一般应用在大型复杂信息系统的开发中，并且在传统的信息系统开发的五个阶段里是没有单独的系统架构设计阶段的。从定义上来说，系统架构设计是为了解决大型复杂项目从需求分析到系统设计之间的巨大鸿沟问题而提出的一个中间阶段，针对大型复杂信息系统项目，其需求分析过程是十分复杂的，最后形成的需求文档可能多达上千页，涉及的功能点达数万个，在这种情况下，直接过渡到系统设计阶段，将会有极大可能使得设计人员无法理解如此巨大的需求，因此，需要系统架构设计师来为复杂的系统先进行架构设计，确定系统的架构风格，也就是对系统进行分层或者模块化的过程，逐步划分、缩小需求范围，使得复杂的需求可以按架构层次分配给对应的设计人员，确保从需求分析到系统设计阶段的完美过渡。

　　凡是计算机软件开发行业从业者，心中都会有一个"系统架构设计师"的梦，想要自学相关知识却发现市面上很难找到真正的大型复杂项目的实战培训，基于此，笔者认为考生可以先从系统架构的基础理论知识开始学习，正所谓万丈高楼平地起，只有具备了相应的理论基础，在后续职业生涯的发展中面对大型复杂项目时才能游刃有余。这也是"系统架构设计师"考试的价值所在。同时，随着某些大城市积分落户制度的实施，"软考"中级以上职称证书也是获得积分的重要一项。因此，每年都会有大量的考生参加这个考试。我们每年在全国各地进行的考前辅导中，与很多考生交流过，他们都反映出一个心声："考试涉及的专业性太强，市面上辅导资料太少，通过考试非常难"。

　　在 2022 年 12 月底，软考办主导出版了《系统架构设计师教程（第二版）》教材及大纲，这也是系统架构设计师教程自从 2009 年出版以来，第一次改版。改版之后的教程及大纲更贴近当前新兴主流架构，如面向服务架构、大数据架构、嵌入式系统架构、安全架构等，并且在 2023 年 11 月改版之后的第一次考试中，考查到了很多新兴架构，颠覆了以往传统的考查知识点，变得更加灵活多变，也在无形中增加了考试难度。

　　为了帮助广大考生顺利通过考试，笔者结合多年来"软考"辅导的心得，以历次培训经典的综合知识、案例专题、论文专题三大模块内容为基础编写了本书。然而，考试的范围十分广泛，除了要掌握系统架构设计的相关知识，如软件架构风格、特定领域的软件架构、基于架构的软件开发、软件架构评估等，还要掌握计算机软件基础知识，如计算机组成与结构、操作系统、计算机网络和安全、软件工程、UML 建模和设计模式等。此外，还要了解信息化相关的法律法规以及经济管理知识。在下午卷的案例专题中还会涉及具体的应用架构以及 Web

架构技术，具有一定的难度。

本书的"三大模块"是这样来安排的：

第1篇，综合知识。结合最新考试大纲及历年真题形式，凝练出17章主题内容，每个章节都包含备考指南、考点梳理及精讲、课后演练及答案解析，保证考生学练结合，从而快速掌握知识点。

第2篇，案例专题。首先对案例分析科目做了概述性的分析以及考点归类，将案例分析所有试题归纳为五大类专题，然后对每一类专题都有专门的考点梳理及精讲，补充案例相关的技术知识点，并且也有配套的案例真题及详细解析，同样是学练结合，使得考生能把握案例考点。此外，我们还结合第二版教材改版内容以及2023年11月考试真题考点，给大家补充了八大架构的案例考点和架构图。

第3篇，论文专题。首先对论文写作做了整体分析，将论文整体拆分成十大部分，并且给出了一套"万能模板"，考生可以据此搭建自己的论文模板。其次，还给出了架构设计师科目常考的十大论文主题以及对应的范文供学员参考、研究。

在此，感谢中国水利水电出版社万水分社周春元副总经理，他的辛勤劳动和真诚约稿，也是我能编写此书的动力之一。感谢王建平女士、倪晋平先生对本书的编写给出的许多宝贵的建议。感谢我的同事们、助手们，是他们帮我做了大量的资料整理，甚至参与了部分编写工作。

然而，虽经多年锤炼，本人毕竟水平有限，敬请各位考生、各位培训师批评指正，不吝赐教。我的联系邮箱是：709861254@qq.com。

关注"文老师软考教育"公众号，然后回复"架构一本通，系统架构设计师一本通"，可免费观看指定视频课程。

编 者

2024年1月

文老师软考教育

变化——关于第二版新大纲及考试

2023 年 11 月的系统架构设计师考试，具有两大变化。

第一个变化是，软考全面改为机考，摒弃了传统的笔试，全面走入信息化时代。对于机考，各位学员需要了解的是：

【考试时间】

系统架构设计师考试仍然是三个科目，然而考试时间有所改变，综合知识还是 150 分钟，而案例分析和论文写作两个科目合并在一起考，总时间 210 分钟。其中，先做案例分析，是 90 分钟；后做论文写作，是 120 分钟。并且如果案例分析结束得快，可以提前开始论文写作。

至于具体的考试时间段，则要以准考证时间为准，在 2023 年 11 月的信息系统项目管理师考试中，共分了 4 个批次，分别在 10 月 28 日、10 月 29 日、11 月 4 日、11 月 5 日四天安排考试，随着以后系统架构设计师考试人数增多，可能也会分批次进行，因此一切以准考证上通知为准。

【进考场前】

（1）只能带黑色中性笔、身份证、准考证，其他都不能带。

（2）会发草稿纸，草稿纸上要写明准考证号、身份证号、座位号。不允许用准考证做草稿，会被判定为作弊。

（3）考场可能有超过 2 位监考老师，其中一位是技术人员，预防机考软件出问题。

（4）大部分考场是台式机，但也有部分考场是笔记本电脑。

（5）进考场后不要乱点电脑屏幕，可能会导致系统故障。

（6）有计算器，考试系统自带。

（7）支持多种输入法，比如五笔、拼音、搜狗等。

（8）考生之间距离很近，部分考场有隔板。

（9）考试结束前 15 分钟会弹窗提示，如果当前正在画图，弹窗会导致画的图丢失。

（10）中途可以申请去厕所，由监控人员陪同去。

【在考场中答题】

（1）同一个科目的试题题目是一样的，但是选择题的顺序完全打乱，选项也是打乱的。

（2）最早只能提前半小时交卷。

（3）英文题数量减少，大部分都是 3 道。

（4）案例题、论文题顺序相同。

第二个变化是，系统架构设计师考试迎来了第二版教材及大纲，而 2023 年 11 月的考试是改版后的第一次考试，因为全面改为机考，并且官方不公布真题，因此目前暂无完整真题流传。

我们结合该次考试学员反馈情况，整理了知识点回忆版，其中案例和论文内容已经在后面案例专题及论文专题中给出，这里可以看看选择题涉及的知识点：

（1）软件工程。涉及环路复杂度的计算、灰盒测试、a/b 测试、开发模型、进度计算、sysML 需求图。

（2）计算机网络。涉及并行通信、星型网络拓扑结构。

（3）数据库技术。涉及范式、候选键、三级模式、SQL 语法。

（4）嵌入式技术。涉及单 CPU 多任务、芯片特点。

（5）系统安全。涉及非对称加密算法等。

（6）系统架构设计。涉及架构评估方法、质量属性、构件组装、质量属性效用树、ABSD、DSSA、场景刺激六要素、架构风格、构件特性。

（7）新技术。涉及区块链、人工智能等。

（8）可靠性。涉及 MTTF 和 MTBF 等可靠性概念。

（9）操作系统。涉及进程和线程、同步与互斥等。

（10）知识产权。涉及专利、保护期限等。

以上，是我们根据学员回忆整理出来的考点，不全，但是从现有的知识点上可以看出，大部分还是围绕软件工程、系统架构、数据库、网络与安全等大类来考查，整体都还在本书考点范围内，对于老版的知识点也并没有完全摒弃，这是正常的，因为计算机科学与技术（软件工程）方向，主要就是这些内容，不会变化很大。

当然，除了传统知识点之外，也确实新增了一些新技术，如区块链、数字孪生等，以及本书第 2 篇案例专题六：典型八大系统架构设计实例，是案例和论文的最新考点，这些我们都将在本书后面相应专题里新增相关内容。

目 录

第2篇 案例专题

第3篇 论文专题

第1篇 综合知识

第**1**章
计算机组成与结构

1.1　备考指南

　　计算机组成与结构主要考查的是计算机硬件组成以及系统结构，包括计算机基本硬件组成、中央处理单元组成、计算机指令系统、存储系统、总线系统等相关知识。本章内容虽然是基础知识，但从 2019 年以来，系统架构设计师考试里就再也没有考查过，因此学员以了解为主。

1.2　考点梳理及精讲

1.2.1　计算机系统基础知识

　　计算机的基本硬件系统由运算器、控制器、存储器、输入设备和输出设备五大部件组成。

　　（1）运算器、控制器等部件被集成在一起统称为中央处理单元（Central Processing Unit，CPU）。CPU 是硬件系统的核心，用于数据的加工处理，能完成各种算术、逻辑运算及控制功能。

　　（2）存储器是计算机系统中的记忆设备，分为内部存储器和外部存储器。前者速度高、容量小，一般用于临时存放程序、数据及中间结果。而后者容量大、速度慢，可以长期保存程序和数据。

　　（3）输入设备和输出设备合称为外部设备（简称"外设"），输入设备用于输入原始数据及各种命令，而输出设备则用于输出计算机运行的结果。

　　CPU 的功能如下所述。

　　（1）程序控制。CPU 通过执行指令来控制程序的执行顺序，这是 CPU 的重要功能。

　　（2）操作控制。一条指令功能的实现需要若干操作信号配合来完成，CPU 产生每条指令的操作信号并将操作信号送往对应的部件，控制相应的部件按指令的功能要求进行操作。

（3）时间控制。CPU 对各种操作进行时间上的控制，即指令执行过程中操作信号的出现时间、持续时间及出现的时间顺序都需要进行严格控制。

（4）数据处理。CPU 通过对数据进行算术运算及逻辑运算等方式进行加工处理，数据加工处理的结果被人们所利用。所以，对数据的加工处理也是 CPU 最根本的任务。

此外，CPU 还需要对系统内部和外部的中断（异常）作出响应，进行相应的处理。

运算器由**算术逻辑单元**（Arithmetic and Logic Unit，ALU）（实现对数据的算术和逻辑运算）、**累加寄存器**（Accumulator，AC）（运算结果或源操作数的存放区）、**数据缓冲寄存器**（Data Register，DR）（暂时存放内存的指令或数据）和**状态条件寄存器**（Program Status Word，PSW）（保存指令运行结果的条件码内容，如溢出标志等）组成。执行所有的算术运算，如加、减、乘、除等；执行所有的逻辑运算并进行逻辑测试，如与、或、非、比较等。

控制器由**指令寄存器**（Instruction Register，IR）（暂存 CPU 执行指令）、**程序计数器**（Program Counter，PC）（存放指令执行地址）、**地址寄存器**（Address Register，AR）（保存当前 CPU 所访问的内存地址）、**指令译码器**（Instruction Decoder，ID）（分析指令操作码）等组成。控制整个 CPU 的工作，最为重要。

CPU 依据**指令周期的不同阶段**来区分二进制的指令和数据，因为在指令周期的不同阶段，指令会命令 CPU 分别去取指令或者数据。

1.2.2 校验码

码距：就单个编码 A：00 而言，其码距为 1，因为其只需要改变一位就变成另一个编码。在两个编码中，从 A 码转换到 B 码所需要改变的位数称为码距，如 A：00 要转换为 B：11，码距为 2。一般来说，码距越大，越利于纠错和检错。

1. 奇偶校验码

在编码中增加 1 位校验位来使编码中 1 的个数为奇数（奇校验）或者偶数（偶校验），从而使码距变为 2。奇校验可以检测编码中奇数个数据位出错，即当合法编码中的奇数位发生了错误时，即编码中的 1 变成 0 或者 0 变成 1，则该编码中 1 的个数的奇偶性就发生了变化，从而检查出错误，但无法纠错。

2. 循环冗余校验码

循环冗余校验码（Cyclic Redundancy Check，CRC）只能检错，不能纠错，其原理是找出一个能整除多项式的编码，因此首先要将原始报文除以多项式，将所得的余数作为校验位加在原始报文之后，作为发送数据发给接收方。

使用 CRC 编码，需要先约定一个生成多项式 $G(x)$。生成多项式的最高位和最低位必须是 1。假设原始信息有 m 位，则对应多项式 $M(x)$。生成校验码思想就是在原始信息位后追加若干校验位，使得追加的信息能被 $G(x)$ 整除。接收方接收到带校验位的信息，然后用 $G(x)$ 整除。余数为 0，则没有错误；反之则发生错误。

例：假设原始信息串为 10110，CRC 的生成多项式为 $G(x)=x^4+x+1$，求 CRC 校验码。

（1）在原始信息位后面添 0，假设生成多项式的阶为 r，则在原始信息位后添加 r 个 0，本题中，$G(x)$ 的阶为 4，则在原始信息串后加 4 个 0，得到的新串为 101100000，作为被除数。

（2）由多项式得到除数，多项式中 x 的幂指数存在的位置 1，不存在的位置 0。本题中，x 的幂指数为 0、1、4 的变量都存在，而幂指数为 2、3 的不存在，因此得到信息串 10011。

（3）生成 CRC 校验码，将前两步得出的被除数和除数进行模 2 除法运算（既不进位也不借位的除法运算）。除法过程如图 1-1 所示。

$$
10011 \overline{\smash{\big)}\,101100000}
$$

$$
\begin{array}{r}
10011 \\
\hline
10100 \\
10011 \\
\hline
11100 \\
10011 \\
\hline
1111
\end{array}
$$

图 1-1 模 2 除法运算

得到余数 1111。

注意：余数不足 r，则余数左边用若干个 0 补齐。如求得余数为 11，$r=4$，则补两个 0，得到 0011。

（4）生成最终发送信息串，将余数添加到原始信息后。上例中，原始信息为 10110，添加余数 1111 后，结果为 10110 1111。发送方将此数据发送给接收方。

（5）接收方进行校验。接收方的 CRC 校验过程与生成过程类似，接收方接收了带校验和的帧后，用多项式 $G(x)$ 来除。余数为 0，则表示信息无错；否则要求发送方进行重传。

注意：收发信息双方需使用相同的生成多项式。

1.2.3 指令系统

1. 计算机指令

（1）计算机指令的组成。一条指令由操作码和操作数两部分组成，操作码决定要完成的操作，操作数指参加运算的数据及其所在的单元地址。

在计算机中，操作数和操作数地址都由二进制数码表示，分别称作操作码和地址码，整条指令以二进制编码的形式存放在存储器中。

（2）计算机指令的执行过程。指令的执行可分为取指令—分析指令—执行指令三个步骤，首先将程序计数器（PC）中的指令地址取出，送入地址总线，CPU 依据指令地址去内存中取出指令内容存入指令寄存器（IR）；而后由指令译码器进行分析，分析指令操作码；最后执行指令，取出指令执行所需的源操作数。

（3）指令寻址方式。

1）顺序寻址方式：由于指令地址在主存中顺序排列，当执行一段程序时，通常是一条指令接着一条指令地顺序执行。从存储器取出第一条指令，然后执行这条指令；接着从存储器取出第二条指令，再执行第二条指令；……，以此类推。这种程序顺序执行的过程称为指令的顺序寻址方式。

2）跳跃寻址方式：所谓指令的跳跃寻址，是指下一条指令的地址码不是由程序计数器给出，而是由本条指令直接给出。程序跳跃后，按新的指令地址开始顺序执行。因此，指令计数器的内容也必须相应改变，以便及时跟踪新的指令地址。

（4）指令操作数的寻址方式。

1）立即寻址方式：指令的地址码字段指出的不是地址，而是操作数本身。

2）直接寻址方式：在指令的地址字段中直接指出操作数在主存中的地址。

3）间接寻址方式：与直接寻址方式相比，间接寻址中指令地址码字段所指向的存储单元中存储的不是操作数本身，而是操作数的地址。

4）寄存器寻址方式：指令中的地址码是寄存器的编号，而不是操作数地址或操作数本身。寄存器的寻址方式也可以分为直接寻址和间接寻址，两者的区别在于：前者的指令地址码给出寄存器编号，寄存器的内容就是操作数本身；而后者的指令地址码给出寄存器编号，寄存器的内容是操作数的地址，根据该地址访问主存后才能得到真正的操作数。

5）基址寻址方式：将基址寄存器的内容加上指令中的形式地址而形成操作数的有效地址，其优点是可以扩大寻址能力。

6）变址寻址方式：变址寻址方式计算有效地址的方法与基址寻址方式很相似，它是将变址寄存器的内容加上指令中的形式地址而形成操作数的有效地址。

7）相对寻址方式：相对于当前的指令地址而言的寻址方式。相对寻址是把程序计数器 PC 的内容加上指令中的形式地址而形成操作数的有效地址，而程序计数器的内容就是当前指令的地址，所以相对寻址是相对于当前的指令地址而言的。

2．CISC 和 RISC

CISC（Complex Instruction Set Computer）是复杂指令系统，兼容性强，指令繁多、长度可变，由微程序实现。

RISC（Reduced Instruction Set Computer）是精简指令系统，指令少，使用频率接近，主要依靠硬件实现（通用寄存器、硬布线逻辑控制）。

CISC 和 RISC 的区别见表 1-1。

表 1-1　CISC 和 RISC 的区别

指令系统类型	指令	寻址方式	实现方式	其他
CISC（复杂）	数量多，使用频率差别大，可变长格式	支持多种方式	微程序控制技术（微码）	研制周期长
RISC（精简）	数量少，使用频率接近，定长格式，大部分为单周期指令，操作寄存器，只有 LOAD/Store 操作内存	支持方式少	增加了通用寄存器；硬布线逻辑控制为主；适合采用流水线	优化编译，有效支持高级语言

3. 指令的流水线处理

（1）流水线原理。将指令分成不同的段，每段由不同的部分去处理，因此可以产生叠加的效果，所有的部件去处理指令的不同段，如图1-2所示。

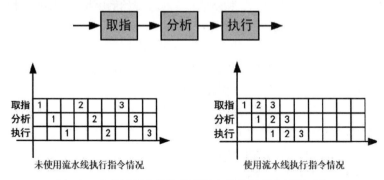

图1-2 未使用流水线和使用流水线执行指令情况对比

（2）RISC中的流水线技术。

1）超流水线（Super Pipe Line）技术。它通过细化流水、增加级数和提高主频，使得在每个机器周期内能完成一个甚至两个浮点操作。其实质是以时间换取空间。

2）超标量（Super Scalar）技术。它通过内装多条流水线来同时执行多个处理，其时钟频率虽然与一般流水接近，却有更小的时钟周期数（Clock Cycle Per Instruction，CPI）。其实质是以空间换取时间。

3）超长指令字（Very Long Instruction Word，VLIW）技术。VLIW和超标量都是20世纪80年代出现的概念，其共同点是要同时执行多条指令，其不同在于超标量依靠硬件来实现并行处理的调度，VLIW则充分发挥软件的作用，而使硬件简化，性能提高。

（3）流水线时间计算。

1）流水线周期：指令分成不同执行段，其中执行时间最长的段为流水线周期。

2）流水线执行时间：1条指令总执行时间+(总指令条数-1)×流水线周期。

3）流水线吞吐率计算：吞吐率即单位时间内执行的指令条数。吞吐率=指令条数/流水线执行时间。

4）流水线的加速比计算：加速比即使用流水线后的效率提升度，即比不使用流水线快了多少倍，加速比越高表明流水线效率越高。加速比=不使用流水线执行时间/使用流水线执行时间。

（4）单缓冲区和双缓冲区：此类题型不给出具体流水线执行阶段，需要考生自己区分出流水线阶段，一般来说，能够同时执行的阶段就是流水线的独立执行阶段；只能独立执行的阶段应该合并为流水线中的一个独立执行阶段。

例如，有三个阶段即读入缓冲区+送入用户区+数据处理，在单缓冲区中，缓冲区和用户区都只有一个，一个盘块必须执行完前两个阶段，下一个盘块才能开始，因此前两个阶段应该合并，整个流水线为送入用户区+数据处理；而在双缓冲区中，盘块可以交替读入缓冲区，但用户区只有一个，因为缓冲区阶段可以同时进行，流水线前两个阶段不能合并，就是读入缓冲区+送入用户区+数据处理三段。

划分出真正的流水线阶段后，套用流水线时间计算公式可以轻易得出答案。

1.2.4　存储系统

1. 计算机存储结构

计算机存储结构层次图如图 1-3 所示。

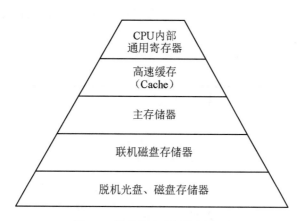

图 1-3　计算机存储结构层次图

计算机采用分级存储体系的主要目的是为了解决存储容量、成本和速度之间的矛盾问题。两级存储映像为：Cache-主存、主存-辅存（虚拟存储体系）。

存储器的分类如下：

（1）按存储器所处的位置分为：内存、外存。

（2）按存储器构成材料分为：磁存储器（磁带）、半导体存储器、光存储器（光盘）。

（3）按存储器的工作方式分为：可读可写存储器（RAM）、只读存储器（ROM 只能读，PROM可写入一次，EPROM 和 EEPROM 既可以读也可以写，只是修改方式不同，闪存 Flash Memory）。

（4）按存储器访问方式分为：按地址访问、按内容访问（相联存储器）。

（5）按寻址方式分为：随机存储器（访问任意存储单元所用的时间相同）、顺序存储器（只能按顺序访问，如磁带）、直接存储器（二者结合，如磁盘，对于磁道的寻址是随机的，在一个磁道内则是顺序的）。

2. 局部性原理

总地来说，在 CPU 运行时，所访问的数据会趋向于一个较小的局部空间地址内（例如循环操作，循环体被反复执行）。

（1）时间局部性原理：如果一个数据项正在被访问，那么在近期它很可能会被再次访问，即在相邻的时间里会访问同一个数据项。

（2）空间局部性原理：在最近的将来会用到的数据的地址和现在正在访问的数据地址很可能是相近的，即相邻的空间地址会被连续访问。

3．高速缓存（Cache）

高速缓存（Cache）用来存储当前最活跃的程序和数据，直接与 CPU 交互，位于 CPU 和主存之间，容量小，速度为内存的 5～10 倍，由半导体材料构成。其内容是主存内存的副本拷贝，对于程序员来说是透明的。

（1）Cache 的组成。Cache 由控制部分和存储器组成，存储器存储数据，控制部分判断 CPU 要访问的数据是否在 Cache 中，在则命中，不在则依据一定的算法从主存中替换，如图 1-4 所示。

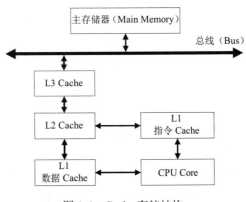

图 1-4　Cache 存储结构

（2）地址映像方法。在 CPU 工作时，送出的是主存单元的地址，而应从 Cache 存储器中读/写信息。这就需要将主存地址转换为 Cache 存储器地址，这种地址的转换称为地址映像，由**硬件自动完成映像**，分为下列三种方法：

1）直接映像：将 Cache 存储器等分成块，主存也等分成块并编号。主存中的块与 Cache 中的块的对应关系是固定的，也即二者块号相同才能命中。地址变换简单但不灵活，容易造成资源浪费。

2）全相联映像：同样都等分成块并编号。主存中任意一块都与 Cache 中任意一块对应。因此可以随意调入 Cache 任意位置，但地址变换复杂，速度较慢。因为主存可以随意调入 Cache 任意块，只有当 Cache 满了才会发生块冲突，是最不容易发生块冲突的映像方式。

3）组组相联映像：前面两种方式的结合，将 Cache 存储器先分块再分组，主存也同样先分块再分组，组间采用直接映像，即主存中组号与 Cache 中组号相同的组才能命中，但是组内全相联映像，也即组号相同的两个组内的所有块可以任意调换。

（3）替换算法的目标就是使 Cache 获得尽可能高的命中率。常用算法有如下几种。

1）随机替换算法：用随机数发生器产生一个要替换的块号，将该块替换出去。

2）先进先出算法：将最先进入 Cache 的信息块替换出去。

3）近期最少使用算法：将近期最少使用的 Cache 中的信息块替换出去。

4）优化替换算法：这种方法必须先执行一次程序，统计 Cache 的替换情况。有了这样的先验信息，在第二次执行该程序时便可以用最有效的方式来替换。

（4）命中率及平均时间。Cache 存储器的大小一般用单位 KB 或者 MB 表示，很小，但是最快，仅次于 CPU 中的寄存器，而寄存器一般不算作存储器，CPU 与内存之间的数据交互，内存会先将数据拷贝到 Cache 里，根据局部性原理，若 Cache 中的数据被循环执行，则不用每次都去内存中读取数据，从而加快 CPU 的工作效率。

因此，Cache 有一个命中率的概念，即当 CPU 所访问的数据在 Cache 中时，命中，直接从 Cache 中读取数据，设读取一次 Cache 的时间为 1ns，若 CPU 访问的数据不在 Cache 中，则需要从内存中读取，设读取一次内存的时间为 1000ns，若在 CPU 多次读取数据过程中，有 90%命中 Cache，则 CPU 读取一次的平均时间为(90%×1 + 10%×1000)ns。

Cache 命中率和容量之间并不是线性关系，而是如图 1-5 所示的曲线增长关系。

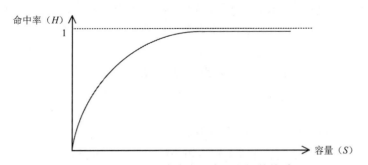

图 1-5　Cache 命中率和容量之间的关系

4. 虚拟存储器

虚拟存储器技术是将很大的数据分成许多较小的块，全部存储在外存中。运行时，将用到的数据调入主存中，马上要用到的数据置于缓存中，这样一边运行一边进行所需数据块的调入/调出。对于应用程序员来说，就好像有一个比实际主存空间大得多的虚拟主存空间，基本层级为：主存—缓存—外存，与 CPU—高速缓存 Cache—主存的原理类似，但虚拟存储器中程序员无须考虑地址映像关系，由系统自动完成，因此对于程序来说是透明的。

其管理方式分为页式、段式、段页式，详细介绍见本书 3.2 节。

5. 磁盘

（1）磁盘的结构和参数。磁盘有正反两个盘面，每个盘面有多个同心圆，每个同心圆是一个磁道，每个同心圆又被划分为多个扇区，数据就被存放在一个个扇区中。

磁头首先要寻找到对应的磁道，然后等待磁盘进行周期旋转，旋转到指定的扇区，才能读取到对应的数据，因此，会产生寻道时间和等待时间。公式为：

存取时间=寻道时间+等待时间（平均定位时间+转动延迟）

注意：寻道时间是指磁头移动到磁道所需的时间；等待时间为等待读写的扇区转到磁头下方所用的时间。

（2）磁盘调度算法。如前述，磁盘数据的读取时间分为寻道时间+旋转时间，也即先找到对应的磁道，再旋转到对应的扇区读取数据，其中寻道时间耗时最长，需要重点调度，有如下调度算法：

1）先来先服务（First Come First Served，FCFS）：根据进程请求访问磁盘的先后顺序进行调度。

2）最短寻道时间优先（Shortest Seek Time First，SSTF）：请求访问的磁道与当前磁道最近的进程优先调度，使得每次的寻道时间最短。会产生"饥饿"现象，即远处进程可能永远无法访问。

3）扫描算法（SCAN）：又称"电梯算法"，磁头在磁盘上双向移动，选择离磁头当前所在磁道最近的请求访问的磁道，并且与磁头移动方向一致，磁头永远都是从里向外或者从外向里一直移动完才掉头，与电梯类似。

4）单向扫描调度算法（CSCAN）：与 SCAN 不同的是只做单向移动，即只能从里向外或者从外向里。

（3）磁盘冗余阵列技术。

RAID 即磁盘冗余阵列技术，RAID0 没有提供冗余和错误修复技术。

RAID1 在成对的独立磁盘上产生互为备份的数据，可提高读取性能。

RAID2 将数据条块化分布于不同的硬盘上，并使用海明码校验。

RAID3 使用奇偶校验，并用单块磁盘存储奇偶校验信息。

RAID5 在所有磁盘上交叉存储数据及奇偶校验信息（所有校验信息存储总量为一个磁盘容量），读/写指针可同时操作。

RAID0+1（是两个 RAID0，若一个磁盘损坏，则当前 RAID0 无法工作，即有一半的磁盘无法工作）、RAID1+0（是两个 RAID1，不允许同一组中的两个磁盘同时损坏）与 RAID1 原理类似，磁盘利用率都只有 50%。

1.2.5 输入/输出技术

1. 内存和接口编址

计算机系统中存在多种内存与接口地址的编址方法,常见的为内存与接口地址独立编址和内存与接口地址统一编址。

（1）内存与接口地址独立编址。在此方法下，内存地址和接口地址是完全独立且相互隔离的两个地址空间，访问数据时所使用的指令也完全不同，用于接口的指令只用于接口的读/写，其余的指令全都是用于内存的。因此，在编写程序或读程序时很易使用和辨认。这种编址方法的缺点是用于接口的指令太少、功能太弱。

（2）内存与接口地址统一编址。在这种方法中，内存地址和接口地址统一在一个公共的地址空间里，即内存单元和接口共用地址空间。在这些地址空间里划分出一部分地址分配给接口使用，其余地址归内存单元使用。这种编址方法的优点是原则上用于内存的指令全都可以用于接口，这就大大地增强了对接口的操作功能，而且在指令上也不再区分内存或接口，缺点是整个地址空间被分成两部分，其中一部分分配给接口使用，剩余的为内存所用，这经常会导致内存地址不连续。

2. I/O 设备与主机交换信息的方式

（1）程序控制（查询）方式：CPU 主动查询外设是否完成数据传输，效率极低。

（2）程序中断方式：外设完成数据传输后，向 CPU 发送中断，等待 CPU 处理数据，效率相对较高。中断响应时间指的是从发出中断请求到开始进入中断处理程序；中断处理时间指的是从中断处理开始到中断处理结束。中断向量提供中断服务程序的入口地址。多级中断嵌套，使用堆栈来保护断点和现场。

中断：指 CPU 在正常运行程序时，由于程序的预先安排或内外部事件，引起 CPU 中断正在运行的程序，转到发生中断事件程序中。

中断源：引起程序中断的事件称为中断源。

中断向量：中断源的识别标志，中断服务程序的入口地址。

中断向量表：按照中断类型号从小到大的顺序存储对应的中断向量，总共存储 256 个中断向量。

中断流程图如图 1-6 所示。

中断响应：CPU 在执行当前指令的最后一个时钟周期去查询有无中断请求信号，有则响应。

关中断：在保护现场和恢复现场过程中都要先关闭中断，避免堆栈错误。

保护断点：保存程序当前执行的位置。

保护现场：保存程序当前断点执行所需的寄存器及相关数据。

中断服务程序：识别中断源，获取到中断向量，就能进入中断服务程序，开始处理中断。

中断返回：返回中断前的断点，继续执行原来的程序。

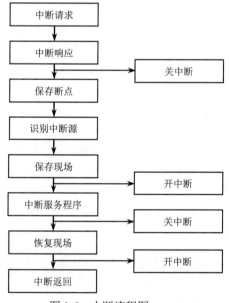

图 1-6　中断流程图

（3）直接主存存取方式（DMA）：CPU 只需完成必要的初始化等操作，数据传输的整个过程都由 DMA 控制器来完成，在主存和外设之间建立直接的数据通路，效率很高。在一个总线周期结束后，CPU 会响应 DMA 请求开始读取数据；CPU 响应程序中断方式请求是在一条指令执行结束时，区分指令执行结束和总线周期结束。

（4）通道：也是一种处理机，内部具有独立的处理系统，使数据的传输独立于 CPU。分为字节多路通道的传送方式（每一次传送一个通道的一个字节，多路通道循环）和选择通道的传送方式（选择一个通道，先传送完这个通道的所有字节，再开始下一个通道传送）。

1.2.6　总线结构

总线（Bus）是指计算机设备和设备之间传输信息的公共数据通道。总线是连接计算机硬件系统内多种设备的通信线路，它的一个重要特征是由总线上的所有设备共享，因此可以将计算机系统内的多种设备连接到总线上。

从广义上讲，任何连接两个以上电子元器件的导线都可以称为总线，通常分为以下三类：

（1）内部总线。内部总线是内部芯片级别的总线，芯片与处理器之间通信的总线。

（2）系统总线。系统总线是板级总线，用于计算机内各部分之间的连接，具体分为数据总线（并行数据传输位数）、地址总线（系统可管理的内存空间的大小）、控制总线（传送控制命令）。代表有 ISA 总线、EISA 总线、PCI 总线。

（3）外部总线。外部总线是设备一级的总线，微机和外部设备的总线。代表有 RS-232（串行总线）、SCSI（并行总线）、USB（通用串行总线，即插即用，支持热插拔）。

并行总线适合近距离高速数据传输，串行总线适合长距离数据传输，专用总线在设计上可以与连接设备实现最佳匹配。

总线计算：总线的时钟周期=时钟频率的倒数；总线的宽度（传输速率）=单位时间内传输的数据总量/单位时间大小。

1.3　课后演练（精选真题）

在近三年的系统架构设计师考试中未考到本章内容，但是基于教材大纲未变的前提，建议熟练掌握。

● 在磁盘调度管理中，应先进行移臂调度，再进行旋转调度。假设磁盘移动臂位于 21 号柱面上，进程的请求序列如下表所示。如果采用最短移臂调度算法，那么系统的响应序列应为 　(1)　。

（2018 年 11 月第 1 题）

请求序列	柱面号	磁头号	扇区号
①	17	8	9
②	23	6	3
③	23	9	6
④	32	10	5
⑤	17	8	4
⑥	32	3	10
⑦	17	7	9
⑧	23	10	4
⑨	38	10	8

（1）A. ②⑧③④⑤①⑦⑥⑨　　　　　　B. ②③⑧④⑥⑨①⑤⑦

　　　C. ①②③④⑤⑥⑦⑧⑨　　　　　　D. ②⑧③⑤⑦①④⑥⑨

● 以下关于串行总线的说法中，正确的是 __(2)__ 。（**2018 年 11 月第 10 题**）

　（2）A. 串行总线一般都是全双工总线，适宜于长距离传输数据

　　　B. 串行总线传输的波特率是总线初始化时预先定义好的，使用中不可改变

　　　C. 串行总线是按位（bit）传输数据的，其数据的正确性依赖于校验码纠正

　　　D. 串行总线的数据发送和接收是以软件查询方式工作

● 若信息码字为 111000110，生成多项式 $G(x)=x^5+x^3+x+1$，则计算出的 CRC 校验码为 __(3)__ 。（**2018 年 11 月第 13 题**）

　（3）A. 01101　　　　B. 11001　　　　C. 001101　　　　D. 011001

● 某计算机系统采用 5 级流水线结构执行指令，设每条指令的执行由取指令（$2\Delta t$）、分析指令（$1\Delta t$）、取操作数（$3\Delta t$）、运算（$1\Delta t$）和写回结果（$2\Delta t$）组成，并分别用 5 个子部件完成，该流水线的最大吞吐率为 __(4)__；若连续向流水线输入 10 条指令，则该流水线的加速比为 __(5)__。（**2017 年 11 月第 1～2 题**）

　（4）A. $\dfrac{1}{9\Delta t}$　　　　B. $\dfrac{1}{3\Delta t}$　　　　C. $\dfrac{1}{2\Delta t}$　　　　D. $\dfrac{1}{1\Delta t}$

　（5）A. 1:10　　　　B. 2:1　　　　C. 5:2　　　　D. 3:1

● RISC（精简指令系统计算机）的特点不包括 __(6)__ 。（**2017 年 11 月第 4 题**）

　（6）A. 指令长度固定，指令种类尽量少

　　　B. 寻址方式尽量丰富，指令功能尽可能强

　　　C. 增加寄存器数目，以减少访存次数

　　　D. 用硬布线电路实现指令解码，以尽快完成指令译码

● 在磁盘上存储数据的排列方式会影响 I/O 服务的总时间。假设每磁道划分成 10 个物理块，每块存放 1 个逻辑记录。逻辑记录 R1，R2，…，R10 存放在同一个磁道上，记录的安排顺序如下表所示：

物理块	1	2	3	4	5	6	7	8	9	10
逻辑记录	R1	R2	R3	R4	R5	R6	R7	R8	R9	R10

　　假定磁盘的旋转速度为 30ms/周，磁头当前处在 R1 的开始处。若系统顺序处理这些记录，使用单缓冲区，每个记录处理时间为 6ms，则处理这 10 个记录的最长时间为 __(7)__；若对信息存储进行优化分布后，处理 10 个记录的最少时间为 __(8)__。（**2017 年 11 月第 7～8 题**）

　（7）A. 189ms　　　　B. 208ms　　　　C. 289ms　　　　D. 306ms

　（8）A. 60ms　　　　B. 90ms　　　　C. 109ms　　　　D. 180ms

● 在嵌入式系统的存储部件中，存取速度最快的是 __(9)__ 。（**2016 年 11 月第 1 题**）

　（9）A. 内存　　　　B. 寄存器组　　　　C. Flash　　　　D. Cache

● 某计算机系统输入/输出采用双缓冲工作方式，其工作过程如下图所示，假设磁盘块与缓冲区大小相同，每个盘块读入缓冲区的时间 T 为 10μs，缓冲区送用户区的时间 M 为 6μs，系统对每个磁盘块数据的处理时间 C 为 2μs。若用户需要将大小为 10 个磁盘块的 Doc1 文件逐块从磁盘读入缓冲区，并送用户区进行处理，那么采用双缓冲需要花费的时间为___(10)___ μs，比使用单缓冲节约了___(11)___ μs。（**2016 年 11 月第 5～6 题**）

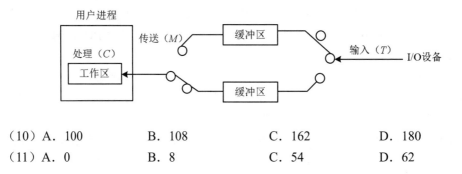

（10）A. 100   B. 108   C. 162   D. 180
（11）A. 0   B. 8   C. 54   D. 62

1.4　课后演练答案解析

（1）**参考答案**：D

🖎**解析**　最短移臂调度是指每次找距离当前磁头所在柱面最近的柱面。

1）初始位置是 21 柱面，所以请求序列中最近的柱面是 23，对应请求号 2、3、8（排除选项 C）。

2）当前柱面是 23，请求序列中最近的柱面是 17，对应请求号是 1、5、7（排除选项 A 和选项 B）。

3）当前柱面号是 17，请求序列中最近的柱面是 32，对应请求号是 4、6（排除选项 A、B、C）。

4）当前柱面号是 32，请求序列中最近的柱面是 38，对应请求号是 9（排除选项 B）。

（2）**参考答案**：C

🖎**解析**　关于串行总线的特点，总结如下：

1）串行总线适宜长距离传输数据。但串行总线有半双工、全双工之分，全双工是一条线发一条线收，所以 A 选项错误。

2）串行总线传输的波特率在使用中可以改变，所以 B 选项错误。

3）串行总线的数据发送和接收可以使用多种方式，程序查询方式和中断方式都可以，所以 D 选项错误。

（3）**参考答案**：B

🖎**解析**　模 2 运算如下：

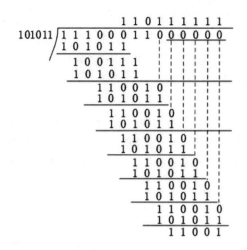

（4）（5）**参考答案**：B　C

解析　本题考查流水线计算。流水线周期为：$3\Delta t$。

流水线的吞吐率为：指令条数/流水线执行时间。即：$n/[2\Delta t+1\Delta t+3\Delta t+1\Delta t+2\Delta t+(n-1)\times 3\Delta t]=$ $n/(6\Delta t+3n\Delta t)$，流水线的最大吞吐率就是上面的式子中，n 趋向于无穷大的结果。当 n 趋向于无穷大时，上式的结果为：$1/3\Delta t$。所以应该选 B。

流水线加速比=不用流水线的执行时间/使用流水线的执行时间。10 条指令不用流水线的执行时间=$(2t+1t+3t+1t+2t)\times 10=90t$。10 条指令使用流水线的执行时间=$(2t+1t+3t+1t+2t)+(10-1)\times 3t=36t$。所以加速比为：$90t/36t=5:2$。

（6）**参考答案**：B

解析　RISC 与 CISC 的对比见下表。

指令系统类型	指令	寻址方式	实现方式	其他
CISC（复杂）	数量多，使用频率差别大，可变长格式	支持多种方式	微程序控制技术（微码）	研制周期长
RISC（精简）	数量少，使用频率接近，定长格式，大部分为单周期指令，操作寄存器，只有 LOAD/Store 操作内存	支持方式少	增加了通用寄存器；硬布线逻辑控制为主；适合采用流水线	优化编译，有效支持高级语言

寻址方式尽量丰富不是 RISC 的特点，而是 CISC 的特点。

（7）（8）**参考答案**：D　B

解析　本题是一个较为复杂的磁盘原理问题，可以通过模拟磁盘的运行来进行分析求解。运作过程为：

1）读取 R1：耗时 3ms。读取完，磁头位于 R2 的开始位置。

2）处理 R1：耗时 6ms。处理完，磁头位于 R4 的开始位置。

3）旋转定位到 R2 开始位置：耗时 24ms。

4）读取 R2：耗时 3ms。读取完，磁头位于 R3 的开始位置。

5）处理 R2：耗时 6ms。处理完，磁头位于 R5 的开始位置。

6）旋转定位到 R3 开始位置：耗时 24ms。

……

从以上分析可以得知，读取并处理 R1 一共需要 9ms。而从 R2 开始，多了一个旋转定位时间，R2 旋转定位到读取并处理一共需要 33ms，后面的 R3 至 R10 与 R2 的情况一致。所以一共耗时：9+33×9=306ms。本题后面一问要求计算处理 10 个记录的最少时间。其实只要把记录间隔存放，就能达到这个目标。在物理块 1 中存放 R1，在物理块 4 中存放 R2，在物理块 7 中存放 R3，以此类推，可以做到每条记录的读取与处理时间之和均为 9ms，所以处理 10 条记录一共需要 90ms。

（9）**参考答案**：B

🔖**解析**　在嵌入式系统的存储部件中，存取速度从快到慢的是寄存器、Cache、主存和外存。

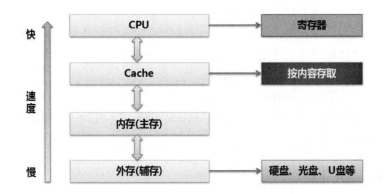

（10）（11）**参考答案**：B　C

🔖**解析**　单缓冲区和双缓冲区使用的都是流水线技术，所以用流水线计算公式算就可以。计算流水线执行时间的理论公式是：第一条指令顺序执行时间+（指令条数-1）+周期，而周期是取各节点的最大处理时长。在本题中，单缓冲区的传送数据和输入数据是绑定在一起的，所以需要把它们结合起来视为流水线周期，构造成流水线后，整个过程划分为两个阶段，分别是 16μs、2μs，根据流水线执行公式，流水线执行时间为：16μs+2μs+(10-1)×16μs=162μs。而对于双缓冲区来说，它们有多余的缓冲区可以进行单独的传送和输入数据。读入缓冲区和由缓冲区送至用户区可以并行处理，对于这里构造成流水线后，整个过程划分为 3 个阶段：①从磁盘读入到缓冲区（10μs）；②从缓冲区读入到（内存）用户区（6μs）；③处理（内存）用户区数据（2μs）。根据流水线执行公式，流水线执行时间为：10μs+6μs+2μs+(10-1)×10μs=108μs。

第一篇

第 2 章
系统配置和性能评价

2.1 备考指南

　　系统配置和性能评价主要考查的是计算机、路由器、交换机等性能指标和性能评价方法及阿姆达尔定律等相关知识，同时也是重点考点，一般会考选择题，约占 2 分。

2.2 考点梳理及精讲

2.2.1 性能指标

　　性能指标是软、硬件的性能指标的集成。硬件包括计算机、各种通信交换设备、各类网络设备等；软件包括操作系统、协议以及应用程序等。

　　1. 计算机

　　评价计算机的主要性能指标有：时钟频率（主频）、运算速度、运算精度、内存的存储容量、存储器的存取周期、数据处理速率（Processing Data Rate，PDR）、吞吐率、各种响应时间、各种利用率、RASIS 特性（即可靠性、可用性、可维护性、完整性和安全性）、平均故障响应时间、兼容性、可扩充性、性能价格比。

　　2. 路由器

　　评价路由器的主要性能指标有：设备吞吐量、端口吞吐量、全双工线速转发能力、背靠背帧数、路由表能力、背板能力、丢包率、时延、时延抖动、VPN 支持能力、内部时钟精度、队列管理机制、端口硬件队列数、分类业务带宽保证、RSVP、IP Diff Serv、CAR 支持、冗余、热插拔组件、路由器冗余协议、网管、基于 Web 的管理、网管类型、带外网管支持、网管粒度、计费能力/协议、分组语音支持方式、协议支持、语音压缩能力、端口密度、信令支持。

3. 交换机

评价交换机的主要性能指标有：交换机类型、配置、支持的网络类型、最大 ATM 端口数、最大 SONET 端口数、最大 FDDI 端口数、背板吞吐量、缓冲区大小、最大 MAC 地址表大小、最大电源数、支持协议和标准、路由信息协议（RIP）、RIP2（开放式最短路径优先算法第 2 版）、边界网关协议（BGP）、无类域间路由（CIDR）、互联网成组管理协议（IGMP）、距离矢量多播路由协议（DVMRP）、开放式最短路径优先多播路由协议（MOSPF）、协议无关的多播协议（PIM）、资源预留协议（RSVP）、802.1p 优先级标记、多队列、路由、支持第 3 层交换、支持多层（4～7 层）交换、支持多协议路由、支持路由缓存、可支持最大路由表数、VLAN、最大 VLAN 数量、网管、支持网管类型、支持端口镜像、QoS、支持基于策略的第 2 层交换、每端口最大优先级队列数、支持基于策略的第 3 层交换、支持基于策略的应用级 QoS、支持最小/最大带宽分配、冗余、热交换组件（管理卡，交换结构，接口模块，电源，冷却系统）、支持端口链路聚集协议、负载均衡。

4. 网络

评价网络的性能指标有：设备级性能指标、网络级性能指标、应用级性能指标、用户级性能指标、吞吐量。

5. 操作系统

评价操作系统的性能指标有：可靠性、吞吐率（量）、响应时间、资源利用率、可移植性。

6. 数据库管理系统

衡量数据库管理系统的主要性能指标包括数据库本身和管理系统两部分。具体有：数据库的大小、数据库中表的数量、单个表的大小、表中允许的记录（行）数量、单个记录（行）的大小、表上所允许的索引数量、数据库所允许的索引数量、最大并发事务处理能力、负载均衡能力、最大连接数等。

7. Web 服务器

评价 Web 服务器的主要性能指标有：最大并发连接数、响应延迟、吞吐量。

2.2.2 性能评价方法

1. 性能评价的常用方法

（1）时钟频率法。一般来讲，主频越高，速度越快。

（2）指令执行速度法。计量单位 KIPS、MIPS。

（3）等效指令速度法。统计各类指令在程序中所占的比例并进行折算，是一种固定比例法。

（4）数据处理速率法。采用计算 PDR 值的方法来衡量机器性能，PDR 值越大，机器性能越好。PDR 与每条指令和每个操作数的平均位数以及每条指令的平均运算速度有关。

2. 基准程序法（Benchmark）

把应用程序中用得最多、最频繁的那部分核心程序作为评价计算机性能的标准程序，称为基准测试程序。基准程序法是目前被用户一致承认的测试性能的较好方法，基准程序多种多样，包括：

（1）整数测试程序。同一厂家的机器，采用相同的体系结构，用相同的基准程序测试，得到的 MIPS 值越大，一般说明机器速度越快。

（2）浮点测试程序。测量指标 MFLOPS（Million Floating-point Operations Per Second）（理论峰值浮点速度）。

（3）SPEC 基准程序（SPEC Benchmark）。重点面向处理器性能的基准程序集，将被测计算机的执行时间标准化，即将被测计算机的执行时间除以一个参考处理器的执行时间。

（4）TPC 基准程序。用于评测计算机在事务处理、数据库处理、企业管理与决策支持系统等方面的性能。其中，TPC-C 是在线事务处理（On-line Transaction Processing，OLTP）的基准程序，TPC-D 是决策支持的基准程序。TPC-E 是为大型企业信息服务的基准程序。

大多数情况下，为测试新系统的性能，用户必须依靠评价程序来评价机器的性能。以下四种评价程序：真实的程序、核心程序、小型基准程序、合成基准程序，评测的准确程度依次递减。

2.2.3 阿姆达尔定律

阿姆达尔（Amdahl）定律主要用于系统性能改进的计算中。阿姆达尔定律是指计算机系统中对某一部件采用某种更快的执行方式所获得的系统性能改变程度，取决于这种方式被使用的频率，或所占总执行时间的比例。

阿姆达尔定律定义了采用特定部件所取得的加速比。假定我们使用某种增强部件，计算机的性能就会得到提高，那么加速比就是下式所定义的比率：

$$加速比 = \frac{不使用增强部件时完成整个任务的时间}{使用增强部件时完成整个任务的时间}$$

$$总加速比 = \frac{原来的执行时间}{新的执行时间} = \frac{1}{\left[(1-增强比例)+\dfrac{增强比例}{增强加速比}\right]}$$

2.3 课后演练（精选真题）

● 通常用户采用评价程序来评价系统的性能，评测准确度最高的评价程序是 （1） 。在计算机性能评估中，通常将评价程序中用得最多、最频繁的 （2） 作为评价计算机性能的标准程序，称其为基准测试程序。（**2019 年 11 月第 16～17 题**）

（1）A．真实程序　　　B．核心程序　　　C．小型基准程序　D．核心基准程序

（2）A．真实程序　　　B．核心程序　　　C．小型基准程序　D．核心基准程序

● 为了优化系统的性能，有时需要对系统进行调整。对于不同的系统，其调整参数也不尽相同。例如，对于数据库系统，主要包括 CPU/内存使用状况、 （3） 、进程/线程使用状态、日志文件大小等。对于应用系统，主要包括应用系统的可用性、响应时间、 （4） 、特定应用资源占用等。（**2018 年 11 月第 16～17 题**）

（3）A．数据丢包率　　　B．端口吞吐量　　　C．数据处理速率　　D．查询语句性能
（4）A．并发用户数　　　B．支持协议和标准　　C．最大连接数　　　D．时延抖动

2.4　课后演练答案解析

（1）（2）参考答案：A　B

🔖解析　本题考查基准测试程序方面的基础知识。

计算机性能评估的常用方法有时钟频率法、指令执行速度法、等效指令速度法、数据处理速率法、综合理论性能法等，这些方法未考虑诸如I/O结构、操作系统、编译程序效率等对系统性能的影响，因此难以准确评估计算机系统的实际性能。

通常用户采用评价程序来评价系统的性能。评价程序一般有专门的测量程序、仿真程序等，而评测准确度最高的评价程序是真实程序。在计算机性能评估中，通常将评价程序中用得最多、最频繁的核心程序作为评价计算机性能的标准程序，称其为基准测试程序。

（3）（4）参考答案：D　A

🔖解析　为了优化系统性能，有时需要对系统进行调整。对于数据库系统，性能调整主要包括CPU/内存使用状况、优化数据库设计、优化数据库管理以及进程/线程状态、硬盘剩余空间、日志文件大小、查询语句性能等；对于应用系统，性能调整主要包括应用系统的可用性、响应时间、并发用户数以及特定应用的系统资源占用等。

第3章
操作系统知识

3.1 备考指南

操作系统知识主要考查的是操作系统概述、进程管理、存储管理、设备管理和文件管理等相关知识，同时也是重点考点，在系统架构设计师的考试中只会在选择题里考查，占 3~5 分。

3.2 考点梳理及精讲

3.2.1 操作系统概述

1. 操作系统定义

操作系统能有效地组织和管理系统中的各种软/硬件资源，合理地组织计算机系统工作流程，控制程序的执行，并且向用户提供一个良好的工作环境和友好的接口。

操作系统有 3 个重要的作用：第一，管理计算机中运行的程序和分配各种软硬件资源；第二，为用户提供友善的人机界面；第三，为应用程序的开发和运行提供一个高效率的平台。操作系统的 4 个特征是并发性、共享性、虚拟性和不确定性。

2. 操作系统的功能

（1）进程管理。实质上是对处理机的执行"时间"进行管理，采用多道程序等技术将 CPU 的时间合理地分配给每个任务，主要包括进程控制、进程同步、进程通信和进程调度。

（2）文件管理。文件管理主要包括文件存储空间管理、目录管理、文件的读/写管理和存取控制。

（3）存储管理。存储管理是对主存储器"空间"进行管理，主要包括存储分配与回收、存储保护、地址映像（变换）和主存扩充。

（4）设备管理。设备管理实质是对硬件设备的管理，包括对输入/输出设备的分配、启动、完成和回收。

（5）作业管理。作业管理包括任务、界面管理、人机交互、图形界面、语音控制和虚拟现实等。

3．操作系统的分类

（1）批处理操作系统：单道批处理和多道批处理（主机与外设可并行）。

（2）分时操作系统：一个计算机系统与多个终端设备连接。分时操作系统是将 CPU 的工作时间划分为许多很短的时间片，轮流为各个终端的用户服务。

（3）实时操作系统：实时是指计算机对于外来信息能够以足够快的速度进行处理，并在被控对象允许的时间范围内作出快速反应。实时系统对交互能力要求不高，但要求可靠性有保障。为了提高系统的响应时间，对随机发生的外部事件应及时作出响应并对其进行处理。

（4）网络操作系统：使联网计算机能方便而有效地共享网络资源，为网络用户提供各种服务的软件和有关协议的集合。功能主要包括高效、可靠的网络通信；对网络中共享资源的有效管理；提供电子邮件、文件传输、共享硬盘和打印机等服务；网络安全管理；提供互操作能力。三种模式为集中模式、客户端/服务器模式、对等模式。

（5）分布式操作系统：由多个分散的计算机连接而成的计算机系统，系统中的计算机无主次之分，任意两台计算机可以通过通信交换信息。通常，为分布式计算机系统配置的操作系统称为分布式操作系统，是网络操作系统的更高级形式。

（6）微型计算机操作系统：简称微机操作系统，常用的有 Windows、Mac OS、Linux。

（7）嵌入式操作系统：运行在嵌入式智能芯片环境中，对整个智能芯片以及它所操作、控制的各种部件装置等资源进行统一协调、处理、指挥和控制。其主要特点如下：

1）微型化。从性能和成本角度考虑，希望占用的资源和系统代码量少，如内存少、字长短、运行速度有限、能源少（用微小型电池）。

2）可定制。从减少成本和缩短研发周期考虑，要求嵌入式操作系统能运行在不同的微处理器平台上，能针对硬件变化进行结构与功能上的配置，以满足不同的应用需要。

3）实时性。嵌入式操作系统主要应用于过程控制、数据采集、传输通信、多媒体信息及关键要害领域需要迅速响应的场合，所以对实时性要求较高。

4）可靠性。系统构件、模块和体系结构必须达到应有的可靠性，对关键要害应用还要提供容错和防故障措施。

5）易移植性。为了提高系统的易移植性，通常采用硬件抽象层（Hardware Abstraction Level，HAL）和板级支撑包（Board Support Package，BSP）的底层设计技术。

嵌入式系统**初始化过程**按照自底向上、从硬件到软件的次序依次为：芯片级初始化→板卡级初始化→系统级初始化。芯片级是微处理器的初始化，板卡级是其他硬件设备初始化，系统级就是软件及操作系统初始化。

（8）微内核操作系统：微内核，顾名思义，就是尽可能地将内核做得很小，只将最为核心必要的东西放入内核中，其他能独立的东西都放入用户进程中，这样，系统就被分为了用户态和内核态，如图 3-1 所示。单体内核和微内核的对比见表 3-1。

图 3-1　用户态和内核态

表 3-1　单体内核和微内核的对比

	实质	优点	缺点
单体内核	将图形、设备驱动及文件系统等功能全部在内核中实现，运行在内核状态和同一地址空间	减少进程间通信和状态切换的系统开销，获得较高的运行效率	内核庞大，占用资源较多且不易剪裁。 系统的稳定性和安全性不好
微内核	只实现基本功能，将图形系统、文件系统、设备驱动及通信功能放在内核之外	内核精练，便于剪裁和移植。系统服务程序运行在用户地址空间，系统的可靠性、稳定性和安全性较高。可用于分布式系统	用户状态和内核状态需要频繁切换，从而导致系统效率不如单体内核

3.2.2　进程管理

1. 进程的组成和状态

进程由进程控制块（Procedure Control Block，PCB）（唯一标志）、程序（描述进程要做什么）、数据（存放进程执行时所需数据）组成。

进程状态转换图（三态图）如图 3-2 所示。需要熟练掌握图 3-2 中进程的三个状态之间的转换。

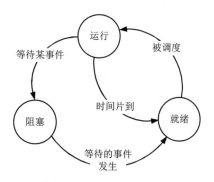

图 3-2　进程状态转换图

2. 前趋图和进程资源图

前趋图：用来表示哪些任务可以并行执行，哪些任务之间有顺序关系，具体如图 3-3 所示。

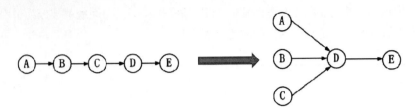

图 3-3　前趋图

由图 3-3 可知，A、B、C 可以并行执行，但是必须 A、B、C 都执行完后，才能执行 D，这就确定了两点：任务间的并行、任务间的先后顺序。

进程资源图：用来表示进程和资源之间的分配和请求关系，如图 3-4 所示。

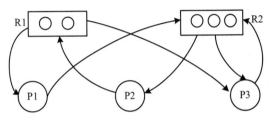

图 3-4　进程资源图

P 代表进程，R 代表资源，R 方框中有几个圆球就表示有几个这种资源，在图 3-4 中，R1 指向 P1，表示 R1 有一个资源已经分配给了 P1，P1 指向 R2，表示 P1 还需要请求一个 R2 资源才能执行。

阻塞节点：某进程所请求的资源已经全部分配完毕，无法获取所需资源，该进程被阻塞了无法继续。如图 3-4 中的 P2。

非阻塞节点：某进程所请求的资源还有剩余，可以分配给该进程继续运行。如图 3-4 中的 P1、P3。

当一个进程资源图中的所有进程都是阻塞节点时，即陷入死锁状态。

进程资源图的化简方法：先看系统还剩下多少资源没分配，再看有哪些进程是不阻塞的，接着把不阻塞的进程的所有边都去掉，形成一个孤立的点，再把系统分配给这个进程的资源回收回来，这样，系统剩余的空闲资源便多了起来，接着再看剩下的进程有哪些是不阻塞的，然后又把它们逐个变成孤立的点。最后，所有的资源和进程都变成孤立的点。

3．进程间的同步与互斥

互斥和同步并非反义词。互斥表示一个资源在同一时间内只能由一个任务单独使用，需要加锁，使用完后解锁才能被其他任务使用；同步表示两个任务可以同时执行，只不过有速度上的差异，需要速度上匹配，不存在资源是否单独或共享的问题。

4．信号量操作

（1）基本概念。

1）临界资源：各个进程间需要互斥方式对其进行共享的资源，即在某一时刻只能被一个进程使用，该进程释放后又可以被其他进程使用。

2）临界区：每个进程中访问临界资源的那段代码。

3）信号量：是一种特殊的变量，有以下两种。

互斥信号量：对临界资源采用互斥访问，使用互斥信号量后其他进程无法访问，初值为1。

同步信号量：对共享资源的访问控制，初值是共享资料的个数。

（2）P 操作和 V 操作。P 操作和 V 操作都是原子操作，用来解释进程间的同步和互斥原理，PV操作原理如图 3-5 所示。

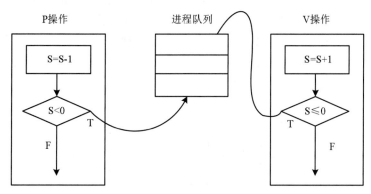

图 3-5　PV 操作原理

例如，在**生产者和消费者的问题**中，生产者生产一个商品 S，而后要申请互斥地使用该仓库，即首先需要执行互斥信号量 P(S0)，申请到仓库独立使用权后，再判断仓库是否有空闲（信号量 S1），执行 P(S1)，若结果大于等于 0，表示仓库有空闲，再将 S 放入仓库中，此时仓库商品数量（信号量 S2）增加 1，即执行 V(S2)操作，使用完毕后，释放互斥信号量 V(S0)。

对于消费者，首先也需要执行互斥信号量 P(S0)，申请到仓库独立使用权后，再判断仓库中是否有商品，执行 P(S2)，若结果大于等于 0，表示有商品，可以取出，此时造成了一个结果，即仓库空闲了一个，执行 V(S1)操作，使用完毕后，释放互斥信号量 V(S0)。

因此，执行 P 操作是**主动的带有判断性质的**-1，执行 V 操作是**被动的因为某操作产生的**+1。

5．进程调度

进程调度指当有更高优先级的进程到来时如何分配 CPU，分为可剥夺和不可剥夺两种：可剥夺指当有更高优先级进程到来时，强行将正在运行进程的 CPU 分配给高优先级进程；不可剥夺是指高优先级进程必须等待当前进程自动释放CPU。

在某些操作系统中，一个作业从提交到完成需要经历高、中、低三级调度。

（1）高级调度。高级调度又称"长调度""作业调度"或"接纳调度"，它决定处于输入池中的哪个后备作业可以调入主系统做好运行的准备，成为一个或一组就绪进程。在系统中一个作业只需经过一次高级调度。

（2）中级调度。中级调度又称"中程调度"或"对换调度"，它决定处于交换区中的哪个就绪进程可以调入内存，以便直接参与对 CPU 的竞争。

（3）低级调度。低级调度又称"短程调度"或"进程调度"，它决定处于内存中的哪个就绪进程可以占用 CPU。低级调度是操作系统中最活跃、最重要的调度程序，对系统的影响很大。

调度算法有如下几种。

（1）先来先服务（FCFS）：先到达的进程优先分配 CPU，用于宏观调度。

（2）时间片轮转：分配给每个进程 CPU 时间片，轮流使用 CPU，每个进程时间片大小相同，很公平，用于微观调度。

（3）优先级调度：每个进程都拥有一个优先级，优先级大的先分配 CPU。

（4）多级反馈调度：时间片轮转和优先级调度结合而成，设置多个就绪队列 1,2,3,…,n，每个队列分别赋予不同的优先级，分配不同的时间片长度；新进程先进入队列 1 的末尾，按 FCFS 原则，执行队列 1 的时间片；若未能执行完进程，则转入队列 2 的末尾，如此重复，如图 3-6 所示。

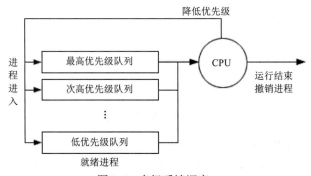

图 3-6　多级反馈调度

6. 死锁问题

当一个进程在等待永远不可能发生的事件时，就会产生死锁，若系统中有多个进程处于死锁状态，就会造成系统死锁。

死锁产生的四个必要条件：资源互斥、每个进程占有资源并等待其他资源、系统不能剥夺进程资源、进程资源图是一个环路。

死锁产生后，解决措施是打破四个必要条件，有下列方法：

（1）死锁预防：采用某种策略限制并发进程对于资源的请求，破坏死锁产生的四个条件之一，使系统任何时刻都不满足死锁的条件。

（2）死锁避免：一般采用银行家算法来避免，银行家算法就是提前计算出一条不会死锁的资源分配方法才分配资源，否则不分配资源，相当于借贷，考虑对方还得起才借钱，提前考虑好以后，就可以避免死锁。

（3）死锁检测：允许死锁产生，但系统定时运行一个检测死锁的程序，若检测到系统中发生死锁，则设法加以解除。

（4）死锁解除：即死锁发生后的解除方法，如强制剥夺资源、撤销进程等。

死锁资源计算：系统内有 n 个进程，每个进程都需要 R 个资源，那么其发生死锁的最大资源数为 $n\times(R-1)$。其不发生死锁的最小资源数为 $n\times(R-1)+1$。

7. 线程

传统的进程有两个属性：可拥有资源的独立单位；可独立调度和分配的基本单位。

引入线程的原因是进程在创建、撤销和切换中，系统必须为之付出较大的时空开销，故在系统中设置的进程数目不宜过多，进程切换的频率不宜太高，这就限制了并发程度的提高。引入线程后，将传统进程的两个基本属性分开，线程作为调度和分配的基本单位，进程作为独立分配资源的单位。用户可以通过创建线程来完成任务，以减少程序并发执行时付出的时空开销。

线程是进程中的一个实体，是被系统独立分配和调度的基本单位。线程基本上不拥有资源，只拥有一点运行中必不可少的资源（如程序计数器、一组寄存器和栈），它可与同属一个进程的其他线程共享进程所拥有的全部资源，例如进程的公共数据、全局变量、代码、文件等资源，但不能共享线程独有的资源，如线程的栈指针等标识数据。

3.2.3　存储管理

1. 分区存储管理

所谓分区存储组织，就是整存，将某进程运行所需的内存整体一起分配给它，然后再执行。有三种分区方式：

（1）固定分区：静态分区方法，将主存分为若干个固定的分区，将要运行的作业装配进去，由于分区固定，大小和作业需要的大小不同，会产生内部碎片。

（2）可变分区：动态分区方法，主存空间的分区是在作业转入时划分，正好划分为作业需要的大小，这样就不存在内部碎片，但容易将整片主存空间切割成许多块，会产生外部碎片。系统分配内存的算法有很多，根据分配前的内存情况，还需要分配 9K 空间，对不同算法的原理描述如图 3-7 所示。

1）首次适应法：按内存地址顺序从头查找，找到第一个 ≥9K 空间的空闲块，即切割 9K 空间分配给进程。

2）最佳适应法：将内存中所有空闲内存块按从小到大排序，找到第一个 ≥9K 空间的空闲块，切割分配，这个将会找到与 9K 空间大小最相近的空闲块。

3）最差适应法：和最佳适应法相反，将内存中空闲块空间最大的，切割 9K 空间分配给进程，这是为了预防系统中产生过多的细小空闲块。

4）循环首次适应法：按内存地址顺序查找，找到第一个 ≥9K 空间的空闲块，而后若还需分配，则找下一个，不用每次都从头查找，这是与首次适应法不同的地方。

（3）可重定位分区：可以解决碎片问题，移动所有已经分配好的区域，使其成为一个连续的区域，这样其他外部细小的分区碎片可以合并为大的分区，满足作业要求。只在外部作业请求空间得不到满足时进行。

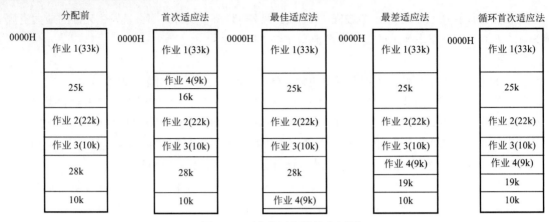

图 3-7　可变分区各算法实例图

2. 分页存储管理

如果采用分区存储，都是整存，会出现一个问题，即当进程运行所需的内存大于系统内存时，就无法将整个进程一起调入内存，因此无法运行，若要解决此问题，就要采用段页式存储组织，页式存储是基于可变分区而提出的。

如图 3-8 所示，逻辑页分为页号和页内地址，页内地址就是物理偏移地址，而页号与物理块号并非按序对应的，需要查询页表，才能得知页号对应的物理块号，再用物理块号加上偏移地址才得出真正运行时的物理地址，转换原理如图 3-9 所示。

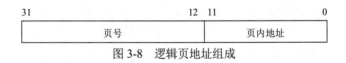

图 3-8　逻辑页地址组成

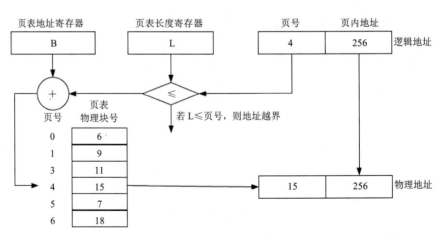

图 3-9　逻辑地址转换为物理地址原理

优点：利用率高，碎片小，分配及管理简单。

缺点：增加了系统开销，可能产生抖动现象。

3．地址表示和转换

地址组成：页地址+页内偏移地址（页地址在高位，页内偏移地址在低位）。

物理地址：物理块号+页内偏移地址。

逻辑地址：页号+页内偏移地址。

物理地址和逻辑地址的页内偏移地址是一样的，只需要求出页号和物理块号之间的对应关系，首先需要求出页号的位数，得出页号，再去页表里查询其对应的物理块号，使用此物理块号和页内偏移地址组合，就能得到物理地址。

4．页面置换算法

有时候，进程空间分为 100 个页面，而系统内存只有 10 个物理块，无法全部满足分配，就需要将马上要执行的页面先分配进去，而后根据算法进行淘汰，使 100 个页面能够按执行顺序调入物理块中执行完。

缺页表示需要执行的页不在内存物理块中，需要从外部调入内存，会增加执行时间，因此，缺页数越多，系统效率越低。页面置换算法如下：

最优算法（OPTimal replacement，OPT）：理论上的算法，无法实现，是在进程执行完后进行的最佳效率计算，用来让其他算法比较差距。原理是选择未来最长时间内不被访问的页面置换，这样可以保证未来执行的都是马上要访问的。

先进先出算法（First In First Out，FIFO）：先调入内存的页先被置换淘汰，会产生抖动现象，即分配的页数越多，缺页率可能越多（即效率越低）。

最近最少使用（Least Recently Used，LRU）：在最近的过去，进程执行过程中，过去最少使用的页面被置换淘汰，根据局部性原理，这种方式效率高，且不会产生抖动现象，使用大量计数器，但是没有 LFU 多。

淘汰原则：优先淘汰最近未访问的，而后淘汰最近未被修改的页面。

5．快表

快表是一块小容量的相联存储器，由快速存储器组成，按内容访问，速度快，并且可以从硬件上保证按内容并行查找，一般用来存放当前访问最频繁的少数活动页面的页号。

快表是将页表存于 Cache 中；慢表是将页表存于内存上。慢表需要访问两次内存才能取出页，而快表是访问一次 Cache 和一次内存，因此更快。

6．段式存储管理

将进程空间分为一个个段，每段也有段号和段内地址，如图 3-10 所示。与页式存储不同的是，每段物理大小不同，分段是根据逻辑整体分段的，因此，段表也与页表的内容不同，页表中直接是逻辑页号对应物理块号，段表有段长和基址两个属性，才能确定一个逻辑段在物理段中的位置，如图 3-11 所示。

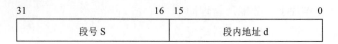

图 3-10　逻辑段地址组成

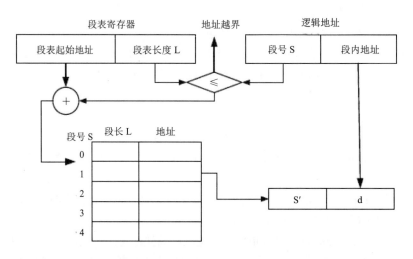

图 3-11　逻辑段地址转换为物理段地址原理

优点：多道程序共享内存，各段程序修改互不影响。

缺点：内存利用率低，内存碎片浪费大。

综上所述，分页是根据物理空间划分，每页大小相同；分段是根据逻辑空间划分，每段是一个完整的功能，便于共享，但是大小不同。

7．地址表示

（段号，段内偏移）：其中段内偏移不能超过该段号对应的段长，否则越界错误，而此地址对应的真正内存地址应该是段号对应的基地址+段内偏移。

8．段页式存储管理

对进程空间先分段，后分页，具体原理如图 3-12 和图 3-13 所示。

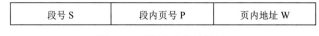

图 3-12　段页式存储地址

优点：空间浪费小、存储共享容易、存储保护容易、能动态链接。

缺点：由于管理软件的增加，复杂性和开销也随之增加，需要的硬件以及占用的内容也有所增加，使得执行速度大大下降。

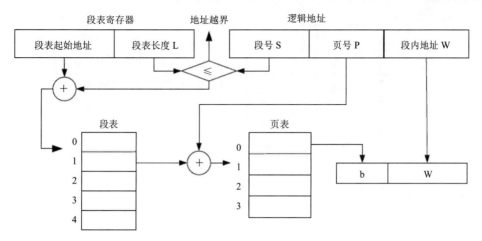

图 3-13　段页式逻辑地址转换为物理地址

3.2.4　设备管理

1. 概述

设备是计算机系统与外界交互的工具，具体负责计算机与外部的输入/输出工作，所以常称为外部设备（简称"外设"）。在计算机系统中，负责管理设备和输入/输出的机构称为 I/O 系统。因此，I/O 系统由设备、控制器、通道（具有通道的计算机系统）、总线和 I/O 软件组成。设备的分类如下。

（1）按数据组织分类：块设备、字符设备。

（2）按设备功能分类：输入设备、输出设备、存储设备、网络联网设备、供电设备等。

（3）按资源分配角度分类：独占设备、共享设备和虚拟设备。

（4）按数据传输速率分类：低速设备、中速设备、高速设备。

设备管理的任务是保证在多道程序环境下，当多个进程竞争使用设备时，按一定的策略分配和管理各种设备，控制设备的各种操作，完成 I/O 设备与主存之间的数据交换。

设备管理的主要功能是动态地掌握并记录设备的状态、设备分配和释放、缓冲区管理、实现物理 I/O 设备的操作、提供设备使用的用户接口及设备的访问和控制。

2. I/O 软件

I/O 设备管理软件的所有层次及每一层的功能如图 3-14 所示。当用户程序试图读一个硬盘文件时，需要通过操作系统实现这一操作。与设备无关软件检查高速缓存中有无要读的数据块，若没有，则调用设备驱动程序，向 I/O 硬件发出一个请求。然后，用户进程阻塞并等待磁盘操作的完成。当磁盘操作完成时，硬件产生一个中断，转入中断处理程序。中断处理程序检查中断的原因，认识到这时磁盘读取操作已经完成，于是唤醒用户进程取回从磁盘读取的信息，从而结束此次 I/O 请求。用户进程在得到了所需的硬盘文件内容之后继续运行。

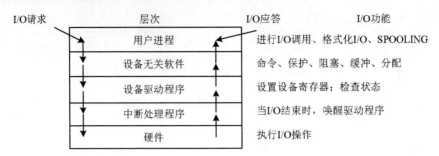

图 3-14　I/O 请求原理

3. 虚设备和 SPOOLING 技术

一台实际的物理设备，如打印机，在同一时间只能由一个进程使用，其他进程只能等待，且不知道什么时候打印机空闲，此时，极大地浪费了外设的工作效率。

引入 SPOOLING（外围设备联机操作）技术，就是在外设上建立两个数据缓冲区，分别称为输入井和输出井。这样，无论多少个进程，都可以共用这一台打印机，只需要将打印命令发出，数据就会排队存储在缓冲区中，打印机会自动按顺序打印，实现了物理外设的共享，使得每个进程都感觉在使用一个打印机，这就是物理设备的虚拟化，如图 3-15 所示。

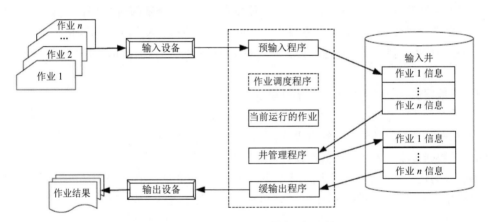

图 3-15　SPOOLING 技术原理图

3.2.5　文件管理

1. 概述

文件（File）是具有符号名的、在逻辑上具有完整意义的一组相关信息项的集合。

信息项是构成文件内容的基本单位，可以是一个字符，也可以是一个记录，记录可以等长，也可以不等长。一个文件包括文件体和文件说明，文件体是文件真实的内容，文件说明是操作系统为了管理文件所用到的信息，包括文件名、文件内部标识、文件的类型、文件存储地址、文件的长度、访问权限、建立时间和访问时间等。

　　文件管理系统，就是操作系统中实现文件统一管理的一组软件和相关数据的集合，专门负责管理和存取文件信息的软件机构，简称文件系统。文件系统的功能包括按名存取；统一的用户接口；并发访问和控制；安全性控制；优化性能；差错恢复。

　　文件的类型如下：

　　（1）按文件性质和用途可将文件分为系统文件、库文件和用户文件。

　　（2）按信息保存期限分类可将文件分为临时文件、档案文件和永久文件。

　　（3）按文件的保护方式分类可将文件分为只读文件、读/写文件、可执行文件和不保护文件。

　　（4）UNIX 系统将文件分为普通文件、目录文件和设备文件（特殊文件）。

　　文件的逻辑结构可分为两大类：一是有结构的记录式文件，它是由一个以上的记录构成的文件，故又称为记录式文件；二是无结构的流式文件，它是由一串顺序字符流构成的文件。

　　文件的物理结构是指文件的内部组织形式，即文件在物理存储设备上的存放方法，包括：

　　（1）连续结构。连续结构也称顺序结构，它将逻辑上连续的文件信息（如记录）依次存放在连续编号的物理块上。只要知道文件的起始物理块号和文件的长度，就可以很方便地进行文件的存取。

　　（2）链接结构。链接结构也称串联结构，它是将逻辑上连续的文件信息（如记录）存放在不连续的物理块上，每个物理块设有一个指针指向下一个物理块。因此，只要知道文件的第一个物理块号，就可以按链指针查找整个文件。

　　（3）索引结构。在采用索引结构时，将逻辑上连续的文件信息（如记录）存放在不连续的物理块中，系统为每个文件建立一张索引表。索引表记录了文件信息所在的逻辑块号对应的物理块号，并将索引表的起始地址放在与文件对应的文件目录项中。

　　（4）多个物理块的索引表。索引表是在文件创建时由系统自动建立的，并与文件一起存放在同一文件卷上。根据一个文件大小的不同，其索引表占用物理块的个数不等，一般占一个或几个物理块。

　　2．索引文件结构

　　如图 3-16 所示，系统中有 13 个索引节点，0～9 为直接索引，即每个索引节点存放的是内容，假设每个物理盘大小为 4KB，共可存 4KB×10=40KB 数据。

　　10 号索引节点为一级间接索引节点，大小为 4KB，存放的并非直接数据，而是链接到直接物理盘块的地址，假设每个地址占 4KB，则共有 1024 个地址，对应 1024 个物理盘，可存 1024×4KB=4096KB 数据。

　　二级索引节点类似，直接盘存放一级地址，一级地址再存放物理盘块地址，而后链接到存放数据的物理盘块，容量又扩大了一个数量级，为 1024×1024×4KB 数据。

　　3．文件目录

　　文件控制块中包含以下三类信息：基本信息类、存取控制信息类和使用信息类。

　　（1）基本信息类。例如，文件名、文件的物理地址、文件长度和文件块数等。

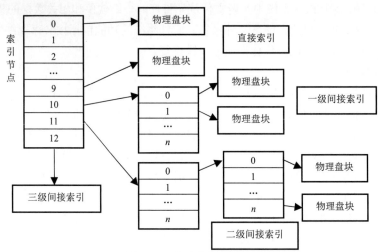

图 3-16　索引文件结构

（2）存取控制信息类。文件的存取权限，像 UNIX 用户分成文件组、同组用户和一般用户三类，这三类用户的读/写执行 RWX 权限。

（3）使用信息类。文件建立日期、最后一次修改日期、最后一次访问的日期、当前使用的信息（如打开文件的进程数、在文件上的等待队列）等。

文件控制块的有序集合称为文件目录。文件目录有如下几种结构：

（1）相对路径：从当前路径开始的路径。

（2）绝对路径：从根目录开始的路径。

（3）全文件名=绝对路径+文件名。要注意，绝对路径和相对路径是不加最后的文件名的，只是单纯的路径序列。

（4）树型结构主要是区分相对路径和绝对路径，如图 3-17 所示。

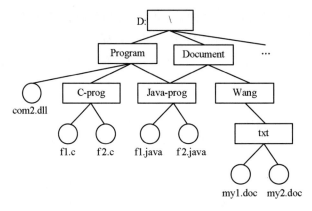

图 3-17　绝对路径和相对路径

4. 文件存储空间管理

文件的存取方法是指读/写文件存储器上的一个物理块的方法。通常有顺序存取和随机存取两种方法。顺序存取是指对文件中的信息按顺序依次进行读/写；随机存取是指对文件中的信息可以按任意的次序随机地读/写。

文件存储空间的管理包括如下几种结构表。

（1）空闲区表。将外存空间上的一个连续的未分配区域称为"空闲区"。操作系统为磁盘外存上的所有空闲区建立一张空闲表，每个表项对应一个空闲区，适用于连续文件结构，见表 3-2。

表 3-2　空闲区表实例

序号	第一个空闲块号	空闲块数	状态
1	18	5	可用
2	29	8	可用
3	105	19	可用
4	—	—	未用

注："—"表示不在。

（2）位示图。这种方法是在外存上建立一张位示图（Bitmap），记录文件存储器的使用情况。每一位对应文件存储器上的一个物理块，取值 0 和 1 分别表示空闲和占用，如图 3-18 所示。

第 0 字节	1	0	1	0	0	1	…	0	1
第 1 字节	0	1	1	1	0	0	…	1	1
第 2 字节	0	1	1	1	1	0	…	1	0
第 3 字节	1	1	1	1	0	0	…	0	1
…	…	…	…	…	…	…	…	…	…
第 n-1 字节	0	1	0	1	0	1	…	1	1

图 3-18　位示图实例

（3）空闲块链。每个空闲物理块中有指向下一个空闲物理块的指针，所有空闲物理块构成一个链表，链表的头指针放在文件存储器的特定位置上（如管理块中），不需要磁盘分配表，节省空间。每次申请空闲物理块只需根据链表的头指针取出第一个空闲物理块，根据第一个空闲物理块的指针可找到第二个空闲物理块，以此类推。

（4）成组链接法。例如，在实现时系统将空闲块分成若干组，每 100 个空闲块为一组，每组的第一个空闲块登记了下一组空闲块的物理盘块号和空闲块总数。假如某个组的第一个空闲块号等于 0，意味着该组是最后一组，无下一组空闲块。

3.3 课后演练（精选真题）

● 某计算机系统页面大小为 4KB，进程 P1 的页面变换表如下所示，P1 要访问数据的逻辑地址为十六进制 1B1AH，那么该逻辑地址经过变换后，其对应的物理地址应为十六进制 __(1)__ 。
（2021 年 11 月第 2 题）

页号	物理块号
0	1
1	6
2	3
3	8

（1）A．1B1AH   B．3B1AH   C．6B1AH   D．8B1AH

● 某文件系统文件存储采用文件索引节点法。假设文件索引节点中有 8 个地址项 iaddr[0]～iaddr[7]，每个地址项大小为 4 字节，其中地址项 iaddr[0]～iaddr[4]为直接地址索引，iaddr[5]、iaddr[6]是一级间接地址索引，iaddr[7]是二级间接地址索引，磁盘索引块和磁盘数据块大小均为 1KB，若要访问 iclsClient.dll 文件的逻辑块号分别为 1、518，则系统应分别采用 __(2)__ 。
（2021 年 11 月第 3 题）

（2）A．直接地址索引、直接地址索引   B．直接地址索引、一级间接地址索引
      C．直接地址索引、二级间接地址索引   D．一级间接地址索引、二级间接地址索引

● 假设系统中互斥资源 R 的可用数为 25。T0 时刻进程 P1、P2、P3、P4 对资源 R 的最大需求数、已分配资源数和尚需资源数的情况如表 A 所示，若 P1 和 P3 分别申请资源 R 数为 1 和 2，则系统 __(3)__ 。**（2021 年 11 月第 4 题）**

表 A　T0 时刻进程对资源的需求情况

进程	最大需求数	已分配资源数	尚需资源数
P1	10	6	4
P2	11	4	7
P3	9	7	2
P4	12	6	6

（3）A．只能先给 P1 进行分配，因为分配后系统状态是安全的
      B．只能先给 P3 进行分配，因为分配后系统状态是安全的
      C．可以先给 P1、P3 进行分配，因为分配后系统状态是安全的
      D．不能给 P3 进行分配，因为分配后系统状态是不安全的

● 假设某计算机字长 32 位，该计算机文件管理系统磁盘空间管理里采用位示图记录磁盘的使用情况，若磁盘的容量为 300GB，物理块的大小为 4MB，那么位示图的大小为 ＿（4）＿ 字。（**2020年 11 月第 2 题**）

（4）A．2400　　　　　　B．3200　　　　　　C．6400　　　　　　D．9600

● 实时操作系统中，外部事件必须 ＿（5）＿。（**2020 年 11 月第 3 题**）

（5）A．一个时间片内处理　　　　　　B．一个周期时间内处理

　　C．一个机器周期内处理　　　　　　D．被控对象允许的时间内

● 关于微内核的描述，不正确的是 ＿（6）＿。（**2020 年 11 月第 5 题**）

（6）A．微内核系统结构清晰，利于协作开发

　　B．微内核代码量少，有良好的移植性

　　C．微内核有良好的伸缩、拓展性

　　D．微内核功能代码可以相互调用，性能高

● 前趋图（Precedence Graph）是一个有向无环图，记为：→= {(Pi,Pj)Pi must complete before Pj may start}。假设系统中进程 P={P1，P2，P3，P4，P5，P6，P7，P8}，且进程的前趋图如下：

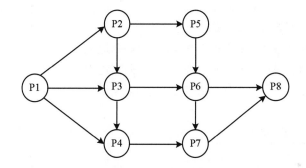

那么，该前趋图可记为 ＿（7）＿。（**2019 年 11 月第 1 题**）

（7）A．→={(P1，P2)，(P1，P3)，(P1，P4)，(P2，P5)，(P3，P5)，(P4，P7)，(P5，P6)，(P6，P7)，(P6，P8)，(P7，P8)}

　　B．→={(P1，P2)，(P3，P1)，(P4，P1)，(P5，P2)，(P5，P3)，(P6，P4)，(P7，P5)，(P7，P6)，(P6，P8)，(P8，P7)}

　　C．→={(P1，P2)，(P1，P3)，(P1，P4)，(P2，P5)，(P3，P6)，(P4，P7)，(P5，P6)，(P6，P7)，(P6，P8)，(P7，P8)}

　　D．→={(P1，P2)，(P1，P3)，(P2，P3)，(P2，P5)，(P3，P6)，(P3，P4)，(P4，P7)，(P5，P6)，(P6，P7)，(P6，P8)，(P7，P8)}

● 某计算机系统中的进程管理采用三态模型，那么下图所示的 PCB（进程控制块）的组织方式采用 ＿（8）＿，图中 ＿（9）＿。（**2018 年 11 月第 2～3 题**）

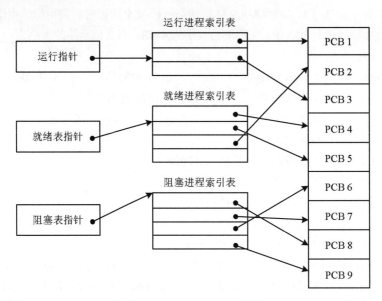

（8）A．顺序方式 　　　　B．链接方式 　　　　C．索引方式 　　　　D．Hash

（9）A．有 1 个运行进程，2 个就绪进程，4 个阻塞进程

　　 B．有 2 个运行进程，3 个就绪进程，3 个阻塞进程

　　 C．有 2 个运行进程，3 个就绪进程，4 个阻塞进程

　　 D．有 3 个运行进程，2 个就绪进程，4 个阻塞进程

3.4 课后演练答案解析

（1）**参考答案**：C

解析 4K=2^{12}，也即低 12 位表示页内地址，高 4 位表示页号，十六进制正好 1 位等于 4 位二进制，因此 B1A 是页内偏移，1 是页号，对应物理块号是 6，物理地址就是 6B1AH。

（2）**参考答案**：C

解析 此题为经典题型。注意从 0 开始编号，0～4 直接地址索引表示逻辑块号 0～4，一个一级间接地址索引可表示 1KB/4B=256 个直接盘块，因此 5、6 两个一级索引表示逻辑块号 5、516，因此 518 处于二级间接地址范围。

（3）**参考答案**：B

解析 此题为考查银行家算法。T0 时刻系统可用资源数为 25-(6+4+7+6)=2，此时只能满足 P3，因此必须第一个分配给 P3。

（4）**参考答案**：A

解析 此题为经典计算题，300×1024/4/32=2400。

（5）**参考答案**：D

🔎**解析**　实时是在规定的时间内做出正确的回应。

（6）**参考答案**：D

🔎**解析**　微内核，顾名思义，就是尽可能地将内核做得很小，只将最为核心必要的东西放入内核中，其他能独立的东西都放入用户进程中，这样，系统就被分为了用户态和内核态。

也因为分成了用户态和内核态，微内核功能代码不能直接调用，需要切换状态。

（7）**参考答案**：D

🔎**解析**　前趋图是一个有向无环图，记为 DAG（Directed Acyclic Graph），用于描述进程之间执行的前后关系。图中的每个节点可用于描述一个程序段或进程，乃至一条语句；节点间的有向边则用于表示两个节点之间存在的偏序（Partial Order，亦称偏序关系）或前趋关系（Precedence Relation）"→"。

对于题中所示的前趋图，存在前趋关系：P1→P2，P1→P3，P2→P3，P2→P5，P3→P4，P3→P6，P4→P7，P5→P6，P6→P7，P6→P8，P7→P8。

可记为：P={P1，P2，P3，P4，P5，P6，P7，P8}

→={(P1，P2)，(P1，P3)，(P2，P3)，(P2，P5)，(P3，P6)，(P3，P4)，(P4，P7)，(P5，P6)，(P6，P7)，(P6，P8)，(P7，P8)}。

在前趋图中，没有前趋的节点称为初始节点（Initial Node），把没有后继的节点称为终止节点（Final Node）。

（8）（9）**参考答案**：C　C

🔎**解析**　从图中给出的索引表可以得出这是索引方式，其运行进程索引表有两个指针，对应 2 个运行进程，就绪进程索引表有 3 个进程，阻塞进程索引表有 4 个进程。

第4章
数据库技术基础

4.1 备考指南

数据库技术基础主要考查的是数据库的三级模式两级映像、数据库设计、关系运算、规范化和反规范化、事务处理、分布式数据库等相关知识，同时也是重点考点，在上午试题和案例分析与论文中都可能出现。上午试题会占 3～5 分。

4.2 考点梳理及精讲

4.2.1 基本概念

数据库系统（DBS）的组成：数据库、硬件、软件、人员。

数据库管理系统（DBMS）的功能：数据定义、数据库操作、数据库运行管理、数据的存储管理、数据库的建立和维护等。

DBMS 的分类：关系数据库系统（RDBS）、面向对象的数据库系统（OODBS）、对象关系数据库系统（ORDBS）。

数据库系统的体系结构：集中式数据库系统（所有东西集中在 DBMS 电脑上）、客户端/服务器体系结构（客户端负责请求和数据表示，服务器负责数据库服务）、并行数据库系统（多个物理上在一起的 CPU）、分布式数据库系统（物理上分布在不同地方的计算机）。

4.2.2 三级模式两级映像

内模式：管理如何存储物理的**数据**，对数据的存储方式、优化、存放等。

模式：又称为概念模式，就是通常使用的**表**这个级别，根据应用、需求将物理数据划分成一张张表。

外模式：对应数据库中的**视图**这个级别，将表进行一定的处理后再提供给用户使用。例如，将用户表中的用户名和密码组成视图提供给登录模块使用，而用户表中的其他列则不对该模块开放，增加了安全性。

外模式——模式映像：是表和视图之间的映像，存在于概念级和外部级之间，若表中数据发生了修改，只需要修改此映像，而无须修改应用程序。

模式——内模式映像：是表和数据的物理存储之间的映像，存在于概念级和内部级之间，若修改了数据存储方式，只需要修改此映像，而不需要去修改应用程序。

以上的数据库系统实际上是一个分层次的设计，从底至上称为物理级数据库（实际为一个数据库文件）、概念级数据库、用户级数据库，各层情况如图 4-1 所示。

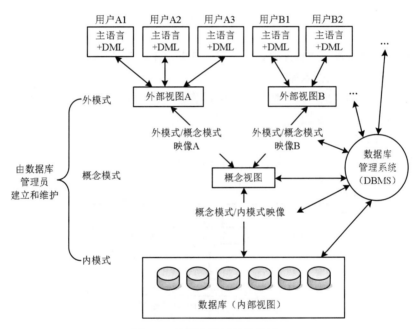

图 4-1　数据库分层结构设计

4.2.3　数据库的设计

1. 数据库设计的阶段

数据库设计阶段分为以下几种。

（1）需求分析。即分析数据存储的要求，产出物有数据流图、数据字典、需求说明书。获得用户对系统的三个要求：信息要求、处理要求、系统要求。

（2）概念结构设计。就是设计 E-R 图，也即实体-联系图，与物理实现无关，就是说明有哪些实体，实体有哪些属性。工作步骤包括：选择局部应用、逐一设计分 E-R 图、E-R 图合并。

分 E-R 图进行合并时，它们之间存在的冲突主要有以下三类。

1）属性冲突。同一属性可能会存在于不同的分 E-R 图中，由于设计人员不同或是出发点不同，属性的类型、取值范围、数据单位等可能会不一致。

2）命名冲突。相同意义的属性，在不同的分 E-R 图上有着不同的命名，或是名称相同的属性在不同的分 E-R 图中代表着不同的意义。

3）结构冲突。同一实体在不同的分 E-R 图中有不同的属性，同一对象在某一分 E-R 图中被抽象为实体，而在另一分 E-R 图中又被抽象为属性。

（3）逻辑结构设计。将 E-R 图转换成关系模式，也即转换成实际的表和表中的列属性，这里要考虑很多规范化的东西。工作步骤包括：确定数据模型、将 E-R 图转换成指定的数据模型、确定完整性约束和确定用户视图。

（4）物理设计。根据生成的表等概念，生成物理数据库。工作步骤包括确定数据分布、存储结构和访问方式。

（5）数据库实施阶段。数据库设计人员根据逻辑设计和物理设计阶段的结果建立数据库，编制与调试应用程序，组织数据入库，并进行试运行。

（6）数据库运行和维护阶段。数据库应用系统经过试运行即可投入运行，但该阶段需要不断地对系统进行评价、调整与修改。

2. 具体各个设计阶段的产出物、要求

具体各个设计阶段的产出物、要求等如图 4-2 所示。

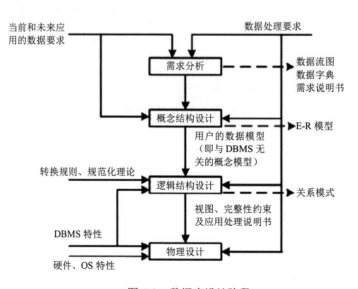

图 4-2　数据库设计阶段

4.2.4 E-R 模型

数据模型的三要素：数据结构、数据操作、数据的约束条件。

在 E-R（Entity-Relationships）模型中，使用椭圆表示属性（一般没有）、长方形表示实体、菱形表示联系，联系的两端要填写联系类型，示例如图 4-3 所示。

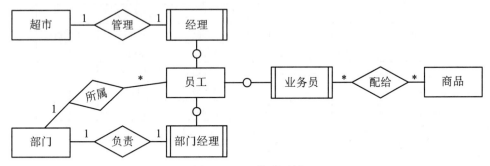

图 4-3　E-R 模型示例

联系类型：一对一（1:1）、一对多（1:N）、多对多（M:N）。

属性分类：简单属性和复合属性（属性是否可以分割）、单值属性和多值属性（属性有多个取值）、NULL 属性（无意义）、派生属性（可由其他属性生成）。

E-R 模型转换为关系模型，实际就是转换为多少张表。

（1）每个实体都对应一个关系模式。

（2）三种联系类型：1:1 联系中，联系可以放到任意的两端实体中，作为一个属性（要保证 1:1 的两端关联）；1:N 联系中，联系可以单独作为一个关系模式，也可以在 N 端中加入 1 端实体的主键；M:N 的联系中，联系必须作为一个单独的关系模式，其主键是 M 和 N 端的联合主键。

以上，明确了有多少关系模式，就知道有多少张表，同时，表中的属性也确定了，注意联系是作为表还是属性，若是属性又是哪张表的属性即可。

4.2.5 关系代数运算

1. 关系运算

关系运算有如下几种。

（1）**并**：结果是两张表中所有记录数合并，相同记录只显示一次。

（2）**交**：结果是两张表中相同的记录。

（3）**差**：S1-S2，结果是 S1 表中有而 S2 表中没有的那些记录。

设有 S1 和 S2，其关系及并、交、差结果如图 4-4 所示。

（4）**笛卡儿积**：S1×S2，产生的结果包括 S1 和 S2 的所有属性列，并且 S1 中每条记录依次和 S2 中所有记录组合成一条记录，最终属性列为 S1+S2 属性列，记录数为 S1×S2 记录数。

关系 S1		
Sno	Sname	Sdept
No0001	Mary	IS
No0003	Candy	IS
No0004	Jam	IS

关系 S2		
Sno	Sname	Sdept
No0001	Mary	IS
No0008	Katter	IS
No0021	Tom	IS

S1∩S2（交）		
Sno	Sname	Sdept
No0001	Mary	IS

S1∪S2（并）		
Sno	Sname	Sdept
No0001	Mary	IS
No0003	Candy	IS
No0004	Jam	IS
No0008	Katter	IS
No0021	Tom	IS

S1−S2（差）		
Sno	Sname	Sdept
No0003	Candy	IS
No0004	Jam	IS

图 4-4　简单关系代数运算示例

（5）**投影**：实际是按条件选择某关系模式中的某列，列也可以用数字表示。

（6）**选择**：实际是按条件选择某关系模式中的某条记录。

设有 S1 和 S2 关系，其笛卡儿积、投影、选择结果如图 4-5 所示。

关系 S1		
Sno	Sname	Sdept
No0001	Mary	IS
No0003	Candy	IS
No0004	Jam	IS

关系 S2		
Sno	Sname	Sdept
No0001	Mary	IS
No0008	Katter	IS
No0021	Tom	IS

S1×S2（笛卡儿积）					
Sno	Sname	Sdept	Sno	Sname	Sdept
No0001	Mary	IS	No0001	Mary	IS
No0001	Mary	IS	No0008	Katter	IS
No0001	Mary	IS	No0021	Tom	IS
No0003	Candy	IS	No0001	Mary	IS
No0003	Candy	IS	No0008	Katter	IS
No0003	Candy	IS	No0021	Tom	IS
No0004	Jam	IS	No0001	Mary	IS
No0004	Jam	IS	No0008	Katter	IS
No0004	Jam	IS	No0021	Tom	IS

（投影）	
Sno	Sname
No0001	Mary
No0003	Candy
No0004	Jam

（选择）		
Sno	Sname	Sdept
No0003	Candy	IS

图 4-5　笛卡儿积、投影、选择示例

（7）**自然连接**：结果显示全部的属性列，但是相同属性列只显示一次，显示两个关系模式中属性相同且值相同的记录。自然连接结果如图4-6所示。

关系 S1		
Sno	Sname	Sdept
No0001	Mary	IS
No0003	Candy	IS
No0004	Jam	IS

关系 S2	
Sno	Age
No0001	23
No0008	21
No0021	22

S1 ⋈ S2			
Sno	Sname	Sdept	Age
No0001	Mary	IS	23

图 4-6　自然连接示例

2．效率问题

关系代数运算的效率，归根结底是看参与运算的两张表格的属性列数和记录数，属性列数和记录数越少，参与运算的次数自然越少，效率就越高。因此，效率高的运算一般都是在两张表格参与运算之前就将条件判断完。如：

π1,2,3,8 (σ2='大数据' ∧1=5 ∧3=6 ∧8='开发平台'(R×S))和

π1,2,3,8 (σ1=5 ∧ 3=6(σ2='大数据'(R)×σ4='开发平台'(S)))。

后者效率比前者效率高很多。

4.2.6　关系数据库的规范化

1．函数依赖

给定一个 X，能唯一确定一个 Y，就称 X 确定 Y，或者说 Y 依赖于 X，例如 Y=X×X 函数。函数依赖又可扩展如图4-7所示的两种规则。

（a）部分函数依赖　　　　（b）传递函数依赖

图 4-7　部分函数依赖和传递函数依赖

（1）部分函数依赖：A 可确定 C，(A,B)也可确定 C，(A,B)中的一部分（即 A）可以确定 C，称为部分函数依赖。

（2）传递函数依赖：当 A 和 B 不等价时，A 可确定 B，B 可确定 C，则 A 可确定 C，是传递

函数依赖；若 A 和 B 等价，则不存在传递，直接就可确定 C。

2．Armstrong 公理系统

设 U 是关系模式 R 的属性集，F 是 R 上成立的只涉及 U 中属性的函数依赖集。函数依赖的推理规则有：

（1）自反律：若属性集 Y 包含于属性集 X，属性集 X 包含于 U，则 X→Y 在 R 上成立（此处 X→Y 是平凡函数依赖）。

（2）增广律：若 X→Y 在 R 上成立，且属性集 Z 包含于属性集 U，则 XZ→YZ 在 R 上成立。

（3）传递律：若 X→Y 和 Y→Z 在 R 上成立，则 X→Z 在 R 上成立。

（4）合并规则：若 X→Y，X→Z 同时在 R 上成立，则 X→YZ 在 R 上也成立。

（5）分解规则：若 X→W 在 R 上成立，且属性集 Z 包含于 W，则 X→Z 在 R 上也成立。

（6）伪传递规则：若 X→Y 在 R 上成立，且 WY→Z，则 XW→Z。

3．键和约束

（1）超键：能唯一标识此表的属性的组合。

（2）候选键：超键中去掉冗余的属性，剩余的属性就是候选键。

（3）主键：任选一个候选键，即可作为主键。

（4）外键：其他表中的主键。

（5）候选键的求法：根据依赖集画出有向图，从入度为 0 的节点开始，找出图中一个节点或者一个节点组合，能够遍历完整个图，就是候选键。

（6）主属性：候选键内的属性为主属性，其他属性为非主属性。

（7）实体完整性约束：即主键约束，主键值不能为空，也不能重复。

（8）参照完整性约束：即外键约束，外键必须是其他表中已经存在的主键的值，或者为空。

（9）用户自定义完整性约束：自定义表达式约束，如设定年龄属性的值必须在 0～150 之间。

（10）触发器：通过写脚本来规定复杂的约束。本质属于用户自定义完整性约束。

4．范式

数据库中的范式总体结构如图 4-8 所示。

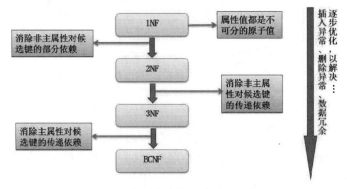

图 4-8　数据库中的范式总体结构

（1）第一范式（1NF）。关系中的每一个分量必须是一个不可分的数据项。通俗地说，第一范式就是表中不允许有小表的存在。比如表 4-1，就不属于第一范式。

表 4-1　员工表

| 员工编号 | 员工姓名 | 出生日期 | 薪资/元 | | 所属部门 |
			基本工资/元	补贴/元	
1	王红	19900908	9000	1000	101
…	…	…	…	…	

表 4-1 中，出现了属性薪资，又被分为基本工资和补贴两个子属性，就好像表中又分割了一个小表，这就不属于第一范式。如果将基本工资和补贴合并，那么该表符合 1NF。

1NF 可能存在的问题：1NF 是最低一级的范式，范式程度不高，存在很多的问题。比如用一个单一的关系模式学生来描述学校的教务系统：学生（学号，学生姓名，所在系，系主任姓名，课程号，成绩），见表 4-2。

表 4-2　某学校的教务系统

学号	学生姓名	所在系	系主任姓名	课程号	成绩
201102	张明	计算机系	章三	04	70
201103	王红	计算机系	章三	05	60
201103	王红	计算机系	章三	04	80
201103	王红	计算机系	章三	06	87
201104	李青	机械系	王五	09	79
…	…	…	…	…	…

这个表满足第一范式，但是存在如下问题：

数据冗余：一个系有很多的学生，同一个系的学生的系主任是相同的，所以系主任名会重复出现。

更新复杂：当一个系换了一个系主任后，对应的这个表必须修改与该系学生有关的每个元组。

插入异常：如果一个系刚成立，没有任何学生，那么无法把这个系的信息插入表中。

删除异常：如果一个系的学生都毕业了，那么在删除该学生信息时，这个系的信息也丢了。

（2）第二范式（2NF）。如果关系 R 属于 1NF，且每一个非主属性完全函数依赖于任何一个候选码，则 R 属于 2NF。通俗地说，2NF 就是在 1NF 的基础上，表中的每一个非主属性不会依赖复合主键中的某一个列。

按照定义，上面的学生表就不满足 2NF，因为学号不能完全确定课程号和成绩（每个学生可以选多门课）。将学生表分解为：

学生（学号，学生姓名，系编号，系名，系主任）

选课（<u>学号</u>，<u>课程号</u>，成绩）

每张表均属于 2NF。

（3）第三范式（3NF）。 在满足 1NF 的基础上，表中不存在非主属性对码的传递依赖。

继续上面的实例，学生关系模式就不属于 3NF，因为学生无法直接决定系主任和系名，是由学号→系编号，再由系编号→系主任，系编号→系名，因此存在非主属性对主属性的传递依赖，将学生表进一步分解为：

学生（<u>学号</u>，学生姓名，系编号）

系（<u>系编号</u>，系名，系主任）

选课（<u>学号</u>，<u>课程号</u>，成绩）

每张表都属于 3NF。

（4）BC 范式（BCNF）。 所谓 BCNF，是指在第三范式的基础上进一步消除主属性对于码的部分函数依赖和传递依赖。

通俗地说，就是在每一种情况下，依赖集里的每一个依赖的左边决定因素都必然包含候选键之一，如图 4-9 所示。

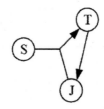

图 4-9　BCNF 实例

图 4-9 中，候选键有两种情况：组合键(S,T)或者(S,J)，依赖集为{SJ→T，T→J}，可知，S、T、J 三个属性都是主属性，因此其达到了 3NF（无非主属性），然而，第二种情况，即(S,J)为候选键的时候，对于依赖 T→J，T 在这种情况不是候选键，即 T→J 的决定因素不包含任意候选码，因此图 4-9 不是 BCNF。

要使图 4-9 关系模式转换为 BCNF 也很简单，只需要将依赖 T→J 变为 TS→J 即可，这样其左边决定因素就包含了候选键之一 S。

5. 模式分解

范式之间的转换一般都是通过拆分属性，即模式分解，将具有部分函数依赖和传递依赖的属性分离出来，达到一步步优化，一般分为以下两种：

（1）保持函数依赖分解。

对于关系模式 R，有依赖集 F，若对 R 进行分解，分解出来的多个关系模式，保持原来的依赖集不变，则为保持函数依赖的分解。另外，注意要消除掉冗余依赖（如传递依赖）。

实例：设原关系模式 R(A,B,C)，依赖集 F(A→B，B→C，A→C)，将其分解为两个关系模式 R1(A,B) 和 R2(B,C)，此时 R1 中保持依赖 A→B，R2 保持依赖 B→C，说明分解后的 R1 和 R2 是保持函数依赖的分解，因为 A→C 这个函数依赖实际是一个冗余依赖，可以由前两个依赖传递得到，因此不需要管。

保持函数依赖的判断（补充，第 2 点不强求）。

1）如果 F 上的每一个函数依赖都在其分解后的某一个关系上成立，则这个分解是保持依赖的（这是一个充分条件）。即看函数每个依赖的左右两边属性是否都在同一个分解的模式中。

2）如果上述判断失败，并不能断言分解不是保持依赖的，还要使用下面的通用方法来做进一步判断。该方法的表述如下：

对 F 上的每一个 α→β 使用下面的过程：

result:= α;

while(result 发生变化)do

for each 分解后的 Ri

t=(result∩Ri)+ ∩Ri

result=result∪t

以下面的例题作为讲解：正确答案是无损分解，不保持函数依赖。

假设关系模式 R(U,F)，属性集 U={A,B,C}，函数依赖集 F={A→B,B→C}。若将其分解为 p={R1(U1,F1)，R2(U2,F2)}，其中 U1={A,B}，U2={A,C}。那么，分解 P（　　）。

A．有损连接但保持函数依赖　　　　　B．既无损连接又保持函数依赖

C．有损连接且不保持函数依赖　　　　D．无损连接但不保持函数依赖

答案：D

🖊**解析**　首先，该分解，U1 保持了依赖 A→B，然而 B→C 没有保持，因此针对 B→C 需要用上述补充的第 2 点算法来判断：

result=B，result∩U1=B，B+ =BC，BC∩U1=B，result=B∪B=B，result 没变，然后，result 再和 U2 交是空，结束了，不保持函数依赖。

注意，B+中+的意思是由 B 能够推导出的其他所有属性的集合，这里，B→C，因此 B+ =BC。

（2）无损分解。分解后的关系模式能够还原出原关系模式，就是无损分解，不能还原就是有损分解。

当分解为两个关系模式，可以通过以下定理判断是否为无损分解。

定理：如果 R 的分解为 p={R1,R2}，F 为 R 所满足的函数依赖集合，分解 p 具有无损连接性的充分必要条件是 R1∩R2→(R1-R2)或者 R1∩R2→(R2-R1)。

当分解为多个关系模式时，通过表格法求解。

思考题：

有关系模式：成绩(学号，姓名，课程号，课程名，分数)

函数依赖：学号→姓名，课程号→课程名，(学号，课程名)→分数

若将其分解为：

成绩(学号，课程号，分数)

学生(学号，姓名)

课程(课程号，课程名)

请思考该分解是否为无损分解。

由于有学号→姓名，所以：

成绩(学号，课程号，分数，姓名)

由于有课程号→课程名，所以：

成绩(学号，课程号，分数，姓名，课程名)

由思考题可知，无损分解，要注意将候选键和其能决定的属性放在一个关系模式中，这样才能还原。也可以用表格法求解如下（需要依赖左右边的属性同时在一个关系模式中，才能补充）：

根据上述描述，构造初始表，将学号、姓名、课程号、课程名、分数等属性放在列上，将成绩、学生、课程属性放在行上。

	学号	姓名	课程号	课程名	分数
成绩	√	×	√	×	√
学生	√	√	×	×	×
课程	×	×	√	√	×

根据学号→姓名，对上表进行处理，将×改成符号√；然后考虑课程号→课程名，将×改为√，得下表：

	学号	姓名	课程号	课程名	分数
成绩	√	√	√	√	√
学生	√	√	×	×	×
课程	×	×	√	√	×

从以上内容可以看出，第 1 行已全部为 √，因此本次 R 分解是无损连接分解。

注意：拆分成单属性集必然是有损分解，因为单属性不可能包含依赖左右两边属性，这个单属性已经无法再恢复。

6. 并发控制基本概念

并发控制总体结构如图 4-10 所示。

（1）事务管理。事务提交 commit，事务回滚 rollback。

事务由一系列操作组成，这些操作，要么全做，要么全不做，拥有四种特性，详解如下：

（操作）**原子性**：要么全做，要么全不做。

（数据）**一致性**：事务发生后数据是一致的，例如银行转账，不会存在 A 账户转出，但是 B 账户没收到的情况。

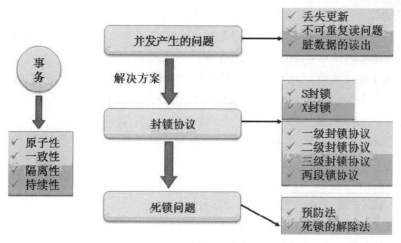

图 4-10　并发控制总体结构

（执行）**隔离性**：任一事务的更新操作直到其成功提交的整个过程对其他事务都是不可见的，不同事务之间是隔离的，互不干涉。

（改变）**持续性**：事务操作的结果是持续性的。

事务是并发控制的前提条件，并发控制就是控制不同的事务并发执行，提高系统效率，但是并发控制中存在如图 4-11 所示的三个问题。

1）丢失更新：事务 1 对数据 A 进行了修改并写回，事务 2 也对 A 进行了修改并写回，此时事务 2 写回的数据会覆盖事务 1 写回的数据，就丢失了事务 1 对 A 的更新。即对数据 A 的更新会被覆盖。

2）不可重复读：事务 2 读 A，而后事务 1 对数据 A 进行了修改并写回，此时若事务 2 再读 A，发现数据不对。即一个事务重复读 A 两次，会发现数据 A 有误。

3）读脏数据：事务 1 对数据 A 进行了修改后，事务 2 读数据 A，而后事务 1 回滚，数据 A 恢复了原来的值，那么事务 2 对数据 A 做的事是无效的，读到了脏数据。

◆丢失更新	
T1	T2
①读 A=10	
②	读 A=10
③A=A-5 写回	A=A-8 写回
④	

◆不可重复读	
T1	T2
①读 A=10 读 B=30 求和=50	
②	读 A=10 A←A+50 写 A=70
③读 A=70 读 B=30 求和=100 （验算不对）	

◆读脏数据	
T1	T2
①读 A=20 A←A+50 写回 70	读 A=70
② ③rollback A 恢复为 20	

图 4-11　事务并发存在的三个问题

（2）**封锁协议。**

1）X 锁是排他锁（写锁）。若事务 T 对数据对象 A 加上 X 锁，则只允许 T 读取和修改 A，其他事务都不能再对 A 加任何类型的锁，直到 T 释放 A 上的锁。

2）S 锁是共享锁（读锁）。若事务 T 对数据对象 A 加上 S 锁，则只允许 T 读取 A，但不能修改 A，其他事务只能再对 A 加 S 锁（也即能读不能修改），直到 T 释放 A 上的 S 锁。

封锁协议共分为三级，定义如下：

一级封锁协议：事务在修改数据 R 之前必须先对其加 X 锁，直到事务结束才释放。可解决丢失更新问题。

二级封锁协议：在一级封锁协议的基础上加上事务 T 在读数据 R 之前必须先对其加 S 锁，读完后即可释放 S 锁。可解决丢失更新、读脏数据问题。

三级封锁协议：一级封锁协议加上事务 T 在读取数据 R 之前先对其加 S 锁，直到事务结束才释放。可解决丢失更新、读脏数据、数据重复读问题。

（3）**封锁协议的应用。**

1）丢失更新加锁（一级封锁协议），如图 4-12 所示。

T1	T2
①对 A 加写锁	
②	对 A 加写锁
③读 A=10	等待
④A=A-5 写回	等待
⑤释放对 A 的写锁	等待
⑥	读 A=10
⑦	A=A-8 写回
⑧	释放对 A 的写锁

图 4-12　一级封锁协议

2）读脏数据加锁（二级封锁协议），如图 4-13 所示。

T1	T2
①对 A 加写锁	
②读 A=20	
③A←A+50	
④写回 70	对 A 加写锁
⑤	等待
⑥rollback	等待
⑦A 恢复为 20	读 A=20
⑧	释放对 A 的写锁

图 4-13　二级封锁协议

3）不可重复读加锁（三级封锁协议），如图 4-14 所示。

T1	T2
①对 A 与 B 加 S 锁（读锁） 　　读 A=20 　　读 B=30 　　求和=50	
②	对 A 加 X 锁（写锁） 等待
③读 A=20 　　读 B=30 　　求和=50 释放对 A 和 B 的读锁	等待 等待 等待 读 A=20 　A←A+50 写 A=70 释放对 A 的写锁

图 4-14　三级封锁协议

（4）**两段锁协议**。每个事务的执行可以分为两个阶段：生长阶段（加锁阶段）和衰退阶段（解锁阶段）。

加锁阶段：在该阶段可以进行加锁操作。在对任何数据进行读操作之前要申请并获得 S 锁，在进行写操作之前要申请并获得 X 锁。加锁不成功，则事务进入等待状态，直到加锁成功才继续执行。

解锁阶段：当事务释放了一个封锁以后，事务进入解锁阶段，在该阶段只能进行解锁操作不能再进行加锁操作。

两段封锁法可以这样来实现：事务开始后就处于加锁阶段，一直到执行 rollback 和 commit 之前都是加锁阶段。rollback 和 commit 使事务进入解锁阶段，即在 rollback 和 commit 模块中 DBMS 释放所有封锁。

4.2.7　数据故障与备份

1. 安全措施

常见的数据库安全措施见表 4-3。

表 4-3　数据库安全措施

措施	说明
用户标识和鉴定	最外层的安全保护措施，可以使用用户账户、口令及随机数检验等方式
存取控制	对用户进行授权，包括操作类型（如查找、插入、删除、修改等动作）和数据对象（主要是数据范围）的权限
密码存储和传输	对远程终端信息用密码传输
视图的保护	对视图进行授权
审计	使用一个专用文件或数据库，自动将用户对数据库的所有操作记录下来

2. 数据故障

数据故障的分类见表 4-4。

表 4-4　数据故障分类

故障关系	故障原因	解决方法
事务本身的可预期故障	本身逻辑	在程序中预先设置 rollback 语句
事务本身的不可预期故障	算术溢出、违反存储保护	由 DBMS 的恢复子系统通过日志，撤销事务对数据库的修改，回退到事务初始状态
系统故障	系统停止运转	通常使用检查点法
介质故障	外存被破坏	一般使用日志重做业务

3. 数据备份

（1）静态转储：即冷备份，指在转储期间不允许对数据库进行任何存取、修改操作；优点是备份非常快速、容易归档（直接物理复制操作）；缺点是只能提供到某一时间点上的恢复，不能做其他工作，不能按表或按用户恢复。

（2）动态转储：即热备份，在转储期间允许对数据库进行存取、修改操作，因此，转储和用户事务可并发执行；优点是可在表空间或数据库文件级备份，数据库仍可使用，可达到秒级恢复；缺点是不能出错，否则后果严重，若热备份不成功，所得结果几乎全部无效。

（3）完全备份：备份所有数据。

（4）差量备份：仅备份上一次完全备份之后变化的数据。

（5）增量备份：备份上一次备份之后变化的数据。

（6）日志文件：在事务处理过程中，DBMS 把事务开始、事务结束以及对数据库的插入、删除和修改的每一次操作写入日志文件。一旦发生故障，DBMS 的恢复子系统利用日志文件撤销事务对数据库的改变，回退到事务的初始状态。

备份毕竟是有时间节点的，不是实时的。例如，上一次备份到这次备份之间数据库出现了故障，则这期间的数据无法恢复，因此，引入**日志文件**，可以实时记录针对数据库的任何操作，保证数据库可以实时恢复。

4.2.8　分布式数据库

1. 体系结构

局部数据库位于不同的物理位置，使用一个全局 DBMS 将所有局部数据库联网管理，这就是分布式数据库。其体系结构如图 4-15 所示。

2. 分片模式

水平分片：将表中水平的记录分别存放在不同的地方。

垂直分片：将表中垂直的列值分别存放在不同的地方。

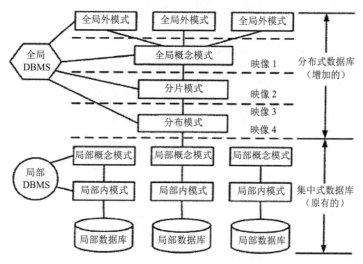

图 4-15　分布式数据库体系结构

3．分布透明性

分片透明性：用户或应用程序不需要知道逻辑上访问的表具体是如何分块存储的。

位置透明性：应用程序不关心数据存储物理位置的改变。

逻辑透明性：用户或应用程序无须知道局部使用的是哪种数据模型。

复制透明性：用户或应用程序不关心复制的数据从何而来。

4.2.9　数据仓库

数据仓库是一种特殊的数据库，也是按数据库形式存储数据的，但是目的不同：数据库经过长时间的运行，里面的数据会保存得越来越多，会影响系统运行效率，对于某些程序而言，很久之前的数据并非必要的，因此，可以删除掉，以减少数据增加效率，考虑到删除这些数据比较可惜，因此，一般都将这些数据从数据库中提取出来保存到另外一个数据库中，称为数据仓库。

1．数据仓库四大特点

（1）面向主题：是按照一定的主题域进行组织的。

（2）集成的：数据仓库中的数据是在对原有分散的数据库数据抽取、清理的基础上经过系统加工、汇总和整理得到的，必须消除源数据中的不一致性，以保证数据仓库内的信息是关于整个企业的一致的全局信息。

（3）相对稳定的：数据仓库的数据主要供企业决策分析之用，所涉及的数据操作主要是数据查询，一旦某个数据进入数据仓库以后，一般情况下将被长期保留，也就是数据仓库中一般有大量的查询操作，但修改和删除操作很少，通常只需要定期加载、刷新。

（4）反映历史变化：数据仓库中的数据通常包含历史信息，系统记录了企业从过去某一时点（如开始应用数据仓库的时点）到目前的各个阶段的信息，通过这些信息，可以对企业的发展历程

55

和未来趋势做出定量分析和预测。

2. 数据仓库的结构

数据仓库的结构通常包含四个层次，如图 4-16 所示。

（1）数据源：是数据仓库系统的基础，是整个系统的数据源泉。

（2）数据的存储与管理（数据仓库与数据集市）：是整个数据仓库系统的核心。

（3）OLAP（联机分析处理）服务器：对分析需要的数据进行有效集成，按多维模型组织，以便进行多角度、多层次的分析，并发现趋势。

（4）前端工具：主要包括各种报表工具、查询工具、数据分析工具、数据挖掘工具以及各种基于数据仓库或数据集市的应用开发工具。

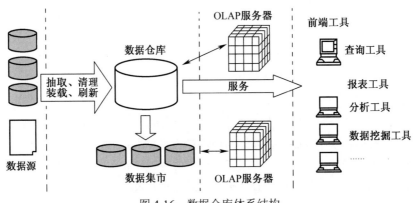

图 4-16   数据仓库体系结构

3. 数据挖掘的分析方法

（1）关联分析：主要用于发现不同事件之间的关联性，即一个事件发生的同时，另一个事件也经常发生。

（2）序列分析：主要用于发现一定时间间隔内接连发生的事件，这些事件构成一个序列，发现的序列应该具有普遍意义。

（3）分类分析：通过分析具有类别的样本特点，得到决定样本属于各种类别的规则或方法。分类分析时首先为每个记录赋予一个标记（一组具有不同特征的类别），即按标记分类记录，然后检查这些标定的记录，描述出这些记录的特征。

（4）聚类分析：根据"物以类聚"的原理，将本身没有类别的样本聚集成不同的组，并且对每个这样的组进行描述。

4. 商业智能

商业智能（Business Intelligence，BI）系统主要包括数据预处理、建立数据仓库、数据分析和数据展现四个主要方面。

（1）数据预处理是整合企业原始数据的第一步，它包括数据的抽取（Extraction）、转换（Transformation）和加载（Load）三个过程（ETL 过程）。

（2）建立数据仓库是处理海量数据的基础。

（3）数据分析是体现系统智能的关键，一般采用联机分析处理（OLAP）和数据挖掘两大技术。联机分析处理不仅进行数据汇总/聚集，同时还提供切片、切块、下钻、上卷和旋转等数据分析功能，用户可以方便地对海量数据进行**多维分析**。数据挖掘的目标则是**挖掘数据背后隐藏的知识**，通过关联分析、聚类和分类等方法建立分析模型，预测企业未来发展趋势和将要面临的问题。

（4）在海量数据和分析手段增多的情况下，数据展现则主要保障系统分析结果的可视化。

4.2.10 反规范化技术

由前面的介绍可知，规范化操作可以防止插入异常、更新、删除异常和数据冗余，一般是通过模式分解、将表拆分来达到这个目的。

但是表拆分后，解决了上述异常，却不利于查询，每次查询时，可能都要关联很多表，严重降低了查询效率，因此，有时候需要使用反规范化技术来提高查询效率。

反规范化技术手段包括：增加派生性冗余列，增加冗余列，重新组表，分割表。主要就是增加冗余，提高查询效率，为规范化操作的逆操作。

4.2.11 SQL 语言

1. 语法关键字

SQL 语言中的**语法关键字**如下（不区分大小写）：

（1）创建表 create table。

（2）指定主键 primary key()。

（3）指定外键 foreign key()。

（4）修改表 alter table。

（5）删除表 drop table。

（6）索引 index。

（7）视图 view。

（8）数据库查询 select…from…where。

（9）分组查询 group by，分组时要注意 select 后的列名要适应分组，having 为分组查询附加条件。

（10）更名运算 as。

（11）字符串匹配 like，%匹配多个字符串，_匹配任意一个字符串。

（12）数据库插入 insert into…values()。

（13）数据库删除 delete from…where。

（14）数据库修改 update…set…where。

（15）排序 order by，默认为升序，降序要加关键字 DESC。

（16）授权 grant…on…to，允许其将权限再赋给另一个用户 with grant option。

（17）收回权限 revoke…on…from。

（18）with check option 表示要检查 where 后的谓词条件。

（19）DISTINCT：过滤重复的选项，只保留一条记录。

（20）UNION：出现在两个 SQL 语句之间，将两个 SQL 语句的查询结果取或运算，即值存在于第一句或第二句都会被选出。

（21）INTERSECT：对两个 SQL 语句的查询结果做与运算，即值同时存在于两个语句才被选出。

2. SQL 语法原理

SELECT 之后的为要查询显示的属性列名；FROM 后面是要查询的表名；WHERE 后面是查询条件；涉及平均数、最大值、求和等运算，必须要分组，group by 后面是分组的属性列名，分组的条件使用 having 关键字，后面跟条件。

在 SQL 语句中，条件判断时数字无须打引号，字符串要打单引号。

4.2.12　NoSQL 数据库

NoSQL 最常见的解释是 Non-Relational，Not Only SQL 也被很多人接受。NoSQL 仅仅是一个概念，泛指非关系型的数据库，区别于关系数据库，它们不保证关系数据的 ACID 特性。

按照所使用的数据结构的类型，一般可以将 NoSQL 数据库分为以下 4 种类型。

（1）列式存储数据库：行式数据库即传统的关系型数据库，数据按记录存储，每一条记录的所有属性存储在一行。列式数据库是按数据库记录的列来组织和存储数据的，数据库中每个表由一组页链的集合组成，每条页链对应表中的一个存储列。

（2）键值对存储数据库：键值存储的典型数据结构一般为数组链表，先通过 Hash 算法得出 Hashcode，找到数组的某一个位置，然后插入链表。

（3）文档型数据库：文档型数据库同键值对存储数据库类似。该类型的数据模型是版本化的文档，半结构化的文档以特定的格式存储，比如 JSON。

（4）图数据库：图形结构的数据库同其他采用行列以及刚性结构的 SQL 数据库不同，它使用灵活的图形模型，并且能够扩展到多个服务器上。NoSQL 数据库没有标准的查询语言（SQL），因此进行数据库查询需要指定数据模型。

目前业界对于 NoSQL 并没有一个明确的范围和定义，但是它们普遍存在下面一些共同特征：

- 易扩展：去掉了关系数据库的关系型特性。数据之间无关系，这样就非常容易扩展。
- 大数据量，高性能：NoSQL 数据库都具有非常高的读写性能，尤其在大数据量下。这得益于它的无关系性，数据库的结构简单。
- 灵活的数据模型：NoSQL 无须事先为要存储的数据建立字段，随时可以存储自定义的数据格式。
- 高可用：NoSQL 在不太影响性能的情况下，就可以方便地实现高可用的架构，有些产品通过复制模型也能实现高可用。

NoSQL 整体框架分为 4 层，由下至上分别为数据持久层、数据分布层、数据逻辑模型层和接口层。

（1）数据持久层定义了数据的存储形式，主要包括基于内存、硬盘、内存和硬盘接口、订制可插拔4种形式。

（2）数据分布层定义了数据是如何分布的，相对于关系型数据库，NoSQL可选的机制比较多，主要有3种形式：一是CAP支持，可用于水平扩展；二是多数据中心支持，可以保证在横跨多数据中心时也能够平稳运行；三是动态部署支持，可以在运行着的集群中动态地添加或删除节点。

（3）数据逻辑模型层表述了数据的逻辑表现形式。

（4）接口层为上层应用提供了方便的数据调用接口，提供的选择远多于关系型数据库。

NoSQL分层架构并不代表每个产品在每一层只有一种选择。相反，这种分层设计提供了很大的灵活性和兼容性，每种数据库在不同层面可以支持多种特性。

NoSQL数据库在以下这几种情况比较适用：

● 数据模型比较简单。

● 需要灵活性更强的IT系统。

● 对数据库性能要求较高。

● 不需要高度的数据一致性。

对于给定key，比较容易映射复杂值的环境。

4.3 课后演练（精选真题）

● 某企业开发信息管理系统平台进行E-R图设计，人力部门定义的是员工实体具有属性：员工号、姓名、性别、出生日期、联系方式和部门，培训部门定义的培训师实体具有属性：培训师号，姓名和职称，其中职称={初级培训师,中级培训师,高级培训师}，这种情况属于__（1）__，在合并E-R图时，解决这一冲突的方法是__（2）__。（**2021年11月第5～6题**）

（1）A．属性冲突   B．结构冲突   C．命名冲突   D．实体冲突

（2）A．员工实体和培训师实体均保持不变

    B．保留员工实体、删除培训师实体

    C．员工实体中加入职称属性，删除培训师实体

    D．将培训师实体所有属性并入员工实体，删除培训师实体

● __（3）__是指用户无须知道数据存放的物理位置。（**2020年11月第4题**）

（3）A．分片透明   B．逻辑透明   C．位置透明   D．复制透明

● 数据库的安全机制中，通过提供__（4）__供第三方开发人员调用进行数据更新，从而保证数据库的关系模式不被第三方所获取。（**2019年11月第5题**）

（4）A．索引   B．视图   C．存储过程   D．触发器

● 给出关系R(U,F)，U={A,B,C,D,E}，F={A→BC,B→D,D→E}。以下关于F的说法正确的是__（5）__。若将关系R分解为ρ={R1(U1,F1)，R2(U2,F2)}，其中：U1={A,B,C}、U2={B,D,E}，则分解ρ__（6）__。（**2019年11月第6～7题**）

    （5）A. F 蕴含 A→B、A→C，但 F 不存在传递依赖

         B. F 蕴含 E→A、A→C，故 F 存在传递依赖

         C. F 蕴含 A→D、E→A、A→C，但 F 不存在传递依赖

         D. F 蕴含 A→D、A→E、B→E，故 F 存在传递依赖

    （6）A. 无损连接并保持函数依赖　　　　　B. 无损连接但不保持函数依赖

         C. 有损连接并保持函数依赖　　　　　D. 有损连接但不保持函数依赖

● 分布式数据库系统除了包含集中式数据库系统的模式结构之外，还增加了几个模式级别，其中　(7)　定义分布式数据库中数据的整体逻辑结构，使得数据使用方便，如同没有分布一样。（**2019 年 11 月第 8 题**）

    （7）A. 分片模式　　　B. 全局外模式　　　C. 分布模式　　　D. 全局概念模式

● 给定关系 R(A，B，C，D，E) 与 S(A，B，C，F，G)，那么与表达式 π1,2,4,6,7(σ1<6(R ⋈ S)) 等价的 SQL 语句如下：

    SELECT　(8)　FROM R,S WHERE　(9)　；（**2018 年 11 月第 5～6 题**）

    （8）A. R.A，R.B，R.E，S.C，G　　　　　B. R.A，R.B，D，F，G

         C. R.A，R.B，R.D，S.C，F　　　　　D. R.A，R.B，R.D，S.C，G

    （9）A. R.A=S.A OR R.B=S.B OR R.C=S.C OR R.A<S.F

         B. R.A=S.A OR R.B=S.B OR R.C=S.C OR R.A<S.B

         C. R.A=S.A AND R.B=S.B AND R.C=S.C AND R.A<S.F

         D. R.A=S.A AND R.B=S.B AND R.C=S.C AND R.A<S.B

● 数据仓库中，数据　(10)　是指数据一旦进入数据仓库后，将被长期保留并定期加载和刷新，可以进行各种查询操作，但很少对数据进行修改和删除操作。（**2018 年 11 月第 8 题**）

    （10）A. 面向主题　　B. 集成性　　　　C. 相对稳定性　　D. 反映历史变化

● 给定关系模式 R(U，F)，其中：属性集 U={A1,A2,A3,A4,A5,A6}，函数依赖集 F={A1→A2，A1→A3，A3→A4，A1A5→A6}。关系模式 R 的候选码为　(11)　，由于 R 存在非主属性对码的部分函数依赖，所以 R 属于　(12)　。（**2017 年 11 月第 9～10 题**）

    （11）A. A1A3　　　　　B. A1A4　　　　　C. A1 A5　　　　　D. A1A6

    （12）A. 1NF　　　　　B. 2NF　　　　　C. 3NF　　　　　D. BCNF

4.4　课后演练答案解析

（1）（2）参考答案：B　C

🔖解析　结合第二问可知道，第二问 C 项的做法是最合适的，反推可知这个问题是结构冲突。

（3）参考答案：C

🔖解析　物理位置，即位置透明性，要会联想记忆。

分片透明性：用户或应用程序不需要知道逻辑上访问的表具体是如何分块存储的。

位置透明性：应用程序不关心数据存储物理位置的改变。

逻辑透明性：用户或应用程序无须知道局部使用的是哪种数据模型。

复制透明性：用户或应用程序不关心复制的数据从何而来。

（4）**参考答案**：C

🖋**解析**　本题考查数据库安全性的基础知识。

存储过程是数据库所提供的一种数据库对象，通过存储过程定义一段代码，提供给应用程序调用来执行。从安全性的角度考虑，更新数据时，通过提供存储过程让第三方调用，将需要更新的数据传入存储过程，而在存储过程内部用代码分别对需要的多个表进行更新，从而避免了向第三方提供系统的表结构，保证了系统的数据安全。

（5）（6）**参考答案**：D　A

🖋**解析**　本题考查关系数据库理论方面的基础知识。

根据已知条件"F={A→BC,B→D,D→E}"和 Armstrong 公理系统的引理"X→A1A2,…,Ak 成立的充分必要条件是 X→Ai 成立(i=1,2,3,…,k)"，可以由"A→BC"得出"A→B，A→C"。又根据 Armstrong 公理系统的传递律规则"若 X→Y,Y→Z 为 F 所蕴含，则 X→Z 为 F 所蕴含"可知，函数依赖"A→D、A→E、B→E"为F 所蕴含。

根据提干描述，原关系模式为：U={A,B,C,D,E}，F ={A→BC，B→D，D→E}；

将关系 R 分解为 ρ = {R1(U1,F1)，R2(U2,F2)}，其中：U1={A,B,C}、U2 = {B,D,E}。

首先根据 U1，保留函数依赖 A→BC，然后根据 U2，保留函数依赖 B→D，D→E。因此该分解保持函数依赖。

接下来可以利用公式法验证无损分解。

U1∩U2=B，U1-U2={A,C}，U2-U1={D,E}，而 R 中存在函数依赖 B→D，B→E，所以该分解是无损分解。

（7）**参考答案**：D

🖋**解析**　本题考查分布式数据库的基本概念。

分布式数据库在各节点上独立，在全局上统一。因此需要定义全局的逻辑结构，称之为全局概念模式，全局外模式是全局概念模式的子集，分片模式和分布模式分别描述数据在逻辑上的分片方式和在物理上各节点的分布形式。

（8）（9）**参考答案**：B　C

🖋**解析**　本题考查关系代数运算与 SQL 语言的对应关系。注意本题中 R 与 S 是做自然连接操作，操作时会将 R 与 S 中相同字段名做等值连接，并将结果集去重复。所以 R 与 S 自然连接后的结果包括以下属性：R.A，R.B，R.C，D，E，F，G。关系代数选择条件为"1<6"，即 R.A<F。

关系代数投影操作条件为"1,2,4,6,7"，对应的属性为：R.A，R.B，D，F，G。

（10）**参考答案**：C

🖋**解析**　数据仓库 4 大特点：面向主题（数据按主题组织）；集成的（消除了源数据中的不一致性，提供整个企业的一致性全局信息）；相对稳定的（非易失的）[主要进行查询操作，只有少量的修改和删除操作（或是不删除）]；反映历史变化（随着时间变化，记录了企业从过去某一时刻到当前各个阶段的信息，可对发展历程和未来趋势做定量分析和预测）。

（11）（12）**参考答案**：C　A

🔖**解析**　要求关系模式的候选码，可以先将函数依赖画成图的形式：

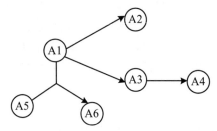

从图中可以很直观地看出，入度为零的节点是 A1 与 A5，从这两个节点的组合出发，能遍历全图，所以 A1A5 组合键为候选码。题目后一问是一个概念性问题，2NF 的规定是消除非主属性对码的部分函数依赖。本题已明确告知未消除该依赖，说明未达到 2NF，只能选 1NF。

第**5**章
计算机网络

5.1 备考指南

计算机网络知识主要考查的是网络体系结构、网络协议、IP 地址、网络规划设计等，同时也是重点考点，在系统架构设计师的考试中只会在选择题里考查，占 3～5 分。

5.2 考点梳理及精讲

5.2.1 网络拓扑结构

计算机网络是计算机技术与通信技术相结合的产物，它实现了远程通信、远程信息处理和资源共享。

计算机网络的功能：数据通信、资源共享、管理集中化、实现分布式处理、负载均衡。

网络性能指标：速率、带宽（频带宽度或传送线路速率）、吞吐量、时延、往返时间、利用率。

网络非性能指标：费用、质量、标准化、可靠性、可扩展性、可升级性、易管理性和可维护性。

计算机网络是利用通信技术将数据从一个节点传送到另一节点的过程。通信技术是计算机网络的基础。

信道可分为物理信道和逻辑信道。物理信道由传输介质和设备组成，根据传输介质的不同，分为无线信道和有线信道。逻辑信道是指在数据发送端和接收端之间存在的一条虚拟线路，可以是有连接的或无连接的。逻辑信道以物理信道为载体。

发信机进行的信号处理包括信源编码、信道编码、交织、脉冲成形和调制。相反地，收信机进行的信号处理包括解调、采样判决、去交织、信道译码和信源译码。

如果同时传递多路数据就需要复用技术和多址技术。复用技术是指在一条信道上同时传输多路数据的技术，如 TDM 时分复用、FDM 频分复用和 CDM 码分复用等。多址技术是指在一条线上同时传输多个用户数据的技术，在接收端把多个用户的数据分离（TDMA 时分多址、FDMA 频分多址和 CDMA 码分多址）。

作为新一代的移动通信技术，5G 的网络结构、网络能力和应用场景等都与过去有很大不同，其特征体现在以下方面。

（1）基于 OFDM 优化的波形和多址接入。

（2）实现可扩展的 OFDM 间隔参数配置。

（3）OFDM 加窗提高多路传输效率。

（4）灵活框架设计。

（5）大规模 MIMO：最多 256 根天线。

（6）毫米波：频率大于 24GHz 以上的频段。

（7）频谱共享。

（8）先进的信道编码设计。

5G 网络的主要特征：服务化架构、网络切片。

计算机网络按分布范围和拓扑结构划分，分别如表 5-1 和图 5-1 所示。

表 5-1　计算机网络按分布范围分类

网络分类	缩写	分布距离	计算机分布范围	传输速率范围
局域网	LAN	10m 左右	房间	4Mb/s～1Gb/s
		100m 左右	楼寓	
		1000m 左右	校园	
城域网	MAN	10km	城市	50kb/s～100Mb/s
广域网	WAN	100km 以上	国家或全球	9.6kb/s～45Mb/s

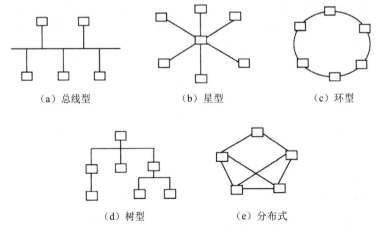

（a）总线型　　　　　（b）星型　　　　　（c）环型

（d）树型　　　　　（e）分布式

图 5-1　计算机网络按拓扑结构分类

　　按拓扑结构划分，计算机网络可分为总线型（利用率低、干扰大、价格低）、星型（交换机形成的局域网、中央单元负荷大）、环型（流动方向固定、效率低、扩充难）、树型（总线型的扩充、分级结构）、分布式（任意节点连接、管理难、成本高）等几种。

　　一般来说，办公室局域网是星型拓扑结构，中间节点就是交换机，一旦交换机损坏，整个网络都瘫痪了，这就是星型结构。同理，由路由器连接起来的小型网络也是星型结构。

5.2.2　传输介质

1．双绞线

　　双绞线将多根铜线按规则缠绕在一起，能够减少干扰；分为无屏蔽双绞线（Unshielded Twisted Pair，UTP）和屏蔽双绞线（Shielded Twisted Pair，STP），都是由一对铜线簇组成。双绞线也即我们常说的网线，**传输距离在 100m 以内**。

　　（1）无屏蔽双绞线（UTP）：价格低，安装简单，但可靠性相对较低，分为 CAT3（3 类 UTP，速率为 10Mb/s）、CAT4（4 类 UTP，与 3 类差不多，无应用）、CAT5（5 类 UTP，速率为 100Mb/s，用于快速以太网）、CAT5E（超 5 类 UTP，速率为 1000Mb/s）、CAT6（6 类 UTP，用来替代 CAT5E，速率也是 1000Mb/s）。

　　（2）屏蔽双绞线（STP）：比 UTP 增加了一层屏蔽层，可以有效地提高可靠性，但对应的价格高，安装麻烦，一般用于对传输可靠性要求很高的场合。

2．光纤

　　光纤由纤芯和包层组成，光信号在纤芯中传输，然而从 PC 端出来的信号都是电信号，若要经过光纤传输，就必须将电信号转换为光信号。

　　（1）多模光纤（MMF）：纤芯半径较大，因此可以同时传输多种不同的信号，光信号在光纤中以全反射的形式传输，采用发光二极管 LED 为光源，成本低，但是传输的效率和可靠性都较低，适合于短距离传输，其传输距离与传输速率相关，速率为 100Mb/s 时为 2km，速率为 1000Mb/s 时为 550m。

　　（2）单模光纤（SMF）：纤芯半径很小，一般只能传输一种信号，采用激光二极管 LD 作为光源，并且只支持激光信号的传播，同样是以全反射形式传播，只不过反射角很大，看起来像一条直线，成本高，但是传输距离远，可靠性高。传输距离可达 5km。

5.2.3　OSI/RM 七层模型

　　OSI/RM 七层模型功能及协议内容见表 5-2。

表 5-2　OSI/RM 七层模型功能及协议

层	功能	协议	设备
1．物理层	包括物理连网媒介，如电缆连线连接器。该层的协议产生并检测电压以便发送和接收携带数据的信号。单位：比特	EIA/TIA RS-232、RS-449、V.35、RJ-45、FDDI	中继器、集线器

层	功能	协议	设备
2. 数据链路层	控制网络层与物理层之间的通信。主要功能是将从网络层接收到的数据分割成特定的可被物理层传输的帧。作用：物理地址寻址、数据的成帧、流量控制、数据的检错、重发等。单位：帧	SDLC（同步数据链路控制）、HDLC（高级数据链路控制）、PPP（点对点协议）、STP（生成树协议）、帧中继等、IEEE 802、ATM（异步传输）	交换器、网桥
3. 网络层	主要是将网络地址翻译成对应的物理地址并决定如何将数据从发送方路由到接收方；还可以实现拥塞控制、网际互联等功能。单位：分组	IP（网络互连）、IPX（互联网数据包交换协议）、ICMP（国际控制报文协议）、IGMP（网络组管理协议）、ARP（地址转换协议）、RARP	路由器
4. 传输层	负责确保数据可靠、顺序、无错地从 A 点传输到 B 点。如提供简历、维护和拆除传送连接的功能；选择网络层提供最合适的服务；在系统之间提供可靠的透明的数据传送，提供端到端的错误恢复和流量控制	TCP（传输控制协议）、UDP（用户数据报协议）、SPX（序列分组交换协议）	网关
5. 会话层	负责在网络中的两个节点之间建立和维持通信，以及提供交互会话的管理功能，如三种数据流方向的控制，即一路交互、两路交替和两路同时会话模式	RPC（远程过程调用）、SQL（结构化查询语言）、NFS（网络文件系统）	网关
6. 表示层	如同应用程序和网络之间的翻译官，在表示层，数据将按照网络能理解的方案进行格式化。表示层管理数据的解密/加密、数据转换、格式化和文本压缩	JPEG、ASCII、GIF、MPEG、DES	网关
7. 应用层	负责对软件提供接口以使程序能使用网络服务，如事务处理程序、文件传送协议和网络管理等	Telnet、FTP、HTTP、SMTP、POP3、DNS、DHCP 等	网关

（1）以太网规范 IEEE 802.3 是重要的局域网协议，包括以下内容：

IEEE 802.3　　　标准以太网　　　10Mb/s　　　传输介质为细同轴电缆

IEEE 802.3u　　　快速以太网　　　100Mb/s　　双绞线

IEEE 802.3z　　　千兆以太网　　　1000Mb/s　　光纤或双绞线

IEEE 802.3ae　　万兆以太网　　　10Gb/s　　　光纤

（2）无线局域网 WLAN 技术标准：IEEE 802.11。

（3）广域网协议包括：PPP（点对点协议）、ISDN（综合业务数字网）、xDSL（DSL 数字用户线路的统称，通常有 HDSL、SDSL、MVL、ADSL）、DDN 数字专线、X.25、FR 帧中继、ATM 异步传输模式。

5.2.4　TCP/IP 协议

网络协议三要素：语法、语义、时序。

1. 网络层协议

IP：网络层最重要的核心协议，在源地址和目的地址之间传送数据报，无连接、不可靠。

ICMP：因特网控制报文协议，用于在 IP 主机、路由器之间传递控制消息。控制消息是指网络通不通、主机是否可达、路由是否可用等网络本身的消息。

ARP 和 RARP：地址解析协议，ARP 是将 IP 地址转换为物理地址，RARP 是将物理地址转换为 IP 地址。

IGMP：网络组管理协议，允许因特网中的计算机参加多播，是计算机用来向相邻多目路由器报告多目组成员的协议，支持组播。

2. 传输层协议

TCP：整个 TCP/IP 协议族中最重要的协议之一，在 IP 协议提供的不可靠数据的基础上，采用了重发技术，为应用程序提供了一个可靠的、面向连接的、全双工的数据传输服务。一般用于传输数据量比较少，且对可靠性要求高的场合。

UDP：是一种不可靠、无连接的协议，有助于提高传输速率，一般用于传输数据量大，对可靠性要求不高，但要求速度快的场合。

3. 应用层协议

基于 TCP 的 FTP、HTTP 等都是可靠传输。基于 UDP 的 DHCP、DNS 等都是不可靠传输。

FTP：可靠的文件传输协议，用于因特网上的控制文件的双向传输。

HTTP：超文本传输协议，用于从 WWW 服务器传输超文本到本地浏览器的传输协议。使用 SSL 加密后的安全网页协议为 HTTPS。

SMTP 和 POP3：简单邮件传输协议，是一组用于由源地址到目的地址传送邮件的规则，邮件报文采用 ASCII 格式表示。

Telnet：远程连接协议，是因特网远程登录服务的标准协议和主要方式。

TFTP：不可靠的、开销不大的小文件传输协议。

SNMP：简单网络管理协议，由一组网络管理的标准协议，包含一个应用层协议、数据库模型和一组资源对象。该协议能够支持网络管理系统，用于监测连接到网络上的设备是否有任何引起管理员关注的情况。

DHCP：动态主机配置协议，基于 UDP，基于 C/S 模型，为主机动态分配 IP 地址，有固定分配、动态分配、自动分配 3 种方式。

DNS：域名解析协议，通过域名解析出 IP 地址。

5.2.5　交换技术和路由技术

1. 交换技术

数据在网络中转发通常离不开交换机。人们日常使用的计算机通常就是通过交换机接入网络的。交换机功能包括：

集线功能：提供大量可供线缆连接的端口达到部署星状拓扑网络的目的。

中继功能：在转发帧时重新产生不失真的电信号。

桥接功能：在内置的端口上使用相同的转发和过滤逻辑。

隔离冲突域功能：将部署好的局域网分为多个冲突域，而每个冲突域都有自己独立的带宽，以提高交换机整体宽带利用效率。

交换机需要实现的功能如下所述。

（1）转发路径学习。根据收到数据帧中的源 MAC 地址建立该地址同交换机端口的映射，写入 MAC 地址表中。

（2）数据转发。如果交换机根据数据帧中的目的 MAC 地址在建立好的 MAC 地址表中查询到了，就向对应端口进行转发。

（3）数据泛洪。如果数据帧中的目的 MAC 地址不在 MAC 地址表中，则向所有端口转发，也就是泛洪。广播帧和组播帧向所有端口（不包括源端口）进行转发。

（4）链路地址更新。MAC 地址表会每隔一定时间（如 300s）更新一次。

2. 路由技术

路由功能由路由器来提供，具体包括：

（1）异种网络互连，比如具有异种子网协议的网络互连。

（2）子网协议转换，不同子网间包括局域网和广域网之间的协议转换。

（3）数据路由，即将数据从一个网络依据路由规则转发到另一个网络。

（4）速率适配，利用缓存和流控协议进行适配。

（5）隔离网络，防止广播风暴，实现防火墙。

（6）报文分片和重组，超过接口的 MTU 报文被分片，到达目的地之后的报文被重组。

（7）备份、流量控制，如主备线路的切换和复杂流量控制等。

路由器工作在 OSI 七层协议中的第 3 层，即网络层。其主要任务是接收来源于一个网络接口的数据包，通常根据此数据包的目的地址决定待转发的下一个地址（即下一跳地址）。路由器中维持着数据转发所需的路由表，所有数据包的发送或转发都通过查找路由表来实现。这个路由表可以静态配置，也可以通过动态路由协议自动生成。

一般来说，路由协议可分为内部网关协议（IGP）和外部网关协议（EGP）两类。

5.2.6　网络存储技术

（1）直接附加存储（DAS）：是指将存储设备通过 SCSI 接口直接连接到一台服务器上使用，

其本身是硬件的堆叠，存储操作依赖于服务器，不带有任何存储操作系统。

存在的问题：在传递距离、连接数量、传输速率等方面都受到限制。容量难以扩展升级；数据处理和传输能力降低；服务器异常会波及存储器。

（2）网络附加存储（NAS）：通过网络接口与网络直接相连，由用户通过网络访问，有独立的存储系统。NAS 存储设备类似于一个专用的文件服务器，去掉了通用服务器大多数计算功能，而仅仅提供文件系统功能。以数据为中心，将存储设备与服务器分离，其存储设备在功能上完全独立于网络中的主服务器。客户机与存储设备之间的数据访问不再需要文件服务器的干预，同时它允许客户机与存储设备之间进行直接的数据访问，所以不仅响应速度快，而且数据传输速率也很高。

NAS 的性能特点是进行小文件级的共享存取；支持即插即用；可以很经济地解决存储容量不足的问题，但难以获得满意的性能。

（3）存储区域网（SAN）：SAN 是通过专用交换机将磁盘阵列与服务器连接起来的高速专用子网。它没有采用文件共享存取方式，而是采用块（block）级别存储。SAN 是通过专用高速网将一个或多个网络存储设备和服务器连接起来的专用存储系统，其最大的特点是将存储设备从传统的以太网中分离了出来，成为独立的存储区域网络 SAN 的系统结构。根据数据传输过程采用的协议，其技术划分为 FC SAN（光纤通道）、IP SAN（IP 网络）和 IB SAN（无线带宽）。

5.2.7 网络规划与设计

网络工程可分为网络规划、网络设计和网络实施 3 个阶段。

网络规划包括网络需求分析、可行性分析和对现有网络的分析与描述。

网络设计包括逻辑网络设计、物理网络设计和分层设计。在逻辑网络设计阶段，需要描述满足用户需求的网络行为及性能，详细说明数据是如何在网络上传输的，此阶段不涉及网络元素的具体物理位置，最后应该得到一份逻辑网络设计文档，输出的内容包括以下几点：

（1）逻辑网络设计图。

（2）IP 地址方案。

（3）安全方案。

（4）具体的软件、硬件、广域网连接设备和基本的服务。

（5）雇佣和培训新网络员工的具体说明。

（6）初步对软件、硬件、服务、网络雇佣员工和培训的费用估计。

物理网络设计是对逻辑网络设计的物理实现，通过对设备的具体物理分布、运行环境等的确定，确保网络的物理连接符合逻辑连接的要求。在这一阶段，网络设计者需要确定具体的软硬件、连接设备、布线和服务。如何购买和安装设备，由网络物理结构这一阶段的输出作指导，所以网络物理设计文档必须尽可能详细、清晰，输出的内容如下：

（1）物理网络图和布线方案。

（2）设备和部件的详细列表清单。

（3）软件、硬件和安装费用的估计。

（4）安装日程表，用以详细说明实际和服务中断的时间及期限。

（5）安装后的测试计划。

（6）用户培训计划。

三层设计模型如图5-2所示。其中：

（1）核心层提供不同区域之间的最佳路由和高速数据传送。

（2）汇聚层将网络业务连接到接入层，并且实施与安全、流量、负载和路由相关的策略。

（3）接入层为用户提供了在本地网段访问应用系统的能力，还要解决相邻用户之间的互访需要，接入层要负责一些用户信息（例如，用户 IP 地址、MAC 地址和访问日志等）的收集工作和用户管理功能（包括认证和计费等）。

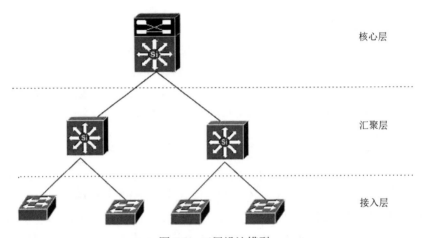

核心层

汇聚层

接入层

图 5-2　三层设计模型

建筑物综合布线系统（Premises Distribution System，PDS）有如下几种：

（1）工作区子系统：实现工作区终端设备到水平子系统的信息插座之间的互连。

（2）水平布线子系统：实现信息插座和管理子系统之间的连接。

（3）设备间子系统：实现中央主配线架与各种不同设备之间的连接。

（4）垂直干线子系统：实现各楼层设备间子系统之间的互联。

（5）管理子系统：为连接其他子系统提供连接手段。

（6）建筑群子系统：各个建筑物通信系统之间的互联。

网络设计工作包括以下几点：

（1）网络拓扑结构设计。

（2）主干网络（核心层）设计。

（3）汇聚层和接入层设计。

（4）广域网连接与远程访问设计。

（5）无线网络设计。

（6）网络安全设计。

（7）设备选型。

网络规划设计原则有以下几点：

（1）可靠性原则。网络的运行是稳固的。

（2）安全性原则。包括选用安全的操作系统、设置网络防火墙、网络防杀病毒、数据加密和信息工作制度的保密。

（3）高效性原则。性能指标高，软硬件性能充分发挥。

（4）可扩展性。能够在规模和性能两个方向上进行扩展。

5.2.8　移动通信技术

移动通信技术的技术标准包括以下几种。

2G 标准：欧洲电信的 GSM（全球移动通信），采用 TDMA 技术；美国高通的 CDMA（码分多址通信）。

3G 标准：W-CDMA、CDMA-2000、TD-SCDMA、WMAN。

4G 标准：UMB（超移动宽带）、LET Advanced（长期演进技术，中国）、WiMAX II（全球微波互连接入）。

4G 理论下载速率：100Mb/s。

5G 理论下载速率：1Gb/s。

5.2.9　无线网络技术

无线网络技术无物理传输介质，相比于有线局域网，其优点有：移动性、灵活性、成本低、容易扩充；其缺点有：速度和质量略低，安全性低。

WLAN 通过接入点 AP 接入，AP 是组建小型无线局域网时最常用的设备。AP 相当于一个连接有线网和无线网的桥梁，工作在数据链路层。其主要作用是将各个无线网络客户端连接到一起，然后将无线网络接入以太网。

三种 WLAN 通信技术有：红外线、扩展频谱、窄带微波。

WLAN 安全加密技术：安全级别从低到高分别为 WEP＜WPA＜WPA2，其中，WEP 使用 RC4 协议进行加密，并使用 CRC-32 校验保证数据的正确性。WPA 在此基础上增加了安全认证技术，增大了密钥和初始向量的长度。WPA2 采用了 AES 对称加密算法。

5.2.10　下一代互联网 IPv6

IPv6 是为了从根本上解决 IPv4 全局地址数不够用的情况而提出的设计方案，IPv6 具有以下特性：

（1）IPv6 地址长度为 128 位，相比于 IPv4，地址空间增大了 2^{96} 倍。

（2）扩展的地址层次结构，使用十六进制表示 IPv6 地址。

（3）灵活的首部格式，使用一系列固定格式的扩展首部取代了 IPv4 中可变长度的选项字段。

IPv6 中选项部分的出现方式也有所变化，使路由器可以简单路过选项而不做任何处理，加快了报文处理速度。

（4）提高安全性，身份认证和隐私权是 IPv6 的关键特性。

（5）支持即插即用，自动配置，支持更多的服务类型。

（6）允许协议继续演变，增加新的功能，使之适应未来技术的发展。

IPv4 和 IPv6 的过渡期间，主要采用以下 3 种基本技术。

（1）双协议栈：主机同时运行 IPv4 和 IPv6 两套协议栈，同时支持两套协议，一般来说 IPv4 和 IPv6 地址之间存在某种转换关系，如 IPv6 的低 32 位可以直接转换为 IPv4 地址，实现互相通信。

（2）隧道技术：这种机制用来在 IPv4 网络之上建立一条能够传输 IPv6 数据报的隧道，如可以将 IPv6 数据报当作 IPv4 数据报的数据部分加以封装，只需要加一个 IPv4 的首部，就能在 IPv4 网络中传输 IPv6 报文。

（3）翻译技术：利用一台专门的翻译设备（如转换网关），在纯 IPv4 和纯 IPv6 网络之间转换 IP 报头的地址，同时根据协议不同对分组做相应的语义翻译，从而使纯 IPv4 和纯 IPv6 站点之间能够透明通信。

5.3 课后演练（精选真题）

- 以下关于以太网交换机转发表的叙述中，正确的是　(1)　。（**2021 年 11 月第 13 题**）

（1）A．交换机的初始 MAC 地址表为空

　　B．交换机接收到数据帧后，如果没有相应的表项，则不转发该帧

　　C．交换机通过读取输入帧中的目的地址添加相应的 MAC 地址表项

　　D．交换机的 MAC 地址表项是静态增长的，重启时地址表清空

- Internet 网络核心采取的交换方式为　(2)　。（**2021 年 11 月第 14 题**）

（2）A．分组交换　　　B．电路交换　　　C．虚电路交换　　D．消息交换

- TCP 端口号的作用是　(3)　。（**2019 年 11 月第 13 题**）

（3）A．流量控制　　　B．ACL 过滤　　　C．建立连接　　　D．对应用层进程的寻址

- Web 页面访问过程中，在浏览器发出 HTTP 请求报文之前不可能执行的操作是　(4)　。（**2019 年 11 月第 14 题**）

（4）A．查询本机 DNS 缓存，获取主机名对应的 IP 地址

　　B．发起 DNS 请求，获取主机名对应的 IP 地址

　　C．发送请求信息，获取将要访问的 Web 应用

　　D．发送 ARP 协议广播数据包，请求网关的 MAC 地址

- 以下关于 DHCP 服务的说法中，正确的是　(5)　。（**2019 年 11 月第 15 题**）

（5）A．在一个园区网中可以存在多台 DHCP 服务器

　　B．默认情况下，客户端要使用 DHCP 服务需指定 DHCP 服务器地址

C．默认情况下，DHCP 客户端选择本网段内的 IP 地址作为本地地址

D．在 DHCP 服务器上，DHCP 服务功能默认开启

- 在客户机上运行 nslookup 查询某服务器名称时能解析出 IP 地址，查询 IP 地址时却不能解析出服务器名称，解决这一问题的方法是___(6)___。（**2018 年 11 月第 14 题**）

（6）A．清除 DNS 缓存   B．刷新 DNS 缓存

C．为该服务器创建 PTR 记录   D．重启 DNS 服务

- 如果发送给 DHCP 客户端的地址已经被其他 DHCP 客户端使用，客户端会向服务器发送___(7)___信息包拒绝接受已经分配的地址信息。（**2018 年 11 月第 15 题**）

（7）A．DhcpAck   B．DhcpOffer

C．DhcpDecline   D．DhcpNack

- 网络逻辑结构设计的内容不包括___(8)___。（**2017 年 11 月第 14 题**）

（8）A．逻辑网络设计图

B．IP 地址方案

C．具体的软硬件、广域网连接和基本服务

D．用户培训计划

5.4 课后演练答案解析

（1）**参考答案**：A

🔑**解析** 交换机的初始 MAC 地址表为空，是通过互相交换学习建立的。

（2）**参考答案**：A

🔑**解析** 网络层核心是 IP 协议，其单位是分组，分组交换。

（3）**参考答案**：D

🔑**解析** 本题考查 TCP 端口号的原理和意义。

TCP 端口号的作用是进程寻址依据，即依据端口号将报文交付给上层的某一进程。

（4）**参考答案**：C

🔑**解析** 本题考查 Web 页面访问过程方面的基础知识。

用户打开浏览器输入目的地址，访问一个 Web 页面的过程如下：

1）浏览器首先会查询本机的系统，获取主机名对应的 IP 地址。

2）若本机查询不到相应的 IP 地址，则会发起 DNS 请求，获取主机名对应的 IP 地址。

3）使用查询到的 IP 地址向目标服务器发起 TCP 连接。

4）浏览器发送 HTTP 请求，HTTP 请求由 3 部分组成，分别是：请求行、消息报头、请求正文。

5）服务器从请求信息中获得客户机想要访问的主机名、Web 应用、Web 资源。

6）服务器用读取到的 Web 资源数据，创建并回送一个 HTTP 响应。

7）客户机浏览器解析回送的资源，并显示结果。

根据上述 Web 页面访问过程，在浏览器发出 HTTP 请求报文之前不可能获取将要访问的 Web 应用。

（5）**参考答案**：A

解析 本题考查 DHCP 协议相关的基础知识。

在一个园区网中可以存在多台 DHCP 服务器，客户机申请后每台服务器都会给予响应，客户机通常选择最先到达的报文提供的 IP 地址；对客户端而言，在申请时不知道 DHCP 服务器地址，因此无法指定；DHCP 服务器提供的地址不必和服务器在同一网段；地址池中可以有多块地址，它们分属不同网段。

（6）**参考答案**：C

解析 PTR 记录是反向记录，通过 IP 查询域名。

（7）**参考答案**：C

解析 DHCP 客户端收到 DHCP 服务器回应的 ACK 报文后，通过地址冲突检测发现服务器分配的地址冲突或者由于其他原因导致不能使用，则发送 Decline 报文，通知服务器所分配的 IP 地址不可用。

（8）**参考答案**：D

解析 利用需求分析和现有网络体系分析的结果来设计逻辑网络结构，最后得到一份逻辑网络设计文档，输出内容包括以下几点：①逻辑网络设计图；②IP 地址方案；③安全方案；④招聘和培训网络员工的具体说明；⑤对软硬件、服务、员工和培训的费用初步估计。物理网络设计是对逻辑网络设计的物理实现，通过对设备的具体物理分布、运行环境等确定，确保网络的物理连接符合逻辑连接的要求。输出如下内容：①网络物理结构图和布线方案；②设备和部件的详细列表清单；③软硬件和安装费用的估算；④安装日程表，详细说明服务的时间以及期限；⑤安装后的测试计划；⑥用户的培训计划。由此可以看出，D 选项的工作是物理网络设计阶段的任务。

第**6**章
信息安全和网络安全

6.1 备考指南

信息安全和网络安全主要考查的是信息安全属性、加密解密数字摘要、数字签名、PKI体系等相关知识，同时也是重点考点，在系统架构设计师的考试中一般会考选择题，占2~4分，在案例分析和论文中有时也会考到，属于重点章节之一。

6.2 考点梳理及精讲

6.2.1 信息安全和信息系统安全

1. 信息安全的含义及属性

信息安全包括五个基本要素：机密性、完整性、可用性、可控性与可审查性。

（1）机密性：确保信息不暴露给未授权的实体或进程。

（2）完整性：只有得到允许的人才能修改数据，并且能够判别出数据是否已被篡改。

（3）可用性：得到授权的实体在需要时可访问数据，即攻击者不能占用所有的资源而阻碍授权者的工作。

（4）可控性：可以控制授权范围内的信息流向及行为方式。

（5）可审查性：对出现的信息安全问题提供调查的依据和手段。

2. 安全需求

信息安全的范围包括：设备安全、数据安全、内容安全和行为安全。

（1）信息系统设备的安全是信息系统安全的首要问题，是信息系统安全的物质基础，它包括三个方面：设备的稳定性、可靠性、可用性。

（2）数据安全即采取措施确保数据免受未授权的泄露、篡改和毁坏，包括三个方面：数据的秘密性、完整性、可用性。

（3）内容安全是信息安全在政治、法律、道德层次上的要求，包括三个方面：信息内容政治上健康、符合国家法律法规、符合道德规范。

（4）信息系统的服务功能是指最终通过行为提供给用户，确保信息系统的行为安全，才能最终确保系统的信息安全。行为安全的特性包括：行为的秘密性、完整性、可控性。

信息的存储安全包括信息使用的安全、系统安全监控、计算机病毒防治、数据的加密和防止非法的攻击等。

（1）信息使用的安全。包括用户的标识与验证、用户存取权限限制。

（2）系统安全监控。系统必须建立一套安全监控系统，全面监控系统的活动，并随时检查系统的使用情况，一旦有非法入侵者进入系统，能及时发现并采取相应措施，确定和填补安全及保密的漏洞。还应当建立完善的审计系统和日志管理系统，利用日志和审计功能对系统进行安全监控。

（3）计算机网络服务器必须加装网络病毒自动检测系统，以保护网络系统的安全，防范计算机病毒的侵袭，并且必须定期更新网络病毒检测系统。

3. 网络安全

网络安全隐患体现在：物理安全性、软件安全漏洞、不兼容使用安全漏洞、选择合适的安全哲理。

网络安全威胁：非授权的访问、信息泄露或丢失、破坏数据完整性、拒绝服务攻击、利用网络传播病毒。

安全措施的目标：访问控制、认证、完整性、审计、保密。

6.2.2 信息安全技术

1. 加密技术

一个密码系统，通常简称为密码体制（Cryptosystem），由以下五部分组成：

（1）明文空间 M，它是全体明文的集合。

（2）密文空间 C，它是全体密文的集合。

（3）密钥空间 K，它是全体密钥的集合。其中每一个密钥 K 均由加密密钥 Ke 和解密密钥 Kd 组成，即 K=<Ke,Kd>。

（4）加密算法 E，它是一组由 M 至 C 的加密变换。

（5）解密算法 D，它是一组由 C 到 M 的解密变换。

对于每一个确定的密钥，加密算法将确定一个具体的加密变换，解密算法将确定一个具体的解密变换，而且解密变换就是加密变换的逆变换。对于明文空间 M 中的每一个明文 M，加密算法 E 在密钥 Ke 的控制下将明文 M 加密成密文 C：C=E (M, Ke)。

而解密算法 D 在密钥 Kd 的控制下将密文 C 解密出同一明文 M：M=D(C,Kd) =D(E(M,Ke),Kd)。

2．对称加密技术

对称加密就是对数据的加密和解密的密钥（密码）是相同的，属于不公开密钥加密算法。其缺点是加密强度不高（因为只有一个密钥），且密钥分发困难（因为密钥还需要传输给接收方，也要考虑保密性等问题）。

常见的对称密钥加密算法如下：

（1）DES：替换+移位、56 位密钥、64 位数据块、速度快，密钥易产生。

（2）3DES：三重 DES，两个 56 位密钥 K1、K2，进行加密和解密，其过程如下。

　　加密：K1 加密→K2 解密→K1 加密。

　　解密：K1 解密→K2 加密→K1 解密。

（3）AES：是美国联邦政府采用的一种区块加密标准，这个标准用来替代原先的 DES。对其的要求是"至少像 3DES 一样安全"。

（4）RC-5：RSA 数据安全公司的很多产品都使用了 RC-5。

（5）IDEA：128 位密钥，64 位数据块，比 DES 的加密性好，对计算机功能要求相对低。

3．非对称加密技术

非对称加密技术就是对数据的加密和解密的密钥是不同的，是公开密钥加密算法。其缺点是加密速度慢。

非对称加密技术的原理是：发送者发送数据时，使用接收者的公钥作加密密钥，私钥作解密密钥，这样只有接收者才能解密密文得到明文。安全性更高，因为无须传输密钥。但无法保证完整性，如图 6-1 所示，图中 PK_B 表示明文通过接收者的公钥进行加密，SK_B 表示密文通过接收者的私钥进行解密。

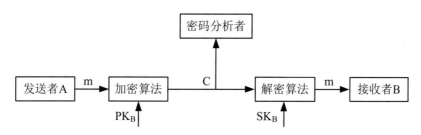

图 6-1　非对称加密技术原理

常见的非对称加密算法如下：

（1）RSA：512 位（或 1024 位）密钥，计算量极大，难破解。

（2）ElGamal、ECC（椭圆曲线算法）、背包算法、Rabin、D-H 等。

相比较可知，对称加密算法密钥一般只有 56 位，因此加密过程简单，适合加密大数据，也因此加密强度不高；而非对称加密算法密钥有 1024 位，相应的解密计算量庞大，难以破解，却不适合加密大数据，一般用来加密对称算法的密钥，这样，就将两个技术组合使用了，这也是数字信封的原理。

4. 数字信封原理

数字信封的正文称为信，信是对称密钥的钥匙，数字信封就是对此密钥进行非对称加密，具体过程：发送方将数据用对称密钥加密传输，而将对称密钥用接收方公钥加密发送给对方。接收方收到数字信封，用自己的私钥解密信封，取出对称密钥解密得到原文，即信的正文。

数字信封运用了对称加密技术和非对称加密技术，本质是使用对称密钥加密数据，非对称密钥加密对称密钥，解决了对称密钥的传输问题。

5. 信息摘要

所谓信息摘要，就是一段数据的特征信息，当数据发生了改变，信息摘要也会发生改变，发送方会将数据和信息摘要一起传给接收方，接收方会根据接收到的数据重新生成一个信息摘要，若此摘要和接收到的摘要相同，则说明数据正确。**信息摘要是由哈希函数生成的。**

信息摘要的特点：不管数据多长，都会产生固定长度的信息摘要；任何不同的输入数据，都会产生不同的信息摘要；单向性，即只能由数据生成信息摘要，不能由信息摘要还原数据。

信息摘要算法：MD5（产生 128 位的输出）、SHA-1（安全散列算法，产生 160 位的输出，安全性更高）。

6. 数字签名

发送者发送数据时，使用发送者的私钥进行加密，接收者收到数据后，只能使用发送者的公钥进行解密，这样就能唯一确定发送方，这也是数字签名的过程。但无法保证机密性，如图 6-2 所示。

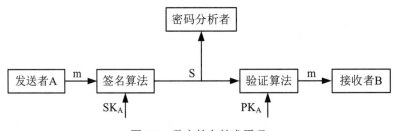

图 6-2　数字签名技术原理

7. 公钥基础设施 PKI

公钥基础设施是以不对称密钥加密技术为基础，以数据机密性、完整性、身份认证和行为不可抵赖性为安全目的，来实施和提供安全服务的具有普适性的安全基础设施。

（1）数字证书：一个数据结构，是一种由一个可信任的权威机构签署的信息集合。在不同的应用中有不同的证书。如 X.509 证书必须包含下列信息：①版本号；②序列号；③签名算法标识符；④认证机构；⑤有效期限；⑥主题信息；⑦认证机构的数字签名；⑧公钥信息。

公钥证书主要用于确保公钥及其与用户绑定关系的安全。这个公钥就是证书所标识的那个主体的合法的公钥。任何一个用户只要知道签证机构的公钥，就能检查对证书的签名的合法性。如果检查正确，那么用户就可以相信那个证书所携带的公钥是真实的，而且这个公钥就是证书所标识的那个主体的合法的公钥，如驾照。

（2）签证机构（CA）：负责签发证书、管理和撤销证书。是所有注册用户所信赖的权威机构，CA 在给用户签发证书时要加上自己的数字签名，以保证证书信息的真实性。任何机构可以用 CA 的公钥来验证该证书的合法性。

8．访问控制

访问控制是指主体依据某些控制策略或权限对客体本身或是其资源进行的不同授权访问。访问控制包括 3 个要素，即主体（对其他实体施加动作）、客体（接受其他实体访问）和控制策略（主体对客体的操作行为集和约束条件集）。

访问控制的实现首先要考虑对合法用户进行验证，然后是对控制策略的选用与管理，最后要对没有非法用户或是越权操作进行管理。所以，访问控制包括**认证、控制策略实现和审计** 3 方面的内容。

访问控制的实现技术如下。

（1）访问控制矩阵（ACM）。是通过矩阵形式表示访问控制规则和授权用户权限的方法。也就是说，对每个主体而言，都拥有对哪些客体的哪些访问权限；而对客体而言，又有哪些主体对它可以实施访问；将这种关联关系加以阐述，就形成了控制矩阵。主体作为行，客体作为列，如图 6-3 所示。

	file1	file2	file3
User1	rw		rw
User2	r	rwx	x
User3	x	r	

图 6-3 访问控制矩阵示例

（2）访问控制表（ACL）。目前最流行、使用最多的访问控制实现技术。每个客体有一个访问控制表，是系统中每一个有权访问这个客体的主体的信息。这种实现技术实际上是按列保存访问矩阵，如图 6-4 所示。

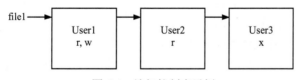

图 6-4 访问控制表示例

（3）能力表。对应于访问控制表，这种实现技术实际上是按行保存访问矩阵。每个主体有一个能力表，是该主体对系统中每一个客体的访问权限信息。使用能力表实现的访问控制系统可以很方便地查询某一个主体的所有访问权限，如图 6-5 所示。

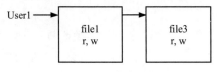

图 6-5　能力表示例

（4）授权关系表。每一行（或者说元组）就是访问矩阵中的一个非空元素，是某一个主体对应于某一个客体的访问权限信息。如果授权关系表按主体排序，查询时就可以得到能力表的效率；如果按客体排序，查询时就可以得到访问控制表的效率。

6.2.3　信息安全的抗攻击技术

为对抗攻击者的攻击，**密钥生成需要考虑三个方面的因素**：增大密钥空间、选择强钥（复杂的）、密钥的随机性（使用随机数）。

拒绝服务攻击有许多种，网络的内外部用户都可以发动这种攻击。内部用户可以通过长时间占用系统的内存、CPU 处理时间使其他用户不能及时得到这些资源，而引起拒绝服务攻击；外部黑客也可以通过占用网络连接使其他用户得不到网络服务。本节主要讨论外部用户实施的拒绝服务攻击。

外部用户针对网络连接发动拒绝服务攻击主要有以下几种模式：消耗资源、破坏或更改配置信息、物理破坏或改变网络部件、利用服务程序中的处理错误使服务失效。

分布式拒绝服务（DDoS）攻击是对传统 DoS 攻击的发展，攻击者首先侵入并控制一些计算机，然后控制这些计算机同时向一个特定的目标发起拒绝服务攻击。克服了传统 DoS 受网络资源的限制和隐蔽性两大缺点。

1. 拒绝服务攻击的防御方式

（1）加强对数据包的特征识别。攻击者在传达攻击命令或发送攻击数据时，虽然都加入了伪装甚至加密，但是其数据包中还是有一些特征字符串。通过搜寻这些特征字符串，就可以确定攻击服务器和攻击者的位置。

（2）设置防火墙监视本地主机端口的使用情况。如果发现端口处于监听状态，则系统很可能受到攻击。即使攻击者已经对端口的位置进行了一定的修改，但如果外部主机主动向网络内部高标号端口发起连接请求，则系统也很可能受到侵入。

（3）对通信数据量进行统计也可获得有关攻击系统的位置和数量信息。例如，在攻击之前，目标网络的域名服务器往往会接收到远远超过正常数量的反向和正向的地址查询。在攻击时，攻击数据的来源地址会发出超出正常极限的数据量。

（4）尽可能地修正已经发现的问题和系统漏洞。

2. ARP 欺骗

正常 ARP 原理：如图 6-6 所示，主机 A 想知道局域网内主机 B 的 MAC 地址，那么主机 A 就广播发送 ARP 请求分组，局域网内主机都会收到，但只有 B 收到解析后知道是请求自己的 MAC 地址，所以只有 B 会返回单播的响应分组，告诉 A 自己的 MAC 地址。

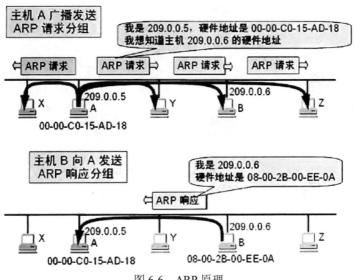

图 6-6　ARP 原理

A 收到响应分组后，会建立一个 B 的 IP 地址和 MAC 地址映射，这个映射是动态存在的，如果一定时间 AB 不再通信，那么就会清空这个地址映射，下次如果还要通信，则重复这个过程。

ARP 欺骗原理：上述过程主机 A 是不管其有没有发送过请求广播分组的，而是只要收到了返回的分组信息，就会刷新 IP 地址和 MAC 地址的映射关系，这样就存在安全隐患，假设有主机 C，模拟返回分组格式，构造正确的 IP 地址和自己的 MAC 地址映射，A 收到后也会刷新映射关系，那么当 A 再次向 B 发送信息时，实际就发送到了 C 的 MAC 地址，数据就被 C 监听到了。

ARP 欺骗的防范措施：

（1）在 winxp 下输入命令：arp-s gate-way-ip gate-way-mac 固化 arp 表，阻止 arp 欺骗。

（2）使用 ARP 服务器。通过该服务器查找自己的 ARP 转换表来响应其他机器的 ARP 广播。确保这台 ARP 服务器不被黑。

（3）采用双向绑定的方法解决并且防止 ARP 欺骗。

（4）ARP 防护软件——ARPGuard。通过系统底层核心驱动，无须安装其他任何第三方软件（如 WinPcap），以服务及进程并存的形式随系统启动并运行，不占用计算机系统资源。无须对计算机进行 IP 地址及 MAC 地址绑定，从而避免了大量且无效的工作量。也不用担心计算机会在重启后新建 ARP 缓存列表，因为此软件是以服务与进程相结合的形式存在于计算机中，当计算机重启后软件的防护功能也会随操作系统自动启动并工作。

3. DNS 欺骗

DNS 欺骗首先是冒充域名服务器，然后把查询的 IP 地址设为攻击者的 IP 地址，这样的话，用户上网就只能看到攻击者的主页，而不是用户想要取得的网站的主页了，这就是 DNS 欺骗的基本原理。也即改掉了域名和 IP 地址的对应关系。黑客是通过冒充 DNS 服务器回复查询 IP 的，如图 6-7 所示。

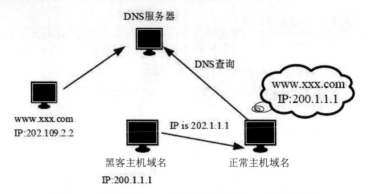

图 6-7　黑客冒充 DNS 服务器回复查询 IP 的示意图

DNS 欺骗的检测：

（1）被动监听检测：通过旁路监听的方式，捕获所有 DNS 请求和应答数据包，并为其建立一个请求应答映射表。如果在一定的时间间隔内，一个请求对应两个或两个以上结果不同的应答包，则怀疑受到了 DNS 欺骗攻击。

（2）虚假报文探测：采用主动发送探测包的手段来检测网络内是否存在 DNS 欺骗攻击者。如果向一个非 DNS 服务器发送请求包，正常来说不会收到任何应答，但是由于攻击者不会验证目标 IP 是否是合法 DNS 服务器，它就会继续实施欺骗攻击，因此如果收到了应答包，则说明受到了攻击。

（3）交叉检查查询：在客户端收到 DNS 应答包之后，向 DNS 服务器反向查询应答包中返回的 IP 地址所对应的 DNS 名字，如果二者一致说明没有受到攻击，否则说明被欺骗。

端口扫描就是尝试与目标主机的某些端口建立连接，如果目标主机该端口有回复（见三次握手中的第二次），则说明该端口开放，即为"活动端口"。

扫描原理分类：

（1）全 TCP 连接。这种扫描方法使用三次握手，与目标计算机建立标准的 TCP 连接。需要说明的是，这种古老的扫描方法很容易被目标主机记录。

（2）半打开式扫描（SYN 扫描）。在这种扫描技术中，扫描主机自动向目标计算机的指定端口发送 SYN 数据段，表示发送建立连接请求。

● 如果目标计算机的回应 TCP 报文中 SYN=1，ACK=1，则说明该端口是活动的，接着扫描主机传送一个 RST 给目标主机拒绝建立 TCP 连接，从而导致三次握手的过程失败。

● 如果目标计算机的回应是 RST，则表示该端口为"死端口"，这种情况下，扫描主机不用做任何回应。

（3）FIN 扫描。在前面介绍过的 TCP 报文中，有一个字段为 FIN，FIN 扫描则依靠发送 FIN 来判断目标计算机的指定端口是否是活动的。

发送一个 FIN=1 的 TCP 报文到一个关闭的端口时，该报文会被丢掉，并返回一个 RST 报文。但是，如果当 FIN 报文到一个活动的端口时，该报文只是被简单地丢掉，不会返回任何回应。

从 FIN 扫描可以看出，这种扫描没有涉及任何 TCP 连接部分。因此，这种扫描比前两种都安全，可以称之为秘密扫描。

（4）第三方扫描。第三方扫描又称"代理扫描"，这种扫描是利用第三方主机来代替入侵者进行扫描。这个第三方主机一般是入侵者通过入侵其他计算机而得到的，该第三方主机常被入侵者称之为"肉鸡"。这些"肉鸡"一般为安全防御系数极低的个人计算机。

4. 强化 TCP/IP 堆栈以抵御拒绝服务攻击

（1）同步包风暴（SYN Flooding）：利用 TCP 协议缺陷发送大量伪造的 TCP 连接请求，使得被攻击者资源耗尽。三次握手，进行了两次，不进行第三次握手，连接队列处于等待状态，大量这样的等待，会占满全部队列空间，使得系统挂起。可以通过修改注册表防御 SYN Flooding 攻击。

（2）ICMP 攻击。ICMP 协议本身的特点决定了它非常容易被用于攻击网络上的路由器和主机。比如，前面提到的"Pin g of Death"攻击就是利用操作系统规定的 ICMP 数据包的最大尺寸不超过 64KB 这一规定，达到使 TCP/IP 堆栈崩溃、主机死机的效果。可以通过修改注册表防御 ICMP 攻击。

（3）SNMP 攻击。SNMP 还能被用于控制这些设备和产品，重定向通信流，改变通信数据包的优先级，甚至断开通信连接。总之，入侵者如果具备相应能力，就能完全接管你的网络。可以通过修改注册表项防御。

系统漏洞扫描指对重要计算机信息系统进行检查，发现其中可能被黑客利用的漏洞。包括基于网络的漏洞扫描（通过网络远程扫描主机）、基于主机的漏洞扫描（在目标系统安装了代理扫描）。

6.2.4　信息安全的保证体系与评估方法

《计算机信息系统　安全保护等级划分准则》（GB 17859—1999）规定了计算机系统安全保护能力的五个等级：

第一级　用户自主保护级：本级的计算机信息系统可信计算基通过隔离用户与数据，使用户具备自主安全保护的能力。本级实施的是自主访问控制，即计算机信息系统可信计算基定义和控制系统中命名用户对命名客体的访问。

第二级　系统审计保护级：本级的计算机信息系统可信计算基实施了粒度更细的自主访问控制，它通过登录规程、审计安全性相关事件和隔离资源，使用户对自己的行为负责。在自主访问控制的基础上控制访问权限扩散。

第三级　安全标记保护级：本级的计算机信息系统可信计算基具有系统审计保护级所有功能。此外，还提供有关安全策略模型、数据标记以及主体对客体强制访问控制的非形式化描述；具有准确地标记输出信息的能力；消除通过测试发现的任何错误。本级的主要特征是计算机信息系统可信计算基对所有主体及其所控制的客体（例如，进程、文件、段、设备）实施强制访问控制。

第四级　结构化保护级：本级的计算机信息系统可信计算基建立于一个明确定义的形式化安全策略模型之上，它要求将第三级系统中的自主和强制访问控制扩展到所有主体与客体。此外，还要考虑隐蔽通道。对外部主体能够直接或间接访问的所有资源（例如，主体、存储客体和输入输出资源）实施强制访问控制。

第五级 访问验证保护级：本级的计算机信息系统可信计算基满足访问监控器需求。访问监控器仲裁主体对客体的全部访问。访问监控器本身是抗篡改的；必须足够小，能够分析和测试。与第四级相比，自主访问控制机制根据用户指定方式或默认方式，阻止非授权用户访问客体。访问控制的粒度是单个用户。访问控制能够为每个命名客体指定命名用户和用户组，并规定他们对客体的访问模式。没有存取权的用户只允许由授权用户指定对客体的访问权。

6.2.5 网络安全技术

1. 防火墙

防火墙是在内部网络和外部因特网之间增加的一道安全防护措施，分为网络级防火墙和应用级防火墙。

网络级防火墙层次低，但是效率高，因为其使用包过滤和状态监测手段，一般只检验网络包外在（起始地址、状态）属性是否异常，若异常，则过滤掉，不与内网通信，因此对应用和用户是透明的。但是这样的问题是，如果遇到伪装的危险数据包就没办法过滤，此时，就要依靠**应用级防火墙**。应用级防火墙层次高，效率低，因为应用级防火墙会将网络包拆开，具体检查里面的数据是否有问题，会消耗大量时间，造成效率低下，但是安全强度高。

2. 入侵检测系统（IDS）

防火墙技术主要是分隔来自外网的威胁，却对来自内网的直接攻击无能为力，此时就要用到入侵检测技术，IDS 是位于防火墙之后的第二道屏障，作为防火墙技术的补充。

原理：监控当前系统/用户行为，使用入侵检测分析引擎进行分析，这里包含一个知识库系统，囊括了历史行为、特定行为模式等操作，将当前行为和知识库进行匹配，就能检测出当前行为是否是入侵行为，如果是入侵，则记录证据并上报给系统和防火墙，交由它们处理。

不同于防火墙，IDS 是一个监听设备，没有跨接在任何链路上，无须网络流量流经它便可以工作。因此，对 IDS 的部署，唯一的要求是：IDS 应当挂接在所有所关注流量都必须流经的链路上。因此，IDS 在交换式网络中的位置：①尽可能靠近攻击源；②尽可能靠近受保护资源。

3. 入侵防御系统（IPS）

IDS 和防火墙技术都是在入侵行为已经发生后所做的检测和分析，而 IPS 是能够提前发现入侵行为，在其还没有进入安全网络之前就防御。串联接入网络，因此可以自动切换网络。

在安全网络之前的链路上挂载入侵防御系统（IPS），可以实时检测入侵行为，并直接进行阻断，这是与 IDS 的区别。

4. 杀毒软件

杀毒软件用于检测和解决计算机病毒，与防火墙和 IDS 要区分，计算机病毒要靠杀毒软件，防火墙是处理网络上的非法攻击。

5. 蜜罐系统

伪造一个蜜罐网络引诱黑客攻击，蜜罐网络被攻击不影响安全网络，并且可以借此了解黑客攻击的手段和原理，从而对安全系统进行升级和优化。

6. 网络攻击和威胁

网络攻击和威胁见表 6-1。

表 6-1　网络攻击和威胁

攻击类型	攻击名称	描述
被动攻击	窃听（网络监听）	用各种可能的合法或非法的手段窃取系统中的信息资源和敏感信息
	业务流分析	通过对系统进行长期监听，利用统计分析方法对诸如通信频度、通信的信息流向、通信总量的变化等参数进行研究，从而发现有价值的信息和规律
	非法登录	有些资料将这种方式归为被动攻击方式
主动攻击	假冒身份	通过欺骗通信系统（或用户）达到非法用户冒充成为合法用户，或者特权小的用户冒充成为特权大的用户的目的。黑客大多是采用假冒进行攻击
	抵赖	这是一种来自用户的攻击，如：否认自己曾经发布过的某条消息、伪造一份对方来信等
	旁路控制	攻击者利用系统的安全缺陷或安全性上的脆弱之处获得非授权的权利或特权
	重放攻击	所截获的某次合法的通信数据拷贝，出于非法的目的而被重新发送
	拒绝服务（DoS）	通过向目标主机发送大量无效连接，导致对信息或其他资源的合法访问被无条件地阻止

6.2.6　网络安全协议

物理层主要使用物理手段，隔离、屏蔽物理设备等，其他层都是靠协议来保证传输的安全。

SSL 协议：安全套接字协议，被设计为加强 Web 安全传输（HTTP/HTTPS）的协议，安全性高，和 HTTP 结合之后，形成 HTTPS 安全协议，端口号为 443。

SSH 协议：安全外壳协议，被设计为加强 Telnet/FTP 安全的传输协议。

SET 协议：安全电子交易协议主要应用于 B2C 模式（电子商务）中保障支付信息的安全性。SET 协议本身比较复杂，设计比较严格，安全性高，它能保证信息传输的机密性、真实性、完整性和不可否认性。SET 协议是 PKI 框架下的一个典型实现，同时也在不断升级和完善，如 SET 2.0 将支持借记卡电子交易。

Kerberos 协议：是一种网络身份认证协议，该协议的基础是基于信任第三方，它提供了在开放型网络中进行身份认证的方法，认证实体可以是用户也可以是用户服务。这种认证不依赖宿主机的操作系统或计算机的 IP 地址，不需要保证网络上所有计算机的物理安全性，并且假定数据包在传输中可被随机窃取和篡改。

PGP 协议（安全电子邮件协议）：使用 RSA 公钥证书进行身份认证，使用 IDEA（128 位密钥）进行数据加密，使用 MD5 进行数据完整性验证。

6.3 课后演练（精选真题）

● 信息系统面临多种类型的网络安全威胁。其中，信息泄露是指信息被泄露或透露给某个非授权的实体；__(1)__ 是指数据被非授权地进行增删、修改或破坏而受到损失；__(2)__ 是指对信息或其他资源的合法访问被无条件地阻止；__(3)__ 是指通过对系统进行长期监听，利用统计分析方法对诸如通信频度、通信的信息流向、通信总量的变化等参数进行研究，从而发现有价值的信息和规律。（**2021 年 11 月第 39～41 题**）

（1）A. 非法使用 　　　　　　　　　B. 破坏信息的完整性

　　　C. 授权侵犯 　　　　　　　　　D. 计算机病毒

（2）A. 拒绝服务 　　B. 陷阱门 　　C. 旁路控制 　　D. 业务欺骗

（3）A. 特洛伊木马 　　B. 业务欺骗 　　C. 物理侵入 　　D. 业务流分析

● 安全性是根据系统可能受到的安全威胁的类型来分类的。其中，__(4)__ 保证信息不泄露给未授权的用户、实体或过程；__(5)__ 保证信息的完整和准确，防止信息被篡改。（**2021 年 11 月第 56～57 题**）

（4）A. 可控性 　　B. 机密性 　　C. 安全审计 　　D. 健壮性

（5）A. 可控性 　　B. 完整性 　　C. 不可否认性 　　D. 安全审计

● 某 Web 网站向 CA 申请了数字证书。用户登录过程中可通过验证 __(6)__ 确认该数字证书的有效性，以 __(7)__ 。（**2021 年 11 月第 67～68 题**）

（6）A. CA 的签名 　　B. 网站的签名 　　C. 会话密钥 　　D. DES 密码

（7）A. 向网站确认自己的身份 　　　　B. 获取访问网站的权限

　　　C. 和网站进行双向认证 　　　　　D. 验证该网站的真伪

● 下列协议中与电子邮箱安全无关的是 __(8)__ 。（**2019 年 11 月第 64 题**）

（8）A. SSL 　　B. HTTPS 　　C. MIME 　　D. PGP

● 数字签名首先需要生成消息摘要，然后发送方用自己的私钥对报文摘要进行加密，接收方用发送方的公钥验证真伪。生成消息摘要的目的是 __(9)__ ，对摘要进行加密的目的是 __(10)__ 。（**2018 年 11 月第 64～65 题**）

（9）A. 防止窃听 　　B. 防止抵赖 　　C. 防止篡改 　　D. 防止重放

（10）A. 防止窃听 　　B. 防止抵赖 　　C. 防止篡改 　　D. 防止重放

6.4 课后演练答案解析

（1）（2）（3）**参考答案**：B　A　D

解析 完整性是指数据被非授权地进行增删、修改或破坏而受到损失；拒绝服务是指对信息或其他资源的合法访问被无条件地阻止；业务流分析是指通过对系统进行长期监听，利用统计分析方法对诸如通信频度、通信的信息流向、通信总量的变化等参数进行研究，从而发现有价值的信息和规律。

（4）（5）**参考答案**：B　B

🔑**解析**　安全性是根据系统可能受到的安全威胁的类型来分类的。其中，机密性保证信息不泄露给未授权的用户、实体或过程；完整性是保证信息的完整和准确，防止信息被篡改。

（6）（7）**参考答案**：A　D

🔑**解析**　确认数字证书的有效性是需要向 CA 验证，确保是 CA 签发的；这是用来验证网站的身份的。

（8）**参考答案**：C

🔑**解析**　本题考查电子邮件安全方面的基础知识。

安全套接层（Secure Sockets Layer，SSL）及其继任者传输层安全（Transport Layer Security，TLS）是为网络通信提供安全及数据完整性的一种安全协议，在传输层对网络连接进行加密。在设置电子邮箱时使用 SSL 协议，会保障邮箱更安全。

HTTPS 协议是由 HTTP 加上 TLS/SSL 协议构建的可进行加密传输、身份认证的网络协议，主要通过数字证书、加密算法、非对称密钥等技术完成互联网数据传输加密，实现互联网传输安全保护。

MIME 是设定某种扩展名的文件用一种应用程序来打开的方式类型,当该扩展名文件被访问的时候，浏览器会自动使用指定应用程序来打开。它是一个互联网标准，扩展了电子邮件标准，使其能够支持：非 ASCII 字符文本；非文本格式附件（二进制、声音、图像等）；由多部分（Multiple Parts）组成的消息体；包含非 ASCII 字符的头信息（Header Information）。

PGP 是一套用于消息加密、验证的应用程序，采用 IDEA 的散列算法作为加密与验证之用。PGP 加密由一系列散列、数据压缩、对称密钥加密，以及公钥加密的算法组合而成。每个公钥均绑定唯一的用户名和/或 E-mail 地址。

因此，上述选项中 MIME 是扩展了电子邮件标准，不能用于保障电子邮件安全。

（9）（10）**参考答案**：C　B

🔑**解析**　消息摘要是对原文信息提取特征值，做这个操作能让原始信息被篡改时，我们能及时感知到，所以能防篡改。

而对消息摘要"加密"，虽然做的是加密操作，但并无加密的作用。因为私钥加密时，公钥解密。公钥谁都能获取到，所以谁都能解，故无法防止窃听，但可以防止抵赖。

第7章
软件工程基础知识

7.1 备考指南

软件工程基础知识主要考查的是软件工程基础、软件开发方法、系统分析、设计、测试及运行和维护等相关知识，同时也是重点考点，在系统架构设计师的考试中选择题占 12～15 分，案例分析和论文中也会考到相关内容，属于重点章节之一。

7.2 考点梳理及精讲

7.2.1 软件工程基础

1. 软件工程基本原理

软件工程基本原理：通过划分生命周期阶段的方式严格管理、坚持进行阶段评审、实现严格的产品控制、采用现代程序设计技术、结果应能清楚地审查、开发小组的人员应少而精、承认不断改进软件工程实践的必要性。

软件开发生命周期如下所述。

软件定义时期：包括可行性研究和详细需求分析过程，任务是确定软件开发工程必须完成的总目标，具体可分成问题定义、可行性研究、需求分析等。

软件开发时期：就是软件的设计与实现，可分成概要设计、详细设计、编码、测试等。

软件运行和维护：就是把软件产品移交给用户使用。

软件系统的文档可以分为用户文档和系统文档两类，用户文档主要描述系统功能和使用方法，并不关心这些功能是怎样实现的；系统文档描述系统设计、实现和测试等各方面的内容。

软件工程过程是指为获得软件产品，在软件工具的支持下由软件工程师完成的一系列软件工程活动，包括以下 4 个方面。

（1）P（Plan）——软件规格说明。规定软件的功能及其运行时的限制。

（2）D（Do）——软件开发。开发出满足规格说明的软件。

（3）C（Check）——软件确认。确认开发的软件能够满足用户的需求。

（4）A（Action）——软件演进。软件在运行过程中不断改进以满足客户新的需求。

软件系统工具通常可以按软件过程活动分为软件开发工具、软件维护工具、软件管理和软件支持工具。

软件开发工具：需求分析工具、设计工具、编码与排错工具、测试工具等。

软件维护工具：版本控制工具、文档分析工具、开发信息库工具、逆向工程工具、再工程工具。

软件管理和软件支持工具：项目管理工具、配置管理工具、软件评价工具、软件开发工具的评价和选择。

软件设计包括四个既独立又相互联系的活动，即数据设计、架构（体系结构）设计、人机界面（接口）设计和过程设计，这四个活动完成以后就得到了全面的软件设计模型。

2．能力成熟度模型

能力成熟度模型（Capability Maturity Model，CMM）是对软件组织化阶段的描述，随着软件组织定义、实施、测量、控制和改进其软件过程，软件组织的能力经过这些阶段逐步提高，针对软件研制和测试阶段。CMM 分为五个级别，见表 7-1。

表 7-1　CMM 的级别

能力等级	特点	关键过程区域
初始级（Initial）	软件过程的特点是杂乱无章，有时甚至很混乱，几乎没有明确定义的步骤，项目的成功完全依赖个人的努力和英雄式核心人物的作用	
可重复级（Repeatable）	建立了基本的项目管理过程和实践来跟踪项目费用、进度和功能特性，有必要的过程准则来重复以前在同类项目中的成功	软件配置管理、软件质量保证、软件子合同管理、软件项目跟踪与监督、软件项目策划、软件需求管理
已定义级（Defined）	管理和工程两方面的软件过程已经文档化、标准化，并综合成整个软件开发组织的标准软件过程。所有项目都采用根据实际情况修改后得到的标准软件过程来开发和维护软件	同行评审、组间协调、软件产品工程、集成软件管理、培训大纲、组织过程定义、组织过程焦点
已管理级（Managed）	制订了软件过程和产品质量的详细度量标准。对软件过程和产品质量有定量的理解和控制	软件质量管理和定量过程管理
优化级（Optimized）	加强了定量分析，通过来自过程质量反馈和来自新观念、新技术的反馈使过程能不断持续地改进	过程更改管理、技术改革管理和缺陷预防

3．能力成熟度模型集成

能力成熟度模型集成（Capability Maturity Model Integration，CMMI）是若干过程模型的综合

和改进，不仅仅支持软件，而且支持多个工程学科和领域的、系统的、一致的过程改进框架，能适应现代工程的特点和需要，能提高过程的质量和工作效率。

CMMI 有阶段式模型和连续式模型两种表示法。

（1）阶段式模型：类似于 CMM，它关注组织的成熟度，五个成熟度模型级别见表 7-2。

表 7-2 CMMI 阶段式模型成熟度级别

能力等级	特点	关键过程区域
初始级	过程不可预测且缺乏控制	
已管理级	过程为项目服务	需求管理、项目计划、配置管理、项目监督与控制、供应商合同管理、度量和分析、过程和产品质量保证
已定义级	过程为组织服务	需求开发、技术解决方案、产品集成、验证、确认组织级过程焦点、组织级过程定义、组织级培训、集成项目管理、风险管理、集成化的团队、决策分析和解决方案、组织级集成环境
定量管理	过程已度量和控制	组织过程性能、定量项目管理
优化级	集中于过程改进和优化	组织级改革与实施、因果分析和解决方案

（2）连续式模型：关注每个过程域的能力，一个组织对不同的过程域可以达到不同的过程域能力等级。

4. 软件过程模型

瀑布模型（SDLC）：结构化方法中的模型，是结构化的开发，开发流程如同瀑布一般，一步一步走下去，直到最后完成项目开发，只适用于需求明确或者二次开发（需求稳定），当需求不明确时，最终开发的项目会有错误，有很大的缺陷。

原型模型：与瀑布模型相反，原型针对的就是需求不明确的情况，首先快速构造一个功能模型，演示给用户看，并按用户要求及时修改，中间再通过不断地演示与用户沟通，最终设计出项目，就不会出现与用户要求不符合的情况，采用的是迭代的思想。不适合超大项目开发。

增量模型：首先开发核心模块功能，而后与用户确认，之后再开发次核心模块的功能，即每次开发一部分功能，并与用户需求确认，最终完成项目开发，优先级最高的服务最先交付，但由于并不是从系统整体角度规划各个模块，因此不利于模块划分。难点在于如何将客户需求划分为多个增量。与原型不同的是增量模型的每一次增量版本都可作为独立可操作的作品，而原型的构造一般是为了演示。

螺旋模型：是多种模型的混合，针对需求不明确的项目，与原型类似，但是增加了风险分析，这也是其最大的特点。适合大型项目开发。

V 模型：特点是增加了很多轮测试，并且这些测试贯穿于软件开发的各个阶段，不像其他模型都是软件开发完再测试，很大程度上保证了项目的准确性。V 模型的开发和测试级别对应如图 7-1 所示。

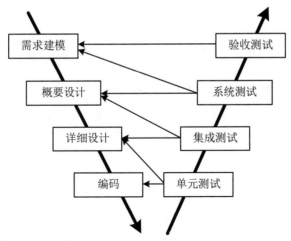

图 7-1　V 模型的开发和测试级别

喷泉模型：特点是面向对象的模型，而上述其他的模型都是结构化的模型，使用了迭代思想和无间隙开发。

基于构件的开发模型（CBSD）：特点是增强了可复用性，在系统开发过程中，会构建一个构件库，供其他系统复用，因此可以提高可靠性，节省时间和成本。

形式化方法模型：建立在严格的数学基础上的一种软件开发方法，主要活动是生成计算机软件形式化的数学规格说明。

5. 敏捷模型

开发宣言："个体和交互"胜过"过程和工具"、"可以工作的软件"胜过"面面俱到的文档"、"客户合作"胜过"合同谈判"、"响应变化"胜过"遵循计划"。

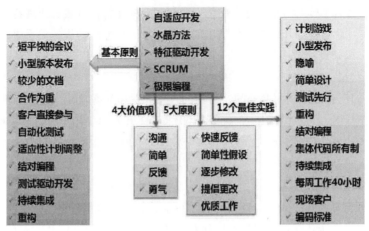

图 7-2　敏捷模型

敏捷方法区别于其他方法的两个特点：

（1）是"适应性"而非"预设性"。

（2）是"面向人的"而非"面向过程的"。

敏捷方法的核心思想：

（1）敏捷方法是适应型，而非可预测型。拥抱变化，适应变化。

（2）敏捷方法是以人为本，而非以过程为本。发挥人的特性。

（3）迭代增量式的开发过程。以原型开发思想为基础，采用迭代增量式开发，发行版本小型化。

主要敏捷方法：

（1）极限编程（XP）。基础和价值观是交流、朴素、反馈和勇气，即任何一个软件项目都可以从加强交流、从简单做起、寻求反馈、勇于实事求是四个方面入手进行改善。

XP 是一种近螺旋式的开发方法，它将复杂的开发过程分解为一个个相对比较简单的小周期；通过积极的交流、反馈以及其他一系列的方法，开发人员和客户可以非常清楚开发进度、变化、待解决的问题和潜在的困难等，并根据实际情况及时地调整开发过程。

XP 提倡测试先行，为了将以后出现 bug 的概率降到最低。

（2）水晶系列方法。与 XP 方法一样，都有以人为中心的理念，但在实践上有所不同。其目的是发展一种提倡"机动性的"方法，包含具有共性的核心元素，每个都含有独特的角色、过程模式、工作产品和实践。

（3）并列争球法（Scrum）。是一种迭代的增量化过程，把每段时间（如 30 天）一次的迭代称为一个"冲刺"（Sprint），并按需求的优先级别来实现产品，多个自组织和自治的小组并行地递增实现产品。

（4）特性驱动开发方法（FDD）。是一个迭代的开发模型。认为有效的软件开发需要三个要素：人、过程和技术。有五个核心过程：开发整体对象模型、构造特征列表、计划特征开发、特征设计和特征构建。其中，计划特征开发根据构造出的特征列表、特征间的依赖关系进行计划，设计出包含特征设计和特征构建过程组成的多次迭代。

6．统一过程模型（RUP）

RUP 描述了如何有效地利用商业的、可靠的方法开发和部署软件，是一种重量级过程。RUP 类似一个在线的指导者，它可以为所有方面和层次的程序开发提供指导方针、模板以及事例支持。

RUP 软件开发生命周期是一个二维的软件开发模型，RUP 中有九个核心工作流，这九个核心工作流如下。

● 业务建模：理解待开发系统所在的机构及其商业运作，确保所有参与人员对待开发系统所在的机构有共同的认识，评估待开发系统对所在机构的影响。

● 需求：定义系统功能及用户界面，使客户知道系统的功能，使开发人员理解系统的需求，为项目预算及计划提供基础。

- 分析与设计：把需求分析的结果转化为分析与设计模型。
- 实现：把设计模型转换为实现结果，对开发的代码做单元测试，将不同实现人员开发的模块集成为可执行系统。
- 测试：检查各子系统之间的交互、集成，验证所有需求是否均被正确实现，对发现的软件质量上的缺陷进行归档，对软件质量提出改进建议。
- 部署：打包、分发、安装软件，升级旧系统；培训用户及销售人员，并提供技术支持。
- 配置与变更管理：跟踪并维护系统开发过程中产生的所有制品的完整性和一致性。
- 项目管理：为软件开发项目提供计划、人员分配、执行、监控等方面的指导，为风险管理提供框架。
- 环境：为软件开发机构提供软件开发环境，即提供过程管理和工具的支持。

RUP 把软件开发生命周期划分为多个循环，每个循环生成产品的一个新的版本，每个循环依次由以下四个连续的阶段组成，每个阶段完成确定的任务。

- 初始阶段：定义最终产品视图和业务模型，并确定系统范围。
- 细化阶段：设计及确定系统的体系结构，制订工作计划及资源要求。
- 构造阶段：构造产品并继续演进需求、体系结构、计划直至产品提交。
- 移交阶段：把产品提交给用户使用。

RUP 中定义了如下一些核心概念，理解这些概念对于理解 RUP 很有帮助。

- 角色：Who 的问题。角色描述某个人或一个小组的行为与职责。RUP 预先定义了很多角色，如体系结构师、设计人员、实现人员、测试员和配置管理人员等，并对每一个角色的工作和职责都做了详尽的说明。
- 活动：How 的问题。活动是一个有明确目的的独立工作单元。
- 制品：What 的问题。制品是活动生成、创建或修改的一段信息。
- 工作流：When 的问题。工作流描述了一个有意义的连续的活动序列，每个工作流产生一些有价值的产品，并显示了角色之间的关系。

RUP 的特点：

（1）用例驱动：需求分析、设计、实现和测试等活动都是用例驱动的。

（2）以体系结构为中心：包括系统的总体组织和全局控制、通信协议、同步、数据存取、给设计元素分配功能、设计元素的组织、物理分布、系统的伸缩性和性能等。软件的体系结构是一个多维的结构，会采用多个视图来描述。

在典型的 4+1 视图模型（图 7-3）中，分析人员和测试人员关心的是系统的行为，会侧重于用例视图；最终用户关心的是系统的功能，会侧重于逻辑视图；程序员关心的是系统的配置、装配等问题，会侧重于实现视图；系统集成人员关心的是系统的性能、可伸缩性、吞吐率等问题，会侧重于进程视图；系统工程师关心的是系统的发布、安装、拓扑结构等问题，会侧重于部署视图。

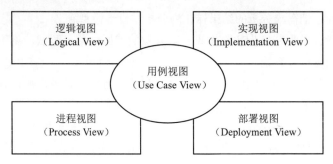

图 7-3　典型的 4+1 视图模型

（3）迭代与增量。把整个项目开发分为多个迭代过程。在每次迭代中，只考虑系统的一部分需求，进行分析、设计、实现、测试和部署等过程；每次迭代是在已完成部分的基础上进行的，每次增加一些新的功能实现，以此进行下去，直至最后项目完成。

7. 逆向工程

软件复用是将已有软件的各种有关知识用于建立新的软件，以缩减软件开发和维护的时间。软件复用是提高软件生产力和质量的一种重要技术。早期的软件复用主要是代码级复用，被复用的知识专指程序，后来扩大到包括领域知识、开发经验、设计决定、体系结构、需求、设计、代码和文档等一切有关方面。

软件的逆向工程是分析程序，力图在比源代码更高抽象层次上建立程序的表示过程，逆向工程是设计的恢复过程，其四个级别如下：

实现级：包括程序的抽象语法树、符号表、过程的设计表示。

结构级：包括反映程序分量之间相互依赖关系的信息，如调用图、结构图、程序和数据结构。

功能级：包括反映程序段功能及程序段之间关系的信息，如数据和控制流模型。

领域级：包括反映程序分量或程序诸实体与应用领域概念之间对应关系的信息，如 E-R 模型。

其中，领域级抽象级别最高、完备性最低，实现级抽象级别最低、完备性最高。

与逆向工程相关的概念有重构、设计恢复、再工程和正向工程。

（1）重构是指在同一抽象级别上转换系统描述形式。

（2）设计恢复是指借助工具从已有程序中抽象出有关数据设计、总体结构设计和过程设计等方面的信息。

（3）再工程是指在逆向工程所获得信息的基础上，修改或重构已有的系统，产生系统的一个新版本。再工程是对现有系统的重新开发过程，包括逆向工程、新需求的考虑过程和正向工程三个步骤。它不仅能从已存在的程序中重新获得设计信息，而且还能使用这些信息来重构现有系统，以改进它的综合质量。在利用再工程重构现有系统的同时，一般会增加新的需求，包括增加新的功能和改善系统的性能。

（4）正向工程是指不仅从现有系统中恢复设计信息，而且使用该信息去改变或重构现有系统，以改善其整体质量。

7.2.2　需求工程

1.　软件需求

软件需求是指用户对系统在功能、行为、性能、设计约束等方面的期望，是指用户解决问题或达到目标所需的条件或能力，是系统或系统部件要满足合同、标准、规范或其他正式规定文档所需具有的条件或能力，以及反映这些条件或能力的文档说明。

软件需求分为需求开发和需求管理两大过程，其中，需求开发包括：需求获取、需求分析、需求定义、需求验证四个阶段。需求管理包括：变更控制、版本控制、需求跟踪、需求状态跟踪四个方面。

需求的层次如下所述：

（1）业务需求：反映企业或客户对系统高层次的目标要求，通常来自项目投资人、客户、市场营销部门或产品策划部门。通过业务需求可以确定项目视图和范围。

（2）用户需求：描述的是用户的具体目标，或用户要求系统必须能完成的任务，即描述了用户能使用系统来做什么。通常采取用户访谈和问卷调查等方式，对用户使用的场景进行整理，从而建立用户需求。

（3）系统需求：从系统的角度来说明软件的需求，包括功能需求、非功能需求和设计约束等。

1）功能需求：也称为行为需求，规定了开发人员必须在系统中实现的软件功能，用户利用这些功能来完成任务，满足业务需要。

2）非功能需求：指系统必须具备的属性或品质，又可以细分为软件质量属性（如可维护性、可靠性、效率等）和其他非功能需求。

3）设计约束：也称为限制条件或补充规约，通常是对系统的一些约束说明，如必须采用国有自主知识产权的数据库系统，必须运行在 UNIX 操作系统之下等。

2.　需求获取

需求获取是一个确定和理解不同的项目干系人的需求和约束的过程。

常见的需求获取法包括：

（1）用户访谈：1 对（1～3），有代表性的用户。其形式包括结构化和非结构化两种。

（2）问卷调查：用户多，无法一一访谈。

（3）采样：从种群中系统地选出有代表性的样本集的过程。样本数量=0.25×(可信度因子/错误率)^2。

（4）情节串联板：一系列图片，通过这些图片来讲故事。

（5）联合需求计划（JRP）：通过联合各个关键用户代表、系统分析师、开发团队代表一起，通过有组织的会议来讨论需求。

（6）需求记录技术：任务卡片、场景说明、用户故事、Volere 白卡。

3.　需求分析

一个好的需求应该具有无二义性、完整性、一致性、可测试性、确定性、可跟踪性、正确性、必要性等特性，因此，需要分析人员把杂乱无章的用户要求和期望转化为用户需求，这就是需求分析的工作。

（1）需求分析的任务。

1）绘制系统上下文范围关系图。

2）创建用户界面原型。

3）分析需求的可行性。

4）确定需求的优先级。

5）为需求建立模型。

6）创建数据字典。

7）使用 QFD（质量功能部署）。

（2）结构化的需求分析。

1）结构化特点：自顶向下，逐步分解，面向数据。

2）三大模型：功能模型（数据流图）、行为模型（状态转换图）、数据模型（E-R 图）以及数据字典，如图 7-4 所示。

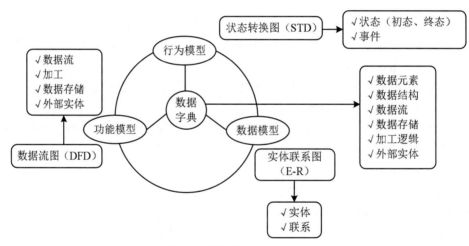

图 7-4　结构化分析三大模型

4. 需求定义

需求定义阶段的产物为软件需求规格说明书（Software Requirements Specification，SRS）：是需求开发活动的产物,编制该文档的目的是使项目干系人与开发团队对系统的初始规定有一个共同的理解，使之成为整个开发工作的基础。SRS 是软件开发过程中最重要的文档之一，对于任何规模和性质的软件项目都不应该缺少。

需求定义的方法如下：

（1）严格定义也称为预先定义，需求的严格定义建立在以下的基本假设之上：所有需求都能够被预先定义。开发人员与用户之间能够准确而清晰地交流。采用图形（或文字）可以充分体现最终系统。

（2）原型方法，迭代的循环型开发方式，需要注意的问题：并非所有的需求都能在系统开发前被准确地说明。项目干系人之间通常都存在交流上的困难，原型提供了克服该困难的一个手段。特点：需要实际的、可供用户参与的系统模型。有合适的系统开发环境。反复是完全需要和值得提倡的，需求一旦确定，就应遵从严格的方法。

5．需求验证

需求验证也称为需求确认，目的是与用户一起确认需求无误，对需求规格说明书（SAS）进行评审和测试，包括两个步骤：

（1）需求评审：正式评审和非正式评审。

（2）需求测试：设计概念测试用例。

需求验证通过后，要请用户签字确认，作为验收标准之一，此时，这个需求规格说明书就是需求基线，不可以再随意更新，如果需要更改必须走需求变更流程。

6．需求管理

定义需求基线：通过了评审的需求说明书就是需求基线，下次如果需要变更需求，就需要按照流程来一步步进行。需求的流程及状态如图7-5所示。

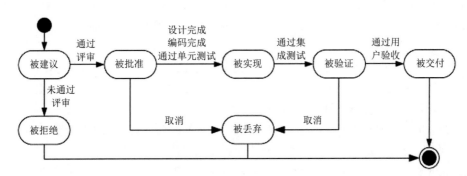

图 7-5　需求状态的变化

7．需求变更和风险

需求变更和风险主要关心需求变更过程中的需求风险管理，带有风险的做法有：无足够用户参与、忽略了用户分类、用户需求的不断增加、模棱两可的需求、不必要的特性、过于精简的 SRS、不准确的估算。

变更产生的原因：外部环境的变化、需求和设计做得不够完整、新技术的出现、公司机构重组造成业务流程的变化。

变更控制委员会（CCB）：也称为配置控制委员会，其任务是对建议的配置项变更做出评价、审批，以及监督已经批准变更的实施。

8．需求跟踪

需求跟踪有正向跟踪和反向跟踪两个层次，如图7-6所示。

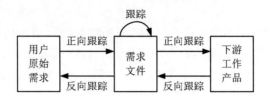

图 7-6　需求跟踪

正向跟踪是用户原始需求到软件需求到下游工作产品的跟踪链，来表示用户的原始需求是否全部实现。反向跟踪是从下游工作产品到软件需求溯源到用户原始需求的跟踪链，表示软件的功能是否跟用户原始需求一致，不多不少，可以用原始需求和用例表格（需求跟踪矩阵）来表示：若原始需求和用例有对应，则在对应栏打对号，若某行没有对号，表明原始需求未实现，正向跟踪发现问题；若某列没有对号，表明有多余功能用例，软件实现了多余功能，反向跟踪发现问题。

7.2.3　系统设计

1．处理流程设计

（1）流程表示工具。

1）程序流程图（Program Flow Diagram，PFD）用一些图框表示各种操作，它独立于任何一种程序设计语言，比较直观、清晰，易于学习掌握。任何复杂的程序流程图都应该由顺序、选择和循环结构组合或嵌套而成。

2）IPO 图也是流程描述工具，用来描述构成软件系统的每个模块的输入、输出和数据加工。

3）N-S 图容易表示嵌套和层次关系，并具有强烈的结构化特征。但是当问题很复杂时，N-S图可能很大，因此不适合于复杂程序的设计。

4）问题分析图（PAD）是一种支持结构化程序设计的图形工具。PAD 具有清晰的逻辑结构、标准化的图形等优点，更重要的是它引导设计人员使用结构化程序设计方法，从而提高程序的质量。

（2）业务流程重组（BPR）。BPR 是对企业的业务流程进行根本性的再思考和彻底性的再设计，从而获得可以用诸如成本、质量、服务和速度等方面的业绩来衡量的显著性的成就。BPR 设计原则、系统规划和步骤如图 7-7 所示。

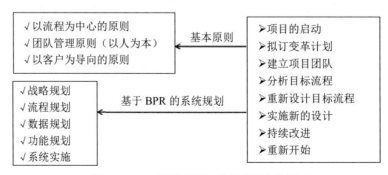

图 7-7　BPR 设计原则、系统规划和步骤

（3）业务流程管理（BPM）。BPM 是一种以规范化的构造端到端的卓越业务流程为中心，以持续的提高组织业务绩效为目的的系统化方法。

BPM 与 BPR 管理思想最根本的不同就在于流程管理并不要求对所有的流程进行再造。构造卓越的业务流程并不是流程再造，而是根据现有流程的具体情况，对流程进行规范化的设计。

流程管理包含三个层面：规范流程、优化流程和再造流程。

2. 系统设计

系统设计的主要目的：为系统制订蓝图，在各种技术和实施方法中权衡利弊，精心设计，合理地使用各种资源，最终勾画出新系统的详细设计方法。

系统设计的方法：结构化设计方法，面向对象设计方法。

系统设计包括概要设计和详细设计。

概要设计的基本任务：又称为系统总体结构设计，是将系统的功能需求分配给软件模块，确定每个模块的功能和调用关系，形成软件的模块结构图，即系统结构图。

详细设计的基本任务：模块内详细算法设计、模块内数据结构设计、数据库的物理设计、其他设计（代码、输入/输出格式、用户界面）、编写详细设计说明书、评审。

系统设计的基本原理：

（1）抽象化。

（2）自顶而下，逐步求精。

（3）信息隐蔽。

（4）模块独立（高内聚，低耦合）。

（5）系统设计原则。

（6）保持模块的大小适中。

（7）尽可能减少调用的深度。

（8）多扇入，少扇出。

（9）单入口，单出口。

（10）模块的作用域应该在模块之内。

（11）功能应该是可预测的。

模块内聚程度从低到高见表 7-3。

表 7-3　模块内聚

内聚分类	定义	记忆关键字
偶然内聚	一个模块内的各处理元素之间没有任何联系	无直接关系
逻辑内聚	模块内执行若干个逻辑上相似的功能，通过参数确定该模块完成哪一个功能	逻辑相似、参数决定
时间内聚	把需要同时执行的动作组合在一起形成的模块	同时执行
过程内聚	一个模块完成多个任务，这些任务必须按指定的过程执行	指定的过程顺序

内聚分类	定义	记忆关键字
通信内聚	模块内的所有处理元素都在同一个数据结构上操作，或者各处理使用相同的输入数据或者产生相同的输出数据	相同数据结构、相同输入输出
顺序内聚	一个模块中的各个处理元素都密切相关于同一功能且必须顺序执行，前一个功能元素的输出就是下一个功能元素的输入	顺序执行、输入为输出
功能内聚	最强的内聚，模块内的所有元素共同作用完成一个功能，缺一不可	共同作用、缺一不可

模块内聚程度从低到高分别为偶然内聚、逻辑内聚、时间内聚、过程内聚、通信内聚、顺序内聚和功能内聚。

模块耦合程度从低到高见表 7-4。

表 7-4　模块耦合

耦合分类	定义	记忆关键字
无直接耦合	两个模块之间没有直接的关系，它们分别从属于不同模块的控制与调用，不传递任何信息	无直接关系
数据耦合	两个模块之间有调用关系，传递的是简单的数据值，相当于高级语言中的值传递	传递数据值调用
标记耦合	两个模块之间传递的是数据结构	传递数据结构
控制耦合	一个模块调用另一个模块时，传递的是控制变量，被调用模块通过该控制变量的值有选择地执行模块内的某一功能	控制变量、选择执行某一功能
外部耦合	模块间通过软件之外的环境联合（如 I/O 将模块耦合到特定的设备、格式、通信协议上）时	软件外部环境
公共耦合	通过一个公共数据环境相互作用的那些模块间的耦合	公共数据结构
内容耦合	当一个模块直接使用另一个模块的内部数据，或通过非正常入口转入另一个模块内部时	模块内部关联

模块耦合程度从低到高分别为无直接耦合、数据耦合、标记耦合、控制耦合、外部耦合、公共耦合和内容耦合。

3. 人机界面设计

人机界面设计的三大原则：置于用户的控制之下、减少用户的记忆负担、保持界面的一致性。

（1）置于用户的控制之下。

1）以不强迫用户进入不必要的或不希望的动作的方式来定义交互方式。

2）提供灵活的交互。

3）允许用户交互可以被中断和取消。

4）当技能级别增加时可以使交互流水化并允许定制交互。

5）使用户隔离内部技术细节。

6）设计应允许用户和出现在屏幕上的对象直接交互。

（2）减少用户的记忆负担。

1）减少对短期记忆的要求。

2）建立有意义的缺省。

3）定义直觉性的捷径。

4）界面的视觉布局应该基于真实世界的隐喻。

5）以不断进展的方式揭示信息。

（3）保持界面的一致性。

1）允许用户将当前任务放入有意义的语境。

2）在应用系列内保持一致性。

3）如过去的交互模型已建立起了用户期望，除非有迫不得已的理由，不要去改变它。

7.2.4 测试基础知识

1．测试原则

（1）应尽早并不断地进行测试。

（2）测试工作应该避免由原开发软件的人或小组承担。

（3）在设计测试方案时，不仅要确定输入数据，而且要根据系统功能确定预期的输出结果。

（4）既包含有效、合理的测试用例，也包含不合理、失效的用例。

（5）检验程序是否做了该做的事，且是否做了不该做的事。

（6）严格按照测试计划进行。

（7）妥善保存测试计划和测试用例。

（8）测试用例可以重复使用或追加测试。

2．测试类型

测试类型按照是否在计算机上运行程序，可以分为两大类：

（1）动态测试：程序运行时测试，分为以下三种方法。

黑盒测试法：功能性测试，不了解软件代码结构，根据功能设计用例，测试软件功能。

白盒测试法：结构性测试，明确代码流程，根据代码逻辑设计用例，进行用例覆盖。

灰盒测试法：即既有黑盒，也有白盒。

（2）静态测试：程序静止时即对代码进行人工审查，分为以下三种方法。

桌前检查：程序员检查自己编写的程序，在程序编译后，单元测试前。

代码审查：由若干个程序员和测试人员组成评审小组，通过召开程序评审会来进行审查。

代码走查：也是采用开会的形式来对代码进行审查，但并非简单的检查代码，而是由测试人员提供测试用例，让程序员扮演计算机的角色，手动运行测试用例，检查代码逻辑。

3．测试阶段

（1）单元测试：也称为模块测试，测试的对象是可独立编译或汇编的程序模块、软件构件或

OO 软件中的类（统称为模块），测试依据是软件详细设计说明书。

（2）集成测试：目的是检查模块之间，以及模块和已集成的软件之间的接口关系，并验证已集成的软件是否符合设计要求。测试依据是软件概要设计文档。

（3）确认测试：主要用于验证软件的功能、性能和其他特性是否与用户需求一致。根据用户的参与程度，通常包括以下类型：

1）内部确认测试：主要由软件开发组织内部按照 SRS 进行测试。

2）Alpha 测试：用户在开发环境下进行测试。

3）Beta 测试：用户在实际使用环境下进行测试，通过该测试后，产品才能交付用户。

4）验收测试：针对 SRS，在交付前以用户为主进行的测试。其测试对象为完整的、集成的计算机系统。验收测试的目的是在真实的用户工作环境下，检验软件系统是否满足开发技术合同或 SRS。验收测试的结论是用户确定是否接收该软件的主要依据。除应满足一般测试的准入条件外，在进行验收测试之前，应确认被测软件系统已通过系统测试。

（4）系统测试：测试对象是完整的、集成的计算机系统；测试的目的是在真实系统工作环境下，验证完成的软件配置项能否和系统正确连接，并满足系统/子系统设计文档和软件开发合同规定的要求。测试依据是用户需求或开发合同。

主要内容包括功能测试、健壮性测试、性能测试、用户界面测试、安全性测试、安装与反安装测试等，其中，最重要的工作是进行功能测试与性能测试。功能测试主要采用黑盒测试方法；性能测试主要指标有响应时间、吞吐量、并发用户数和资源利用率等。

（5）配置项测试：测试对象是软件配置项，测试目的是检验软件配置项与 SRS 的一致性。测试的依据是 SRS。在此之前，应确认被测软件配置项已通过单元测试和集成测试。

（6）回归测试：测试目的是测试软件变更之后，变更部分的正确性和对变更需求的符合性，以及软件原有的、正确的功能、性能和其他规定的要求的不损害性。

（7）其他测试。

1）AB 测试。是为 Web 或 App 界面或流程制作两个或多个版本，在同一时间维度，分别让组成成分相同（相似）的访客群组（目标人群）随机地访问这些版本，收集各群组的用户体验数据和业务数据，最后分析、评估出最好版本，正式采用。

2）Web 测试。是软件测试的一部分，是针对 Web 应用的一类测试。由于 Web 应用与用户直接相关，又通常需要承受长时间的大量操作，因此 Web 项目的功能和性能都必须经过可靠的验证。

3）链接测试。链接是 Web 应用系统的一个主要特征，它是在页面之间切换和指导用户去一些未知地址页面的主要手段。链接测试可分为三个方面。首先，测试所有链接是否按指示那样确实链接到了该链接的页面；其次，测试所链接的页面是否存在；最后，保证 Web 应用系统上没有孤立的页面。

4）表单测试。当用户通过表单提交信息的时候，都希望表单能正常工作。如果使用表单来进行在线注册，要确保提交按钮能正常工作，当注册完成后应返回注册成功的消息。如果使用表单收集配送信息，应确保程序能够正确处理这些数据，最后能让用户收到信息。

4. 测试用例设计

黑盒测试用例：将程序看做一个黑盒子，只知道输入、输出，不知道内部代码，由此设计出测试用例，分为以下几类：

（1）等价类划分：把所有的数据按照某种特性进行归类，而后在每类的数据里选取一个即可。等价类测试用例的设计原则是设计一个新的测试用例，使其尽可能多地覆盖尚未被覆盖的有效等价类，重复这一步，直到所有的有效等价类都被覆盖为止；设计一个新的测试用例，使其仅覆盖一个尚未被覆盖的无效等价类，重复这一步，直到所有的无效等价类都被覆盖为止。

（2）边界值划分：将每类的边界值作为测试用例，边界值一般为范围的两端值以及在此范围之外的与此范围间隔最小的两个值，如年龄范围为 0～150，边界值为 0、150、-1、151。

（3）错误推测：没有固定的方法，凭经验而言，来推测有可能产生问题的地方，作为测试用例进行测试。

（4）因果图：由一个结果来反推原因的方法，具体结果具体分析，没有固定方法。

白盒测试用例：知道程序的代码逻辑，按照程序的代码语句来设计覆盖代码分支的测试用例，覆盖级别从低至高分为以下几种：

（1）语句覆盖（SC）：逻辑代码中的所有语句都要被执行一遍，覆盖层级最低，因为执行了所有的语句，不代表执行了所有的条件判断。

（2）判定覆盖（DC）：逻辑代码中的所有判断语句的条件的真假分支都要覆盖一次。

（3）条件覆盖：程序流程图里每一个判定里的每一个子条件都要取真和假。

（4）条件判定覆盖（CC）：针对每一个判断条件内的每一个独立条件都要执行一遍真和假。

（5）条件判定组合覆盖（CDC）：同时满足判定覆盖和条件覆盖。

（6）路径覆盖：逻辑代码中的所有可行路径都覆盖了，覆盖层级最高。

白盒测试实例如图 7-8 所示。

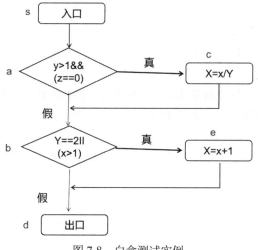

图 7-8　白盒测试实例

白盒测试的测试用例举例如下。

语句覆盖：X=4，Y=2，Z=0sacbed

判定覆盖（分支覆盖）：

X=1，Y=3，Z=0　　sacbd

X=3，Y=2，Z=1　　sabed

条件覆盖：

X=1，Y=2，Z=0　　sacbed

X=2，Y=1，Z=1　　sabed

条件判定覆盖：

X=4，Y=2，Z=0　　sacbed

X=1，Y=1，Z=1　　sabd

条件判定组合覆盖：

两个条件，4种组合，如下：

X=4，Y=2，Z=0　　sacbed

X=1，Y=2，Z=1　　sabed

X=2，Y=1，Z=0　　sabed

X=1，Y=1，Z=1　　sabd

路径覆盖：

X=1，Y=1，Z=1　　sabd

X=3，Y=2，Z=0　　sacbed

X=3，Y=3，Z=0　　sacbd

X=1，Y=2，Z=1　　sabed

5．调试

（1）测试与调试的区别。

1）测试是发现错误，调试是找出错误的代码和原因。

2）调试需要确定错误的准确位置；确定问题的原因并设法改正；改正后要进行回归测试。

（2）调试的方法。

1）蛮力法：又称为穷举法或枚举法，穷举出所有可能的方法一一尝试。

2）回溯法：又称为试探法，按选优条件向前搜索，以达到目标，当发现原先选择并不优或达不到目标时，就退回一步重新选择。

3）演绎法：是由一般到特殊的推理方法，与"归纳法"相反，从一般性的前提出发，得出具体陈述或个别结论的过程。

4）归纳法：是由特殊到一般的推理方法，从测试所暴露的问题出发，收集所有正确的或不正确的数据，分析它们之间的关系，提出假想的错误原因，用这些数据来证明或反驳，从而查出错误所在。

第7章

6．软件度量

（1）软件的两种属性。外部属性指面向管理者和用户的属性，可直接测量，一般为性能指标。内部属性指软件产品本身的属性，如可靠性等，只能间接测量。

（2）McCabe 度量法，又称环路复杂度。假设有向图中有向边数为 m，节点数为 n，则此有向图的环路复杂度为 $m-n+2$。

注意 m 和 n 代表的含义不能混淆，可以用一个最简单的环路来做特殊值记忆此公式，另外，针对一个程序流程图，每一个分支边（连线）就是一条有向边，每一条语句（语句框）就是一个顶点。

此外，推荐使用另一种更简单的计算公式：环路复杂度=判定节点个数+1。

7.2.5　系统运行与维护

1．系统转换

（1）遗留系统是指任何基本上不能进行修改和演化以满足新的变化的业务需求的信息系统，它通常具有以下特点：

1）系统虽然完成企业中许多重要的业务管理工作，但仍然不能完全满足要求。一般实现业务处理电子化及部分企业管理功能，很少涉及经营决策。

2）系统在性能上已经落后，采用的技术已经过时。例如，多采用主机/终端形式或小型机系统，软件使用汇编语言或第三代程序设计语言的早期版本开发，使用文件系统而不是数据库。

3）通常是大型的软件系统，已经融入企业的业务运作和决策管理机制之中，维护工作十分困难。

4）没有使用现代信息系统建设方法进行管理和开发，现在基本上已经没有文档，很难理解。

针对遗留系统，有如图 7-9 所示的 4 种处理方法。

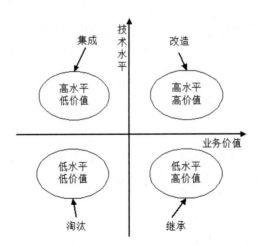

图 7-9　遗留系统的 4 种处理方法

（2）系统转换是指新系统开发完毕，投入运行，取代现有系统的过程，需要考虑多方面的问题，以实现与老系统的交接，有以下 3 种转换计划：

1）直接转换：现有系统被新系统直接取代了，风险很大，适用于新系统不复杂，或者现有系统已经不能使用的情况。优点是节省成本。

2）并行转换：新系统和老系统并行工作一段时间，新系统经过试运行后再取代，若新系统在试运行过程中有问题，也不影响现有系统的运行，风险极小，在试运行过程中还可以比较新老系统的性能，适用于大型系统。缺点是耗费人力和时间资源，难以控制两个系统间的数据转换。

3）分段转换：分期分批逐步转换，是直接和并行转换的集合，将大型系统分为多个子系统，依次试运行每个子系统，成熟一个子系统，就转换一个子系统。同样适用于大型项目，只是更耗时，而且现有系统和新系统间混合使用，需要协调好接口等问题。

（3）数据转换与迁移：将数据从旧数据库迁移到新数据库中。要在新系统中尽可能地保存旧系统中合理的数据结构，才能降低迁移的难度。也有系统切换前通过工具迁移、系统切换前采用手工录入、系统切换后通过新系统生成三种方法。

2．系统维护概述

系统的可维护性可以定义为维护人员理解、改正、改动和改进这个软件的难易程度，其评价指标如下：

（1）易分析性。软件产品诊断软件中的缺陷或失效原因或识别待修改部分的能力。

（2）易改变性。软件产品使指定的修改可以被实现的能力，实现包括编码、设计和文档的更改。

（3）稳定性。软件产品避免由于软件修改而造成意外结果的能力。

（4）易测试性。软件产品使已修改软件能被确认的能力。

（5）维护性的依从性。软件产品遵循与维护性相关的标准或约定的能力。

系统维护包括硬件维护、软件维护和数据维护，其中软件维护类型如下：

（1）正确性维护：发现了 bug 而进行的修改。

（2）适应性维护：由于外部环境发生了改变，被动进行的对软件的修改和升级。

（3）完善性维护：基于用户主动对软件提出更多的需求，修改软件，增加更多的功能，使其比之前的软件功能、性能更高，更加完善。

（4）预防性维护：对未来可能发生的 bug 进行预防性修改。

7.2.6　净室软件工程

净室软件工程是一种应用数学与统计学理论以经济的方式生产高质量软件的工程技术，力图通过严格的工程化的软件过程达到开发中的零缺陷或接近零缺陷。净室方法不是先制作一个产品，再去消除缺陷，而是要求在规约和设计中消除错误，然后以"净"的方式制作，可以降低软件开发中的风险，以合理的成本开发出高质量的软件。

在净室软件工程背后的哲学是：通过在第 1 次正确地书写代码增量，并在测试前验证它们的正确性，来避免对成本很高的错误消除过程的依赖。它的过程模型是在代码增量积聚到系统的过程的同时，进行代码增量的统计质量验证。它甚至提倡开发者不需要进行单元测试，而是进行正确性验证和统计质量控制。

净室软件工程（CSE）的理论基础主要是函数理论和抽样理论。

净室软件工程应用技术手段：

（1）统计过程控制下的增量式开发。

（2）基于函数的规范与设计。

（3）正确性验证即 CSE 的核心技术。

（4）统计测试和软件认证。

净室软件工程在使用过程中的一些缺点：

（1）CSE 太理论化，需要更多的数学知识。其正确性验证的步骤比较困难且比较耗时。

（2）CSE 开发小组不进行传统的模块测试，这是不现实的。

（3）CSE 也会带有传统软件工程的一些弊端。

7.2.7 基于构件的软件工程

基于构件的软件工程（CBSE）是一种基于分布对象技术、强调通过可复用构件设计与构造软件系统的软件复用途径。CBSE 体现了"购买而不是重新构造"的哲学，将软件开发的重点从程序编写转移到了基于已有构件的组装，以更快地构造系统，减轻用来支持和升级大型系统所需的维护负担，从而降低软件开发的费用。

用于 CBSE 的构件应该具备以下特征。

（1）可组装性：对于可组装的构件，所有外部交互必须通过公开定义的接口进行。同时它还必须对自身信息的外部访问。

（2）可部署性：软件必须是自包含的，必须能作为一个独立实体在提供其构件模型实现的构件平台上运行。构件总是二进制形式，无须在部署前编译。

（3）文档化：构件必须是完全文档化的，用户根据文档来判断构件是否满足需求。

（4）独立性：构件应该是独立的，应该可以在无其他特殊构件的情况下进行组装和部署，如确实需要其他构件提供服务，则应显示声明。

（5）标准化：构件标准化意味着在 CBSE 过程中使用的构件必须符合某种标准化的构件模型。

构件模型定义了构件实现、文档化以及开发的标准，其包含的模型要素为：

（1）接口。构件通过构件接口来定义，构件模型规定应如何定义构件接口以及在接口定义中应该包含的要素，如操作名、参数以及异常等。

（2）使用信息。为使构件远程分布和访问，必须给构件一个特定的、全局唯一的名字或句柄。构件元数据是构件本身相关的数据，比如构件的接口和属性信息。

（3）部署。构件模型包括一个规格说明，指出应该如何打包构件使其部署成为一个独立的可执行实体。部署信息中包含有关包中内容的信息和它的二进制构成的信息。

构件模型提供了一组被构件使用的通用服务，这种服务包括以下两种。

● 平台服务，允许构件在分布式环境下通信和互操作。

● 支持服务，这是很多构件需要的共性服务。例如，构件都需要的身份认证服务。

中间件实现共性的构件服务，并提供这些服务的接口。

CBSE 过程是支持基于构件组装的软件开发过程，过程中的六个主要活动：系统需求概览、识别候选构件、根据发现的构件修改需求、体系结构设计、构件定制与适配、组装构件创建系统。

CBSE 过程与传统软件开发过程的不同点：

（1）CBSE 早期需要完整的需求，以便尽可能多地识别出可复用的构件。

（2）在过程早期阶段根据可利用的构件来细化和修改需求。如果可利用的构件不能满足用户需求，就应该考虑由复用构件支持的相关需求。

（3）在系统体系结构设计完成后，会有一个进一步的对构件搜索及设计精化的活动。可能需要为某些构件寻找备用构件，或者修改构件以适合功能和架构的要求。

（4）开发就是将已经找到的构件集成在一起的组装过程。

构件组装是指构件相互直接集成或是用专门编写的"胶水代码"将它们整合在一起来创造一个系统或另一个构件的过程。常见的组装构件有以下三种组装方式。

（1）顺序组装。通过按顺序调用已经存在的构件，可以用两个已经存在的构件来创造一个新的构件，如上一个构件的输出作为下一个构件的输入。

（2）层次组装。这种情况发生在一个构件直接调用自另一个构件所提供的服务时。被调用的构件为调用的构件提供所需的服务。二者之间接口匹配兼容。

（3）叠加组装。这种情况发生在两个或两个以上构件放在一起来创建一个新构件的时候。这个新构件合并了原构件的功能，从而对外提供了新的接口。外部应用可以通过新接口来调用原有构件的接口，而原有构件不互相依赖，也不互相调用。这种组装类型适合于构件是程序单元或者构件是服务的情况。

构件组装的三种不兼容问题（通过编写适配器解决）：

（1）参数不兼容。接口每一侧的操作有相同的名字，但参数类型或参数个数不相同。

（2）操作不兼容。提供接口和请求接口的操作名不同。

（3）操作不完备。一个构件的提供接口是另一个构件请求接口的一个子集，或者相反。

7.3 课后演练（精选真题）

- 某软件企业在项目开发过程中目标明确，实施过程遵守既定的计划与流程，资源准备充分，权责到人，对整个流程进行严格的监测、控制与审查，符合企业管理体系与流程制度。因此，该企业达到了 CMMI 评估的 __(1)__ 。（**2021 年 11 月第 22 题**）

  （1）A. 可重复级　　　　　　　　　B. 已定义级

  　　　C. 量化级　　　　　　　　　　D. 优化级

- 产品配置是指一个产品在其生命周期各个阶段所产生的各种形式（机器可读或人工可读）和各种版本的 __(2)__ 的集合。（**2021 年 11 月第 23 题**）

  （2）A. 需求规格说明、设计说明、测试报告

    B. 需求规格说明、设计说明、计算机程序

    C. 设计说明、用户手册、计算机程序

    D. 文档、计算机程序、部件及数据

- 需求管理的主要活动包括　(3)　。（**2021年11月第24题**）

  （3）A. 变更控制、版本控制、需求跟踪、需求状态跟踪

      B. 需求获取、变更控制、版本控制、需求跟踪

      C. 需求获取、需求建模、变更控制、版本控制

      D. 需求获取、需求建模、需求评审、需求跟踪

- 　(4)　包括编制每个需求与系统元素之间的联系文档，这些元素包括其他需求、体系结构、设计部件、源代码模块、测试、帮助文件和文档等。（**2021年11月第25题**）

  （4）A. 需求描述　　　　B. 需求分析　　　　C. 需求获取　　　　D. 需求跟踪

- 根据传统的软件生命周期方法学，可以把软件生命周期划分为　(5)　几个阶段。（**2021 年 11 月第 26 题**）

  （5）A. 软件定义、软件开发、软件测试、软件维护

      B. 软件定义、软件开发、软件运行、软件维护

      C. 软件分析、软件设计、软件开发、软件维护

      D. 需求获取、软件设计、软件开发、软件测试

- 以下关于敏捷方法的描述中，不属于敏捷方法核心思想的是　(6)　。（**2021年11月第27题**）

  （6）A. 敏捷方法是适应型，而非可预测型

      B. 敏捷方法以过程为本

      C. 敏捷方法是以人为本，而非以过程为本

      D. 敏捷方法是迭代增量式的开发过程

- RUP（Rational Unified Process）软件开发生命周期是一个二维的软件开发模型，其中，RUP 的 9 个核心工作流中不包括　(7)　。（**2021年11月第28题**）

  （7）A. 业务建模　　　　　　　　　　　B. 配置与变更管理

      C. 成本　　　　　　　　　　　　　D. 环境

- 在软件开发和维护过程中，一个软件会有多个版本，　(8)　工具用来存储、更新、恢复和管理一个软件的多个版本。（**2021年11月第29题**）

  （8）A. 软件测试　　　　B. 版本控制　　　　C. UML 建模　　　　D. 逆向工程

- 结构化设计是一种面向数据流的设计方法，以下不属于结构化设计工具的是　(9)　。（**2021 年 11 月第 30 题**）

  （9）A. 盒图　　　　　　B. HIPO 图　　　　C. 顺序图　　　　D. 程序流程图

- 软件设计过程中，可以用耦合和内聚两个定性标准来衡量模块的独立程度，耦合衡量不同模块彼此间互相依赖的紧密程度，应采用以下设计原则　(10)　，内聚衡量一个模块内部各个元素彼此结合的紧密程度，以下属于高内聚的是　(11)　。（**2021年11月第31～32题**）

　（10）A. 尽量使用内容耦合、少用控制耦合和特征耦合、限制公共环境耦合的范围、完全不用数据耦合

　　　　B. 尽量使用数据耦合、少用控制耦合和特征耦合、限制公共环境耦合的范围、完全不用内容耦合

　　　　C. 尽量使用控制耦合、少用数据耦合和特征耦合、限制公共环境耦合的范围、完全不用内容耦合

　　　　D. 尽量使用特征耦合、少用数据耦合和控制耦合、限制公共环境耦合的范围、完全不用内容耦合

　（11）A. 偶然内聚　　　B. 时间内聚　　　C. 功能内聚　　　D. 逻辑内聚

● 使用 McCabe 方法可以计算程序流程图的环路复杂度，下图的环路复杂度为 （12） 。（2021年11月第34题）

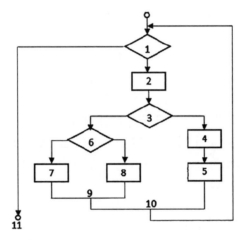

　（12）A. 3　　　　　　B. 4　　　　　　C. 5　　　　　　D. 6

● 软件测试是保障软件质量的重要手段。 （13） 是指被测试程序不在机器上运行，而采用人工监测和计算机辅助分析的手段对程序进行监测。 （14） 也称为功能测试，不考虑程序的内部结构和处理算法,只检查软件功能是否能按照要求正常使用。（2021年11月第42~43题）

　（13）A. 静态测试　　B. 动态测试　　　C. 黑盒测试　　　D. 白盒测试

　（14）A. 系统测试　　B. 集成测试　　　C. 黑盒测试　　　D. 白盒测试

● 软件文档可分为用户文档和 （15） 。其中用户文档主要描述 （16） 和使用方法。（2020年11月第15~16题）

　（15）A. 操作系统文档　B. 需求文档　　　C. 标准文档　　　D. 实现文档

　（16）A. 操作系统实现　B. 操作系统设计　C. 操作系统功能　D. 操作系统测试

● 软件需求开发的最终文档，通过评审后定义了开发工作的 （17） ，它在客户和开发者之间构筑了产品功能需求和非功能需求的一个 （18） ，是需求开发和需求管理之间的桥梁。（2020年11月第17~18题）

（17）A．需求基线　　　B．需求标准　　　C．需求用例　　　D．需求分析
（18）A．需求用例　　　B．需求管理标准　　C．需求约定　　　D．需求变更

● 软件活动主要包括软件描述、　（19）　、软件有效性验证和　（20）　，　（21）　定义了软件功能及使用限制。（**2020 年 11 月第 19～21 题**）
（19）A．软件模型　　　B．软件需求　　　C．软件分析　　　D．软件开发
（20）A．软件分析　　　B．软件测试　　　C．软件演义　　　D．软件进化
（21）A．软件分析　　　B．软件测试　　　C．软件描述　　　D．软件开发

7.4　课后演练答案解析

（1）**参考答案**：B

解析　流程清晰职责分明，已经定义了标准规范制度，但是还没达到量化。

（2）**参考答案**：D

解析　考点为配置项的定义，典型的配置项有软件生命周期文档、计算机程序、部件及数据等，D 项最全面。

（3）**参考答案**：A

解析　注意题干问的是需求管理，不是需求开发。

（4）**参考答案**：D

解析　需求和系统元素之间的联系，是需求跟踪。

（5）**参考答案**：B

解析　本题考查软件生命周期的定义，记住即可。

（6）**参考答案**：B

解析　敏捷开发强调以人为本。

（7）**参考答案**：C

解析　9 个核心工作流分别是业务建模、需求、分析与设计、实现、测试、部署、配置与变更管理、项目管理、环境。可以按照生命周期开发阶段来理解并记住。

（8）**参考答案**：B

解析　版本控制工具用来存储、更新、恢复和管理一个软件的多个版本。

（9）**参考答案**：C

解析　顺序图是面向对象 UML 里的图。

（10）（11）**参考答案**：B　C

解析　高内聚、低耦合原则，数据耦合程度仅高于非直接耦合，应该多用，其他的少用。功能内聚是程度最高的。

（12）**参考答案**：B

解析　判定节点个数+1=3+1=4。求环路复杂度的算法，可以用求闭区间+1 的方式，封闭区

间有 3 个，然后 3+1=4，所以环路复杂度为 4。

（13）（14）**参考答案**：A　C

💡**解析**　静态测试是指被测试程序不在机器上运行，而采用人工监测和计算机辅助分析的手段对程序进行监测。黑盒测试也称为功能测试，不考虑程序的内部结构和处理算法，只检查软件功能是否能按照要求正常使用。

（15）（16）**参考答案**：A　C

💡**解析**　软件系统的文档可以分为用户文档和系统文档。用户文档包括功能描述。

（17）（18）**参考答案**：A　C

💡**解析**　需求评审之后形成需求基线，是客户和开发者之间的约定。

（19）（20）（21）**参考答案**：D　D　C

💡**解析**　软件活动主要包括软件描述、软件开发、软件有效性验证和软件进化，软件描述定义了软件功能及使用限制。

第 **8** 章

项目管理

8.1 备考指南

项目管理主要考查的是进度管理、软件配置管理、质量管理、风险管理等相关知识,近几年都没有考查过,但是有可能在案例分析中考查关键路径的技术问题,考生以了解为主。

8.2 考点梳理及精讲

8.2.1 进度管理

进度管理就是采用科学的方法,确定进度目标,编制进度计划和资源供应计划,进行进度控制,在与质量、成本目标协调的基础上,实现工期目标。

1. 进度管理过程

进度管理过程具体来说,包括以下过程:

(1)活动定义:确定完成项目各项可交付成果而需要开展的具体活动。

(2)活动排序:识别和记录各项活动之间的先后关系和逻辑关系。

(3)活动资源估算:估算完成各项活动所需要的资源类型和效益。

(4)活动历时估算:估算完成各项活动所需要的具体时间。

(5)进度计划编制:分析活动顺序、活动持续时间、资源要求和进度制约因素,制订项目进度计划。

(6)进度控制:根据进度计划开展项目活动,如果发现偏差,则分析原因或进行调整。

2. 工作分解结构

软件项目往往是比较大而复杂的,往往需要进行层层分解,将大的任务分解成一个个的单一小任务进行处理。工作分解结构（WBS）如图 8-1 所示，就是把一个项目，按一定的原则分解成任务，任务再分解成一项项工作，再把一项项工作分配到每个人的日常活动中，直到分解不下去为止。

图 8-1　工作分解结构

WBS 常见的分解方式包括：按产品的物理结构分解、按产品或项目的功能分解、按照实施过程分解、按照项目的实施单位分解、按照项目的目标分解、按部分或职能进行分解等。不管采用哪种分解方式，最终都要满足以下对任务分解的基本要求。

（1）WBS 的工作包是可控和可管理的，不能过于复杂。

（2）任务分解也不能过细，一般原则 WBS 的树型结构不超过六层。

（3）每个工作包要有一个交付成果。

（4）每个任务必须有明确定义的完成标准。

（5）WBS 必须有利于责任分配。

进度安排的常用图形描述方法有 Gantt 图（甘特图）和项目计划评审技术（Program Evaluation & Review Technique，PERT）图，分别如图 8-2 和图 8-3 所示。

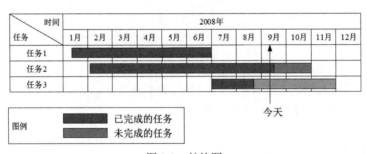

图 8-2　甘特图

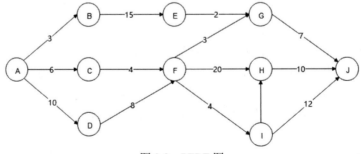

图 8-3　PERT 图

3. 关键路径法

关键路径是项目的最短工期，但却是从开始到结束时间最长的路径。进度网络图中可能有多条关键路径，因为活动会变化，因此关键路径也在不断变化中。

关键活动是关键路径上的活动，最早开始时间=最晚开始时间。

通常，每个节点的活动会有如下几个时间：

（1）最早开始时间（Earliest Start time，ES），某项活动能够开始的最早时间。

（2）最早完成时间（Earliest Finish time，EF），某项活动能够完成的最早时间。EF=ES+工期。

（3）最迟完成时间（Latest Finish time，LF）。为了使项目按时完成，某项活动必须完成的最迟时间。

（4）最迟开始时间（Latest Start time，LS）。为了使项目按时完成，某项活动必须开始的最迟时间。LS=LF-工期。

这几个时间通常作为每个节点的组成部分。

（5）顺推：最早开始（ES）=所有前置活动最早完成（EF）的最大值；最早完成（EF）=最早开始（ES）+持续时间。

（6）逆推：最迟完成（LF）=所有后续活动最迟开始（LS）的最小值；最迟开始（LS）=最迟完成（LF）-持续时间。

关键路径推导实例如图 8-4 所示。

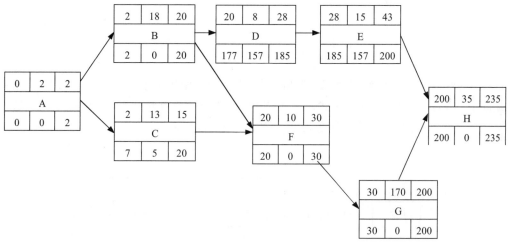

图 8-4 关键路径推导实例

（7）总浮动时间（松弛时间）：在不延误项目完工时间且不违反进度制约因素的前提下，活动可以从最早开始时间推迟或拖延的时间量，就是该活动的进度灵活性。正常情况下，关键活动的总浮动时间为零。

（8）总浮动时间=最迟开始（LS）-最早开始（ES）或最迟完成（LF）-最早完成（EF）或关键路径时长-非关键路径时长。

（9）自由浮动时间：是指在不延误任何紧后活动的最早开始时间且不违反进度制约因素的前提下，活动可以从最早开始时间推迟或拖延的时间量。

（10）自由浮动时间=紧后活动最早开始时间的最小值-本活动的最早完成时间。

8.2.2　软件配置管理

配置管理是为了系统地控制配置变更，在系统的整个生命周期中维持配置的完整性和可跟踪性，而标识系统在不同时间点上配置的学科。配置管理是应用技术的和管理的指导和监控方法以标识和说明配置项的功能和物理特征，控制这些特征的变更，记录和报告变更处理和实现状态并验证与规定的需求的遵循性。

1. 配置项

配置项是为配置管理设计的硬件、软件或二者的集合，在配置管理过程中作为一个单个实体来对待。

以下内容都可以作为配置项进行管理：外部交付的软件产品和数据、指定的内部软件工作产品和数据、指定的用于创建或支持软件产品的支持工具、供方/供应商提供的软件和客户提供的设备/软件。典型配置项包括项目计划书、需求文档、设计文档、源代码、可执行代码、测试用例、运行软件所需的各种数据，它们经评审和检查通过后进入配置管理。

配置项可以分为基线配置项和非基线配置项两类，基线配置项可能包括所有的设计文档和源程序等；非基线配置项可能包括项目的各类计划和报告等。

所有配置项的操作权限应由 CMO（配置管理员）严格管理，基本原则是：基线配置项向开发人员开放读取的权限；非基线配置项向 PM、CCB 及相关人员开放。

2. 配置项的状态

配置项的状态可分为"草稿""正式"和"修改"三种。配置项刚建立时，其状态为"草稿"。配置项通过评审后，其状态变为"正式"。此后若更改配置项，则其状态变为"修改"。当配置项修改完毕并重新通过评审时，其状态又变为"正式"，如图 8-5 所示。

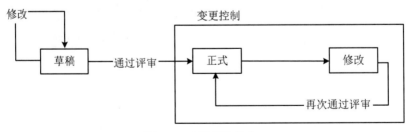

图 8-5　配置项的状态

3. 配置项版本号

（1）处于"草稿"状态的配置项的版本号格式为 0.YZ，YZ 的数字范围为 01～99。随着草稿的修正，YZ 的取值应递增。YZ 的初值和增幅由用户自己把握。

（2）处于"正式"状态的配置项的版本号格式为 X.Y，X 为主版本号，取值范围为 1～9。Y 为次版本号，取值范围为 0～9。

配置项第一次成为"正式"文件时，版本号为 1.0。

如果配置项升级幅度比较小，可以将变动部分制作成配置项的附件，附件版本依次为 1.0，1.1，…。当附件的变动积累到一定程度时，配置项的 Y 值可适量增加，Y 值增加一定程度时，X 值将适量增加。当配置项升级幅度比较大时，才允许直接增大 X 值。

（3）处于"修改"状态的配置项的版本号格式为 X.YZ。配置项正在修改时，一般只增大 Z 值，X.Y 值保持不变。当配置项修改完毕，状态成为"正式"时，将 Z 值设置为 0，增加 X.Y 值。参见规则（2）。

4. 配置基线

配置基线（常简称为基线）由一组配置项组成，这些配置项构成一个相对稳定的逻辑实体。基线中的配置项被"冻结"了，不能再被任何人随意修改。对基线的变更必须遵循正式的变更控制程序。

8.2.3 质量管理

质量是软件产品特性的综合，表示软件产品满足明确（基本需求）或隐含（期望需求）要求的能力。质量管理是指确定质量方针、目标和职责，并通过质量体系中的质量计划、质量控制、质量保证和质量改进来使其实现的所有管理职能的全部活动。

质量管理主要包括以下过程：

（1）质量规划：识别项目及其产品的质量要求和标准，并书面描述项目将如何达到这些要求和标准的过程。

（2）质量保证：一般是每隔一定时间（例如，每个阶段末）进行的，主要通过系统的质量审计（软件评审）和过程分析来保证项目的质量。

（3）质量控制：实时监控项目的具体结果，以判断它们是否符合相关质量标准，制订有效方案，以消除产生质量问题的原因。

8.2.4 风险管理

风险管理就是要对项目风险进行认真的分析和科学的管理，这样，是能够避开不利条件、少受损失、取得预期的结果并实现项目目标的，能够争取避免风险的发生或尽量减小风险发生后的影响。但是，完全避开或消除风险，或者只享受权益而不承担风险是不可能的。

1. 风险管理过程

风险管理过程包括风险管理计划编制、风险识别、风险定性分析、风险定量分析、风险应对计划编制、风险监控。风险管理计划编制即如何安排与实施项目的风险管理，制订下列各步的计划。

风险识别：识别出项目中已知和可预测的风险，确定风险的来源、产生的条件、描述风险的特征以及哪些项目可以产生风险，形成一个风险列表。

风险定性分析：对已经识别的风险进行排序，确定风险可能性与影响、确定风险优先级、确定风险类型。

风险定量分析：进一步了解风险发生的可能性具体有多大，后果具体有多严重，包括灵敏度分析、期望货币价值分析、决策树分析、蒙特卡罗模拟。

风险应对计划编制：对每一个识别出来的风险分别制订应对措施，这些措施组成的文档称为风险应对计划，包括消极风险（避免策略、转移策略、减轻策略）和积极风险（开拓、分享、强大）。

风险监控：监控风险计划的执行，检测残余风险，识别新的风险，保证风险计划的执行，并评价这些计划对减少风险的有效性。

项目风险指作用于项目上的不确定的事件或条件，既可能产生威胁，也可能带来机会。

通过积极和合理的规划，超过 90%的风险都可以进行提前应对和管理。风险应该尽早识别出来，高层次风险应记录在章程里。应由对风险最有控制力的一方承担相应的风险。

承担风险的程度与所得的回报相匹配，承担的风险要有上限。

2．风险的分类

在信息系统项目中，从宏观上来看，风险可以分为项目风险、技术风险和商业风险。

（1）项目风险是指潜在的预算、进度、个人（包括人员和组织）、资源、用户和需求方面的问题，以及它们对项目的影响。项目复杂性、规模和结构的不确定性也构成项目的（估算）风险因素。项目风险威胁到项目计划，一旦项目风险成为现实，可能会拖延项目进度，增加项目的成本。

（2）技术风险是指潜在的设计、实现、接口、测试和维护方面的问题。此外，规格说明的多义性、技术上的不确定性、技术陈旧、最新技术（不成熟）也是风险因素。技术风险威胁到待开发系统的质量和预定的交付时间。如果技术风险成为现实，开发工作可能会变得很困难或根本不可能。

（3）商业风险威胁到待开发系统的生存能力，主要有以下五种不同的商业风险：

1）市场风险。开发的系统虽然很优秀但不是市场真正想要的。

2）策略风险。开发的系统不再符合企业的信息系统战略。

3）销售风险。开发了销售部门不清楚如何推销的系统。

4）管理风险。由于重点转移或人员变动而失去上级管理部门的支持。

5）预算风险。开发过程没有得到预算或人员的保证。

8.3　课后演练（精选真题）

● 项目时间管理中的过程包括　(1)　。（**2018 年 11 月第 22 题**）

（1）A．活动定义、活动排序、活动的资源估算和工作进度分解

B．活动定义、活动排序、活动的资源估算、活动历时估算、制订计划和进度控制

C．项目章程、项目范围管理计划、组织过程资产和批准的变更申请

D．生产项目计划、项目可交付物说明、信息系统要求说明和项目度量标准

- 文档是影响软件可维护性的决定因素。软件系统的文档可以分为用户文档和系统文档两类。其中， (2) 不属于用户文档包括的内容。（**2018 年 11 月第 23 题**）

  （2）A．系统设计　　　B．版本说明　　　C．安装手册　　　D．参考手册

- 需求管理是一个对系统需求变更、了解和控制的过程。以下活动中， (3) 不属于需求管理的主要活动。（**2018 年 11 月第 24 题**）

  （3）A．文档管理　　　B．需求跟踪　　　C．版本控制　　　D．变更控制

- 下面关于变更控制的描述中， (4) 是不正确的。（**2018 年 11 月第 25 题**）

  （4）A．变更控制委员会只可以由一个小组担任

  　　B．控制需求变更与项目的其他配置管理决策有着密切的联系

  　　C．变更控制过程中可以使用相应的自动辅助工具

  　　D．变更的过程中，允许拒绝变更

- 项目范围管理中，范围定义的输入包括 (5) 。（**2017 年 11 月第 22 题**）

  （5）A．项目章程、项目范围管理计划、产品范围说明书和变更申请

  　　B．项目范围描述、产品范围说明书、生产项目计划和组织过程资产

  　　C．项目章程、项目范围管理计划、组织过程资产和批准的变更申请

  　　D．生产项目计划、项目可交付物说明、信息系统要求说明和项目质量标准

- 项目配置管理中，产品配置是指一个产品在其生命周期各个阶段所产生的各种形式和各种版本的文档、计算机程序、部件及数据的集合。该集合中的每一个元素称为该产品配置中的一个配置项， (6) 不属于产品组成部分工作成果的配置项。（**2017 年 11 月第 23 题**）

  （6）A．需求文档　　　B．设计文档　　　C．工作计划　　　D．源代码

8.4　课后演练答案解析

（1）**参考答案**：B

🔑**解析**　时间管理的过程包括：①活动定义；②活动排序；③活动的资源估算；④活动历时估算；⑤制订计划；⑥进度控制。

（2）**参考答案**：A

🔑**解析**　用户文档主要描述所交付系统的功能和使用方法，并不关心这些功能是怎样实现的。用户文档是了解系统的第一步，它可以让用户获得对系统准确的初步印象。用户文档至少应该包括下述 5 方面的内容。

1）功能描述：说明系统能做什么。

2）安装文档：说明怎样安装这个系统以及怎样使系统适应特定的硬件配置。

3）使用手册：简要说明如何着手使用这个系统（通过丰富的例子说明怎样使用常用的系统功能，并说明用户操作错误是怎样恢复和重新启动的）。

4）参考手册：详尽描述用户可以使用的所有系统设施以及它们的使用方法，并解释系统可能

产生的各种出错信息的含义（对参考手册最主要的要求是完整，因此通常使用形式化的描述技术）。

5）操作员指南（如果需要有系统操作员的话）：说明操作员应如何处理使用中出现的各种情况。

系统文档是从问题定义、需求说明到验收测试计划这样一系列和系统实现有关的文档。描述系统设计、实现和测试的文档对于理解程序和维护程序来说是非常重要的。

（3）**参考答案**：A

解析 需求管理的活动包括：①变更控制；②版本控制；③需求跟踪；④需求状态跟踪。

（4）**参考答案**：A

解析 变更控制委员会可以由一个小组担任，也可以由多个不同的组担任。变更控制委员会的成员应能代表变更涉及的团体。变更控制委员会可能包括如下方面的代表：

1）产品或计划管理部门。

2）项目管理部门。

3）开发部门。

4）测试或质量保证部门。

5）市场部或客户代表。

6）制作用户文档的部门。

7）技术支持部门。

8）帮助桌面或用户支持热线部门。

9）配置管理部门。

（5）**参考答案**：C

解析 在初步项目范围说明书中已文档化的主要可交付物、假设和约束条件的基础上准备详细的项目范围说明书，是项目成功的关键。范围定义的输入包括：①项目章程，如果项目章程或初始的范围说明书没有在项目执行组织中使用，同样的信息需要进一步收集和开发，以产生详细的项目范围说明书；②项目范围管理计划；③组织过程资产；④批准的变更申请。

（6）**参考答案**：C

解析 配置项是构成产品配置的主要元素，配置项主要有以下两大类：

1）属于产品组成部分的工作成果：如需求文档、设计文档、源代码和测试用例等。

2）属于项目管理和机构支撑过程域产生的文档：如工作计划、项目质量报告和项目跟踪报告等。

这些文档虽然不是产品的组成部分，但是值得保存。所以设备清单不属于配置项，选项 C 的工作计划虽可充当配置项，但不属于产品组成部分工作成果的配置项。

第**9**章
UML 建模和设计模式

9.1 备考指南

UML 建模和设计模式主要考查的是面向对象基础知识、面向对象分析与设计、设计模式等相关知识，本章节在大纲改版之后有了较大变动，新版大纲缺少了历年真题常考的 UML 图、设计模式、设计原则等重要内容，但是这里我们还是必须保留这些内容，因为这些内容还比较重要。

9.2 考点梳理及精讲

9.2.1 面向对象基础

1. 面向对象的基本概念

（1）对象：由数据及其操作所构成的封装体，是系统中用来描述客观事物的一个实体，是构成系统的一个基本单位。一个对象通常可以由对象名、属性和方法三个部分组成。

（2）类：现实世界中实体的形式化描述，类将该实体的属性（数据）和操作（函数）封装在一起。对象是类的实例，类是对象的模板。

类可以分为三种：实体类、接口类（边界类）和控制类。实体类的对象表示现实世界中真实的实体，如人、物等。接口类（边界类）的对象为用户提供一种与系统合作交互的方式，分为人和系统两大类，其中人的接口可以是显示屏、窗口、Web 窗体、对话框、菜单、列表框、其他显示控制、条形码、二维码或者用户与系统交互的其他方法。系统接口涉及把数据发送到其他系统，或者从其他系统接收数据。控制类的对象用来控制活动流，充当协调者。

（3）抽象：通过特定的实例抽取共同特征以后形成概念的过程。它强调主要特征，忽略次要特征。一个对象是现实世界中一个实体的抽象，一个类是一组对象的抽象，抽象是一种单一化的描述，它强调给出与应用相关的特性，抛弃不相关的特性。

（4）封装：是一种信息隐蔽技术，将相关的概念组成一个单元模块，并通过一个名称来引用。面向对象封装是将数据和基于数据的操作封装成一个整体对象，对数据的访问或修改只能通过对象对外提供的接口进行。

（5）继承：表示类之间的层次关系（父类与子类），这种关系使得某类对象可以继承另外一类对象的特征，又可分为单继承和多继承。

（6）多态：不同的对象收到同一个消息时产生完全不同的结果。包括参数多态（不同类型参数多种结构类型）、包含多态（父子类型关系）、过载多态（类似于重载，一个名字不同含义）、强制多态（强制类型转换）四种类型。多态由继承机制支持，将通用消息放在抽象层，具体不同的功能实现放在低层。

（7）接口：描述对操作规范的说明，其只说明操作应该做什么，并没有定义操作如何做。

（8）消息：体现对象间的交互，通过它向目标对象发送操作请求。

（9）覆盖：子类在原有父类接口的基础上，用适合于自己要求的实现去置换父类中的相应实现。即在子类中重定义一个与父类同名同参的方法。

（10）函数重载：与覆盖要区分开，函数重载与子类父类无关，且函数是同名不同参数。

（11）绑定：是一个把过程调用和响应调用所需要执行的代码加以结合的过程。在一般的程序设计语言中，绑定是在编译时进行的，叫作静态绑定。动态绑定则是在运行时进行的，因此，一个给定的过程调用和代码的结合直到调用发生时才进行。

2. 面向对象的分析

面向对象的分析是为了确定问题域，理解问题，包含五个活动：认定对象、组织对象、描述对象间的相互作用、确定对象的操作、定义对象的内部信息。

3. 面向对象需求建模

面向对象的需求建模主要建立用例模型和分析模型，具体过程如图9-1所示。

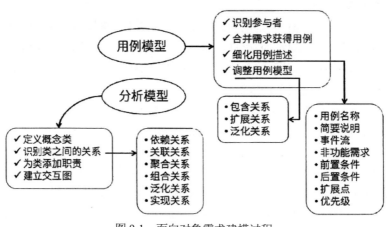

图9-1 面向对象需求建模过程

4. 面向对象的设计

面向对象的设计（Object-Oriented Design，OOD）是设计分析模型和实现相应源代码，设计问题域的解决方案，与技术相关。OOD 同样应遵循抽象、信息隐蔽、功能独立、模块化等设计准则。

面向对象的分析模型主要由顶层架构图、用例与用例图、领域概念模型构成；设计模型则包含以包图表示的软件体系结构图、以交互图表示的用例实现图、完整精确的类图、针对复杂对象的状态图和用以描述流程化处理过程的活动图等。

面向对象的设计原则：

（1）单一责任原则。就一个类而言，应该仅有一个引起它变化的原因。即当需要修改某个类的时候原因有且只有一个，让一个类只做一种类型责任。

（2）开放－封闭原则。软件实体（类、模块、函数等）应该是可以扩展的，即开放的；但是不可修改的，即封闭的。

（3）里氏替换原则。子类型必须能够替换掉它们的基类型。即在任何父类可以出现的地方，都可以用子类的实例来赋值给父类型的引用。

（4）依赖倒置原则。抽象不应该依赖于细节，细节应该依赖于抽象。即高层模块不应该依赖于低层模块，二者都应该依赖于抽象。

（5）接口分离原则。不应该强迫客户依赖于它们不用的方法。接口属于客户，不属于它所在的类层次结构。即依赖于抽象，不要依赖于具体，同时在抽象级别不应该有对于细节的依赖。这样做的好处就在于可以最大限度地应对可能的变化。

上述（1）～（5）是面向对象方法中的五大原则。除了这五大原则之外，Robert C.Martin 提出的面向对象设计原则还包括以下几个。

（6）重用发布等价原则。重用的粒度就是发布的粒度。

（7）共同封闭原则。包中的所有类对于同一类性质的变化应该是共同封闭的。一个变化若对一个包产生影响，则将对该包中的所有类产生影响，而对于其他的包不造成任何影响。

（8）共同重用原则。一个包中的所有类应该是共同重用的。如果重用了包中的一个类，那么就要重用包中的所有类。

（9）无环依赖原则。在包的依赖关系图中不允许存在环，即包之间的结构必须是一个直接的五环图形。

（10）稳定依赖原则。朝着稳定的方向进行依赖。

（11）稳定抽象原则。包的抽象程度应该和其稳定程度一致。

5. 面向对象的测试

一般来说，对面向对象软件的测试可分为下列四个层次进行。

（1）算法层。测试类中定义的每个方法，基本上相当于传统软件测试中的单元测试。

（2）类层。测试封装在同一个类中的所有方法与属性之间的相互作用。在面向对象软件中类是基本模块，因此可以认为这是面向对象测试中所特有的模块测试。

（3）模板层。测试一组协同工作的类之间的相互作用，大体上相当于传统软件测试中的集成测试，但是也有面向对象软件的特点（例如，对象之间通过发送消息相互作用）。

（4）系统层。把各个子系统组装成完整的面向对象软件系统，在组装过程中同时进行测试。

9.2.2 UML

1. UML（统一建模语言）

UML（统一建模语言）是一种可视化的建模语言，而非程序设计语言，支持从需求分析开始的软件开发的全过程。

从总体上来看，UML 的结构包括构造块、公共机制和规则三个部分。

（1）构造块。UML 有三种基本的构造块，分别是事物（thing）、关系（relationship）和图（diagram）。事物是 UML 的重要组成部分，关系把事物紧密联系在一起，图是多个相互关联的事物的集合。

（2）公共机制。公共机制是指达到特定目标的公共 UML 方法。

（3）规则。规则是构造块如何放在一起的规定。

2. 事务

结构事务：模型的静态部分，如类、接口、用例、构件等。

行为事务：模型的动态部分，如交互、活动、状态机。

分组事务：模型的组织部分，如包。

注释事务：模型的解释部分，依附于一个元素或一组元素之上对其进行约束或解释的简单符号。

3. 关系

依赖：一个事务的语义依赖于另一个事务的语义的变化而变化。

关联：是一种结构关系，描述了一组链，链是对象之间的连接。分为组合和聚合，都是部分和整体的关系，其中组合事务之间关系更强。两个类之间的关联，实际上是两个类所扮演角色的关联，因此，两个类之间可以有多个由不同角色标识的关联。

泛化：一般/特殊的关系，子类和父类之间的关系。

实现：一个类元指定了另一个类元保证执行的契约。

关系 UML 图形代号如图 9-2 所示。

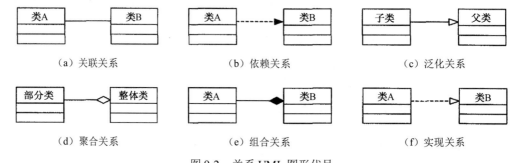

图 9-2　关系 UML 图形代号

4. 图

（1）**类图**：静态图，为系统的静态设计视图，展现一组对象、接口、协作和它们之间的关系。UML 类图如图 9-3 所示。

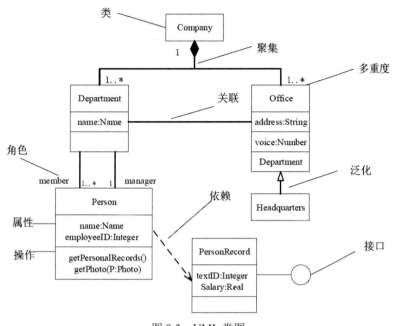

图 9-3 UML 类图

（2）**对象图**：静态图，展现某一时刻一组对象及它们之间的关系，为类图的某一快照。在没有类图的前提下，对象图就是静态设计视图，如图 9-4 所示。

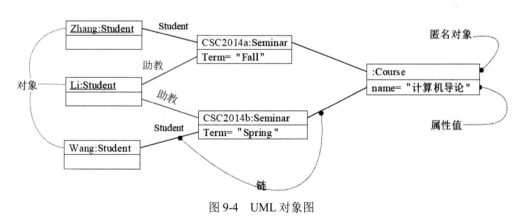

图 9-4 UML 对象图

（3）**用例图**：静态图，展现了一组用例、参与者以及它们之间的关系。用例图中的参与者是人、硬件或其他系统可以扮演的角色；用例是参与者完成的一系列操作，用例之间的关系有扩展、包含、泛化，如图 9-5 所示。

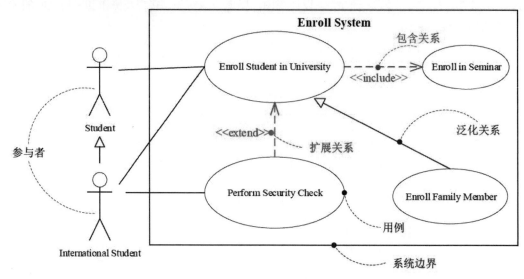

图 9-5　用例图

（4）**序列图**：即顺序图，动态图，是场景的图形化表示，描述了以时间顺序组织的对象之间的交互活动。有**同步消息**（进行阻塞调用，调用者中止执行，等待控制权返回，需要等待返回消息，用实心三角箭头表示）、**异步消息**（发出消息后继续执行，不引起调用者阻塞，也不等待返回消息，由空心箭头表示）、**返回消息**（由从右到左的虚线箭头表示）三种，如图 9-6 所示。

上方的对象对应下方箭头上的成员和方法。

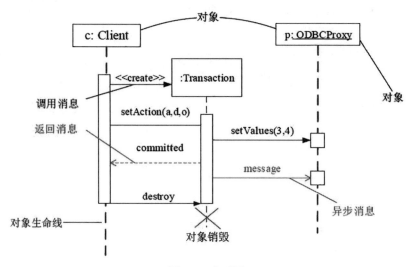

图 9-6　序列图

（5）**通信图**：动态图，即协作图，强调参加交互的对象的组织，如图 9-7 所示。

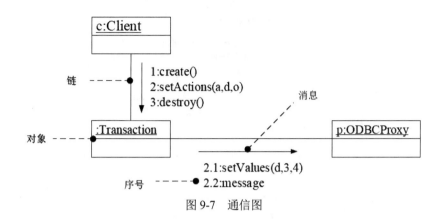

图 9-7　通信图

（6）**状态图**：动态图，展现了一个状态机，描述单个对象在多个用例中的行为，包括简单状态和组合状态。转换可以通过事件触发器触发，事件触发后相应的监护条件会进行检查。状态图中转换和状态是两个独立的概念，如图 9-8 中方框代表状态，箭头上的代表触发事件，实心圆点为起点和终点。

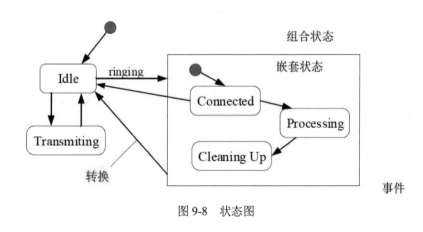

图 9-8　状态图

（7）**活动图**：动态图，是一种特殊的状态图，展现了在系统内从一个活动到另一个活动的流程。活动的分岔和汇合线是一条水平粗线。牢记图 9-9 中并发分岔、并发汇合、监护表达式、分支、流等名词及含义。每个分岔的分支数代表了可同时运行的线程数。活动图中能够并行执行的是在一个分岔粗线下的分支上的活动，如图 9-9 所示。

（8）**构件图（组件图）**：静态图，为系统静态实现视图，展现了一组构件之间的组织和依赖，如图 9-10 所示。

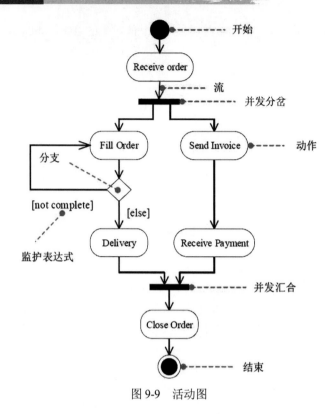

图 9-9　活动图

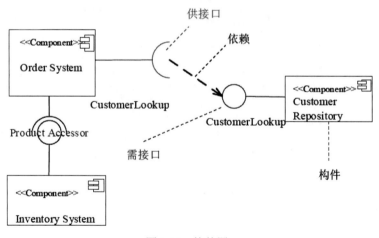

图 9-10　构件图

（9）**部署图**：静态图，为系统静态部署视图，部署图物理模块的节点分布。它与构件图相关，通常一个节点包含一个或多个构件。其依赖关系类似于包依赖，因此部署组件之间的依赖是单向的，类似于包含关系，如图 9-11 所示。

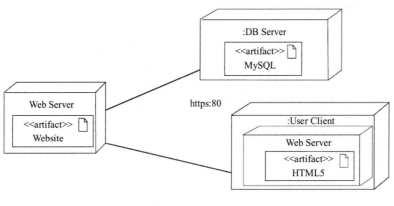

图 9-11　部署图

5. UML 4+1 视图

（1）逻辑视图。逻辑视图也称为设计视图，它表示了设计模型中在架构方面具有重要意义的部分，即类、子系统、包和用例实现的子集。

（2）进程视图。进程视图是可执行线程和进程作为活动类的建模，它是逻辑视图的一次执行实例，描述了并发与同步结构。

（3）实现视图。实现视图对组成基于系统的物理代码的文件和构件进行建模。

（4）部署视图。部署视图把构件部署到一组物理节点上，表示软件到硬件的映像和分布结构。

（5）用例视图。用例视图是最基本的需求分析模型。

9.2.3　设计模式

1. 层次结构

架构模式：软件设计中的高层决策，例如，C/S 结构就属于架构模式，架构模式反映了开发软件系统过程中所作的基本设计决策。

设计模式：每一个设计模式描述了一个在我们周围不断重复发生的问题，以及该问题的解决方案的核心。这样，你就能一次又一次地使用该方案而不必做重复劳动。设计模式的核心在于提供了相关问题的解决方案，使得人们可以更加简单方便地复用成功的设计和体系结构。四个基本要素：模式名称、问题（应该在何时使用模式）、解决方案（设计的内容）、效果（模式应用的效果）。

惯用法：是最低层的模式，关注软件系统的设计与实现，实现时通过某种特定的程序设计语言来描述构件与构件之间的关系。每种编程语言都有它自己特定的模式，即语言的惯用法。例如引用－计数就是 C++语言中的一种惯用法。

2. 设计模式分类

按设计模式的目的划分，可分为三类：创建型模式（主要是处理创建对象）、结构型模式（主要是处理类和对象的组合）、行为型模式（主要是描述类或者对象的交互行为）；按设计模式的范围划分，即根据设计模式是作用于类还是作用于对象来划分，可以把设计模式分为类设计模式和对象设计模式。总览图如图 9-12 所示。

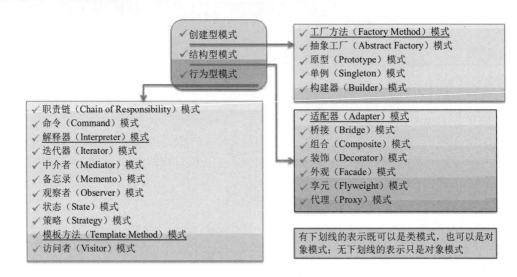

图 9-12　设计模式总图

三种模式的具体内容见表 9-1 至表 9-3。

表 9-1　创建型设计模式

创建型设计模式	定义	记忆关键字
Abstract Factory 抽象工厂模式	提供一个接口，可以创建一系列相关或相互依赖的对象，而无须指定它们具体的类	抽象接口
Builder 构建器模式	将一个复杂类的表示与其构造相分离，使得相同的构建过程能够得出不同的表示	类和构造分离
Factory Method 工厂方法模式	定义一个创建对象的接口，但由子类决定需要实例化哪一个类。使得子类实例化过程推迟	子类决定实例化
Prototype 原型模式	用原型实例指定创建对象的类型，并且通过拷贝这个原型来创建新的对象	原型实例，拷贝
Singleton 单例模式	保证一个类只有一个实例，并提供一个访问它的全局访问点	唯一实例

表 9-2　结构型设计模式

结构型设计模式	定义	记忆关键字
Adapter 适配器模式	将一个类的接口转换成用户希望得到的另一种接口。它使原本不相容的接口得以协同工作	转换，兼容接口
Bridge 桥接模式	将类的抽象部分和它的实现部分分离开来，使它们可以独立地变化	抽象和实现分离

结构型设计模式	定义	记忆关键字
Composite 组合模式	将对象组合成树型结构以表示"整体-部分"的层次结构,使得用户对单个对象和组合对象的使用具有一致性	整体-部分,树型结构
Decorator 装饰模式	动态地给一个对象添加一些额外的职责。它提供了用子类扩展功能的一个灵活的替代,比派生一个子类更加灵活	附加职责
Facade 外观模式	定义一个高层接口,为子系统中的一组接口提供一个一致的外观,从而简化了该子系统的使用	对外统一接口
Flyweight 享元模式	提供支持大量细粒度对象共享的有效方法	细粒度,共享
Proxy 代理模式	为其他对象提供一种代理以控制这个对象的访问	代理控制

表 9-3　行为型设计模式

行为型设计模式	定义	记忆关键字
Chain of Responsibility 职责链模式	通过给多个对象处理请求的机会,减少请求的发送者与接收者之间的耦合。将接收对象链接起来,在链中传递请求,直到有一个对象处理这个请求	传递请求、职责、链接
Command 命令模式	将一个请求封装为一个对象,从而可用不同的请求对客户进行参数化,将请求排队或记录请求日志,支持可撤销的操作	日志记录、可撤销
Interpreter 解释器模式	给定一种语言,定义它的文法表示,并定义一个解释器,该解释器用来根据文法表示来解释语言中的句子	解释器,虚拟机
Iterator 迭代器模式	提供一种方法来顺序访问一个聚合对象中的各个元素而不需要暴露该对象的内部表示	顺序访问,不暴露内部
Mediator 中介者模式	用一个中介对象来封装一系列的对象交互。它使各对象不需要显式地相互调用,从而达到低耦合,还可以独立地改变对象间的交互	不直接引用
Memento 备忘录模式	在不破坏封装性的前提下,捕获一个对象的内部状态,并在该对象之外保存这个状态,从而可以在以后将该对象恢复到原先保存的状态	保存,恢复
Observer 观察者模式	定义对象间的一种一对多的依赖关系,当一个对象的状态发生改变时,所有依赖于它的对象都得到通知并自动更新	通知、自动更新
State 状态模式	允许一个对象在其内部状态改变时改变它的行为	状态变成类
Strategy 策略模式	定义一系列算法,把它们一个个封装起来,并且使它们之间可互相替换,从而让算法可以独立于使用它的用户而变化	算法替换
Template Method 模板方法模式	定义一个操作中的算法骨架,而将一些步骤延迟到子类中,使得子类可以不改变一个算法的结构即可重新定义算法的某些特定步骤	定义算法骨架,然后再细化
Visitor 访问者模式	表示一个作用于某对象结构中的各元素的操作,使得在不改变各元素的类的前提下定义作用于这些元素的新操作	数据和操作分离

9.3 课后演练（精选真题）

● UML（Unified Modeling Language）是面向对象设计的建模工具，独立于任何具体程序设计语言，以下 (1) 不属于 UML 中的模型。（**2021 年 11 月第 33 题**）

（1）A．用例图　　　　B．协作图　　　　C．活动图　　　　D．PAD 图

● 创建型模式支持对象的创建，该模式允许在系统中创建对象，而不需要在代码中标识出特定的类型，这样用户就不需要编写一系列相关或相互依赖的对象在不指定具体类的情况下。 (2) 模式为创建一系列相关或相互依赖的对象提供了一个接口， (3) 模式将复杂对象的构建与其表面相分离，这样相同的构造过程可以创建不同的对象； (4) 模式允许对象在不了解要创建对象的确切类以及如何创建细节的情况下创建自定义对象。（**2020 年 11 月第 35～37 题**）

（2）A．Prototype　　　B．Abstract Factory　C．Builder　　　D．Singleton

（3）A．Prototype　　　B．Abstract Factory　C．Builder　　　D．Singleton

（4）A．Prototype　　　B．Abstract Factory　C．Builder　　　D．Singleton

● 一个完整的软件系统需从不同视角进行描述，下图属于软件架构设计中的 (5) ，用于 (6) 视图来描述软件系统。（**2019 年 11 月第 44～45 题**）

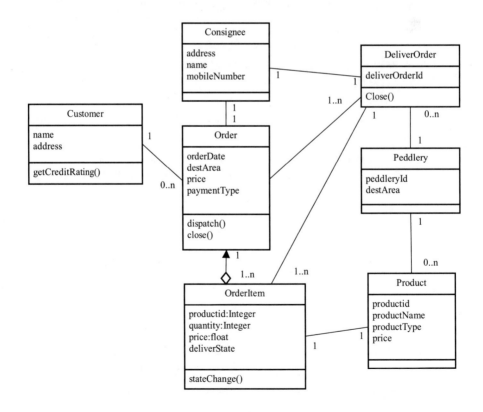

（5）A．对象图　　　　B．时序图　　　　C．构件图　　　　D．类图

（6）A．进程　　　　　B．开发　　　　　C．物理　　　　　D．用户

● 设计模式按照目的可以划分为三类，其中，__(7)__ 模式是对对象实例化过程的抽象。例如 __(8)__ 模式确保一个类只有一个实例，并提供了全局访问入口；__(9)__ 模式允许对象在不了解要创建对象的确切类以及如何创建等细节的情况下创建定义对象；__(10)__ 模式将复杂对象的构建与其表示分离。（**2019 年 11 月第 54～57 题**）

（7）A．创建型　　　　B．结构型　　　　C．行为型　　　　D．功能型

（8）A．Facade　　　　B．Builder　　　　C．Prototype　　　　D．Singleton

（9）A．Facade　　　　B．Builder　　　　C．Prototype　　　　D．Singleton

（10）A．Facade　　　　B．Builder　　　　C．Prototype　　　　D．Singleton

● 体系结构模型的多视图表示是从不同的视角描述特定系统的体系结构。著名的 4+1 模型支持从 __(11)__ 描述系统体系结构。（**2018 年 11 月第 44 题**）

（11）A．逻辑视图、开发视图、物理视图、进程视图、统一的场景

　　　B．逻辑视图、开发视图、物理视图、模块视图、统一的场景

　　　C．逻辑视图、开发视图、构件视图、进程视图、统一的场景

　　　D．领域视图、开发视图、构件视图、进程视图、统一的场景

● 设计模式描述了一个出现在特定设计语境中的设计再现问题，并为它的解决方案提供了一个经过充分验证的通用方案，不同的设计模式关注解决不同的问题。例如，抽象工厂模式提供一个接口，可以创建一系列相关或相互依赖的对象，而无须指定它们具体的类，它是一种 __(12)__ 模式；__(13)__ 模式将类的抽象部分和它的实现部分分离出来，使它们可以独立变化，它属于 __(14)__ 模式；__(15)__ 模式将一个请求封装为一个对象，从而可用不同的请求对客户进行参数化，将请求排队或记录请求日志，支持可撤销的操作。（**2018 年 11 月第 54～57 题**）

（12）A．组合型　　　　B．结构型　　　　C．行为型　　　　D．创建型

（13）A．Bridge　　　　B．Proxy　　　　　C．Prototype　　　　D．Adapter

（14）A．组合型　　　　B．结构型　　　　C．行为型　　　　D．创建型

（15）A．Command　　　B．Facade　　　　C．Memento　　　　D．Visitor

● 面向对象的分析模型主要由顶层架构图、用例与用例图和 __(16)__ 构成；设计模型则包含以 __(17)__ 表示的软件体系机构图、以交互图表示的用例实现图、完整精确的类图、描述复杂对象的 __(18)__ 和用以描述流程化处理过程的活动图等。（**2017 年 11 月第 32～34 题**）

（16）A．数据流模型　　　　　　　　　B．领域概念模型

　　　C．功能分解图　　　　　　　　　D．功能需求模型

（17）A．模型视图控制器　　　　　　　B．组件图

　　　C．包图　　　　　　　　　　　　D．2 层、3 层或 N 层

（18）A．序列图　　　　　　　　　　　B．协作图

　　　C．流程图　　　　　　　　　　　D．状态图

9.4　课后演练答案解析

（1）**参考答案**：D

<img> **解析**　UML 是面向对象设计的建模工具，独立于任何具体程序设计语言，包括用例图、顺序图、对象图、类图、协作图、活动图等，PAD 图是结构化设计的图，所以选 D。

（2）（3）（4）**参考答案**：B　C　A

<img> **解析**　创建型模式支持对象的创建，该模式允许在系统中创建对象，而不需要在代码中标识出特定的类型，这样用户就不需要编写一系列相关或相互依赖的对象在不指定具体类的情况下。Abstract Factory（抽象工厂）模式为创建一系列相关或相互依赖的对象提供了一个接口，Builder（建造者）模式将复杂对象的构建与其表面相分离，这样相同的构造过程可以创建不同的对象；Prototype（原型）模式允许对象在不了解要创建对象的确切类以及如何创建细节的情况下创建自定义对象。

（5）（6）**参考答案**：D　B

<img> **解析**　本题考查软件系统描述方面的知识。

软件系统需从不同的角度进行描述。其著名的 4+1 视角架构模型提出了一种用来描述软件系统体系架构的模型，这种模型是基于使用者的多个不同视角出发。这种多视角能够解决多个"利益相关者"关心的问题。利益相关者包括最终用户、开发人员、系统工程师、项目经理等，他们能够分别处理功能性和非功能性需求。4+1 视角架构模型的五个主要的视角为逻辑视图、开发视图、处理视图、物理视图和场景。五个视角中每个都是使用符号进行描述。这些视角都是使用以架构为中心场景驱动和迭代开发等方式实现设计的。其中，类图是从开发视角对软件系统进行的描述。

（7）（8）（9）（10）**参考答案**：A　D　C　B

<img> **解析**　本题考查设计模式方面的基础知识。

在任何设计活动中都存在着某些重复遇到的典型问题，不同开发人员对这些问题设计出不同的解决方案，随着设计经验在实践者之间日益广泛地被利用，描述这些共同问题和解决这些问题的方案就形成了所谓的模式。

设计模式主要用于得到简洁灵活的系统设计，按设计模式的目的划分，可分为创建型、结构型和行为型三种模式。

创建型模式是对对象实例化过程的抽象。例如 Singleton 模式确保一个类只有一个实例，并提供了全局访问入口；Prototype 模式允许对象在不了解要创建对象的确切类以及如何创建等细节的情况下创建自定义对象；Builder 模式将复杂对象的构建与其表示分离。

结构型模式主要用于如何组合已有的类和对象以获得更大的结构，一般借鉴封装、代理、继承等概念将一个或多个类或对象进行组合、封装，以提供统一的外部视图或新的功能。

行为型模式主要用于对象之间的职责及其提供的服务的分配，它不仅描述对象或类的模式，还描述它们之间的通信模式，特别是描述一组对等的对象怎样相互协作以完成其中任一对象都无法单独完成的任务。

（11）**参考答案**：A

🔧**解析**   4+1 视图即：逻辑视图、开发视图、物理视图（部署视图）、进程视图、场景。

（12）（13）（14）（15）**参考答案**：D A B A

🔧**解析**   设计模式包括：创建型、结构型、行为型三大类别。抽象工厂模式属于创建型设计模式。桥接模式属于结构型设计模式。Bridge 模式将类的抽象部分和它的实现部分分离出来，使它们可以独立变化。Command 模式将一个请求封装为一个对象，从而可用不同的请求对客户进行参数化，将请求排队或记录请求日志，支持可撤销的操作。

（16）（17）（18）**参考答案**：B C D

🔧**解析**   面向对象的分析模型主要由顶层架构图、用例与用例图、领域概念模型构成；设计模型则包含以包图表示的软件体系结构图、以交互图表示的用例实现图、完整精确的类图、针对复杂对象的状态图和用以描述流程化处理过程的活动图等。

第 **10** 章
嵌入式技术

10.1　备考指南

嵌入式技术主要考查的是嵌入式基础知识、嵌入式设计等相关知识，在系统架构设计师的考试中选择题占 2~4 分，案例分析有时会考关键路径的技术问答，这个题目一般比较难，但是由于案例分析题是五题选三题，所以这道题一般不选，嵌入式技术这章的知识点会做选择题即可。

10.2　考点梳理及精讲

10.2.1　嵌入式微处理器

1. 嵌入式系统概述

嵌入式系统是以应用为中心、以计算机技术为基础，并将可配置与可裁减的软、硬件集成于一体的专用计算机系统，需要满足应用对功能、可靠性、成本、体积和功耗等方面的严格要求。

一般嵌入式系统由嵌入式处理器、相关支撑硬件、嵌入式操作系统、支撑软件以及应用软件组成。

（1）嵌入式处理器。由于嵌入式系统一般是在恶劣的环境条件下工作，与一般处理器相比，嵌入式处理器应可抵抗恶劣环境的影响，比如高温、寒冷、电磁、加速度等环境因素。为适应恶劣环境，嵌入式处理器芯片除满足低功耗、体积小等需求外，根据不同环境需求，其工艺可分为民用、工业和军用三个档次。

（2）相关支撑硬件。相关支撑硬件是指除嵌入式处理器以外的构成系统的其他硬件，包括存储器、定时器、总线、IO 接口以及相关专用硬件。

（3）嵌入式操作系统。嵌入式操作系统是指运行在嵌入式系统中的基础软件，主要用于管理计算机资源和应用软件。与通用操作系统不同，嵌入式操作系统应具备实时性、可剪裁性和安全性等特征。

（4）支撑软件。支撑软件是指为应用软件开发与运行提供公共服务、软件开发、调试能力的软件，支撑软件的公共服务通常运行在操作系统之上，以库的方式被应用软件所引用。

（5）应用软件。应用软件是指为完成嵌入式系统的某一特定目标所开发的软件。

嵌入式系统应具备以下特性：

（1）专用性强。嵌入式系统面向特定应用需求，能够把通用 CPU 中许多由板卡完成的任务集成在芯片内部，从而有利于嵌入式系统的小型化。

（2）技术融合。嵌入式系统将先进的计算机技术、通信技术、半导体技术和电子技术与各个行业的具体应用相结合，是一个技术密集、资金密集、高度分散、不断创新的知识集成系统。

（3）软硬一体软件为主。软件是嵌入式系统的主体，有 IP 核。嵌入式系统的硬件和软件都可以高效地设计，量体裁衣，去除冗余，可以在同样的硅片面积上实现更高的性能。

（4）比通用计算机资源少。由于嵌入式系统通常只完成少数几个任务。设计时考虑到其经济性，不能使用通用 CPU，这就意味着管理的资源少，成本低，结构更简单。

（5）程序代码固化在非易失存储器中。为了提高执行速度和系统可靠性，嵌入式系统中的软件一般都固化在存储器芯片或单片机本身中，而不是存在磁盘中。

（6）需专门开发工具和环境。嵌入式系统本身不具备开发能力，即使设计完成以后，用户通常也不能对其中的程序功能进行修改，必须有一套开发工具和环境才能进行开发。

（7）体积小、价格低、工艺先进、性能价格比高、系统配置要求低、实时性强。

（8）对安全性和可靠性的要求高。

2. 嵌入式系统分类

根据不同用途可将嵌入式系统划分为嵌入式实时系统和嵌入式非实时系统两种，而实时系统又可分为强实时系统和弱实时系统。如果从安全性要求看，嵌入式系统还可分为安全攸关系统和非安全攸关系统。

嵌入式系统分为硬件层、抽象层、操作系统层、中间件层和应用层等五层。

（1）硬件层。硬件层主要是为嵌入式系统提供运行支撑的硬件环境，其核心是微处理器、存储器（ROM、SDRAM、Flash 等）、I/O 接口（A/D、D/A、I/O 等）和通用设备以及总线、电源、时钟等。

（2）抽象层。在硬件层和软件层之间为抽象层，主要实现对硬件层的硬件进行抽象，为上层应用（操作系统）提供虚拟的硬件资源：板级支持包（Board Support Package，BSP）是一种硬件驱动软件，它是面向硬件层的硬件芯片或电路进行驱动，为上层操作系统对硬件进行管理提供支持。

（3）操作系统层。操作系统层主要由嵌入式操作系统、文件系统、图形用户接口、网络系统和通用组件等可配置模块组成。

（4）中间件层。中间件层一般位于操作系统之上，管理计算机资源和网络通信，中间件层是连接两个独立应用的桥梁。

（5）应用层。应用层是指嵌入式系统的具体应用，主要包括不同的应用软件。

嵌入式软件的主要特点如下。

（1）可剪裁性。嵌入式软件能够根据系统功能需求，通过工具进行适应性功能的加或减，删除掉系统不需要的软件模块，使得系统更加紧凑。

（2）可配置性。嵌入式软件需要具备根据系统运行功能或性能需要而被配置的能力，使得嵌入式软件能够根据系统的不同状态、不同容量和不同流程，对软件工作状况进行能力的扩展、变更和增量服务。

（3）强实时性。嵌入式系统中的大多数都属于强实时性系统，要求任务必须在规定的时限内处理完成，因此，嵌入式软件采用的算法优劣是影响实时性的主要原因。

（4）安全性。安全性是指系统在规定的条件下和规定的时间内不发生事故的能力。

（5）可靠性。可靠性是指系统在规定的条件下和规定的时间周期内程序执行所要求的功能的能力。

（6）高确定性。嵌入式系统运行的时间、状态和行为是预先设计规划好的，其行为不能随时间、状态的变迁而变化。

3．嵌入式微处理器体系结构

（1）冯·诺依曼（Von Neumann）结构。传统计算机采用冯·诺依曼结构，也称普林斯顿结构，是一种将程序指令存储器和数据存储器合并在一起的存储器结构，如图 10-1 所示。

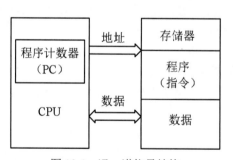

图 10-1　冯·诺依曼结构

冯·诺依曼结构的计算机程序和数据共用一个存储空间，程序指令存储地址和数据存储地址指向同一个存储器的不同物理位置。采用单一的地址及数据总线，程序指令和数据的宽度相同。

处理器执行指令时，先从储存器中取出指令解码，再取操作数执行运算，即使单条指令也要耗费几个甚至几十个周期，在高速运算时，在传输通道上会出现瓶颈效应。

（2）哈佛结构。哈佛结构是一种并行体系结构，它的主要特点是将程序和数据存储在不同的存储空间中，即程序存储器和数据存储器是两个相互独立的存储器，每个存储器独立编址、独立访问，如图 10-2 所示。

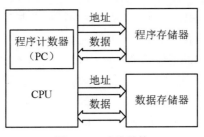

图 10-2 哈佛结构

与两个存储器相对应的是系统中的两套独立的地址总线和数据总线。这种分离的程序总线和数据总线可允许在一个机器周期内同时获取指令字（来自程序存储器）和操作数（来自数据存储器），从而提高执行速度，使数据的吞吐率提高 1 倍。但这不意味着可以在一个机器周期内多次访问存储器。

4. 嵌入式微处理器分类

嵌入式硬件系统基本结构如图 10-3 所示，一般由嵌入式微处理器、存储器、输入/输出部分组成，其中，嵌入式微处理器是嵌入式硬件系统的核心，通常由控制单元（控制器）、算术逻辑单元（运算器）、寄存器三大部分组成。

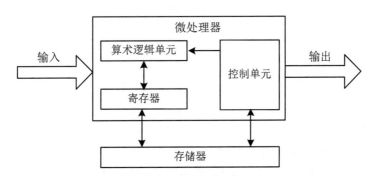

图 10-3 嵌入式硬件系统基本结构

根据嵌入式微处理器的字长宽度，可分为 4 位、8 位、16 位、32 位和 64 位。一般把 16 位及以下的称为嵌入式微控制器（Embedded Micro Controller），32 位及以上的称为嵌入式微处理器。

按照系统集成度划分，微处理器可分为两类：一类是微处理器内部仅包含单纯的中央处理器单元，称为一般用途型微处理器；另一类则是将 CPU、ROM、RAM 及 I/O 等部件集成到同一个芯片上，称为单芯片微控制器（Single Chip Micro Controller）。

根据用途分类，微处理器一般分为嵌入式微控制器（MCU）、嵌入式微处理器（MPU）、嵌入式数字信号处理器（DSP）、微处理器嵌入式片上系统（SOC）等。

微控制器（MCU）的典型代表是单片机，其片上外设资源比较丰富，适合于控制。MCU 芯片内部集成 ROM/EPROM、RAM、总线、总线逻辑、定时/计数器、看门狗、I/O、串行口、脉宽调制输出、A/D、D/A、Flash RAM、EEPROM 等各种必要功能和外设。和嵌入式微处理器相比，微控制器的最大特点是单片化，体积大大减小，从而使功耗和成本下降、可靠性提高，其片上外设资源一般较丰富，适合于控制，是嵌入式系统工业的主流。

嵌入式微处理器（MPU）由通用计算机中的 CPU 演变而来。它的特征是具有 32 位以上的处理器，具有较高的性能，当然其价格也相应较高。但与计算机处理器不同的是，在实际嵌入式应用中，只保留和嵌入式应用紧密相关的功能硬件，去除其他的冗余功能部分，这样就以最低的功耗和资源实现嵌入式应用的特殊要求。与工业控制计算机相比，嵌入式微处理器具有体积小、重量轻、成本低、可靠性高的优点。目前常见的有 ARM、MIPS、POWER PC 等。

嵌入式数字信号处理器（DSP）是专门用于信号处理方面的处理器，其在系统结构和指令算法方面进行了特殊设计，具有很高的编译效率和指令的执行速度。采用哈佛结构，流水线处理，其处理速度比最快的 CPU 还快 10～50 倍。在数字滤波、FFT、谱分析等各种仪器上 DSP 获得了大规模的应用。

DSP 的特点如下：

（1）多总线结构，允许 CPU 同时进行指令和数据的访问，因而可以实现流水线操作。

（2）哈佛体系结构，程序和数据空间分开，可以同时访问指令和数据。

（3）字信号处理的运算特点：乘/加，及反复相乘求和（乘积累加）。

（4）DSP 设置了硬件乘法/累加器，能在单个指令周期内完成乘法/加法运算。

DSP 的主要应用：信号处理、图像处理，仪器、语言处理、控制、军事、通信、医疗、家用电器等领域。

嵌入式片上系统（SOC）是追求产品系统最大包容的集成器件。SOC 最大的特点是成功实现了软硬件无缝结合，直接在处理器片内嵌入操作系统的代码模块。是一个有专用目标的集成电路，其中包含完整系统并有嵌入软件的全部内容。

5. 多核处理器结构

多核指多个微处理器内核，是将两个或更多的微处理器封装在一起，集成在一个电路中。多核处理器是单枚芯片，能够直接插入单一的处理器插槽中。多核与多 CPU 相比，很好地降低了计算机系统的功耗和体积。在多核技术中，由操作系统软件进行调度，多进程与多线程并发都可以。

双核处理器基于单个半导体的一个处理器上拥有两个处理器核心。由于将两个或多个运算核封装在一个芯片上，节省了大量晶体管、封装成本，可显著提高处理器性能，兼容性好，系统升级方便。

两个或多个内核工作协调实现方式：

（1）对称多处理技术：将两个完全一样的处理器封装在一个芯片内，达到双倍或接近双倍的处理性能，节省运算资源。

（2）非对称处理技术：两个处理内核彼此不同，各自处理和执行特定的功能，在软件的协调下分担不同的计算任务。

从目前已经发布或透露的多核处理器原型来看，对称式将成为未来多核处理器的主要体系结构，同时，多核间将共享大容量的缓存作为处理器之间及处理器与系统内存之间交换数据的"桥梁"。为了提高交换速度，这些缓存往往集成在片内，其数据传输速度是惊人的。

10.2.2　嵌入式软件与操作系统

1. 嵌入式软件基础

嵌入式软件是指应用在嵌入式计算机系统当中的各种软件，除了具有通用软件的一般特性，还具有一些与嵌入式系统相关的特点，包括：规模较小、开发难度大、实时性和可靠性要求高、要求固化存储。

2. 嵌入式软件分类

系统软件：控制和管理嵌入式系统资源，为嵌入式应用提供支持的各种软件，如设备驱动程序、嵌入式操作系统、嵌入式中间件等。

应用软件：嵌入式系统中的上层软件，定义了嵌入式设备的主要功能和用途，并负责与用户交互，一般面向特定的应用领域，如飞行控制软件、手机软件、地图等。

支撑软件：辅助软件开发的工具软件，如系统分析设计工具、在线仿真工具、交叉编译器等。

3. 设备驱动层

设备驱动层又称为板级支持包（BSP），包含了嵌入式系统中所有与硬件相关的代码，直接与硬件打交道，对硬件进行管理和控制，并为上层软件提供所需的驱动支持。

板级支持包（BSP）是介于主板硬件和操作系统中驱动层程序之间的一层，一般认为它属于操作系统的一部分，主要是实现对操作系统的支持，为上层的驱动程序提供访问硬件设备寄存器的函数包，使之能够更好地运行于硬件主板。在嵌入式系统软件的组成中，就有 BSP。BSP 是相对于操作系统而言的，不同的操作系统对应于不同定义形式的 BSP，如 VxWorks 的 BSP 和 Linux 的 BSP 相对于某一 CPU 来说尽管实现的功能一样，可是写法和接口定义是完全不同的，所以写 BSP 一定要按照该系统 BSP 的定义形式来写（BSP 的编程过程大多数是在某一个成型的 BSP 模板上进行修改）。这样才能与上层 OS 保持正确的接口，良好地支持上层 OS。

BSP 主要功能为屏蔽硬件，提供操作系统及硬件驱动，具体功能包括：

（1）单板硬件初始化，主要是 CPU 的初始化，为整个软件系统提供底层硬件支持。

（2）为操作系统提供设备驱动程序和系统中断服务程序。

（3）定制操作系统的功能，为软件系统提供一个实时多任务的运行环境。

（4）初始化操作系统，为操作系统的正常运行做好准备。

板级支持包一般包含相关底层硬件的初始化、数据的输入/输出操作和硬件设备的配置等功能，它主要具有以下两个特点。

（1）硬件相关性，因为嵌入式实时系统的硬件环境具有应用相关性，而作为上层软件与硬件平台之间的接口，BSP 需为操作系统提供操作和控制具体硬件的方法。

（2）操作系统相关性，不同的操作系统具有各自的软件层次结构，因此不同操作系统具有特定的硬件接口形式。

一般来说，BSP 主要包括两个方面的内容：引导加载程序（BootLoader）和设备驱动程序。

（1）BootLoader 是嵌入式系统加电后运行的第一段软件代码，是在操作系统内核运行之前运行的一小段程序，通过这段程序，可以初始化硬件设备、建立内存空间的映像图，从而将系统的软硬件环境设置到一个合适的状态，以便为最终调用操作系统内核做好准备。一般包括以下功能：

1）片级初始化：主要完成微处理器的初始化，包括设置微处理器的核心寄存器和控制寄存器、微处理器的核心工作模式及其局部总线模式等。片级初始化把微处理器从上电时的默认状态逐步设置成系统所要求的工作状态。这是一个纯硬件的初始化过程。

2）板级初始化：通过正确地设置各种寄存器的内容来完成微处理器以外的其他硬件设备的初始化。例如，初始化 LED 显示设备、初始化定时器、设置中断控制寄存器、初始化串口通信、初始化内存控制器、建立内存空间的地址映射等。在此过程中，除了要设置各种硬件寄存器以外，还要设置某些软件的数据结构和参数。因此，这是一个同时包含软件和硬件在内的初始化过程。

3）加载内核（系统级初始化）：将操作系统和应用程序的映像从 Flash 存储器复制到系统的内存当中，然后跳转到系统内核的第一条指令处继续执行。

（2）设备驱动程序。在一个嵌入式系统当中，操作系统是可能有也可能无的。但无论如何，设备驱动程序是必不可少的。所谓的设备驱动程序，就是一组库函数，用来对硬件进行初始化和管理，并向上层软件提供良好的访问接口。

4. 嵌入式操作系统

嵌入式操作系统（Embedded Operating System，EOS）是指用于嵌入式系统的操作系统。嵌入式操作系统是一种用途广泛的系统软件，通常包括与硬件相关的底层驱动软件、系统内核、设备驱动接口、通信协议、图形界面、标准化浏览器等。

嵌入式操作系统负责嵌入式系统的全部软、硬件资源的分配、任务调度，控制、协调并发活动。它必须体现其所在系统的特征，能够通过装卸某些模块来达到系统所要求的功能。

目前在嵌入式领域广泛使用的操作系统有：嵌入式实时操作系统 μC/OS-Ⅱ、嵌入式 Linux、Windows Embedded、VxWorks 等，以及应用在智能手机和平板电脑中的 Android、iOS 等。

5. 嵌入式操作系统的特点

（1）系统内核小。由于嵌入式系统一般是应用于小型电子装置，系统资源相对有限，所以内核较之传统的操作系统要小得多。

（2）专用性强。嵌入式系统的个性化很强，其中的软件系统和硬件的结合非常紧密，一般要针对硬件进行系统的移植，即使在同一品牌、同一系列的产品中也需要根据系统硬件的变化和增减不断进行修改。同时针对不同的任务，往往需要对系统进行较大更改，程序的编译下载要和系统相结合，这种修改和通用软件的"升级"完全是两个概念。

（3）系统精简。嵌入式系统一般没有系统软件和应用软件的明显区分，不要求其功能设计及实现上过于复杂，这样一方面利于控制系统成本，同时也利于实现系统安全。

（4）高实时性。高实时性的系统软件是嵌入式软件的基本要求，而且软件要求固态存储，以提高速度；软件代码要求高质量和高可靠性。

（5）多任务的操作系统。嵌入式软件开发需要使用多任务的操作系统。嵌入式系统的应用程序可以没有操作系统，直接在芯片上运行。但是为了合理地调度多任务，利用系统资源、系统函数以及和专用库函数接口，用户必须自行选配操作系统开发平台，这样才能保证程序执行的实时性、可靠性，并减少开发时间，保障软件质量。

6. 嵌入式实时操作系统

嵌入式实时操作系统是一种完全嵌入受控器件内部，为特定应用而设计的专用计算机系统。在嵌入式实时系统中，要求**系统在投入运行前即具有可预测性和确定性**。

可预测性是指系统在运行之前，其功能、响应特性和执行结果是可预测的；确定性是指系统在给定的初始状态和输入条件下，在确定的时间内给出确定的结果。对嵌入式实时系统失效的判断，不仅依赖其运行结果的数值是否正确，也依赖于提供结果是否及时。

7. 实时操作系统（RTOS）的特点

当外界事件或数据产生时，能够接受并以足够快的速度予以处理，其处理的结果又能在规定的时间之内来控制生产过程或对处理系统做出快速响应，并控制所有实时任务协调一致运行。因而，**提供及时响应和高可靠性**是其主要特点。

实时操作系统有硬实时和软实时之分，硬实时要求在规定的时间内必须完成操作，这是在操作系统设计时保证的；软实时则只要按照任务的优先级，尽可能快地完成操作即可。

8. 实时操作系统的特征

（1）高精度计时系统。计时精度是影响实时性的一个重要因素。在实时应用系统中，经常需要精确确定实时地操作某个设备或执行某个任务，或精确地计算一个时间函数。这些不仅依赖于一些硬件提供的时钟精度，也依赖于实时操作系统实现的高精度计时功能。

（2）多级中断机制。一个实时应用系统通常需要处理多种外部信息或事件，但处理的紧迫程度有轻重缓急之分。有的必须立即作出反应，有的则可以延后处理。因此，需要建立多级中断嵌套处理机制，以确保对紧迫程度较高的实时事件进行及时响应和处理。

（3）实时调度机制。实时操作系统不仅要及时响应实时事件中断，同时也要及时调度运行实时任务。但是，处理机调度并不能随心所欲地进行，因为涉及两个进程之间的切换，只能在确保"安全切换"的时间点上进行，实时调度机制包括两个方面：一是在调度策略和算法上保证优先调度实时任务；二是建立更多"安全切换"的时间点，保证及时调度实时任务。

因此，实际上来看，实时操作系统如同操作系统一样，就是一个后台的支撑程序，可以按照实时性的要求进行配置、裁剪等。其关注的重点在于任务完成的时间是否能够满足要求。

10.2.3 嵌入式软件设计

1. 开发流程

嵌入式软件开发不同于传统软件开发，其所使用的开发环境、工具都有特殊性，在嵌入式软件开发中，一般使用宿主机和目标机的模式进行系统开发，并且借助于开发工具进行目标开发。

宿主机是指普通 PC 机中构建的开发环境，一般需要配置交叉编译器，借助于宿主机的环境，使用交叉编译器进行目标编译，代码生成，同时借助仿真器或者是网络进行目标机的程序调试。

目标机可以是嵌入式系统的实际运行环境，也可以是能够替代实际运行环境的仿真系统。

嵌入式软件开发方式一般是：在宿主机上建立开发环境，完成编码和交叉编译工作，然后在宿主机和目标机之间建立连接，将目标程序下载到目标机中进行交叉调试和运行，如图 10-4 所示。

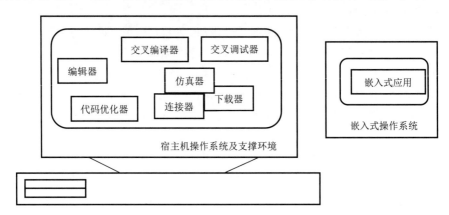

图 10-4　嵌入式软件开发体系结构

2. 交叉编译

嵌入式软件开发所采用的编译为交叉编译。所谓交叉编译就是在一个平台上生成可以在另一个平台上执行的代码。编译的最主要工作就是将程序转化成运行该程序的 CPU 所能识别的机器代码，由于不同的体系结构有不同的指令系统。因此，不同的 CPU 需要有相应的编译器，而交叉编译就如同翻译一样，把相同的程序代码翻译成不同 CPU 的对应可执行二进制文件。

由于一般通用计算机拥有非常丰富的系统资源、使用方便的集成开发环境和调试工具等，而嵌入式系统的系统资源非常紧缺，无法在其上运行相关的编译工具，因此，嵌入式系统的开发需要借助宿主机（通用计算机）来编译出目标机的可执行代码。

3. 交叉调试

嵌入式软件经过编译和链接后即进入调试阶段，调试是软件开发过程中必不可少的一个环节，嵌入式软件开发过程中的交叉调试与通用软件开发过程中的调试方式有很大的差别。

在常见软件开发中，调试器与被调试的程序往往运行在同一台计算机上，调试器是一个单独运行着的进程，它通过操作系统提供的调试接口来控制被调试的进程。

而在嵌入式软件开发中，调试时采用的是在宿主机和目标机之间进行的交叉调试，调试器仍然运行在宿主机的通用操作系统之上，但被调试的进程却是运行在基于特定硬件平台的嵌入式操作系统中，调试器和被调试进程通过串口或者网络进行通信，调试器可以控制、访问被调试进程，读取被调试进程的当前状态，并能够改变被调试进程的运行状态。

4. 开发工具

嵌入式软件的开发可以分为几个阶段：编码、交叉编译、交叉调试。各个阶段的工具如下：

（1）编辑器。用于编写嵌入式源代码程序，从理论上来说，任何一个文本编辑器都可以用来编写源代码。

各种集成开发环境会提供功能强大的编辑器，如 VS 系列、eclipse、keil、CSS 等。

常见的独立编辑器有 UE、Source Insight、vim 等。

（2）编译器 gcc。编译阶段的工作是用交叉编译工具处理源代码，生成可执行的目标文件，在嵌入式系统中，由于宿主机和目标机系统不一样，需要使用交叉编译，GNU C/C++（gcc）是目前常用的一种交叉编译器，支持非常多的宿主机/目标机组合。

gcc 是一个功能强大的工具集合，包含了预处理器、编译器、汇编器、连接器等组件，会在需要时去调用这些组件来完成编译任务。

（3）调试器 gdb。在开发嵌入式软件时，交叉调试是必不可少的一步。嵌入式软件调试的特点：

1）调试器运行在宿主机上，被调试程序运行在目标机上。

2）调试器通过某种通信方式与目标机建立联系，如串口、并口、网络、JTAG 等。

3）在目标机上一般有调试器的某种代理，能配合调试器一起完成对目标机上运行程序的调试，可以是软件或支持调试的硬件。

gdb 是 GNU 开源组织发布的一个强大的程序调试工具。

10.3　课后演练（精选真题）

- 一般说来，SOC 称为系统级芯片，也称片上系统，它是一个有专用目标的集成电路产品，以下关于 SOC 的说法，不正确的是　(1)　。（**2021 年 11 月第 9 题**）

  （1）A. SOC 是一种技术，是以实际的、确定的系统功能开始，到软/硬件划分，并完成设计的整个过程

  　　B. SOC 是一款具有运算能力的处理器芯片，可面向特定用途进行定制的标准产品

  　　C. SOC 是信息系统核心的芯片集成，是将系统关键部件集成在一块芯片上，完成信息系统的核心功能

  　　D. SOC 是将微处理器、模拟 IP 核、数字 IP 核和存储器（或片外存储控制接口）集成在单一芯片上，是面向特定用途的标准产品

- 嵌入式实时操作系统与一般操作系统相比，具备许多特点。以下不属于嵌入式实时操作系统特点的是　(2)　。（**2021 年 11 月第 10 题**）

  （2）A. 可裁剪性　　　B. 实时性　　　　C. 通用性　　　D. 可固化性

- 安全攸关系统在软件需求分析阶段，应提出安全性需求。软件安全性需求是指通过约束软件的行为，使其不会出现　(3)　。软件安全需求的获取是根据已知的　(4)　，如软件危害条件以及其他一些类似的系统数据和通用惯例，完成通用软件安全性需求的裁剪和特定软件安全性需求的获取工作。（**2019 年 11 月第 9～10 题**）

  （3）A. 不可接受的系统安全的行为　　　B. 有可能影响系统可靠性的行为

  　　C. 不可接受的违反系统安全的行为　　D. 系统不安全的事故

  （4）A. 系统信息　　　　　　　　　　　B. 系统属性

  　　C. 软件属性　　　　　　　　　　　D. 代码信息

- 目前处理器市场中存在 CPU 和 DSP 两种类型处理器，分别用于不同场景，这两种处理器具有不同的体系结构，DSP 采用 __(5)__ 。（**2018 年 11 月第 9 题**）

　　（5）A．冯·诺依曼结构　　　　　　　　B．哈佛结构

　　　　 C．FPGA 结构　　　　　　　　　　D．与 GPU 相同的结构

- 嵌入式处理器是嵌入式系统的核心部件，一般可分为嵌入式微处理器（MPU）、微控制器（MCU）、数字信号处理器（DSP）和片上系统（SOC）。以下叙述中，错误的是 __(6)__ 。（**2016 年 11 月第 3 题**）

　　（6）A．MPU 在安全性和可靠性等方面进行增强，适用于运算量较大的智能系统

　　　　 B．MCU 典型代表是单片机，体积小从而使功耗和成本下降

　　　　 C．DSP 处理器对系统结构和指令进行了特殊设计，适合数字信号处理

　　　　 D．SOC 是一个有专用目标的集成电路，其中包括完整系统并有嵌入式软件的全部内容

- 在嵌入式操作系统中，板级支持包（BSP）作为对硬件的抽象，实现了 __(7)__ 。（**2015 年 11 月第 9 题**）

　　（7）A．硬件无关性，操作系统无关性　　　B．硬件有关性，操作系统有关性

　　　　 C．硬件无关性，操作系统有关性　　　D．硬件有关性，操作系统无关性

- 以下关于 RTOS（实时操作系统）的叙述中，不正确的是 __(8)__ 。（**2017 年 11 月第 5 题**）

　　（8）A．RTOS 不能针对硬件变化进行结构与功能上的配置及裁剪

　　　　 B．RTOS 可以根据应用环境的要求对内核进行裁剪和重配

　　　　 C．RTOS 的首要任务是调度一切可利用的资源来完成实时控制任务

　　　　 D．RTOS 实质上就是一个计算机资源管理程序，需要及时响应实时事件和中断

10.4　课后演练答案解析

　　（1）**参考答案**：B

　　解析　SOC 翻译过来是片上系统，是系统级芯片，包含完整系统并有嵌入式软件全部内容。B 项的说法片面。

　　（2）**参考答案**：C

　　解析　RTOS 是专业化的，面向特定应用。

　　（3）（4）**参考答案**：C　A

　　解析　安全攸关（Safety-Critical）系统是指系统失效会对生命或者健康构成威胁的系统，在航空、航天、汽车、轨道交通等领域存在大量的安全攸关系统。在安全攸关系统中运行重要软件，其安全性要求很高。通常在开发安全攸关软件时，需求分析阶段必须考虑安全性需求，这里软件安全性需求是指通过约束软件的行为，使其不会出现不可接受的违反系统安全的行为需求。

　　因此，第（3）空的"不可接受的系统安全的行为"中"系统安全的行为"是错误说明，而违背系统安全行为是安全性需求。"有可能影响系统可靠性的行为"错误的原因是没分清安全性和可

靠性的差别。"系统不安全的事故"是说明影响结果。

　　软件安全需求的获取是根据已知的系统信息,如软件危害条件以及其他一些类似的系统数据和通用惯例,完成通用软件安全性需求的裁剪和特定软件安全性需求的获取工作。也就是说软件安全性需求的获取主要来源于所开发的系统中相关安全性信息,而一些安全性惯例是安全攸关软件潜在的安全性需求。

　　(5) **参考答案**：B

　　解析　编程 DSP 芯片是一种具有特殊结构的微处理器,为了达到快速进行数字信号处理的目的, DSP 芯片一般都采用特殊的软硬件结构:

　　1)哈佛结构。DSP 采用了哈佛结构,将存储器空间划分成两个,分别存储程序和数据。它们有两组总线连接到处理器核,允许同时对它们进行访问,每个存储器独立编址,独立访问。这种安排将处理器的数据吞吐率加倍,更重要的是同时为处理器核提供数据与指令。在这种布局下, DSP 得以实现单周期的 MAC 指令。

　　在哈佛结构中,由于程序和数据存储器在两个分开的空间中,因此取指和执行能完全重叠运行。

　　2)流水线。与哈佛结构相关, DSP 芯片广泛采用 2～6 级流水线以减少指令执行时间,从而增强了处理器的处理能力。这可使指令执行能完全重叠,每个指令周期内,不同的指令都处于激活状态。

　　3)独立的硬件乘法器。在实现多媒体功能及数字信号处理的系统中,算法的实现和数字滤波都是计算密集型的应用。在这些场合,乘法运算是数字处理的重要组成部分,是各种算法实现的基本元素之一。乘法的执行速度越快, DSP 处理器的性能越高。相比于一般的处理器需要 30～40 个指令周期, DSP 芯片的特征就是有一个专用的硬件乘法器,乘法可以在一个周期内完成。

　　4)特殊的 DSP 指令。DSP 的另一特征是采用特殊的指令,专为数字信号处理中的一些常用算法优化。这些特殊指令为一些典型的数字处理提供加速,可以大幅提高处理器的执行效率。使一些高速系统的实时数据处理成为可能。

　　5)独立的 DMA 总线和控制器。有一组或多组独立的 DMA 总线,与 CPU 的程序、数据总线并行工作。在不影响 CPU 工作的条件下, DMA 的速度已经达到 800Mb/s 以上。这在需要大数据量进行交换的场合可以减小 CPU 的开销,提高数据的吞吐率。提高系统的并行执行能力。

　　6)多处理器接口。使多个处理器可以很方便地并行或串行工作以提高处理速度。

　　7) JTAG(Joint Test Action Group)标准测试接口(IEEE 1149 标准接口)便于对 DSP 作片上的在线仿真和多 DSP 条件下的调试。

　　8)快速的指令周期。哈佛结构,流水线操作,专用的硬件乘法器,特殊的 DSP 指令再加上集成电路的优化设计,可使 DSP 芯片的指令周期在 10ns 以下。快速的指令周期可以使 DSP 芯片能够实时实现许多 DSP 应用。

　　(6) **参考答案**：A

　　解析　MPU 采用增强型通用微处理器。由于嵌入式系统通常应用于比较恶劣的环境中,因而 MPU 在工作温度、电磁兼容性以及可靠性方面的要求较通用的标准微处理器高。但是, MPU 在功能方面与标准的微处理器基本上是一样的。MCU 又称单片微型计算机(Single Chip Microcomputer)

或者单片机，是指随着大规模集成电路的出现及其发展，将计算机的 CPU、RAM、ROM、定时计数器和多种 I/O 接口集成在一片芯片上，形成芯片级的计算机，为不同的应用场合做不同的组合控制。DSP 是一种独特的微处理器，是以数字信号来处理大量信息的器件。其实时运行速度可达每秒千万条复杂指令程序，远远超过通用微处理器，它的强大数据处理能力和高运行速度，是最值得称道的两大特色。SOC 称为系统级芯片，也称片上系统，意指它是一个产品，是一个有专用目标的集成电路，其中包含完整系统并有嵌入软件的全部内容。

（7）**参考答案**：B

🖊**解析**　板级支持包（BSP）是介于主板硬件和操作系统中驱动层程序之间的一层，一般认为它属于操作系统的一部分，主要是实现对操作系统的支持，为上层的驱动程序提供访问硬件设备寄存器的函数包，使之能够更好地运行于硬件主板。在嵌入式系统软件的组成中就有 BSP。BSP 是相对于操作系统而言的，不同的操作系统对应于不同定义形式的 BSP，如 VxWorks 的 BSP 和 Linux 的 BSP 相对于某一 CPU 来说尽管实现的功能一样，可是写法和接口定义是完全不同的，所以写 BSP 一定要按照该系统 BSP 的定义形式来写（BSP 的编程过程大多数是在某一个成型的 BSP 模板上进行修改）。这样才能与上层 OS 保持正确的接口，良好地支持上层 OS。BSP 的主要功能为屏蔽硬件，提供操作系统及硬件驱动，具体功能包括：

1）单板硬件初始化，主要是 CPU 的初始化，为整个软件系统提供底层硬件支持。

2）为操作系统提供设备驱动程序和系统中断服务程序。

3）定制操作系统的功能，为软件系统提供一个实时多任务的运行环境。

4）初始化操作系统，为操作系统的正常运行做好准备。

板级支持包一般包含相关底层硬件的初始化、数据的输入/输出操作和硬件设备的配置等功能，它主要具有以下两个特点：

1）硬件相关性，因为嵌入式实时系统的硬件环境具有应用相关性，而作为上层软件与硬件平台之间的接口，BSP 需为操作系统提供操作和控制具体硬件的方法。

2）操作系统相关性，不同的操作系统具有各自的软件层次结构，因此不同的操作系统具有特定的硬件接口形式。

（8）**参考答案**：A

🖊**解析**　实时系统的正确性依赖于运行结果的逻辑正确性和运行结果产生的时间正确性，即实时系统必须在规定的时间范围内正确地响应外部物理过程的变化。实时多任务操作系统是根据操作系统的工作特性而言的。实时是指物理进程的真实时间。实时操作系统是指具有实时性，能支持实时控制系统工作的操作系统。首要任务是调度一切可利用的资源来完成实时控制任务，其次才着眼于提高计算机系统的使用效率，重要特点是要满足对时间的限制和要求。一个实时操作系统可以在不破坏规定的时间限制的情况下完成所有任务的执行。任务执行的时间可以根据系统的软硬件的信息而进行确定性地预测。也就是说，如果硬件可以做这件工作，那么实时操作系统的软件将可以确定性地做这件工作。实时操作系统可根据实际应用环境的要求对内核进行裁剪和重新配置，根据不同的应用，其组成有所不同。

第**11**章
软件架构设计

11.1 备考指南

软件架构设计主要考查的是架构风格、架构设计过程、质量属性等相关知识，同时也是重点考点，在系统架构设计师的考试中选择题占 20～24 分，案例分析也时有考查，主要集中于质量属性、架构评估、架构风格等问题，论文中也会考到，属于重点章节之一。

11.2 考点梳理及精讲

11.2.1 软件架构的概念

1. 架构设计概述

一个程序和计算系统软件体系结构是指系统的一个或者多个结构。结构中包括软件的构件，构件的外部可见属性以及它们之间的相互关系。

体系结构并非可运行软件。确切地说，它是一种表达，使软件工程师能够：

（1）分析设计在满足所规定的需求方面的有效性。

（2）在设计变更相对容易的阶段，考虑体系结构可能的选择方案。

（3）降低与软件构造相关联的风险。

上面的定义强调在任意体系结构的表述中"软件构件"的角色。软件构件简单到可以是程序模块或者面向对象的类，也可以扩充到包含数据库和能够完成客户与服务器网络配置的"中间件"。

软件体系结构设计的两个层次：数据设计和体系结构设计。数据设计体现传统系统中体系结构的数据构件和面向对象系统中类的定义（封装了属性和操作），体系结构设计则主要关注软件构件的结构、属性和交互作用。

2. 软件架构设计与生命周期

（1）需求分析阶段。需求分析和 SA 设计面临的是不同的对象：一个是问题空间；另一个是解空间。从软件需求模型向 SA 模型的转换主要关注两个问题：如何根据需求模型构建 SA 模型；如何保证模型转换的可追踪性。

（2）设计阶段。是 SA 研究关注的最早和最多的阶段，这一阶段的 SA 研究主要包括：SA 模型的描述、SA 模型的设计与分析方法，以及对 SA 设计经验的总结与复用等。有关 SA 模型描述的研究分为三个层次：SA 的基本概念（构件和连接子）、体系结构描述语言（ADL）、SA 模型的多视图表示。

（3）实现阶段。最初 SA 研究往往只关注较高层次的系统设计、描述和验证。为了有效实现 SA 设计向实现的转换，实现阶段的体系结构研究表现在以下几个方面。

1）研究基于 SA 的开发过程支持，如项目组织结构、配置管理等。

2）寻求从 SA 向实现过渡的途径，如将程序设计语言元素引入 SA 阶段、模型映射、构件组装、复用中间件平台等。

3）研究基于 SA 的测试技术。

（4）构件组装阶段。在 SA 设计模型的指导下，可复用构件的组装可以在较高层次上实现系统，并能够提高系统实现的效率。在构件组装的过程中，SA 设计模型起到了系统蓝图的作用。研究内容包括如下两个方面。

1）如何支持可复用构件的互联，即对 SA 设计模型中规约的连接子的实现提供支持。

2）在组装过程中，如何检测并消除体系结构失配问题。

在构件组装阶段的失配问题主要包括：由构件引起的失配、由连接子引起的失配、由于系统成分对全局体系结构的假设存在冲突引起的失配等。

（5）部署阶段。SA 对软件部署的作用如下。

1）提供高层的体系结构视图来描述部署阶段的软硬件模型。

2）基于 SA 模型可以分析部署方案的质量属性，从而选择合理的部署方案。

（6）后开发阶段。是指软件部署安装之后的阶段。这一阶段的 SA 研究主要围绕维护、演化、复用等方面来进行。典型的研究方向包括动态软件体系结构、体系结构恢复与重建等。

1）动态软件体系结构。现实中的软件具有动态性，体系结构会在运行时发生改变。

运行时变化包括两类：软件内部执行所导致的体系结构改变；软件系统外部的请求对软件进行的重配置。

包括两个部分的研究：体系结构设计阶段的支持、运行时刻基础设施的支持。

2）体系结构恢复与重建。对于现有系统在开发时没有考虑 SA 的情况，从这些系统中恢复或重购体系结构。从已有的系统中获取体系结构的重建方法分为四类：手工体系结构重建、工具支持的手工重建、通过查询语言来自动建立聚集、使用其他技术（如数据挖掘等）。

从需求分析到软件设计之间的过渡过程称为软件架构。只要软件架构设计好了，整个软件就不会出现坍塌性的错误，即不会崩溃。架构设计就是需求分配，将满足需求的职责分配到组件上。软件架构为软件系统提供了一个结构、行为和属性的高级抽象，由构件的描述、构件的相互作用（连接件）、指导构件集成的模式以及这些模式的约束组成。软件架构不仅指定了系统的组织结构和拓扑结构，并且显示了系统需求和构件之间的对应关系，提供了一些设计决策的基本原理。解决好软件的复用、质量和维护问题，是研究软件架构的根本目的。软件架构设计包括提出架构模型、产生架构设计和进行设计评审等活动，是一个迭代的过程。架构设计主要关注软件组件的结构、属性和交互作用，并通过多种视图全面描述特定系统的架构。

3. 架构设计的作用

软件架构能够在设计变更相对容易的阶段，考虑系统结构的可选方案，便于技术人员与非技术人员就软件设计进行交互，能够展现软件的结构、属性与内部交互关系。软件架构是项目干系人进行交流的手段，明确了对系统实现的约束条件，决定了开发和维护组织的组织结构，制约着系统的质量属性。软件架构使推理和控制的更改更加简单，有助于循序渐进的原型设计，可以作为培训的基础。软件架构是可传递和可复用的模型，通过研究软件架构可预测软件的质量。

11.2.2　构件

1. 构件的概念

构件是一个独立可交付的功能单元，外界通过接口访问其提供的服务。构件由一组通常需要同时部署的原子构件组成。一个原子构件是一个模块和一组资源。原子构件是部署、版本控制和替换的基本单位。原子构件通常成组地部署，但是它也能够被单独部署。构件和原子构件之间的区别在于，大多数原子构件永远都不会被单独部署，尽管它们可以被单独部署。相反，大多数原子构件都属于一个构件家族，一次部署往往涉及整个家族。一个模块是不带单独资源的原子构件（在这个严格定义下，Java 包不是模块——在 Java 中部署的原子单元是类文件。一个单独的包被编译成多个单独的类文件——每个公共类都有一个）。模块是一组类和可能的非面向对象的结构体，比如过程或者函数。

2. 构件和对象的特征

构件的特征是：①独立部署单元；②作为第三方的组装单元；③没有（外部的）可见状态。一个构件可以包含多个类元素，但是一个类元素只能属于一个构件。将一个类拆分进行部署通常没什么意义。

对象的特征是：①一个实例单元，具有唯一的标志；②可能具有状态，此状态外部可见；③封装了自己的状态和行为。

3. 构件接口

接口标准化是对接口中消息的格式、模式和协议的标准化。它不是要将接口格式化为参数化操作的集合，而是关注输入输出的消息的标准化，它强调当机器在网络中互连时，标准的消息模式、格式、协议的重要性。

4．面向构件的编程

面向构件的编程（Component Oriented Programming，COP）关注于如何支持建立面向构件的解决方案。面向构件的编程需要下列基本的支持：

（1）多态性（可替代性）。

（2）模块封装性（高层次信息的隐藏）。

（3）后期的绑定和装载（部署独立性）。

（4）安全性（类型和模块安全性）。

5．构件技术

构件技术就是利用某种编程手段，将一些人们所关心的，但又不便于让最终用户去直接操作的细节进行了封装，同时对各种业务逻辑规则进行了实现，用于处理用户的内部操作细节。

目前，国际上常用的构件标准主要有三大流派，分别是 EJB、COM/DCOM/COM+和 CORBA。

（1）EJB（Enterprise Java Bean）规范由 Sun 公司制定，有三种类型的 EJB，分别是会话 Bean（Session Bean）、实体 Bean（Entity Bean）和消息驱动 Bean（Message-driven Bean）。

EJB 实现应用中关键的业务逻辑，创建基于构件的企业级应用程序。EJB 在应用服务器的 EJB 容器内运行，由容器提供所有基本的中间层服务，如事务管理、安全、远程客户连接、生命周期管理和数据库连接缓冲等。

（2）COM/DCOM/COM+：COM 是微软公司的。DCOM 是 COM 的进一步扩展，具有位置独立性和语言无关性。COM+并不是 COM 的新版本，是 COM 的新发展或是更高层次的应用。

（3）CORBA 标准主要分为三个层次：对象请求代理、公共对象服务和公共设施。

1）最底层是对象请求代理（Object Request Broker，ORB），规定了分布对象的定义（接口）和语言映像，实现对象间的通信和互操作，是分布对象系统中的"软总线"。

2）在 ORB 之上定义了很多公共服务，可以提供诸如并发服务、名字服务、事务（交易）服务、安全服务等各种各样的服务。

3）最上层的公共设施定义了组件框架，提供可直接为业务对象使用的服务，规定业务对象有效协作所需的协定规则。

4）对象管理组织（Object Management Group，OMG）制订了对象管理体系结构（Object Management Architecture，OMA）参考模型，该模型描述了 OMG 规范所遵循的概念化的基础结构。OMA 由对象请求代理（ORB）、对象服务、公共设施、域接口和应用接口这几个部分组成，其核心部分是对象请求代理（ORB）。

5）对象管理组织（OMG）基于 CORBA 基础设施定义了**四种构件标准**。

a．实体（Entity）构件需要长期持久化并主要用于事务性行为，由容器管理其持久化。

b．加工（Process）构件同样需要容器管理其持久化，但没有客户端可访问的主键。

c．会话（Session）构件不需要容器管理其持久化，其状态信息必须由构件自己管理。

d．服务（Service）构件是无状态的。

6）CORBA 对象可看作一个具有对象标识、对象接口及对象实现的抽象实体。之所以称为抽象的，是因为并没有硬性规定 CORBA 对象的实现机制。一个 CORBA 对象的引用又称可互操作的对象引用（Interoperable Object Reference，IOR）。从客户程序的角度看，IOR 中包含了对象的标识、接口类型及其他信息以查找对象实现。

a．对象标识（Object ID）是一个用于在 POA 中标识一个 CORBA 对象的字符串。它既可由程序员指派，也可由对象适配器自动分配，这两种方式都要求对象标识在创建它的对象适配器中必须具有唯一性。

b．便携式对象适配器（POA）是对象实现与 ORB 其他组件之间的中介，支持由 Object ID 标识的对象的名称空间，它将客户请求传送到伺服对象（servant），按需创建子 POA，提供管理伺服对象的策略。

c．伺服对象是指具体程序设计语言的对象或实体，通常存在于一个服务程序进程之中。客户程序通过对象引用发出的请求经过 ORB 担当中介角色，转换为对特定的伺服对象的调用。在一个 CORBA 对象的生命周期中，它可能与多个伺服对象相关联，因而对该对象的请求可能被发送到不同的伺服对象。

11.2.3　软件架构风格

1．架构风格的概念

软件体系架构风格是描述某一特定应用领域中系统组织方式的惯用模式。架构风格定义一个系统家族，即一个架构定义一个词汇表和一组约束。词汇表中包含一些构件和连接件类型，而这组约束指出系统是如何将这些构件和连接件组合起来的。架构风格反映了领域中众多系统所共有的结构和语义特性，并指导如何将各个模块和子系统有效地组织成一个完整的系统。对软件架构风格的研究和实践促进对设计的重用，一些经过实践证实的解决方案也可以可靠地用于解决新的问题。架构设计的一个核心问题是能否达到架构级的软件复用。架构风格定义了用于描述系统的术语表和一组指导构建系统的规则。

2．基本架构风格

数据流风格：面向数据流，按照一定的顺序从前向后执行程序，代表的风格有批处理序列、管道-过滤器。

调用/返回风格：构件之间存在互相调用的关系，一般是显式的调用，代表的风格有主程序/子程序、面向对象、层次结构。

独立构件风格：构件之间是互相独立的，不存在显式的调用关系，而是通过某个事件触发、异步的方式来执行，代表的风格有进程通信、事件驱动系统（隐式调用）。

虚拟机风格：自定义了一套规则供使用者使用，使用者基于这个规则来开发构件，能够跨平台适配，代表的风格有解释器、基于规则的系统。

仓库风格：以数据为中心，所有的操作都是围绕建立的数据中心进行的，代表的风格有数据库系统、超文本系统、黑板系统。

3. 数据流风格

批处理序列：构件为一系列固定顺序的计算单元，构件之间只通过数据传递交互。每个处理步骤是一个独立的程序，每一步必须在其前一步结束后才能开始，数据必须是完整的，以整体的方式传递。

管道-过滤器：每个构件都有一组输入和输出，构件读取输入的数据流，经过内部处理，产生输出数据流。前一个构件的输出作为后一个构件的输入，前后数据流关联。过滤器就是构件，连接件就是管道。早期编译器就是采用的这种架构，要一步一步处理的，均可考虑此架构风格。

二者的区别在于批处理前后构件不一定有关联，并且是作为整体传递，即必须前一个执行完才能执行下一个。管道-过滤器是前一个输出作为后一个输入，前面执行到部分可以开始下一个的执行。

4. 调用/返回风格

主程序/子程序：单线程控制，把问题划分为若干个处理步骤，构件即为主程序和子程序，子程序通常可合成为模块。过程调用作为交互机制，充当连接件的角色。调用关系具有层次性，其语义逻辑表现为主程序的正确性取决于它调用的子程序的正确性。

面向对象：构件是对象，对象是抽象数据类型的实例。在抽象数据类型中，数据的表示和它们的相应操作被封装起来，对象的行为体现在其接受和请求的动作。连接件是对象间交互的方式，对象是通过函数和过程的调用来交互的。

层次结构：构件组成一个层次结构，连接件通过决定层间如何交互的协议来定义。每层为上一层提供服务，使用下一层的服务，只能见到与自己邻接的层。通过层次结构，可以将大的问题分解为若干个渐进的小问题逐步解决，可以隐藏问题的复杂度。修改某一层，最多影响其相邻的两层（通常只能影响上层）。

（1）层次结构的优点。

1）支持基于可增加抽象层的设计，允许将一个复杂问题分解成一个增量步骤序列的实现。

2）不同的层次处于不同的抽象级别，越靠近底层，抽象级别越高；越靠近顶层，抽象级别越低。

3）由于每一层最多只影响两层，同时只要给相邻层提供相同的接口，允许每层用不同的方法实现，同样为软件复用提供了强大的支持。

（2）层次结构的缺点。

1）并不是每个系统都可以很容易地划分为分层的模式。

2）很难找到一个合适的、正确的层次抽象方法。

5. 独立构件风格

进程通信：构件是独立的进程，连接件是消息传递。构件通常是命名过程，消息传递的方式可以是点对点、异步或同步方式，以及远程过程（方法）调用等。

事件驱动系统（隐式调用）：构件不直接调用一个过程，而是触发或广播一个或多个事件。构件中的过程在一个或多个事件中注册，当某个事件被触发时，系统自动调用在这个事件中注册的所有过程。一个事件的触发就导致了另一个模块中的过程调用。这种风格中的构件是匿名的过程，它们之间交互的连接件往往是以过程之间的隐式调用来实现的。

事件驱动系统主要优点是为软件复用提供了强大的支持，为构件的维护和演化带来了方便；缺点是构件放弃了对系统计算的控制。

6. 虚拟机风格

解释器：通常包括一个完成解释工作的解释引擎、一个包含将被解释的代码的存储区、一个记录解释引擎当前工作状态的数据结构，以及一个记录源代码被解释执行的进度的数据结构。具有解释器风格的软件中含有一个虚拟机，可以仿真硬件的执行过程和一些关键应用，缺点是执行效率低。

基于规则的系统包括规则集、规则解释器、规则/数据选择器和工作内存，一般用在人工智能领域和 DSS 中。

7. 仓库风格（数据共享风格，以数据为中心）

数据库系统：构件主要有两大类，一类是中央共享数据源，保存当前系统的数据状态；另一类是多个独立处理单元，处理单元对数据元素进行操作。

黑板系统：包括知识源、黑板和控制三部分。知识源包括若干独立计算的不同单元，提供解决问题的知识。知识源响应黑板的变化，也只修改黑板；黑板是一个全局数据库，包含问题域解空间的全部状态，是知识源相互作用的唯一媒介；知识源响应是通过黑板状态的变化来控制的。黑板系统通常应用在对于解决问题没有确定性算法的软件中（信号处理、问题规划和编译器优化等）。

超文本系统：构件以网状链接方式相互连接，用户可以在构件之间按照人类的联想思维方式任意跳转到相关构件。是一种非线性的网状信息组织方法，它以节点为基本单位，链作为节点之间的联想式关联。通常应用在互联网领域。

现代编译器的集成开发环境一般采用数据仓储（即以数据为中心的架构风格）架构风格进行开发，其中心数据就是程序的语法树。

8. 闭环控制架构（过程控制）

当软件被用来操作一个物理系统时，软件与硬件之间可以粗略地表示为一个反馈循环，这个反馈循环通过接受一定的输入，确定一系列的输出，最终使环境达到一个新的状态，适合于嵌入式系统，涉及连续的动作与状态。

9. C2 架构风格

C2 架构风格可以概括为通过连接件绑定在一起的按照一组规则运作的并行构件网络。C2 风格中的系统组织规则如下：

（1）系统中的构件和连接件都有一个顶部和一个底部。

（2）构件的顶部应连接到某连接件的底部，构件的底部则应连接到某连接件的顶部，而构件与构件之间的直接连接是不允许的。

（3）一个连接件可以和任意数目的其他构件和连接件连接。

（4）当两个连接件进行直接连接时，必须由其中一个的底部到另一个的顶部。

C2 架构风格的原理图如图 11-1 所示。

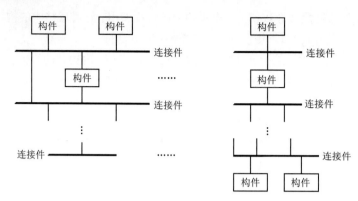

图 11-1　C2 架构风格的原理图

10. 架构风格汇总

架构风格汇总见表 11-1。

表 11-1　架构风格汇总

架构风格名	常考关键字及实例	简介
数据流——批处理	传统编译器，每个阶段产生的结果作为下一个阶段的输入，区别在于整体	一个接一个，以整体为单位
数据流——管道-过滤器		一个接一个，前一个的输出是后一个的输入
调用/返回——主程序/子程序		显式调用，主程序直接调用子程序
调用/返回——面向对象		对象是构件，通过对象调用封装的方法和属性
调用/返回——层次结构		分层，每层最多影响其上下两层，有调用关系
独立构件——进程通信		进程间独立的消息传递，同步和异步方式
独立构件——事件驱动（隐式调用）	事件触发推动动作，如程序语言的语法高亮、语法错误提示	不直接调用，通过事件驱动
虚拟机——解释器	自定义流程，按流程执行，规则随时改变，灵活定义，业务灵活组合机器人	解释自定义的规则，解释引擎、存储区、数据结构
虚拟机——规则系统		规则集、规则解释器、选择器和工作内存，用于 DSS 和人工智能、专家系统
仓库——数据库	现代编译器的集成开发环境（IDE），以数据为中心。又称为数据共享风格	中央共享数据源，独立处理单元
仓库——超文本		网状链接，多用于互联网
仓库——黑板		语音识别、知识推理等问题复杂、解空间很大、求解过程不确定的这一类软件系统，黑板、知识源、控制
闭环——过程控制	汽车巡航定速，空调温度调节，设定参数，并不断调整	发出控制命令并接受反馈，循环往复达到平衡
C2	构件和连接件、顶部和底部	通过连接件绑定在一起按照一组规则运作的并行构件网络

11. 层次结构风格

（1）**两层 C/S 架构**。客户端和服务器都有处理功能，相较于传统的集中式软件架构，还是有不少优点的，但是现在已经不常用，原因有：开发成本较高、客户端程序设计复杂、信息内容和形式单一、用户界面风格不一、软件移植困难、软件维护和升级困难、新技术不能轻易应用、安全性问题、服务器端压力大难以复用，如图 11-2 所示。

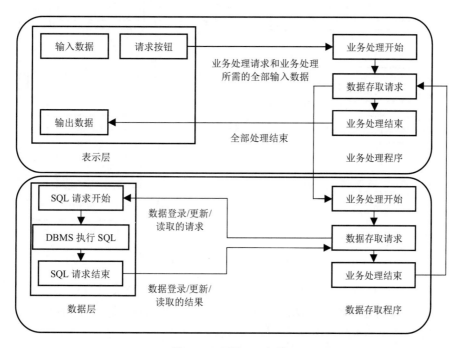

图 11-2　两层 C/S 架构

（2）**三层 C/S 架构**。三层 C/S 架构将处理功能独立出来，表示层和数据层都变得简单。表示层在客户机上，功能层在应用服务器上，数据层在数据库服务器上。即将两层 C/S 架构中的数据从服务器中独立出来了，其优点有以下四点：

1）各层在逻辑上保持相对独立，整个系统的逻辑结构更为清晰，能提高系统和软件的可维护性和可扩展性。

2）允许灵活有效地选用相应的平台和硬件系统，具有良好的可升级性和开放性。

3）各层可以并行开发，各层也可以选择各自最适合的开发语言。

4）功能层有效地隔离表示层与数据层，为严格的安全管理奠定了坚实的基础，整个系统的管理层次也更加合理和可控制。

三层 C/S 架构设计的关键在于各层之间的通信效率，要慎重考虑三层间的通信方法、通信频度和数据量，否则即使分配给各层的硬件能力很强，性能也不高，如图 11-3 所示。

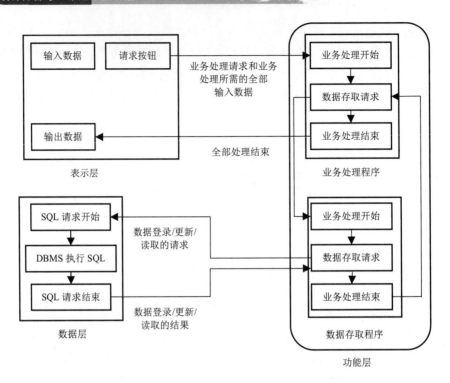

图 11-3　三层 C/S 架构

（3）三层 B/S 架构。三层 B/S 架构是三层 C/S 架构的变种，将客户端变为用户客户端上的浏览器，将应用服务器变为网络上的 Web 服务器，又称为 0 客户端架构，虽然不用开发客户端，但有很多缺点，主要是数据处理能力差。

1）B/S 架构缺乏对动态页面的支持能力，没有集成有效的数据库处理功能。

2）安全性难以控制。

3）在数据查询等响应速度上，要远远低于 C/S 架构。

4）数据提交一般以页面为单位，数据的动态交互性不强，不利于 OLTP 应用。

（4）混合架构风格。

内外有别模型：企业内部使用 C/S，外部人员访问使用 B/S。

查改有别模型：采用 B/S 查询，采用 C/S 修改。

混合架构实现困难，且成本高。

12. 富互联网应用

弥补三层 B/S 架构存在的问题，富互联网应用（Rich Internet Application，RIA）是一种用户接口，比用 HTML 实现的接口更加健壮，且有可视化内容，本质还是网站模式，其优点如下：

（1）RIA 结合了 C/S 架构反应速度快、交互性强的优点与 B/S 架构传播范围广及容易传播的特性。

（2）RIA 简化并改进了 B/S 架构的用户交互。

（3）数据能够被缓存在客户端，从而可以实现一个比基于 HTML 的响应速度更快且数据往返于服务器的次数更少的用户界面。

（4）本质还是 0 客户端，借助于高速网速实现必要插件在本地的快速缓存，增强页面对动态页面的支持能力，典型的应用如小程序。

13. 面向服务的架构

（1）概念。面向服务的架构（Service-Oriented Architecture，SOA）是一种粗粒度、松耦合服务架构，服务之间通过简单、精确定义接口进行通信，不涉及底层编程接口和通信模型。

在 SOA 中，服务是一种为了满足某项业务需求的操作、规则等的逻辑组合，它包含一系列有序活动的交互，为实现用户目标提供支持。

SOA 并不仅仅是一种开发方法，还具有管理上的优点，管理员可直接管理开发人员所构建的相同服务。多个服务通过企业服务总线提出服务请求，由应用管理来进行处理，如图 11-4 所示。

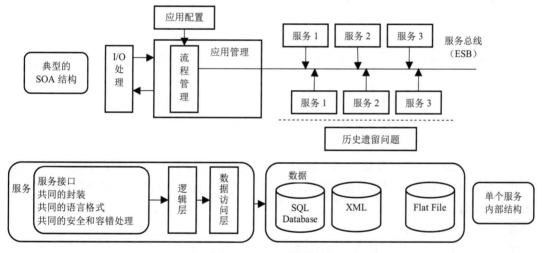

图 11-4　SOA 体系结构

实施 SOA 的关键目标是实现企业 IT 资产重用的最大化，在实施 SOA 过程中要牢记以下特征：可从企业外部访问、随时可用（服务请求能被及时响应）、粗粒度接口（粗粒度提供一项特定的业务功能，而细粒度服务代表了技术构件方法）、服务分级、松散耦合（服务提供者和服务使用者分离）、可重用的服务及服务接口设计管理、标准化的接口（WSDL、SOAP、XML 是核心）、支持各种消息模式、精确定义的服务接口。

从基于对象到基于构件再到基于服务，架构越来越松散耦合，粒度越来越粗，接口越来越标准。基于服务的构件与传统构件的区别有四点：

1）服务构件粗粒度，传统构件细粒度居多。

2）服务构件的接口是标准的，主要是 WSDL 接口，而传统构件常以具体 API 形式出现。

3）服务构件的实现与语言是无关的，而传统构件常绑定某种特定的语言。

4）服务构件可以通过构件容器提供 QoS 的服务，而传统构件完全由程序代码直接控制。

（2）关键技术。SOA 中应用的关键技术见表 11-2。

表 11-2　SOA 关键功能与相关协议

功能	协议
发现服务	UDDI、DISCO
描述服务	WSDL、XML Schema
消息格式层	SOAP、REST
编码格式层	XML（DOM，SAX）
传输协议层	HTTP、TCP/IP、SMTP 等

1）发现服务。

UDDI：用于 Web 服务注册和服务查找，描述了服务的概念，定义了编程的接口，供其他企业来调用。

DISCO：发现公开服务的功能及交互协议。

2）描述服务。WSDL（Web 服务描述语言）协议用于描述 Web 服务的接口和操作功能，描述网络服务。

3）消息格式层。SOAP 为建立 Web 服务和服务请求之间的通信提供支持。

表述性状态转移（Representational State Transfer，REST）是一种只使用 HTTP 和 XML 进行基于 Web 通信的技术，可以降低开发的复杂性，提高系统的可伸缩性。

4）编码格式层。扩展标记语言（Extensible Markup Language，XML）用于标记电子文件使其具有结构性的标记语言，可以用来标记数据、定义数据类型，是一种允许用户对自己的标记语言进行定义的源语言。

（3）SOA 的实现方式。

1）Web Service 由服务提供者、服务注册中心（中介，提供交易平台，可有可无）、服务请求者组成。服务提供者将服务描述发布到服务注册中心，供服务请求者查找，查找到后，服务请求者将绑定查找结果，如图 11-5 所示。

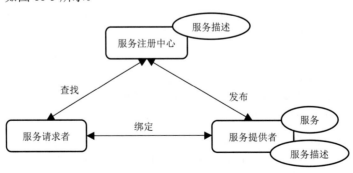

图 11-5　Web Service 实现方式

Web Service 分为六层：底层传输层（负责底层消息的传输，采用 HTTP、JMS、SMTP 协议），服务通信协议层（描述并定义服务间通信的技术标准，采用 SOAP 和 REST 协议），服务描述层（采用 WSDL 协议），服务层（对企业应用系统进行包装，通过 WSDL 定义的标准进行调用），业务流程层（支持服务发现、服务调用和点到点的服务调用，采用 WSDPEL 标准），服务注册层（采用 UDDI 协议）。

2）服务注册表。

服务注册：应用开发者（服务提供者）在注册表中公布服务的功能。

服务位置：服务使用者（服务应用开发者），帮助他们查询注册服务，寻找符合自身要求的服务。

服务绑定：服务使用者利用检索到的服务接口来编写代码，所编写的代码将与注册的服务绑定，调用注册的服务，以及与它们实现互动。

本质与 Web Service 类似，只是使用一个注册表来代替服务注册中心。

3）企业服务总线（Enterprise Service Bus，ESB）。简单来说是一根管道，用来连接各个服务节点。ESB 的存在是为了集成基于不同协议的不同服务，ESB 做了消息的转化、解释以及路由的工作，以此来让不同的服务互联互通，如图 11-6 所示。

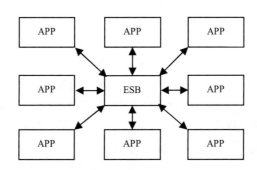

图 11-6　ESB 体系结构

ESB 包括：客户端（服务请求者）、基础架构服务（中间件）、核心集成服务（提供服务）。ESB 的特点如下：

a．SOA 的一种实现方式，ESB 在面向服务的架构中起到的是总线作用，将各种服务进行连接与整合。

b．描述服务的元数据和服务注册管理。

c．在服务请求者和提供者之间传递数据，以及对这些数据进行转换的能力，并支持由实践中总结出来的一些模式，如同步模式、异步模式等。

d．发现、路由、匹配和选择的能力，以支持服务之间的动态交互，解耦服务请求者和服务提供者。高级一些的能力，包括对安全的支持、服务质量保证、可管理性和负载平衡等。

11.2.4 特定领域软件架构

1. 概述

特定领域软件架构（Domain Specific Software Architecture，DSSA）就是专用于一类特定类型的任务（领域）的、在整个领域中能有效地使用的、为成功构造应用系统限定了标准的组合结构的软件构件的集合。

DSSA 就是一个特定的问题领域中支持一组应用的领域模型、参考需求、参考架构等组成的开发基础，其目标就是支持在一个特定领域中多个应用的生成。

垂直域：在一个特定领域中的通用的软件架构，是一个完整的架构。

水平域：在多个不同的特定领域之间的相同的部分小工具（如购物和教育都有收费系统，收费系统即是水平域）。

2. DSSA 的三个基本活动

（1）领域分析：这个阶段的主要目标是获得领域模型（领域需求）。识别信息源，即整个领域工程过程中信息的来源，可能的信息源包括现存系统、技术文献、问题域和系统开发的专家、用户调查和市场分析、领域演化的历史记录等，在此基础上就可以分析领域中系统的需求，确定哪些需求是领域中的系统广泛共享的，从而建立领域模型。

（2）领域设计：这个阶段的目标是获得 DSSA。DSSA 描述在领域模型中表示的需求的解决方案，它不是单个系统的表示，而是能够适应领域中多个系统的需求的一个高层次设计。建立了领域模型之后，就可以派生出满足这些被建模的领域需求 DSSA。

（3）领域实现：这个阶段的主要目标是依据领域模型和 DSSA 开发和组织可重用信息。这些可重用信息可能从现有系统中提取得到，也可能需要通过新的开发得到。

以上过程是一个反复的、逐渐求精的过程。在实施领域工程的每个阶段中，都可能返回到以前的步骤，对以前的步骤得到的结果进行修改和完善，再回到当前步骤，在新的基础上进行本阶段的活动。

3. 参与 DSSA 的四种角色

（1）领域专家：包括该领域中系统的有经验的用户、从事该领域中系统的需求分析、设计、实现以及项目管理的有经验的软件工程师等。提供关于领域中系统的需求规约和实现的知识，帮助组织规范的、一致的领域字典，帮助选择样本系统作为领域工程的依据，复审领域模型、DSSA 等领域工程产品等。

（2）领域分析人员：由具有知识工程背景的有经验的系统分析员来担任。控制整个领域分析过程，进行知识获取，将获取的知识组织到领域模型中。

（3）领域设计人员：由有经验的软件设计人员来担任。根据领域模型和现有系统开发出 DSSA，并对 DSSA 的准确性和一致性进行验证。

（4）领域实现人员：由有经验的程序设计人员来担任。根据领域模型和 DSSA，开发构件。

4. 建立 DSSA 的过程

定义领域范围：领域中的应用要满足用户一系列的需求。

定义领域特定的元素：建立领域的字典，归纳领域中的术语，识别出领域中相同和不相同的元素。

定义领域特定的设计和实现需求的约束：识别领域中的所有约束，这些约束对领域的设计和实现会造成什么后果。

定义领域模型和架构：产生一般的架构，并描述其构件说明。

产生、搜集可复用的产品单元：为 DSSA 增加复用构件，使可用于新的系统。

以上过程是并发的、递归的、反复的、螺旋形的。

5. 三层次模型

DSSA 三层次模型如图 11-7 所示。

（1）领域开发环境：领域架构师决定核心架构，产出参考架构、参考需求、架构、领域模型、开发工具。

（2）领域特定的应用开发环境：应用工程师根据具体环境来将核心架构实例化。

（3）应用执行环境：操作员实现实例化后的架构。

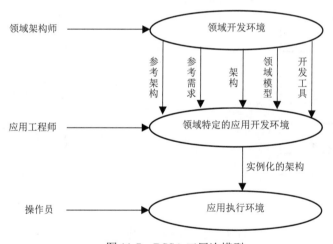

图 11-7　DSSA 三层次模型

11.2.5　基于架构的软件开发方法

1. 基于架构的软件开发

基于架构的软件开发（Architecture-Based Software Development，ABSD）方法是架构驱动，强调由业务、质量和功能需求的组合驱动架构设计。它强调采用视角和视图来描述软件架构，采用用例和质量属性场景来描述需求。进一步来说，用例描述的是功能需求，质量属性场景描述的是质量需求（或侧重于非功能需求）。

使用 ABSD 方法设计活动可以从项目总体功能框架明确就开始，这意味着需求获取和分析还没有完成，就开始了软件设计。

ABSD 方法有三个基础：第一个基础是功能的分解，使用已有的基于模块的内聚和耦合技术；第二个基础是通过选择架构风格来实现质量和业务需求；第三个基础是软件模板的使用，软件模板利用了一些软件系统的结构。

ABSD 方法是递归的，且迭代的每一个步骤都是清晰定义的。因此，不管设计是否完成，架构总是清晰的，有助于降低架构设计的随意性。

2. 开发过程

架构设计是在需求分析之后，概要设计之前，是为了解决需求分析和软件设计之间的鸿沟问题。基于架构的软件开发过程可分为以下六步：

（1）架构需求。重在掌握标识构件的三步：生成类图、对类进行分组、把类打包成构件，如图 11-8（a）所示。

（2）架构设计。将需求阶段的标识构件映像成构件进行分析，如图 11-8（b）所示。

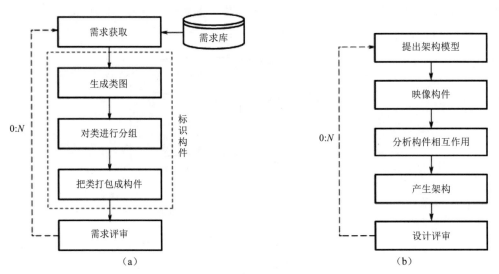

图 11-8　架构需求和架构设计过程

（3）架构（体系结构）文档化。主要产出两种文档，即架构（体系结构）规格说明，测试架构（体系结构）需求的质量设计说明书。文档是至关重要的，是所有人员通信的手段，关系开发的成败。

（4）架构复审。由外部人员（独立于开发组织之外的人，如用户代表和领域专家等）参加的复审，复审架构是否满足需求、质量问题、构件划分合理性等。若复审不过，则返回架构设计阶段进行重新设计、文档化、再复审。

（5）架构实现。用实体来显示出架构。实现构件，构件组装成系统，如图 11-9（a）所示。

（6）对架构进行改变，按需求增删构件，使架构可复用，如图 11-9（b）所示。

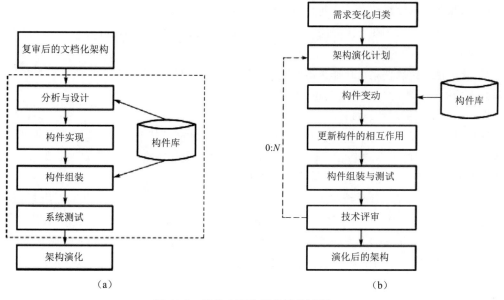

图 11-9 架构实现和架构演化过程

11.2.6 软件架构评估

1. 质量属性

软件系统的质量就是"软件系统与明确地和隐含地定义的需求相一致的程度"。

可以将软件系统的质量属性分为开发期质量属性和运行期质量属性两个部分。

（1）开发期质量属性主要指在软件开发阶段所关注的质量属性，主要包含六个方面。

1）易理解性：指设计被开发人员理解的难易程度。

2）可扩展性：软件因适应新需求或需求变化而增加新功能的能力，也称为灵活性。

3）可重用性：指重用软件系统或某一部分的难易程度。

4）可测试性：对软件测试以证明其满足需求规范的难易程度。

5）可维护性：当需要修改缺陷、增加功能、提高质量属性时，识别修改点并实施修改的难易程度。

6）可移植性：将软件系统从一个运行环境转移到另一个不同的运行环境的难易程度。

（2）运行期质量属性主要指在软件运行阶段所关注的质量属性，主要包含七个方面。

1）性能：指软件系统及时提供相应服务的能力，如速度、吞吐量和容量等的要求。

2）安全性：指软件系统同时兼顾向合法用户提供服务，以及阻止非授权使用的能力。

3）可伸缩性：指当用户数和数据量增加时，软件系统维持高服务质量的能力。例如，通过增加服务器来提高能力。

4）互操作性：指本软件系统与其他系统交换数据和相互调用服务的难易程度。

5）可靠性：软件系统在一定的时间内持续无故障运行的能力。

6）可用性：指系统在一定时间内正常工作的时间所占的比例。可用性会受到系统错误、恶意攻击、高负载等问题的影响。

7）鲁棒性：指软件系统在非正常情况（如用户进行了非法操作、相关的软硬件系统发生了故障等）下仍能够正常运行的能力，也称健壮性或容错性。

面向架构评估的质量属性：

（1）性能：指系统的响应能力，即要经过多长时间才能对某个事件作出响应，或者在某段时间内系统所能处理的事件的个数，如响应时间、吞吐量。设计策略有优先级队列、增加计算资源、减少计算开销、引入并发机制、采用资源调度等。

（2）可靠性：是软件系统在应用或系统错误面前，在意外或错误使用的情况下维持软件系统的功能特性的基本能力，如MTTF、MTBF。设计策略有心跳、Ping/Echo、冗余、选举。

（3）可用性：是系统能够正常运行的时间比例，经常用两次故障之间的时间长度或在出现故障时系统能够恢复正常的速度来表示，如故障间隔时间。设计策略有心跳、Ping/Echo、冗余、选举。

（4）安全性：指系统在向合法用户提供服务的同时能够阻止非授权用户使用的企图或拒绝服务的能力，如保密性、完整性、不可抵赖性、可控性。设计策略有入侵检测、用户认证、用户授权、追踪审计。

（5）可修改性：指能够快速地以较高的性能价格比对系统进行变更的能力。通常以某些具体的变更为基准，通过考查这些变更的代价衡量。设计策略有接口-实现分类、抽象、信息隐藏。

（6）功能性：是系统所能完成所期望的工作的能力。一项任务的完成需要系统中许多或大多数构件的相互协作。

（7）可变性：指体系结构经扩充或变更而成为新体系结构的能力。这种新体系结构应该符合预先定义的规则，在某些具体方面不同于原有的体系结构。当要将某个体系结构作为一系列相关产品的基础时，可变性是很重要的。

（8）互操作性：作为系统组成部分的软件不是独立存在的，经常与其他系统或自身环境相互作用。为了支持互操作性，软件体系结构必须为外部可视的功能特性和数据结构提供精心设计的软件入口。程序和用其他编程语言编写的软件系统的交互作用就是互操作性的问题，也影响应用的软件体系结构。

质量属性场景是一种面向特定质量属性的需求。它由六部分组成：

- 刺激源（Source）：这是某个生成该刺激的实体（人、计算机系统或者任何其他刺激器）。
- 刺激（Stimulus）：该刺激是当刺激到达系统时需要考虑的条件。
- 环境（Environment）：该刺激在某些条件内发生。当激励发生时，系统可能处于过载、运行或者其他情况。
- 制品（Artifact）：某个制品被激励。这可能是整个系统，也可能是系统的一部分。
- 响应（Response）：该响应是在激励到达后所采取的行动。

● 响应度量（Measurement）：当响应发生时，应当能够以某种方式对其进行度量，以对需求进行测试。

可修改性质量属性场景描述见表 11-3。

表 11-3　可修改性质量属性场景描述

场景要素	具体实例
刺激源	最终用户、开发人员、系统管理员
刺激	希望增加、删除、修改、改变功能、质量属性、容量等
环境	系统设计时、编译时、构建时、运行时
制品	系统用户界面、平台、环境或与目标系统交互的系统
响应	查找架构中需要修改的位置，进行修改且不会影响其他功能，对所做的修改进行测试，部署所做的修改
响应度量	根据所影响元素的数量度量的成本、努力、资金；该修改对其他功能或质量属性所造成影响的程度

2. 架构评估方式

（1）敏感点：是指为了实现某种特定的质量属性，一个或多个构件所具有的特性。

（2）权衡点：是影响多个质量属性的特性，是多个质量属性的敏感点。

（3）风险点与非风险点：风险点与非风险点不是以标准专业术语形式出现的，只是一个常规概念，即可能引起风险的因素，可称为风险点。某个做法如果有隐患，有可能导致一些问题，则为风险点；而如果某件事是可行的、可接受的，则为非风险点。

软件架构评估在架构设计之后，系统设计之前，因此与设计、实现、测试都没有关系。评估的目的是为了评估所采用的架构是否能解决软件系统需求，但不是单纯地确定是否满足需求。

3. 常用的评估方式

三种常用的评估方式的定义如下。

基于调查问卷（检查表）的方式：类似于需求获取中的问卷调查方式，只不过是架构方面的问卷，要求评估人员对领域熟悉。评估的目的是为了评估所采用的架构是否能解决软件系统需求。

基于度量的方式：制订一些定量来度量架构，如代码行数等。要制订质量属性和度量结果之间的映射，要求评估人员对架构熟悉。

基于场景的方式：主要方法。首先要确定应用领域的功能和软件架构的结构之间的映射，然后要设计用于体现待评估质量属性的场景（即 4+1 视图中的场景），最后分析软件架构对场景的支持程度。要求评估人员既对领域熟悉，也对架构熟悉。

从刺激（事件）、环境（事件发生的环境）、响应（架构响应刺激的过程）三个方面对场景进行设计。

三种评估方式的比较见表 11-4。

表 11-4　三种评估方式的比较

评估方式	调查问卷或检查表		场景	度量
	调查问卷	检查表		
通用性	通用	特定领域	特定系统	通用或特定领域
评估者对架构的了解程度	粗略了解	无限制	中等了解	精确了解
实施阶段	早	中	中	中
客观性	主观	主观	较主观	较客观

由表 11-4 可知，场景最不通用，度量要求对构架精确了解，调查问卷实施阶段最早，度量最客观。其中，基于场景的方式是主流，其有三种具体评估方法：

（1）软件架构分析方法（Scenarios-Based Architecture Analysis Method，SAAM）是一种非功能质量属性的架构分析方法，是最早形成文档并得到广泛应用的软件架构分析方法。SAAM 的主要输入是问题描述、需求说明和架构描述，步骤如图 11-10 所示。

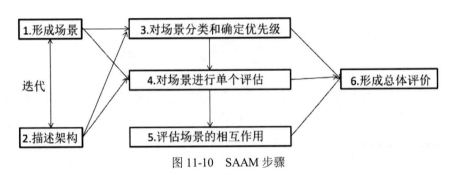

图 11-10　SAAM 步骤

场景分为直接场景（直接可以实现的）和间接场景（该做哪些修改才能实现）。形成了场景之后，也可以对场景进行分类和单个评估，六个步骤有交叉点。

若要比较多个架构，就要形成权值，对多个架构的功能和数量进行比较。

（2）架构权衡评估方法（Architecture Tradeoff Analysis Method，ATAM）让架构师明确如何权衡多个质量目标，参与者有评估小组、项目决策者和其他项目相关人。

ATAM 被分为四个主要的活动领域，分别是场景和需求收集、体系结构视图和场景实现、属性模型构造和分析、折中。整个评估过程强调以属性作为架构评估的核心概念。主要针对性能、可用性、安全性和可修改性，在系统开发之前，对这些质量属性进行评价和折中。ATAM 分析步骤如图 11-11 所示。

（3）成本效益分析法（Cost Benefit Analysis Method，CBAM）用来对架构建立的成本进行设计和建模，让决策者根据投资收益率来选择合适的架构，可以看作对 ATAM 的补充，在 ATAM 确定质量合理的基础上，再对效益进行分析。有下列步骤：

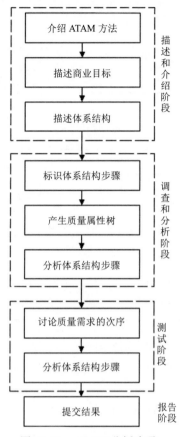

图 11-11　ATAM 分析步骤

1）整理场景（确定场景，并确定优先级，选择三分之一优先级最高的场景进行分析）。

2）对场景进行细化（对每个场景详细分析，确定最好、最坏的情况）。

3）确定场景的优先级（项目干系人对场景投票，根据投票结果确定优先级）。

4）分配效用（对场景响应级别确定效用表，建立策略、场景、响应级别的表格）。

5）形成"策略-场景-响应级别的对应关系"。

6）确定期望的质量属性响应级别的效用（根据效用表确定所对应的具体场景的效用表）。

7）计算各架构策略的总收益。

8）根据受成本限制影响的投资报酬率选择架构策略（估算成本，用上一步的收益减去成本，得出收益，并选择收益最高的架构策略）。

11.2.7　中间件技术

1. 中间件的概念

中间件是一种独立的系统软件或服务程序，可以帮助分布式应用软件在不同的技术之间共享资源，如图 11-12 所示。

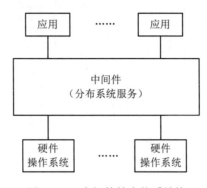

图 11-12　中间件技术体系结构

2．中间件特点

（1）负责客户机与服务器之间的连接和通信，以及客户机与应用层之间的高效率通信机制。

（2）提供应用层不同服务之间的互操作机制，以及应用层与数据库之间的连接和控制机制。

（3）提供多层架构的应用开发和运行的平台，以及应用开发框架，支持模块化的应用开发。

（4）屏蔽硬件、操作系统、网络和数据库的差异。

（5）提供应用的负载均衡和高可用性、安全机制与管理功能，以及交易管理机制，保证交易的一致性。

（6）提供一组通用的服务去执行不同的功能，避免重复的工作和使应用之间可以协作。

3．主要的中间件

按照中间件在分布式系统中承担的职责不同，可以划分以下几类中间件产品。

（1）通信处理（消息）中间件。在分布式系统中，要建网和制订出通信协议，以保证系统能在不同平台之间通信，实现分布式系统中可靠的、高效的、实时的跨平台数据传输，这类中间件称为消息中间件，也是市面上销售额最大的中间件产品。

（2）事务处理（交易）中间件。在分布式事务处理系统中，经常要处理大量事务，特别是联机事务处理过程（On-Line Transaction Processing，OLTP）中，每项事务常常要多台服务器上的程序按顺序协调完成，一旦中间发生某种故障，不但要完成恢复工作，而且要自动切换系统保证系统永不停机，实现高可靠性运行。要使大量事务在多台应用服务器上能实时并发运行，并进行负载平衡的调度，实现与昂贵的可靠性机和大型计算机系统的同等功能，要求中间件系统具有监视和调度整个系统的功能。

（3）数据存取管理中间件。在分布式系统中，重要的数据都集中存放在数据服务器中，它们可以是关系型、复合文档型、具有各种存放格式的多媒体型，或者是经过加密或压缩存放的，该中间件将为在网络上虚拟缓冲存取、格式转换、解压等带来方便。

（4）Web 服务器中间件。浏览器图形用户界面已成为公认规范，然而它的会话能力差，不擅长做数据的写入任务，受 HTTP 协议的限制多等，就必须对其进行修改和扩充，因此出现了 Web 服务器中间件。

（5）安全中间件。一些军事、政府和商务部门上网的最大障碍是安全保密问题，而且不能使用国外提供的安全措施（如防火墙、加密和认证等），必须用国产产品。产生不安全因素是由操作系统引起的，但必须要用中间件去解决，以适应灵活多变的要求。

（6）跨平台和架构的中间件。当前开发大型应用软件通常采用基于架构和构件技术，在分布式系统中，还需要集成各节点上的不同系统平台上的构件或新老版本的构件，由此产生了架构中间件。功能最强的是 CORBA，可以跨任意平台，但是其过于庞大；JavaBeans 较灵活简单，很适合用于浏览器，但运行效率有待改善；COM＋模型主要适合 Windows 平台，已在桌面系统广泛使用。由于国内新建系统多基于 UNIX（包括 Linux）和 Windows，因此，针对这两个平台建立相应的中间件市场相对要大得多。

（7）专用平台中间件。专用平台中间件为特定应用领域设计领域参考模式，建立相应架构，配置相应的构件库和中间件，为应用服务器开发和运行特定领域的关键任务（如电子商务、网站等）。

（8）网络中间件。它包括网管、接入、网络测试、虚拟社区和虚拟缓冲等，也是当前最热门的研发项目。

11.2.8　典型的应用架构——J2EE

1. J2EE 核心技术

J2EE 平台采用了多层分布式应用程序模型，实现不同逻辑功能的应用程序被封装到不同的构件中，处于不同层次的构件被分别部署到不同的机器中。J2EE 四层结构如图 11-13 所示。

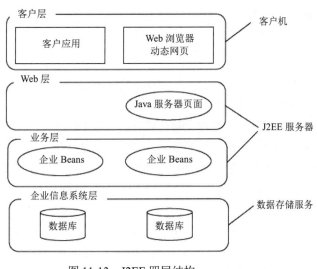

图 11-13　J2EE 四层结构

（1）客户层：J2EE 应用程序可以是基于 Web 方式的，也可以是基于传统方式的静态的 HTML（标准通用标记语言下的一个应用）页面和 Applets。

（2）Web 层：J2EE Web 层组件可以是 JSP 页面或 Servlet。

（3）业务层：业务层代码的逻辑用来满足特定领域的业务逻辑处理。

（4）企业信息系统层：企业信息系统层处理企业信息系统软件，包括企业基础建设系统，如企业资源计划（Enterprise Resource Planning，ERP），大型机事务处理，数据库系统和其他的遗留信息系统。例如，J2EE 应用组件可能为了数据库连接需要访问企业信息系统。

2．Java 企业应用框架

（1）Structs 框架：是一个基于 J2EE 平台的 MVC（模型、视图、控制器）框架，采用 Servlet 和 JSP 技术实现。M 由实现业务逻辑的 javaBean 构成，C 由 ActionServlet 和 Action 来实现，V 由一组 JSP 文件构成。

（2）Spring 框架：通过 RMI 或 Web Service 远程访问业务逻辑，允许自由选择和组装各部分功能，还提供和其他软件集成的接口。Spring 本身是个容器，管理构件的生命周期、构件的组态、依赖注入等，并可以控制构件在创建时是以原型或单例模式来创建。

（3）Hibernate 框架：是一个对象关系映像框架，提供了 Java 对象到数据库表之间的直接映像，它对 JDBC 进行了非常轻量级的对象封装，使得 Java 程序员可以使用对象编程思维来操作数据库。在 Hibernate 中，ORM 机制的核心是一个 XML 文件，该文件描述了数据库模式是怎么与一组 Java 类绑定在一起的。

表示层由 Structs 实现，管理用户请求；业务层由 Spring 实现，处理业务逻辑中的业务处理情况，提供一个控制器的代码；数据库层由 Hibernate 实现，通过面向对象的查询语言 HQL 来实现数据的增删改查。这样组合可以搭建一个轻量级的 J2EE 架构。

11.3 课后演练（精选真题）

- 以下关于软件构件的叙述中，错误的是　　（1）　　。（**2021 年 11 月第 35 题**）

  （1）A．构件的部署必须能跟它所在的环境及其他构件完全分离

  　　 B．构件作为一个部署单元是不可拆分的

  　　 C．在一个特定进程中可能会存在多个特定构件的拷贝

  　　 D．对于不影响构件功能的某些属性可以对外部可见

- 面向构件的编程目前缺乏完善的方法学支持，构件交互的复杂性带来了很多问题，其中　　（2）　　问题会产生数据竞争和死锁现象。（**2021 年 11 月第 36 题**）

  （2）A．多线程　　　 B．异步　　　　 C．封装　　　 D．多语言支持

- 基于架构的软件设计（Architecture-Based Software Design，ABSD）方法是架构驱动的方法，该方法是一个　　（3）　　的方法，软件系统的架构通过该方法得到细化，直到能产生　　（4）　　。（**2021 年 11 月第 44～45 题**）

（3）A．自顶向下　　　　　　　　　　B．自底向上

　　　C．原型　　　　　　　　　　　　D．自顶向下和自底向上结合

（4）A．软件质量属性　　　　　　　　B．软件连接性

　　　C．软件构件或模块　　　　　　　D．软件接口

- 4+1 视图模型可以从多个视图或视角来描述软件架构。其中，　（5）　用于捕捉设计的并发和同步特征；　（6）　描述了在开发环境中软件的静态组织结构。（**2021 年 11 月第 46～47 题**）

（5）A．逻辑视图　　　B．开发视图　　　C．过程视图　　　D．物理视图

（6）A．类视图　　　　B．开发视图　　　C．过程视图　　　D．用例视图

- 软件架构风格是描述某一特定应用领域中系统组织方式的惯用模式，按照软件架构风格，物联网系统属于　（7）　软件架构风格。（**2021 年 11 月第 48 题**）

（7）A．层次型　　　　B．事件系统　　　C．数据线　　　　D．C2

- 特定领域软件架构（Domain Specific Software Architecture，DSSA）是指特定应用领域中为一组应用提供组织结构参考的标准软件架构。从功能覆盖的范围角度，　（8）　定义了一个特定的系统族，包含整个系统族内的多个系统，可作为该领域系统的可行解决方案的一个通用软件架构；　（9）　定义了在多个系统和多个系统族中功能区域的共有部分，在子系统级上涵盖多个系统族的特定部分功能。（**2021 年 11 月第 49～50 题**）

（8）A．垂直域　　　　B．水平域　　　　C．功能域　　　　D．属性域

（9）A．垂直域　　　　B．水平域　　　　C．功能域　　　　D．属性域

- 某公司拟开发一个个人社保管理系统，该系统的主要功能需求是根据个人收入、家庭负担、身体状态等情况，预估计算个人每年应支付的社保金，该社保金的计算方式可能随着国家经济的变化而动态改变，针对上述需求描述，该软件系统适宜采用　（10）　架构风格设计，该风格的主要特点是　（11）　。（**2021 年 11 月第 51～52 题**）

（10）A．Layered System　　　　　　　B．Data Flow

　　　 C．Event System　　　　　　　　D．Rule-Based System

（11）A．将业务逻辑中频繁变化的部分定义为规则

　　　 B．各构件间相互独立

　　　 C．支持并发

　　　 D．无数据不工作

- 在架构评估过程中，评估人员所关注的是系统的质量属性。其中，　（12）　是指系统的响应能力，即要经过多长时间才能对某个事件做出响应，或者在某段时间内系统所能处理的事件的　（13）　。（**2021 年 11 月第 53～54 题**）

（12）A．安全性　　　B．性能　　　　C．可用性　　　D．可靠性

（13）A．个数　　　　B．速度　　　　C．消耗　　　　D．故障率

- 在一个分布式软件系统中，一个构件失去了与另一个远程构件的连接。在系统修复后，连接于 30 秒之内恢复，系统可以重新正常工作。这一描述体现了软件系统的　（14）　。（**2021 年**

11月第55题）

（14）A. 安全性　　　　　B. 可用性　　　　　C. 兼容性　　　　　D. 可移植性

● 在架构评估中，场景是从　（15）　的角度对与系统交互的描述，一般采用　（16）　三方面来对场景进行描述。（**2021年11月第58～59题**）

（15）A. 系统设计者　　B. 系统开发者　　C. 风险承担者　　D. 系统测试者

（16）A. 刺激源、制品、响应　　　　　　　　B. 刺激、制品、响应

　　　C. 刺激、环境、响应　　　　　　　　　D. 刺激、制品、环境

● 在架构评估中，　（17）　是一个或多个构件（和/或构件之间的关系）的特性。改变加密级别的设计决策属于　（18）　，因为它可能会对安全性和性能产生非常重要的影响。（**2021年11月第60～61题**）

（17）A. 敏感点　　　　B. 非风险点　　　　C. 权衡点　　　　D. 风险点

（18）A. 敏感点　　　　B. 非风险点　　　　C. 权衡点　　　　D. 风险点

● 在三层C/S架构中，　（19）　是应用的用户接口部分，负责与应用逻辑间的对话功能；　（20）　是应用的本体，负责具体的业务处理逻辑。（**2021年11月第62～63题**）

（19）A. 表示层　　　　B. 感知层　　　　C. 设备层　　　　D. 业务逻辑层

（20）A. 数据层　　　　B. 分发层　　　　C. 功能层　　　　D. 算法层

● 分层结构的脆弱性包含　（21）　。（**2020年11月第6题**）

（21）A. 底层错误导致整个系统无法运行，层与层之间功能引用可能导致功能失效

　　　B. 底层错误导致整个系统无法运行，层与层之间引入通信机制势必造成性能下降

　　　C. 上层错误导致整个系统无法运行，层与层之间引入通信机制势必造成性能下降

　　　D. 上层错误导致整个系统无法运行，层与层之间功能引用可能导致功能生效

● 针对二层C/S软件结构的缺点,三层C/S架构应运而生,在三层C/S架构中,增加了一个　（22）　,三层C/S架构是将功能分成表示层、功能层和　（23）　三个部分，其中　（24）　是应用的用户接口部分，担负用户与应用逻辑间的对话功能。（**2020年11月第32～34题**）

（22）A. 应用服务器　　B. 分布式数据库　　C. 内容分发　　　D. 镜像

（23）A. 硬件层　　　　B. 数据层　　　　C. 设备层　　　　D. 通信层

（24）A. 表示层　　　　B. 数据层　　　　C. 应用层　　　　D. 功能层

● 某公司欲开发一个在线教育平台，在架构设计阶段，公司的架构师识别出3个核心质量属性场景，其中，网站在开发数量10万的负数情况下，用户请求的平均响应时间应小于3秒，这一场景主要与　（25）　质量属性相关，通常可采用　（26）　架构策略实现该属性；"主站点宕机后系统能够在10秒内自动切换至备用站点并恢复正常运行"主要与　（27）　质量属性相关，通常可采用　（28）　架构策略实现该属性；系统完成上线后少量的外围业务功能和界面的调整与修改不超过10人日，主要与　（29）　质量属性相关。（**2020年11月第38～42题**）

（25）A. 性能　　　　　B. 可用性　　　　C. 易用性　　　　D. 可修改性

（26）A. 抽象接口　　　B. 信息隐藏　　　C. 主动冗余　　　D. 资源调度

（27）A．性能　　　　B．可用性　　　　C．易用性　　　　D．可修改性
（28）A．记录/回放　　B．操作串行化　　C．心跳　　　　　D．增加计算资源
（29）A．性能　　　　B．可用性　　　　C．易用性　　　　D．可修改性

● 基于构件的软件开发中，构件分类方法可以归纳为三大类：　（30）　根据领域分析的结果将应用领域的概念按照从抽象到具体的顺序逐次分解为树形或有向无回路图结构；　（31）　利用 Facet 描述构件执行的功能、被操作的数据、构件应用的语境或任意其他特征；　（32）　使得检索者在阅读文档过程中可以按照人类的联想思维方式任意跳转到包含相关概念或构件的文档。（**2019 年 11 月第 35～37 题**）

（30）A．关键字分类法　B．刻面分类法　　C．语义匹配法　　D．超文本方法
（31）A．关键字分类法　B．刻面分类法　　C．语义匹配法　　D．超文本方法
（32）A．关键字分类法　B．刻面分类法　　C．语义匹配法　　D．超文本方法

● 构件组装是指将库中的构件经适当修改后相互连接构成新的目标软件。　（33）　不属于构件组装技术。（**2019 年 11 月第 38 题**）

（33）A．基于功能的构件组装技术　　　　B．基于数据的构件组装技术
　　　C．基于实现的构件组装技术　　　　D．面向对象的构件组装技术

● 对软件体系结构风格的研究和实践促进了对设计的复用。Garlan 和 Shaw 对经典体系结构风格进行了分类。其中，　（34）　属于数据流体系结构风格；　（35）　属于虚拟机体系结构风格；而下图描述的属于　（36）　体系结构风格。（**2019 年 11 月第 46～48 题**）

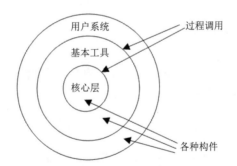

（34）A．面向对象　　B．事件系统　　　C．规则系统　　　D．批处理
（35）A．面向对象　　B．事件系统　　　C．规则系统　　　D．批处理
（36）A．层次型　　　B．事件系统　　　C．规则系统　　　D．批处理

● 　（37）　是由中间件技术实现并支持 SOA 的一组基础架构，它提供了一种基础设施，其优势在于　（38）　。（**2019 年 11 月第 49～50 题**）

（37）A．ESB　　　　B．微服务　　　　C．云计算　　　　D．Multi-Agent System
（38）A．支持了服务请求者与服务提供者之间的直接链接
　　　B．支持了服务请求者与服务提供者之间的紧密耦合
　　　C．消除了服务请求者与服务提供者之间的直接链接

D. 消除了服务请求者与服务提供者之间的关系

● ABSDM（Architecture-Based Software Design Model）把整个基于体系结构的软件过程划分为体系结构需求、体系结构设计、体系结构文档化、__（39）__、__（40）__和体系结构演化等六个子过程。其中，__（41）__过程的主要输出结果是体系结构规格说明和测试体系结构需求的质量设计说明书。（**2019 年 11 月第 51～53 题**）

（39）A. 体系结构复审 　　　　　　　B. 体系结构测试
　　　 C. 体系结构变更 　　　　　　　D. 体系结构管理
（40）A. 体系结构实现 　　　　　　　B. 体系结构测试
　　　 C. 体系结构建模 　　　　　　　D. 体系结构管理
（41）A. 体系结构设计 　　　　　　　B. 体系结构需求
　　　 C. 体系结构文档化 　　　　　　D. 体系结构测试

11.4　课后演练答案解析

（1）**参考答案**：D

解析　构件的特性是：①独立部署单元；②作为第三方的组装单元；③没有（外部的）可见状态。

（2）**参考答案**：A

解析　面向构件的编程目前缺乏完善的方法学支持，构件交互的复杂性带来了很多问题，其中多线程问题会产生数据竞争和死锁现象。

（3）（4）**参考答案**：A　C

解析　ABSD 方法是一个自顶向下、递归细化的方法，软件系统的体系结构通过该方法得到细化，直到能产生软件构件和模块。

（5）（6）**参考答案**：C　B

解析　并发和同步显然是进程视图（过程视图），要特别注意的是架构的 4+1 视图不同于 UML 的 4+1 视图，最大的区别就在于静态组织结构的图形化描述，在 4+1 架构视图里是在开发视图描述静态组织结构，而 UML 视图是在逻辑视图描述静态组织结构。

（7）**参考答案**：A

解析　物联网分为多层，一般包括感知层、网络层、应用层等不同划分。

（8）（9）**参考答案**：A　B

解析　特定领域软件架构（DSSA）是指特定应用领域中为一组应用提供组织结构参考的标准软件架构。从功能覆盖的范围角度，垂直域定义了一个特定的系统族，包含整个系统族内的多个系统，可作为该领域系统的可行解决方案的一个通用软件架构；水平域定义了在多个系统和多个系统族中功能区域的共有部分，在子系统级上涵盖多个系统族的特定部分功能。

（10）（11）**参考答案**：D　A

解析　随着国家经济的变化而动态改变是具有灵活变化的特征，应该是虚拟机风格里的，这里只有 D 项基于规则系统符合。该风格的主要特点是将业务逻辑中频繁变化的部分定义为规则。

（12）（13）答案：B　A

解析　性能用响应时间和吞吐率来衡量。

（14）**参考答案：B**

解析　在系统修复后，连接于 30 秒之内恢复，系统可以重新正常工作。这一描述体现了软件系统的可用性。可用性是系统能够正常运行的时间比例。经常用两次故障之间的时间长度或在出现故障时系统能够恢复正常的速度来表示。

（15）（16）**参考答案：C　C**

解析　在架构评估中，场景是从风险承担者的角度对与系统交互的描述，一般采用刺激、环境、响应三方面来对场景进行描述。

（17）（18）**参考答案：A　C**

解析　敏感点是一个或多个构件（和/或构件之间的关系）的特性。权衡点是影响多个质量属性的特性，是多个质量属性的敏感点。改变加密级别的设计决策属于权衡点。

（19）（20）**参考答案：A　C**

解析　表示层负责用户接口、功能层（业务逻辑层）负责功能处理、数据层负责数据持久存储，顾名思义理解记忆。

（21）**参考答案：B**

解析　分层结构的特点是底层为上层提供服务，因此，底层错误会导致整个系统都无法运行，层数太多，引入通信机制，会造成性能下降。

（22）（23）（24）**参考答案：A　B　A**

解析　三层架构就是将复杂的功能逻辑独立出来，增加了一个应用服务器单独处理功能，并且整体分成表示层、功能层和数据层，表示层是前端和用户的接口，功能层负责逻辑处理，数据层负责持久化存储。

（25）（26）（27）（28）（29）**参考答案：A　D　B　C　D**

解析　本题考查质量属性内容。

性能：指系统的响应能力，即要经过多长时间才能对某个事件作出响应，或者在某段时间内系统所能处理的事件的个数。如响应时间、吞吐量。设计策略：**优先级队列**、增加计算资源、减少计算开销、引入并发机制、采用**资源调度**等。

可用性：是系统能够正常运行的时间比例，经常用两次故障之间的时间长度或在出现故障时系统能够恢复正常的速度来表示，如故障间隔时间。设计策略有：①错误检测：命令/响应、心跳线、异常处理；②错误恢复：表决（通过冗余构件与表决器相连）、主动冗余、被动冗余、备件、状态再同步、检查点/回滚；③错误预防：从服务中删除、事务（事务保证一致性）、进程监视器。

可修改性：指能够快速地以较高的性能价格比对系统进行变更的能力。通常以某些具体的变更为基准，通过考查这些变更的代价衡量。设计策略：接口-实现分类、抽象、信息隐藏等。

在架构设计阶段，公司的架构师识别出三个核心质量属性场景，其中，网站在开发数量10万的负数情况下，用户请求的平均响应时间应小于3秒，这一场景主要与性能质量属性相关，通常可采用资源调度架构策略实现该属性；"主站点宕机后系统能够在10秒内自动切换至备用站点并恢复正常运行"主要与可用性质量属性相关，通常可采用心跳架构策略实现该属性；系统完成上线后少量的外围业务功能和界面的调整与修改不超过10人日，主要与可修改性质量属性相关。

（30）（31）（32）**参考答案**：A　B　D

🖊**解析**　本题考查软件构件的基础知识。

基于构件的软件开发中，已有的构件人分类方法可以归纳为三大类：

1）关键字分类法。根据领域分析的结果将应用领域的概念按照从抽象到具体的顺序逐次分解为树形或有向无回路图结构。

2）刻面分类法。利用Facet（刻面）描述构件执行的功能、被操作的数据、构件应用的语境或任意其他特征。

3）超文本方法。基于全文检索技术，使得检索者在阅读文档过程中可以按照人类的联想思维方式任意跳转到包含相关概念或构件的文档。

（33）**参考答案**：C

🖊**解析**　本题考查构件重用的基础知识。构件组装是将库中的构件经适当修改后相互连接，或者将它们与当前开发项目中的软件元素相连接，最终构成新的目标软件。构件组装技术大致可分为基于功能的组装技术、基于数据的组装技术和面向对象的组装技术。

（34）（35）（36）**参考答案**：D　C　A

🖊**解析**　本题考查软件体系结构风格方面的知识。数据流体系结构包括批处理体系结构风格和管道-过滤器体系结构风格。虚拟机体系结构风格包括解释器体系结构风格和规则系统体系结构风格。图中描述的为层次型体系结构风格。

（37）（38）**参考答案**：A　C

🖊**解析**　本题考查SOA方面的知识。

面向服务的体系结构（Service-Oriented Architecture，SOA）是一种软件系统设计方法，通过已经发布的和可发现的接口为终端用户应用程序或其他服务提供服务。

企业服务总线（Enterprise Service Bus，ESB）是构建基于SOA解决方案时所使用基础架构的关键部分，是由中间件技术实现并支持SOA的一组基础架构功能。ESB支持异构环境中的服务、消息，以及基于事件的交互，并且具有适当的服务级别和可管理性。简而言之，ESB提供了连接企业内部及跨企业间新的和现有软件应用程序的功能，以一组丰富的功能启用管理和监控应用程序之间的交互。在SOA分层模型中，ESB用于组件层以及服务层之间，它能够通过多种通信协议连接并集成不同平台上的组件将其映像成服务层的服务。

（39）（40）（41）**参考答案**：A　A　C

🖊**解析**　本题考查基于架构的软件开发模型方面的知识。

基于架构的软件开发模型（Architecture-Based Software Design Model，ABSDM）把整个基于

架构的软件过程划分为架构需求、设计、文档化、复审、实现、演化等六个子过程。

绝大多数的架构都是抽象的，由一些概念上的构件组成。例如，层的概念在任何程序设计语言中都不存在。因此，要让系统分析师和程序员去实现架构，还必须得把架构进行文档化。文档是在系统演化的每一个阶段，系统设计与开发人员的通信媒介，是为验证架构设计和提炼或修改这些设计（必要时）所执行预先分析的基础。架构文档化过程的主要输出结果是架构需求规格说明和测试架构需求的质量设计说明书这两个文档。生成需求模型构件的精确的形式化描述，作为用户和开发者之间的一个协定或约定。

第**12**章
信息系统基础知识

12.1 备考指南

信息系统基础知识主要考查的是企业信息化基本概念、信息系统战略规划、电子政务和电子商务、企业应用集成等，属于重点考点，在系统架构设计师的考试中选择题占3~5分，案例分析和论文中有时也会考到，主要是企业应用集成部分的内容。

12.2 考点梳理及精讲

12.2.1 信息化基本概念

1. 信息系统概念

信息系统是由计算机硬件、网络和通信设备、计算机软件、信息资源、信息用户和规章制度组成的以处理信息流为目的的人机一体化系统。

信息系统的五个基本功能：输入、存储、处理、输出和控制。

信息系统的性质影响着系统开发者和系统用户的知识需求。"以计算机为基础"要求系统设计者必须具备计算机及其在信息处理中的应用知识。"人机交互"要求系统设计者还需要了解人作为系统组成部分的能力以及人作为信息使用者的各种行为。

诺兰模型：信息系统进化的阶段模型。将计算机信息系统的发展道路划分为六个阶段。

（1）初始阶段：计算机刚进入企业时只作为办公设备使用，应用非常少。一般仅用于财务部门。

（2）传播阶段：企业对计算机有了一定了解，想利用计算机解决工作中的问题，比如进行更多的数据处理，给管理工作和业务带来便利。会大幅度增加软件投入，盲目投入产生问题，效率低。

（3）控制阶段：从整体上控制计算机信息系统的发展，在客观上要求组织协调、解决数据共享问题。一些职能部门内部实现了网络化，但各软件系统之间还存在"部门壁垒"与"信息孤岛"。信息系统呈现单点、分散的特点，系统和资源利用率不高。这一阶段是计算机管理变为数据管理的关键。

（4）集成阶段：在控制的基础上，企业开始重新进行规划设计，建立基础数据库，并建成统一的信息管理系统。使人、财、物等资源信息能够在企业集成共享，更有效地利用现有的 IT 系统和资源。

（5）数据管理阶段：企业高层意识到信息战略的重要，信息成为企业的重要资源，企业的信息化建设也真正进入到数据处理阶段。使用统一平台，各部门、各系统基本实现资源整合和信息共享。

（6）成熟阶段：信息系统已经可以满足企业各个层次的需求，从简单的事务处理到支持高效管理的决策。企业真正把 IT 与管理过程结合起来，将组织内部、外部的资源充分整合和利用，从而提升企业的竞争力和发展潜力。

2. 信息系统的分类（低级到高级）

（1）业务（数据）处理系统（Transaction Processing Systems/Electronic Data Processing System，TPS/EDPS）：随着企业业务需求的增长和技术条件的发展，人们逐步将计算机应用于企业局部业务（数据）的管理，如财会管理、销售管理、物资管理和生产管理等，即计算机应用发展到对企业的局部事务的管理。

（2）管理信息系统（Management Information System，MIS）：由人和计算机等组成的，能进行管理信息的收集、传输、存储、加工、维护和使用的系统。形成了对企业全局性的、整体性的计算机应用。能提供企业各级领导从事管理需要的信息，但其收集信息的范围还更多地侧重于企业内部。

（3）决策支持系统（Decision Support System，DSS）：帮助决策者利用数据和模型去解决半结构化决策问题和非结构化决策问题的交互式系统。服务于高层决策的管理信息系统，按功能可分为专用 DSS、DSS 工具和 DSS 生成器。

（4）专家系统（Expert System，ES）：一个智能计算机程序系统，其内部含有某个领域具有专家水平的大量知识与经验，能够利用人类专家的知识和解决问题的方法来处理该领域的问题。

（5）办公自动化系统（Office Automation System，OAS）：人机结合的综合性的办公事务管理系统，或称办公事务处理系统。该系统将当代各种先进技术和设备应用于办公室的办公活动中，使办公活动实现科学化、自动化，以改善工作环境、最大限度地提高办公事务工作质量和工作效率。

目前企业主要使用的信息化系统主要有 ERP 系统（企业资源管理）、仓储管理系统（Warehouse Management System，WMS）、制造执行系统（Manufacturing Execution System，MES）（也称为 SFC，即制造过程管理系统）和产品数据管理系统（Product Data Management System，PDMS）。

- ERP 系统：主要管理公司的各种资源，负责处理进销存、供应链、生产计划（Master Production Schedule，MPS）、物资需求计划（Material Requirement Planning，MRP）计算、生产订单、管理会计，是财务数据的强力支撑。

- **WMS**：主要包括库房货位管理，主要有收发料，通过扫码进出库，对库存进行库位、先进先出与盘点；栈板出货管控、库龄管理等内容，主要是立体仓库或大批量仓库数据需求。

- **MES**：负责生产过程和生产过程中防呆、自动化设备集成，是各个客户审核的重点，是生产全流程管控，也有企业称之为 SFC，其实大同小异，但是它是生产过程、生产工艺、生产设备、自动化生产直接的核心。

- **PDMS**：管理研发阶段的物料、BOM、工程变更数据，负责产品数据为主。PDMS 是产品研发全过程管理，主要涉及协同研发等能力。

3. 信息系统的生命周期

（1）信息系统的产生阶段：也是信息系统的概念阶段或者信息系统的需求分析阶段。这一阶段又分为两个过程：一是概念的产生过程，即根据企业经营管理的需要，提出建设信息系统的初步想法；二是需求分析过程，即对企业信息系统的需求进行深入地调研和分析，并形成需求分析报告。

（2）信息系统的开发阶段：最重要、关键的阶段。包括总体规划、系统分析、系统设计、系统实施和系统验收五个阶段。

1）总体规划阶段。信息系统总体规划是系统开发的起始阶段，它的基础是需求分析。作用主要有：指明信息系统在企业经营战略中的作用和地位；指导信息系统的开发；优化配置和利用各种资源，包括内部资源和外部资源。总体规划产出包括信息系统的开发目标、信息系统的总体架构、信息系统的组织结构和管理流程、信息系统的实施计划、信息系统的技术规范等。

2）系统分析阶段。目标是为系统设计阶段提供系统的逻辑模型。以企业的业务流程分析为基础，规划即将建设的信息系统的基本架构，它是企业的管理流程和信息流程的交汇点。内容主要包括组织结构及功能分析、业务流程分析、数据和数据流程分析、系统初步方案等。

3）系统设计阶段。根据系统分析的结果，设计出信息系统的实施方案。主要内容包括系统架构设计、数据库设计、处理流程设计、功能模块设计、安全控制方案设计、系统组织和队伍设计、系统管理流程设计等。

4）系统实施阶段。将设计阶段的结果在计算机和网络上具体实现，也就是将设计文本变成能在计算机上运行的软件系统。由于系统实施阶段是对以前的全部工作的检验，因此，系统实施阶段用户的参与特别重要。系统实施阶段以后，用户逐步变为系统的主导地位。

5）系统验收阶段。信息系统实施阶段结束以后，系统就要进入试运行。通过试运行，系统性能的优劣以及是否做到了用户友好等问题都会暴露在用户面前，这时就进入了系统验收阶段。

（3）信息系统的运行阶段：当信息系统通过验收，正式移交给用户以后，系统就进入了运行阶段。系统维护包括排错性维护、适应性维护、完善性维护和预防性维护。

（4）信息系统的消亡阶段：在信息系统建设的初期企业就应当注意系统的消亡条件和时机，以及由此而花费的成本。

信息系统建设的原则：高层管理人员介入原则、用户参与开发原则、自顶向下规划原则、工程化原则、其他原则（创新性、整体性、发展性、经济性等）。

4. 信息系统开发方法

（1）结构化方法。结构是指系统内各个组成要素之间的相互联系、相互作用的框架。结构化方法也称为生命周期法，是一种传统的信息系统开发方法，由结构化分析（Structured Analysis，SA）、结构化设计（Structured Design，SD）和结构化程序设计（Structured Programming，SP）三部分有机组合而成，其精髓是自顶向下、逐步求精和模块化设计。

结构化方法的主要特点：

1）开发目标清晰化。结构化方法的系统开发遵循"用户第一"的原则。

2）开发工作阶段化。每个阶段工作完成后，要根据阶段工作目标和要求进行审查，这使各阶段工作有条不紊地进行，便于项目管理与控制。

3）开发文档规范化。结构化方法每个阶段工作完成后，要按照要求完成相应的文档，以保证各个工作阶段的衔接与系统维护工作的便利。

4）设计方法结构化。在系统分析与设计时，从整体和全局考虑，自顶向下地分解；在系统实现时，根据设计的要求，先编写各个具体的功能模块，然后自底向上逐步实现整个系统。

结构化方法的不足和局限：

1）开发周期长：按顺序经历各个阶段，直到实施阶段结束后，用户才能使用系统。

2）难以适应需求变化：不适用于需求不明确或经常变更的项目。

3）很少考虑数据结构：结构化方法是一种面向数据流的开发方法，很少考虑数据结构。

结构化方法常用工具：结构化方法一般利用图形表达用户需求，常用工具有数据流图、数据字典、结构化语言、判定表以及判定树等。

（2）原型化方法。原型化方法也称为快速原型法，或者简称为原型法。它是一种根据用户初步需求，利用系统开发工具，快速地建立一个系统模型展示给用户，在此基础上与用户交流，最终实现用户需求的信息系统快速开发的方法。

按是否实现功能分类，可分为水平原型（行为原型，功能的导航）、垂直原型（结构化原型，实现了部分功能）。

按最终结果分类，可分为抛弃式原型、演化式原型。

原型法的特点：原型法可以使系统开发的周期缩短、成本和风险降低、速度加快，获得较高的综合开发效益。

原型法是以用户为中心来开发系统的，用户参与的程度大大提高，开发的系统符合用户的需求，因而增加了用户的满意度，提高了系统开发的成功率。由于用户参与了系统开发的全过程，对系统的功能和结构容易理解和接受，有利于系统的移交，有利于系统的运行与维护。

原型法的不足之处：开发的环境要求高；管理水平要求高。

由以上的分析可以看出，原型法的优点主要在于能更有效地确认用户需求。从直观上来看，原型法适用于那些需求不明确的系统开发。事实上，对于分析层面难度大、技术层面难度不大的系统，适合于原型法开发。

从严格意义上来说，目前的原型法不是一种独立的系统开发方法，而只是一种开发思想，它只支持在系统开发早期阶段快速生成系统的原型，没有规定在原型构建过程中必须使用哪种方法。因此，它不是完整意义上的方法论体系。这就注定了原型法必须与其他信息系统开发方法结合使用。

（3）面向对象方法。面向对象（Object-Oriented，OO）方法认为客观世界是由各种对象组成的，任何事物都是对象，每一个对象都有自己的运动规律和内部状态，都属于某个对象类，是该对象类的一个元素。复杂的对象可由相对简单的各种对象以某种方式构成，不同对象的组合及相互作用就构成了系统。

面向对象方法的特点：使用 OO 方法构造的系统具有更好的复用性，其关键在于建立一个全面、合理、统一的模型（用例模型和分析模型）。

OO 方法也划分阶段，但其中的系统分析、系统设计和系统实现三个阶段之间已经没有"缝隙"。也就是说，这三个阶段的界限变得不明确，某项工作既可以在前一个阶段完成，也可以在后一个阶段完成；前一个阶段工作做得不够细，在后一个阶段可以补充。

面向对象方法可以普遍适用于各类信息系统的开发。

面向对象方法的不足之处：必须依靠一定的面向对象技术支持，在大型项目的开发上具有一定的局限性，不能涉足系统分析以前的开发环节。

当前，一些大型信息系统的开发，通常是将结构化方法和 OO 方法结合起来。首先，使用结构化方法进行自顶向下的整体划分；然后，自底向上地采用 OO 方法进行开发。因此，结构化方法和 OO 方法仍是两种在系统开发领域中相互依存的、不可替代的方法。

（4）面向服务的方法。进一步将接口的定义与实现进行解耦，则催生了服务和面向服务（Service-Oriented，SO）的开发方法。

从应用的角度来看，组织内部、组织之间各种应用系统的互相通信和互操作性直接影响着组织对信息的掌握程度和处理速度。如何使信息系统快速响应需求与环境变化，提高系统可复用性、信息资源共享和系统之间的互操作性，成为影响信息化建设效率的关键问题，而 SO 的思维方式恰好满足了这种需求。

5. 信息化战略体系

企业战略规划利用机会和威胁评价现在和未来的环境，用优势和劣势评价企业现状，进而选择和确定企业的总体和长远目标，制订和抉择实现目标的行动方案。

信息系统战略规划关注如何通过信息系统来支撑业务流程的运作，进而实现企业的关键业务目标，其重点在于对信息系统远景、组成架构、各部分逻辑关系进行规划。

信息技术战略规划通常简称为 IT 战略规划，是在信息系统规划的基础上，对支撑信息系统运行的硬件、软件、环境等进行具体的规划，它更关心技术层面的问题。

信息资源规划是在以上规划的基础上，为开展具体的信息化建设项目而进行的数据需求分析、信息资源标准建立、信息资源整合工作。

系统规划：单个项目的立项分析，是信息系统生命周期的第一个阶段，其任务是对企业的环境、目标及现有系统的状况进行初步调查，根据企业目标和发展战略，确定信息系统的发展战略，对建设新系统的需求做出分析和预测，同时考虑建设新系统所受的各种约束，研究建设新系统的必要性和可能性。

6. 企业战略与信息化战略的集成

企业战略与信息化战略的集成主要方法有：业务与 IT 整合（Business-IT Alignment，BITA）和企业 IT 架构（Enterprise IT Architecture，EITA）。

（1）BITA 是一种以业务为导向的、全面的 IT 管理咨询实施方法论。从制订企业战略、建立（改进）企业组织结构和业务流程，到进行 IT 管理和制订进度计划，使 IT 能够更好地为企业战略和目标服务。BITA 适用于信息系统不能满足当前管理中的业务需要，业务和 IT 之间总是有不一致的地方。

（2）EITA 分析企业战略，帮助企业制订 IT 战略，并对其投资决策进行指导。在技术、信息系统、信息、IT 组织和 IT 流程方面，帮助企业建立 IT 的原则规范、模式和标准，指出 IT 需要改进的方面并帮助制订行动计划。EITA 适用于现有信息系统和 IT 基础架构不一致、不兼容和缺乏统一的整体管理的企业。

12.2.2 业务处理系统

业务处理系统又可称为电子数据处理系统（EDPS），是最初级形式的信息系统，是针对管理中具体的事务（如财会、销售、库存等）来辅助管理人员将所发生的数据进行记录、记账、统计和分类，并制成报表等活动，为经营决策提供有效信息的基于计算机的信息系统。

由于 TPS 的主要功能就是对企业管理中日常事务所发生的数据进行输入、处理和输出。因此，TPS 的数据处理周期由数据输入、数据处理、数据库的维护、文件报表的产生和查询处理五个阶段构成。

（1）数据输入。主要解决如何将企业经营活动中产生的大量原始数据准确、迅速地输入到计算机系统中并存储起来，这是信息系统进行信息处理的"瓶颈"。因此，数据的输入方式和进度是这个阶段的关键问题。常见的数据输入方式有 3 种，即人工、自动及二者结合。

（2）数据处理。TPS 中常见的数据处理方式有两种：一种是批处理方式（将事务数据积累到一段时间后进行定期处理）；另一种是联机事务处理方式（OLTP，实时处理）。

（3）数据库的维护。一个组织的数据库通过 TPS 来更新，以确保数据库中的数据能及时、正确地反映当前最新的经营状况，因此数据库的维护是 TPS 的一项主要功能。对数据库的访问形式基本有四种：检索、修改、存入和删除。

（4）文件报表的产生。TPS 的输出就是为终端用户提供所需的有关文件和报表，这些文件和报表根据其用途不同可分为：行动文件（该文件的接收者持有文件后可进行某项事务处理）、信息文件（类文件向其持有者表明某项业务已发生了）、周转文件（交给接受者之后通常还要返回到发送者手中）。

（5）查询处理。TPS 支持终端用户的批次查询或联机实时查询，典型的查询方式是用户通过屏幕显示获得查询结果。

特点：TPS 是其他类型信息系统的信息产生器，企业在推进全面信息化的过程中往往是从开发

TPS 入手的。许多 TPS 是处于企业系统的边界，它是将企业与外部环境联系起来的"桥梁"。因此，TPS 性能的好坏将直接影响着组织的整体形象，是提高企业市场竞争力的重要因素。由于 TPS 面对的是结构化程度很高的管理问题，因此可以采用结构化生命周期法来进行开发。

12.2.3 管理信息系统

管理信息系统是由业务处理系统发展而成的，是在 TPS 基础上引进大量管理方法对企业整体信息进行处理，并利用信息进行预测、控制、计划、辅助企业全面管理的信息系统。

管理信息系统由四大部件组成，即信息源、信息处理器、信息用户和信息管理者。

根据各部件之间的联系可分为开环（不收集外部信息、不反馈）和闭环（不断收集信息、反馈调整）。计算机实时处理的系统均属于闭环系统，而批处理系统均属于开环系统，但对于一些较长的决策过程来说批处理系统也能构成闭环系统。

根据处理的内容及决策的层次来看，可以把管理信息系统看成一个金字塔式的结构。分为战略计划、管理控制和运行控制三层。

管理信息系统的功能：职能的完成往往是通过"过程"实现，过程是逻辑上相关活动的集合，因而往往把管理信息系统的功能结构表示成功能—过程结构，如图 12-1 所示。这个系统标明了企业各种功能子系统怎样互相联系并形成一个全企业的管理系统，是企业各种管理过程的一个缩影。

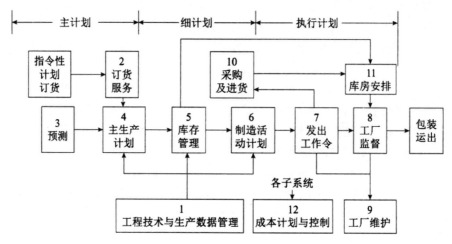

图 12-1　管理信息系统的功能结构

管理信息系统的组成（用功能/层次矩阵表示）有以下七个部分，如图 **12-2** 所示。

（1）销售市场子系统。它包括销售和推销，在运行控制方面包括雇用和训练销售人员、销售和推销的日常调度，还包括按区域、产品、顾客销售数量的定期分析等。

（2）生产子系统。它包括产品设计、生产设备计划、生产设备的调度和运行、生产人员的雇用和训练、质量控制和检查等。

（3）后勤子系统。它包括采购、收货、库存控制和分发。

（4）人事子系统。它包括雇用、培训、考核记录、工资和解雇等。

（5）财务会计子系统。财务的目标是保证企业的财务要求，并使其花费尽可能的低；会计则是把财务业务分类、总结，填入标准财务报告，准备预算、成本数据的分析与分类等。

（6）信息处理子系统。该系统的作用是保证企业的信息需要。典型的任务是处理请求、收集数据、改变数据和程序的请求、报告硬件和软件的故障及规划建议等。

（7）高层管理子系统。为高层领导服务，业务包括查询信息和支持决策，编写文件和信件，向公司其他部门发送指令。

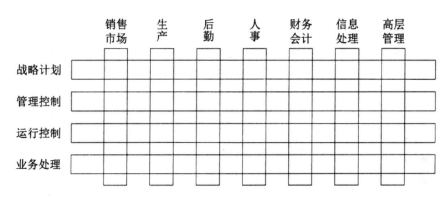

图 12-2　管理信息系统的组成

12.2.4　决策支持系统

DSS 应当是一个交互式的、灵活的、适应性强的基于计算机的信息系统，能够为解决非结构化管理问题提供支持，以改善决策的质量。

DSS 的基本模式反映 DSS 的形式及其与"真实系统"、人和外部环境的关系，如图 12-3 所示。其中管理者处于核心地位，运用自己的知识和经验，结合决策支持系统提供的支持，对其管理的"真实系统"进行决策。

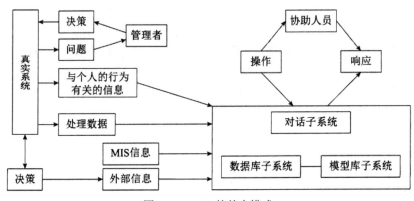

图 12-3　DSS 的基本模式

DSS 的两种基本结构型式是两库结构和基于知识的结构，实际中的 DSS 由这两种基本结构通过分解或增加某些部件演变而来。两库结构由数据库子系统、模型库子系统和对话子系统形成三角形分布的结构。

决策支持系统总体功能是支持各种层次的人们进行决策。具体可细分为：

（1）决策支持系统用来整理和提供本系统与决策问题有关的各种数据。

（2）决策支持系统要尽可能地收集、存储和及时提供与决策有关的外部信息。

（3）决策支持系统能及时收集和提供有关各项活动的反馈信息。

（4）决策支持系统对各种与决策有关的模型具有存储和管理的能力。

（5）决策支持系统提供对常用的数学方法、统计方法和运筹方法的存储和管理。

（6）决策支持系统能对各种数据、模型、方法进行有效管理，为用户提供查找、变更、增加、删除等操作功能。

（7）决策支持系统运用所提供的模型和方法对数据进行加工，并得出有效支持决策的信息。

（8）决策支持系统具有人—机对话接口和图形加工、输出功能，不仅用户可以对所需要的数据进行查询，而且可以输出相应的图形。

（9）决策支持系统应能支持分布使用方式，提供有效的传输功能，以保证分散在不同地点的用户能共享系统所提供的模型、方法和可共享的数据。

决策支持系统的特点：

（1）决策支持系统面向决策者。

（2）决策支持系统支持对半结构化问题的决策。

（3）决策支持系统的作用是辅助决策者、支持决策者。

（4）决策支持系统体现决策过程的动态性。

（5）决策支持系统提倡交互式处理。

决策支持系统的组成：

（1）数据的重组和确认。与决策支持系统相关的数据库的问题是，获得正确的数据并且可用理想的形式操作这些数据。这个问题可以通过数据仓库的概念解决。

（2）数据字典的建立。数据仓库是一个与作业层系统分离存在的数据库。通过对数据仓库的存取，管理者可以做出以事实为根据的决策来解决许多业务问题。

（3）数据挖掘和智能体。一旦建成数据仓库，管理者们需要运用工具进行数据存取和查询，使用的工具称为智能体。数据挖掘的结果类型包括：

1）联合：把各个事件联系在一起的过程。例如，将学生们经常同时选修的两门课程联系起来，以便这两门课程不被安排在同一时间。

2）定序：识别模式的过程。例如，识别学生们多个学期课程的次序。

3）分类：根据模式组织数据的过程。例如，以学生完成学业的时间（4 年以内，4 年以上）为标准分成几个小组。

4）聚类：推导特定小组与其他小组相区分的判断规则的过程。例如，通过兴趣、年龄、工作经验来划分学生。

（4）模型建立。模型管理的目的就是帮助决策者理解与选择有关的现象。建立模型的方法有枚举法、算法、启发式和模拟法。

12.2.5 专家系统

基于知识的专家系统简称专家系统，是人工智能的一个重要分支。专家系统的能力来自于它所拥有的专家知识，**知识**的表示及**推理**的方法则提供了应用的机理。

专家系统既不同于传统的应用程序，也不同于其他类型的人工智能问题求解程序。不同点主要表现在以下五个方面。

（1）专家系统属于人工智能范畴，其求解的问题是半结构化或非结构化问题。

（2）专家系统模拟的是人类专家在问题领域的推理，而不是模拟问题领域本身。

（3）专家系统由三个要素组成：描述问题状态的综合数据库、存放启发式经验知识的知识库和对知识库的知识进行推理的推理机。三要素分别对应数据级、知识库级和控制级三级知识，而传统应用程序只有数据和程序两级结构。

（4）专家系统处理的问题是实际的问题，而不是纯学术的问题。

（5）从求解手段来看，专家系统专用性强，通用性差。

人工智能（Artificial Intelligence，AI） 旨在利用机械、电子、光电或生物器件等制造的装置或机器模仿人类的智能。

AI 研究的重点放在开发具有智能行为的计算机系统上，智能行为表现出以下五个特点。

（1）从过去的事件或情形中汲取经验，并将从经验中得到的知识应用于新的环境和场景。

（2）具有在缺乏重要信息时解决问题的能力。

（3）具有处理和操纵各种符号、理解形象化图片（图像）的能力。

（4）具有想象力和创造力。

（5）善于启发。

人工智能是一个极为广泛的领域，AI 的主要分支有专家系统、机器人技术、视觉系统、自然语言处理、学习系统和神经网络等。

专家系统的特点：超越时间限制、操作成本低廉、易于传递与复制、处理手段一致（不会因人而异）、善于克服难题、适用特定领域。

专家系统的组成如下。

（1）知识库。专家系统的知识库用来存放系统求解实际问题的领域知识。一般来说，知识库中的知识可分成两类：一类为事实性知识；另一类为启发性知识。

（2）综合数据库。是专家系统在执行与推理过程中用以存放所需要和产生的各种信息的工作存储器，通常包括欲解决问题的初始状态描述、中间结果、求解过程的记录、用户对系统提问的回答等信息，因此，综合数据库又称动态知识库，其内容在系统运行过程中是不断变化的。相应地把专家系统的知识库称为静态知识库。二者一起构成完整知识库。

（3）推理机。推理机和知识库一起构成专家系统的核心。推理机也被称为控制结构或规则解释器，通常包括推理机制和控制策略，是一组用来控制系统的运行、执行各种任务、根据知识库进行各种搜索和推理的程序模块。

（4）知识获取。主要有两方面功能：一是知识的编辑和求精；二是知识自学习。

（5）解释程序。是面向用户服务的，负责解答用户提出的各种问题。

（6）人机接口。通常包括两部分：一部分是专家系统与用户的接口；另一部分是专家系统与领域专家和知识工程师的接口。如图 12-4 所示。

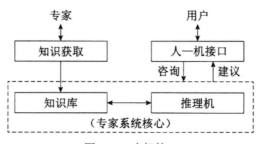

图 12-4　人机接口

12.2.6　办公自动化系统

办公自动化就是办公信息处理手段的自动化。OAS 要解决的是包括数据、文字、声音、图像等信息的一体化处理问题。从本质上讲，办公自动化就是以先进的科学技术为基础，利用有关办公自动化设备协助办公人员管理各项办公信息，主要利用资源以提高办公效率和办公质量。计算机技术、通信技术、系统科学和行为科学是它的四大支柱。其中以行为科学为主导，系统科学为理论基础，结合运用计算机技术和通信技术。

OAS 的主要功能有以下几点。

（1）事务处理。完成办公部分内的大量烦琐事情，又称为事务办公系统，分为单机处理系统和多机处理系统（通信、信息共享）。

（2）信息管理。对信息流的控制管理，主要包括信息的收集、加工、传递、交流、存取、提供、分析、判断、应用和反馈那些办公人员的综合性工作。可称为管理型办公系统，它能将事务型办公系统中各项孤立的事务处理通过信息交换和共享资源联系起来，获得准确、快捷、及时、优质的功效。管理型办公系统是一种分布式的处理系统，具有计算机通信和网络功能。

（3）辅助决策。可称为决策型办公系统，以经理型办公系统提供的大量信息作为决策工作的基础，建立起能综合分析、预测发展、判断利弊的计算机可运行的决策模型，根据原始数据信息，自动做出比较符合实际的决策方案。

办公自动化系统的组成：计算机设备、办公设备、数据通信及网络设备、软件系统。

12.2.7 企业资源规划

企业资源规划是指建立在信息技术基础上，以系统化的管理思想，为企业提供决策和运营手段的管理平台。ERP 系统是将企业所有资源进行集成整合，并进行全面、一体化管理的信息系统。

演变过程：物料需求计划（物料单系统）—制造资源计划（增加库存、分销等）—企业资源计划（打通了供应链，加入财务、人力资源、销售管理等）。

企业有三大资源：物流（物流管理）、资金流（财务管理）、信息流（生产控制管理）。现在一般认为人力资源（人力资源管理）是企业第四大资源。企业的资源计划可从以下三点来理解：

（1）管理思想：ERP 是一种管理思想，将企业资源分类管理，是管理思想的变革。

（2）软件产品：ERP 是个软件产品，为企业用户提供一体化的解决方案，不是买来直接用的，需要个性化的开发和部署。

（3）管理系统：ERP 是一个管理系统，存在众多的子系统，这些子系统有统一的规划，是互联互通的，便于事前事中监控。

ERP 的结构包括以下几点内容。

（1）生产预测。市场需求是企业生存的基础，在 ERP 中首先需要对市场进行较准确的预测。预测主要用于计划，在 ERP 的五个层次计划中，前两个层次计划即经营计划（生产计划大纲）和主生产计划的编制都离不开预测。

（2）销售管理（计划）。销售管理主要是针对企业的销售部门的相关业务进行管理。

（3）经营计划（生产计划大纲）。生产计划大纲是根据经营计划的生产目标制订的，是对企业经营计划的细化，用以描述企业在可用资源的条件下，在一定时期中的产量计划。生产计划大纲在企业决策层的三个计划中有承上启下的作用，一方面它是企业经营计划和战略规划的细化，另一方面它又用于指导企业编制主生产计划，指导企业有计划地进行生产。

（4）主生产计划。主生产计划是对企业生产计划大纲的细化，说明在一定时期内的计划：生产什么，生产多少和什么时候交货。主生产计划的编制以生产大纲为准，其汇总结果应当等同于生产计划大纲，同时，主生产计划又是其下一层计划——物料需求计划的编制依据。

（5）物料需求计划。物料需求计划是对主生产计划的各个项目所需的全部制造件和全部采购件的网络支持计划和时间进度计划。它根据主生产计划对最终产品的需求数量和交货期，推导出构成产品的零部件及材料的需求数量和需求时期，再导出自制零部件的制作订单下达日期和采购件的采购订单发送日期，并进行需求资源和可用能力之间的进一步平衡。

（6）能力需求计划。能力需求计划（Capacity Requirement Planning，CRP）是对物料需求计划所需能力进行核算的一种计划管理方法。旨在通过分析比较 MRP 的需求和企业现有生产能力，及早发现能力的瓶颈所在，为实现企业的生产任务而提供能力方面的保障。

（7）车间作业计划。车间作业计划（Production Activity Control，PAC）是在 MRP 所产生的加工制造订单（即自制零部件生产计划）的基础上，按照交货期的前后和生产优先级选择原则以及车间的生产资源情况（如设备、人员、物料的可用性、加工能力的大小等），将零部件的生产计划以订单的形式下达给适当的车间。

（8）采购与库存管理。采购与库存管理是 ERP 的基本模块，其中采购管理模块是对采购工作，即从采购订单产生至货物收到的全过程进行组织、实施与控制，库存管理模块则是对企业物料的进、出、存进行管理。

（9）质量与设备管理。质量管理贯穿于企业管理的始终。设备管理是指依据企业的生产经营目标，通过一系列的技术、经济和组织措施，对设备生命周期内的所有设备物资运动形态和价值运动形态进行的综合管理。

（10）财务管理。会计工作是企业管理的重要组成部分，是以货币的形式反映和监督企业的日常经济活动，并对这些经济业务的数据进行分类、汇总，以便为企业管理和决策提供必要的信息支持。企业财务管理是企业会计工作和活动的统称。

（11）ERP 有关扩展应用模块。如客户关系管理、分销资源管理、供应链管理和电子商务等。这几个扩展模块本身也是一个独立的系统，在市场上它们常作为独立的软件产品进行出售和实施。

ERP 的功能：支持决策、为处于不同行业的企业提供有针对性的 IT 解决方案、从企业内部的供应链发展为全行业和跨行业的供应链。

12.2.8　信息系统战略规划

一个企业信息系统的战略规划可分为以下三个阶段。

第一阶段：以数据处理为核心，围绕职能部门需求。

（1）企业系统规划法（Business System Planning，BSP）：自上而下地识别企业目标、企业过程和数据，然后对数据进行分析，自下而上地设计信息系统。重视数据的创建和使用，以数据的创建和使用归类，提供一个信息系统规划，建立 CU 矩阵（创建使用矩阵）。

（2）关键成功因素法（Critical Success Factor，CSF）：重视关键因素，每个企业在某阶段都有关键因素，抓住关键信息。

（3）战略集合转化法（Strategy Set Transformation，SST）：将企业的战略信息（环境、目标等）收集起来，当成一个"信息集合"，并且转换为信息系统的战略信息，全方位地注重企业的战略信息。

第二阶段：以企业内部管理信息系统（MIS）为核心，围绕企业整体需求。

（1）战略数据规划法（Strategy Data Planning，SDP）：强调建立企业模型和主题数据库（重点和关键是面向业务主题，整个企业的），数据类基本上是稳定的，而业务和流程是多变的。

（2）信息工程法（Information Engineering，IE）：第一次提出以工程的方法来建立信息系统，信息工程是面向企业计算机信息系统建设，以数据为中心的开发方法。信息工程法认为，与企业的信息系统密切相关的三要素是企业的各种信息、企业的业务过程和企业采用的信息技术。信息工程自上而下地将整个信息系统的开发过程划分为四个实施阶段，分别是信息规划阶段、业务领域分析阶段、系统设计阶段和系统构建阶段。

（3）战略栅格法（Strategic Grid，SG）：建立一个 2×2 的矩阵，每个矩阵元素代表过程对数据类的创建和使用等。栅格即划分矩阵。

第三阶段：综合考虑企业内外环境，以集成为核心，围绕企业战略需求。

（1）价值链分析法（Value Chain Analysis，VCA）：将所有对企业有影响的信息作为一个个活动，其都有可能对企业造成增值，分析其中对企业增值最大的信息。

（2）战略一致性模型（Strategic Alignment Model，SAM）：保证企业战略和信息系统战略一致。

12.2.9 政府信息化与电子政务

电子政务是指政府机构在其管理和服务职能中运用现代信息技术，实现政府组织结构和工作流程的重组优化，超越时间、空间和部分分隔的制约，建成一个精简、高效、廉洁、公平的政府运作模式。电子政务模型可简单概括为两方面：政府部门内部利用先进的网络信息技术实现办公自动化、管理信息化、决策科学化；政府部门与社会各界利用网络信息平台充分进行信息共享与服务、加强群众监督、提高办事效率及促进政务公开等。

电子政务内容见表 12-1。

表 12-1　电子政务内容

电子政务	说明
G2G	政府与政府之间的电子政务，指政府上下级之间、不同地区不同职能部门之间，如档案互调 G：Government
G2B	政府与企业之间的电子政务，指政府向企业提供的各种公共服务，如企业报税 B：Business
G2C	政府与公民之间的电子政务，是政府面向公民提供的服务，如社保公积金等信息查询 C：Citizen
G2E	政府与公务员之间的电子政务，指政府与政府公务员之间的电子政务，如公务员办公 E：Employee

12.2.10 企业信息化与电子商务

企业信息化就是企业利用现代信息技术，通过信息资源的深入开发和广泛利用，实现企业生产过程的自动化、管理方式的网络化、决策支持的智能化和商务运营的电子化，不断提高生产、经营、管理、决策的效率和水平，进而提高企业经济效益和企业竞争力的过程。

企业信息化的具体目标是优化企业业务活动，使之更加有效，它的根本目的在于提高企业竞争能力，使得企业具有平稳和有效的运作能力，对紧急情况和机会做出快速反应，为企业内外部用户提供有价值的信息。包括技术创新、管理创新和制度创新。

企业信息化一定要建立在企业战略规划基础之上，以企业战略规划为基础建立的企业管理模式是建立企业战略数据模型的依据。

企业信息化就是技术和业务的融合，需要从三个层面来实现。

（1）企业战略的层面。在规划中必须对企业目前的业务策略和未来的发展方向作深入分析。达到战略上的融合。

（2）业务运作层面。针对企业所确定的业务战略，通过分析获得实现这些目标的关键驱动力和实现这些目标的关键流程。

（3）管理运作层面。虽然这一层面从价值链的角度上来说是属于辅助流程，但它对企业日常管理的科学性、高效性是非常重要的。除了提出应用功能的需求外，还必须给出相应的信息技术体系，这些将确保管理模式和组织架构适应信息化的需要。

企业战略数据模型分为数据库模型和数据仓库模型，数据库模型用来描述日常事务处理中数据及其关系；数据仓库模型则描述企业高层管理决策者所需信息及其关系。

1. 企业信息化方法

（1）业务流程重构方法。对企业的组织结构和工作方法进行"彻底的、根本性的"重新设计。

（2）核心业务应用方法。任何一家企业，要想在市场竞争的环境中生存发展，都必须有自己的核心业务。围绕核心业务应用计算机技术和网络技术是很多企业信息化成功的秘诀。

（3）信息系统建设方法。对大多数企业来说，建设信息系统是企业信息化的重点和关键。因此，信息系统建设成了最具普遍意义的企业信息化方法。

（4）主题数据库方法。主题数据库就是面向企业业务主题的数据库，也就是面向企业的核心业务的数据库。

（5）资源管理方法。目前，流行的企业信息化的资源管理方法有很多，最常见的有企业资源计划（ERP）、供应链管理（Supply Chain Management，SCM）等。

（6）人力资本投资方法。人力资本与人力资源的主要区别是人力资本理论把一部分企业的优秀员工看作一种资本，能够取得投资收益。人力资本投资方法特别适用于那些依靠智力和知识而生存的企业。

2. 客户关系管理

客户关系管理（Customer Relationship Management，CRM）将客户看作企业的一项重要资产，客户关怀是 CRM 的中心，其目的是与客户建立长期的和有效的业务关系，在与客户的每一个"接触点"上都更加接近客户、了解客户，最大限度地增加利润。

CRM 的核心是客户价值管理，将客户价值分为既成价值、潜在价值和模型价值，通过"一对一"营销原则，满足不同价值客户的个性化需求，提高客户忠诚度和保有率。

（1）CRM 的功能。

1）客户服务：是 CRM 的关键内容，对客户提供的服务，可以提高客户忠诚度。

2）市场营销：包括商机产生、商机获取和管理、商业活动管理和电话营销等；销售人员与潜在客户的互动行为、将潜在客户发展为真正客户并保持其忠诚度是使企业赢利的核心因素。

3）共享的客户资料库：是企业的一种重要信息资源，将市场营销和客户服务连接起来。也是 CRM 的基础和依托。

4）分析能力：CRM 的一个重要方面在于它具有使客户价值最大化的分析能力。对上述获取的资料库进行分析。

5）CRM 是企业管理的前台，必须与 ERP 进行良好地集成，使得信息可以及时传递给财务、生产等部门。

6）市场营销和客户服务是 CRM 的支柱性功能。

（2）一个有效的 CRM 解决方案应该具备以下要素：

1）畅通有效的客户交流渠道（触发中心）。

2）对所获信息进行有效分析（挖掘中心）。

3）CRM 必须能与 ERP 很好地集成。

（3）CRM 的实现过程。

1）客户服务与支持，即通过控制服务品质赢得顾客的忠诚度。

2）客户群维系，即通过与顾客的交流实现新的销售。

3）商机管理，即利用数据库开展销售。

3．供应链管理

供应链管理（SCM）是一种集成的管理思想和方法，它执行供应链中从供应商到最终用户的物流的计划和控制等职能。从单一的企业角度来看，是指企业通过改善上下游供应链关系，整合和优化供应链中的信息流、物流和资金流，以获得企业的竞争优势。

供应链节点有：供应商、制造商、分销商、零售商、仓库、配送中心、客户等。

每个企业内部都有一条或者几条供应链，每个企业也都处于一条供应链的某个节点中，SCM 要注意的就是供应网络的构造，处于供应链中的企业是利益共同体，共同实现协作运营。SCM 包括计划、采购、制造、配送、退货五大基本内容。

（1）计划：这是 SCM 的策略部分，企业需要有一个策略来管理所有的资源，以满足客户对产品的需求。好的计划是建立一系列的方法监控供应链。

（2）采购：选择能为企业提供产品和服务的供应商。

（3）制造：安排生产、测试、打包和准备送货所需的活动，是供应链中测量内容最多的部分。

（4）配送：即物流，调整用户的订单收据、建立仓库网络、递送人员提货并送货、建立产品计价系统、接收付款。

（5）退货：是供应链中的问题处理部分。

SCM 的设计原则：自顶向下和自底向上结合、简洁性、互补性、协调性、动态性、创新性、战略性。

4．企业应用集成

企业信息系统中容易产生信息孤岛，即在一个企业内部有多个子系统，且不互通，一个信息需要反复多次输入，为了解决信息孤岛的问题，提出了企业应用集成（Enterprise Application Integration，EAI）的概念。EAI 可以将企业的多个信息系统联系起来，让使用者感觉在使用一个系统。企业的价值取向是推动 EAI 技术发展的原动力，而 EAI 的实现反过来也驱动企业竞争优势的提升。

（1）企业集成分为以下几类。

1）表示集成。即界面集成，如图 12-5 所示，是最原始的集成，黑盒集成。将多个信息系统的界面集成在一起，统一入口，为用户提供一个看上去统一，但是由多个系统组成的应用系统的集成，如桌面。

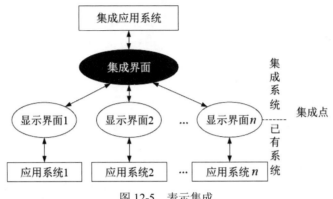

图 12-5　表示集成

2）数据集成。白盒集成，把不同来源、格式、特点性质的数据在逻辑上或者物理上有机地集中，从而为企业提供全面的数据共享，如数据仓库，如图 12-6（a）所示。

3）控制集成（功能集成、应用集成）。黑盒集成，业务逻辑层次的集成，可以借助于远程过程调用或远程方法调用、面向消息的中间件等技术，将多个应用系统功能进行绑定，使之像一个实时运行的系统一样接受信息输入和产生数据输出，实现多个系统功能的叠加，如钉钉，如图 12-6（b）所示。

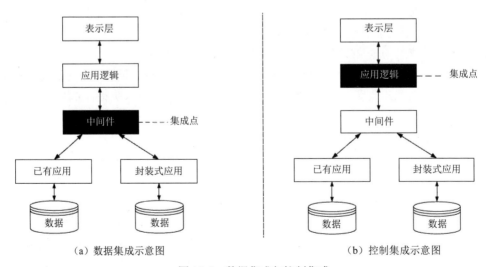

（a）数据集成示意图　　　　　　　　　　（b）控制集成示意图

图 12-6　数据集成与控制集成

4）业务流程集成。即过程集成，最彻底的、综合的集成，这种集成超越了数据和系统，由一系列基于标准的、统一数据格式的工作流组成。当进行业务流程集成时，企业必须对各种业务信息的交换进行定义、授权和管理，以便于改进操作、减少成本、提高响应速度。它包括应用集成、B2B 集成、自动化业务流程管理、人工流程管理、企业门户，以及对所有应用系统和流程的管理与监控等，如电子购物网站－第三方支付平台－银行－物流等流程集成。

（2）应用集成数据交换方式。

1）共享数据库。在应用集成时，让多个应用系统通过直接共享数据库的方式来进行数据交换，实时性强，可以频繁交互，属于同步方式；但是安全性、并发控制、死锁等问题突出。

2）消息传递。消息是软件对象之间进行交互和通信时所使用的一种数据结构，可以独立于软件平台而存在，适用于数据量小但要求频繁、立即、可靠、异步的数据交换场合。

3）文件传输。是指在进行数据交换时，直接将数据文件传送到相应位置，让目标系统直接读取数据，可以一次性传送大量信息，但不适合频繁进行数据传送。适用于数据量大、交换频度小、即时性要求低的情况。

（3）企业集成平台。集成平台是支持企业集成的支撑环境，包括硬件、软件、软件工具和系统，通过集成各种企业应用软件形成企业集成系统。由于硬件环境和应用软件的多样性，企业信息系统的功能和环境都非常复杂，因此，为了能够较好地满足企业的应用需求，作为企业集成系统支持环境的集成平台，其基本功能主要有：

1）通信服务提供分布环境下透明的同步/异步通信服务功能，使用户和应用程序无须关心具体的操作系统和应用程序所处的网络物理位置，而以透明的函数调用或对象服务方式完成它们所需的通信服务要求。

2）信息集成服务为应用提供透明的信息访问服务，通过实现异种数据库系统之间数据的交换、互操作、分布数据库管理和共享信息模型定义（或共享信息数据库的建立），使集成平台上运行的应用、服务或用户端能够以一致的语义和接口实现对数据（数据库、数据文件、应用交互信息）的访问与控制。

3）应用集成服务通过高层应用编程接口来实现对相应应用程序的访问，这些高层应用编程接口包含在不同的适配器或代理中，它们被用来连接不同的应用程序。这些接口以函数或对象服务的方式向平台的组件模型提供信息，使用户在无须对原有系统进行修改（不会影响原有系统的功能）的情况下，只要在原有系统的基础上加上相应的访问接口就可以将现有的、用不同技术实现的系统互联起来，通过为应用提供数据交换和访问操作，使各种不同的系统能够相互协作。

4）二次开发工具是集成平台提供的一组帮助用户开发特定应用程序（如实现数据转换的适配器或应用封装服务等）的支持工具，其目的是简化用户在企业集成平台实施过程中（特定应用程序接口）的开发工作。

5）平台运行管理工具是企业集成平台的运行管理和控制模块，负责企业集成平台系统的静态和动态配置、集成平台应用运行管理和维护、事件管理和出错管理等。通过命名服务、目录服务、平台的动态静态配置，以及其中的关键数据的定期备份等功能来维护整个服务平台的系统配置及稳定运行。

5. 电子商务

电子商务分三个方面：电子商情广告、电子选购和交易；电子交易凭证的交换、电子支付与结算；网上售后服务等。

参与电子商务的实体有四类：顾客（个人消费者或集团购买）、商户（包括销售商、制造商和储运商）、银行（包括发卡行和收单行）及认证中心。

按照交易对象分，电子商务模式包括：

（1）B2B 模式，企业对企业。

（2）B2C 模式，企业对消费者。

（3）C2C 模式，消费者对消费者。

（4）O2O 模式，即 Online To Offline，含义是线上购买线下的商品和服务，实体店提货或享受服务。

第三方平台结算支付模式有如下优点：

（1）比较安全。信用卡信息或账户信息仅需要告知支付中介，而无须告诉每一个收款人，大大减少了信用卡信息和账户信息失密的风险。

（2）支付成本较低。支付中介集中了大量的电子小额交易，形成规模效应，因而支付成本较低。

（3）使用方便。对支付者而言，他所面对的是友好的界面，不必考虑背后复杂的技术操作过程。

（4）支付担保业务可以在很大程度上保障付款人的利益。

目前，我国**电子商务标准体系**包含四方面，分别是基础技术标准、业务标准、支撑体系标准和监督管理标准。服务质量属于监督管理标准范畴；注册维护属于业务标准范畴；在线支付属于支撑体系标准范畴；信息分类编码属于业务标准范畴。

12.3 课后演练（精选真题）

- 从信息化建设的角度出发，以下说法错误的是 __(1)__ 。（**2021 年 11 月第 19 题**）

  （1）A．有效开发利用信息资源　　　　B．大力发展信息产业

  　　　C．充分建设信息化政策法规和标准规范　D．信息化的主体是程序员和项目经理

- 人口采集处理和利用业务属于 __(2)__ ，营业执照发放属于 __(3)__ ，户籍管理属于 __(4)__ ，参加政府工程交接属于 __(5)__ 。（**2020 年 11 月第 11～14 题**）

  （2）A．政府对企业（Government to Business，G2B）

  　　　B．政府对政府（Government to Government，G2G）

  　　　C．企业对政府（Business to Government，B2G）

  　　　D．政府对公众（Government to Citizen，G2C）

（3）A. 政府对企业（Government to Business，G2B）

　　B. 政府对政府（Government to Government，G2G）

　　C. 企业对政府（Business to Government，B2G）

　　D. 政府对公众（Government to Citizen，G2C）

（4）A. 政府对企业（Government to Business，G2B）

　　B. 政府对政府（Government to Government，G2G）

　　C. 企业对政府（Business to Government，B2G）

　　D. 政府对公众（Government to Citizen，G2C）

（5）A. 政府对企业（Government to Business，G2B）

　　B. 政府对政府（Government to Government，G2G）

　　C. 企业对政府（Business to Government，B2G）

　　D. 政府对公众（Government to Citizen，G2C）

● 信息系统规划方法中，关键成功因素法通过对关键成功因素的识别，找出实现目标所需要的关键信息集合，从而确定系统开发的　(6)　。关键成功因素来源于组织的目标，通过组织的目标分解和关键成功因素识别、　(7)　识别，一直到产生数据字典。（**2019 年 11 月第 18～19 题**）

（6）A. 系统边界　　　B. 功能指标　　　C. 优先次序　　　D. 性能指标

（7）A. 系统边界　　　B. 功能指标　　　C. 优先次序　　　D. 性能指标

● 系统工程利用计算机作为工具，对系统的结构、元素、　(8)　和反馈等进行分析，以达到最优　(9)　、最优设计、最优管理和最优控制的目的。霍尔（A.D.Hall）于 1969 年提出了系统方法的三维结构体系，通常称为霍尔三维结构，这是系统工程方法论的基础。霍尔三维结构以时间维、　(10)　维、知识维组成的立体结构概括性地表示出系统工程的各阶段、各步骤以及所涉及的知识范围。其中时间维是系统的工作进程，对于一个具体的工程项目，可以分为七个阶段，在　(11)　阶段会做出研制方案及生产计划。（**2018 年 11 月第 18～21 题**）

（8）A. 知识　　　　B. 需求　　　　C. 文档　　　　D. 信息

（9）A. 战略　　　　B. 规划　　　　C. 实现　　　　D. 处理

（10）A. 空间　　　B. 结构　　　　C. 组织　　　　D. 逻辑

（11）A. 规划　　　B. 拟定　　　　C. 研制　　　　D. 生产

● 用于管理信息系统规划的方法有很多，其中　(12)　将整个过程看成一个"信息集合"，并将组织的战略目标转变为管理信息系统的战略目标。　(13)　通过自上而下地识别企业目标、企业过程和数据，然后对数据进行分析，自下而上地设计信息系统。（**2017 年 11 月第 18～19 题**）

（12）A. 关键成功因素法　　　　　　B. 战略目标集转化法

　　　C. 征费法　　　　　　　　　　D. 零线预算法

（13）A. 企业信息分析与集成法　　　B. 投资回收法

　　　C. 企业系统规划法　　　　　　D. 阶石法

- 组织信息化需求通常包含三个层次，其中 __(14)__ 需求的目标是提升组织的竞争能力，为组织的可持续发展提供支持环境。__(15)__ 需求包含实现信息化战略目标的需求、运营策略的需求和人才培养的需求三个方面。技术需求主要强调在信息层技术层面上对系统的完善、升级、集成和整合提出的需求。（2017年11月第20～21题）

    （14）A．战略　　　　　B．发展　　　　　C．人事　　　　　D．财务
    （15）A．规划　　　　　B．运作　　　　　C．营销　　　　　D．管理

- 电子政务是对现有的政府形态的一种改造，利用信息技术和其他相关技术，将其管理和服务职能进行集成，在网络上实现政府组织结构和工作流程优化重组。与电子政务相关的行为主体有三个，即政府、__(16)__ 及居民。国家和地方人口信息的采集、处理和利用，属于 __(17)__ 的电子政务活动。（2016年11月第18～19题）

    （16）A．部门　　　　　B．企（事）业单位　C．管理机构　　　D．行政机关
    （17）A．政府对政府　　B．政府对居民　　　C．居民对居民　　D．居民对政府

- ERP（Enterprise Resource Planning）是建立在信息技术的基础上，利用现代企业的先进管理思想，对企业的物流、资金流和 __(18)__ 流进行全面集成管理的管理信息系统，为企业提供决策、计划、控制与经营业绩评估的全方位和系统化的管理平台。在ERP系统中，__(19)__ 管理模块主要是对企业物料的进、出、存进行管理。（2016年11月第20～21题）

    （18）A．产品　　　　　B．人力资源　　　　C．信息　　　　　D．加工
    （19）A．库存　　　　　B．物料　　　　　　C．采购　　　　　D．销售

12.4 课后演练答案解析

（1）参考答案：D

解析　信息化的主体是全体社会成员。

（2）（3）（4）（5）参考答案：B　A　D　C

解析　电子政务分以下类型：

1）政府对政府（Government To Government，G2G）：政府之间的互动及政府与公务员之间的互动。基础信息的采集、处理和利用，如人口信息，各级政府决策支持。

G2G原则上包含：政府对公务员（Government To Employee，G2E），内部管理信息系统。

2）政府对企业（Government To Business，G2B）：政府为企业提供的政策环境。给企业单位颁发的各种营业执照、许可证、合格证、质量认证。

3）企业对政府（Business To Government，B2G）：企业纳税及企业为政府提供服务。企业参加政府各项工程的竞/投标，向政府供应各种商品和服务，企业向政府提建议、申诉。

4）政府对公民（Government To Citizen，G2C）：政府对公民提供的服务。社区公安和水、火、天灾等与公共安全有关的信息。户口、各种证件和牌照的管理。

5）公民对政府（Citizen To Government，C2G）：个人应向政府缴纳税费和罚款及公民反馈渠

道，如报警服务（盗贼、医疗、急救、火警等）。

(6) (7) **参考答案**：C D

🖋**解析** 本题考查关键成功因素法方面的基础知识。

关键成功因素法是由 John Rockart 提出的一种信息系统规划方法。该方法能够帮助企业找到影响系统成功的关键因素，通过分析来确定企业的信息需求，从而为管理部门控制信息技术及其处理过程提供实施指南。

关键成功因素法通过对关键成功因素的识别，找出实现目标所需要的关键信息集合，从而确定系统开发的优先次序。关键成功因素来源于组织的目标，通过组织的目标分解和关键成功因素识别、性能指标识别，一直到产生数据字典。

(8) (9) (10) (11) **参考答案**：D B D C

🖋**解析** 系统工程的诞生让自然科学和社会科学中有关的思想、理论和方法根据总体协调的需要联系起来，综合应用，并利用现代电子计算机，对系统的结构、要素、信息和反馈等进行分析，以达到最优规划、最优设计、最优管理和最优控制等目的。

霍尔三维结构是由逻辑维、时间维和知识维组成的立体空间结构。

时间维（工作进程）对于一个具体的工作项目，从制订规划起一直到更新为止，全部过程可分为七个阶段：

1）规划阶段。即调研、程序设计阶段，目的在于谋求活动的规划与战略。

2）拟订方案。提出具体的计划方案。

3）研制阶段。作出研制方案及生产计划。

4）生产阶段。生产出系统的零部件及整个系统，并提出安装计划。

5）安装阶段。将系统安装完毕，并完成系统的运行计划。

6）运行阶段。系统按照预期的用途开展服务。

7）更新阶段。即为了提高系统功能，取消旧系统代之以新系统，或改进原有系统，使之更加有效地工作。

(12) (13) **参考答案**：B C

🖋**解析** 用于管理信息系统规划的方法很多，主要是关键成功因素法、战略目标集转化法和企业系统规划法。其他还有企业信息分析与集成技术、产出/方法分析、投资回收法、征费法、零线预算法、阶石法等。用得最多的是前面三种。

战略目标集转化法把整个战略目标看成一个"信息集合"，由使命、目标、战略等组成，管理信息系统的规划过程即把组织的战略目标转变成管理信息系统的战略目标的过程。战略目标集转化法从另一个角度识别管理目标，它反映了各种人的要求，而且给出了按这种要求的分层，然后转化为信息系统目标的结构化方法。它能保证目标比较全面，疏漏较少，但它在突出重点方面不如关键成功因素法。

企业系统规划法通过自上而下地识别系统目标、企业过程和数据，然后对数据进行分析，自下而上地设计信息系统。该管理信息系统支持企业目标的实现，表达所有管理层次的要求，向企业提供一致性信息，对组织机构的变动具有适应性。企业系统规划法虽然也首先强调目标，但它没有明显的目标导引过程。它通过识别企业"过程"引出了系统目标，企业目标到系统目标的转化是通过企业过程/数据类等矩阵的分析得到的。

（14）（15）参考答案：A　B

解析　一般说来，信息化需求包含三个层次，即战略需求、运作需求和技术需求。

1）战略需求。组织信息化的目标是提升组织的竞争能力、为组织的可持续发展提供一个支持环境。从某种意义上来说，信息化对组织不仅仅是服务的手段和实现现有战略的辅助工具，信息化可以把组织战略提升到一个新的水平，为组织带来新的发展契机。特别是对于企业，信息化战略是企业竞争的基础。

2）运作需求。组织信息化的运作需求是组织信息化需求非常重要且关键的一环，它包含三方面的内容：一是实现信息化战略目标的需要；二是运作策略的需要；三是人才培养的需要。

3）技术需求。由于系统开发时间过长等问题在信息技术层面上对系统的完善、升级、集成和整合提出了需求。也有的组织，原来基本上没有大型的信息系统项目，有的也只是一些单机应用，这样的组织的信息化需求，一般是从头开发新的系统。

（16）（17）参考答案：B　A

解析　电子政务的行为主体包括：政府、企（事）业单位及居民。国家和地方人口信息的采集、处理和利用，属于政府对政府的电子政务活动。

（18）（19）参考答案：C　A

解析　本题考查的是信息化的"三流"：信息流、资金流、物流。采购与库存管理是 ERP 的基本模块，其中采购管理模块是对采购工作——从采购订单产生至货物收到的全过程进行组织、实施与控制，库存管理模块则是对企业物料的进、出、存进行管理。

第**13**章
法律法规与标准化

13.1 备考指南

法律法规与标准化主要考查的是知识产权保护对象、保护期限、权利归属、侵权判定、标准化等相关知识，在系统架构设计师的考试中选择题约占 2 分，每年必考，属于易拿分考点。

13.2 考点梳理及精讲

13.2.1 知识产权基础知识

知识产权是指公民、法人、非法人单位对自己的创造性智力成果和其他科技成果依法享有的民事权。是智力成果的创造人依法享有的权利和在生产经营活动中标记所有人依法所享有的权利的总称。包含著作权、专利权、商标权、商业秘密权、植物新品种权、集成电路布图设计权和地理标志权等。

1. 知识产权的特性

无体性：知识产权的对象没有具体形体，是智力创造成果，是一种抽象的财富。

专有性：指除权利人同意或法律规定外，权利人以外的任何人不得享有或使用该项权利。

地域性：指知识产权只在授予其权利的国家或确认其权利的国家产生，并且只能在该国范围内受法律保护，而其他国家则不受保护。

时间性：仅在法律规定的期限内受到保护，一旦超过期限，权利自行消灭，相关知识产品即成为整个社会的共同财富，为全人类所共同使用。

2. 知识产权的保护期限

知识产权具有地域限制，保护期限各种情况见表 13-1。

3. 知识产权人的确定

（1）职务作品。职务作品的知识产权人的确定见表 13-2。

表 13-1　知识产权保护期限

客体类型	权力类型	保护期限
公民作品	署名权、修改权、保护作品完整权	没有限制
	发表权、使用权和获得报酬权	作者终生及死亡后 50 年（第 50 年的 12 月 31 日）
单位作品	发表权、使用权和获得报酬权	50 年（首次发表后的第 50 年的 12 月 31 日），若其间未发表，不保护
公民软件产品	署名权、修改权	没有限制
	发表权、复制权、发行权、出租权、信息网络传播权、翻译权、使用许可权、获得报酬权、转让权	作者终生及死亡后 50 年（第 50 年的 12 月 31 日）。合作开发，以最后死亡作者为准
单位软件产品	发表权、复制权、发行权、出租权、信息网络传播权、翻译权、使用许可权、获得报酬权、转让权	50 年（首次发表后的第 50 年的 12 月 31 日），若其间未发表，不保护
注册商标		有效期 10 年（若注册人死亡或倒闭 1 年后，未转移则可注销，期满后 6 个月内必须续注）
发明专利权		保护期为 20 年（从申请日开始）
实用新型专利权		保护期为 10 年（从申请日开始）
外观设计专利权		保护期为 15 年（从申请日开始）
商业秘密		不确定，公开后公众可用

表 13-2　职务作品的知识产权归属

情况说明	判断说明	归属
作品	利用单位的物质技术条件进行创作，并由单位承担责任的	除署名权外其他著作权归单位
	有合同约定，其著作权属于单位	除署名权外其他著作权归单位
	其他	作者拥有著作权，单位有权在业务范围内优先使用
软件	属于本职工作中明确规定的开发目标	单位享有著作权
	属于从事本职工作活动的结果	单位享有著作权
	使用了单位资金、专用设备、未公开的信息等物质、技术条件，并由单位或组织承担责任的软件	单位享有著作权
专利权	本职工作中作出的发明创造	单位享有专利
	履行本单位交付的本职工作之外的任务所作出的发明创造	单位享有专利
	离职、退休或调动工作后 1 年内，与原单位工作相关	单位享有专利

（2）委托作品。职务作品和委托作品的区别在于，当合同中未规定著作权的归属时，职务作品的著作权默认归于单位，而委托创作中，著作权默认归属于创作方个人，具体见表 13-3。

表 13-3 委托作品的知识产权归属

情况说明		判断说明	归属
作品、软件	委托创作	有合同约定著作权归属	委托方
		合同中未约定著作权归属	创作方
	合作开发	只进行组织、提供咨询意见、物质条件或者进行其他辅助工作	不享有著作权
		共同创作的	共同享有，按人头比例。成果可分割的，可分开申请
商标		谁先申请谁拥有（除知名商标的非法抢注） 同时申请，则根据谁先使用（需提供证据） 无法提供证据，协商归属，无效时使用抽签（但不可不确定）	
专利		谁先申请谁拥有 同时申请则协商归属，协商未果则驳回所有申请	

4. 侵权判定

一般通用化的东西不算侵权，个人未发表的东西被抢先发表是侵权。

中国公民、法人或者其他组织的作品，不论是否发表，都享有著作权。

开发软件所用的思想、处理过程、操作方法或者数学概念不受保护。

著作权法不适用于下列情形：法律、法规、国家机关的决议、决定、命令和其他具有立法、行政、司法性质的文件，及其官方正式译文；时事新闻；历法、通用数表、通用表格和公式。

只要不进行传播、公开发表、营利都不算侵权，具体见表 13-4。

表 13-4 侵权判定

不侵权	侵权
● 个人学习、研究或者欣赏； ● 适当引用； ● 公开演讲内容； ● 用于教学或科学研究； ● 复制馆藏作品； ● 免费表演他人作品； ● 室外公共场所艺术品临摹、绘画、摄影、录像； ● 将汉语作品译成少数民族语言作品或盲文出版	● 未经许可，发表他人作品； ● 未经合作作者许可，将与他人合作创作的作品当作自己单独创作的作品发表的； ● 未参加创作，在他人作品署名； ● 歪曲、篡改他人作品的； ● 剽窃他人作品的； ● 使用他人作品，未付报酬； ● 未经出版者许可，使用其出版的图书、期刊的版式设计的

13.2.2　标准化基础知识

根据标准制定机构和适用范围的不同，可分为国际标准、国家标准、行业标准、区域/地方标准和企业标准；根据类型划分，可以分为强制性标准和推荐性标准。

（1）国际标准：是指国际标准化组织（ISO）、国际电工委员会（IEC）和国际电信联盟（ITU）制定的标准，以及国际标准化组织确认并公布的其他国际组织制定的标准。国际标准在世界范围内统一使用，提供各国参考。

（2）国家标准：是指由国家标准化主管机构制定或批准发布，在全国范围内统一适用的标准。比如，GB 为中华人民共和国国家标准；强制性国家标准代号为 GB，推荐性国家标准代号为 GB/T，国家标准指导性文件代号为 GB/Z，国军标代号为 GJB。

ANSI（American National Standards Institute）为美国国家标准协会标准。

（3）行业标准：是由某个行业机构、团体等制定的，适用于某个特定行业业务领域的标准。比如，IEEE 为美国电气电子工程师学会标准；GA 为公共安全标准；YD 为通信行业标准。

（4）区域/地方标准：是由某一区域/地方内的标准化主管机构制定、批准发布的，适用于某个特定区域/地方的标准。比如，EN 为欧洲标准。

（5）企业标准：是企业范围内根据需要协调、统一的技术要求、管理要求和工作要求所制定的标准，适用于本企业内部的标准。一般以 Q 字开头，比如 Q/320101 RER 007－2012，其中 320101 代表地区，RER 代表企业名称代号，007 代表该企业该标准的序号，2012 代表年号。

《中华人民共和国标准化法》规定：企业标准须报当地政府标准化行政主管部门和有关行政主管部门备案。已有国家标准或者行业标准的，国家鼓励企业制定严于国家标准或者行业标准的企业标准，在企业内部适用。

13.3　课后演练（精选真题）

- 为了加强软件产品管理，促进我国软件产业的发展，原信息产业部颁布了《软件产品管理办法》，"办法"规定，软件产品的开发、生产、销售、进出口等活动应通过我国有关法律、法规和标准规范，任何单位和个人不得开发、生产、销售、进出口含有以下内容的软件产品___（1）___。
  （2021 年 11 月第 21 题）
  ①侵犯他人的知识产权　　②含有计算机病毒
  ③可能危害计算机系统安全　④含有国家规定禁止传播的内容
  ⑤不符合我国软件标准规范　⑥未经国家正式批准
  （1）A．①②③⑥　　　B．①②③④⑥　　　C．①②③④⑤　　　D．①②③④⑤⑥
- 赵某购买了一款有注册商标的应用 App，擅自复制成光盘出售，其行为是侵犯___（2）___的行为。
  （2021 年 11 月第 64 题）
  （2）A．注册商标专用权　　　　　　　B．软件著作权

C. 光盘所有权　　　　　　　　D. 软件专利权

● 下列关于著作权归属的表述，正确的是　(3)　。(**2021 年 11 月第 65 题**)

（3）A. 改编作品的著作权归属于改编人

　　 B. 职务作品的著作权都归属于企业法人

　　 C. 委托作品的著作权都归属于委托人

　　 D. 合作作品的著作权归属于所有参与和组织创作的人

● X 公司接受 Y 公司的委托开发了一款应用软件，双方没有订立任何书面合同。在此情形下，　(4)　享有该软件的著作权。(**2021 年 11 月第 66 题**)

（4）A. X、Y 公司共同　　　　　　B. X 公司

　　 C. Y 公司　　　　　　　　　　D. X、Y 公司均不

● 按照我国著作法的权利保护期　(5)　受到永久保护。(**2020 年 11 月第 1 题**)

（5）A. 发表权　　　 B. 修改权　　　 C. 复制权　　　 D. 发行权

13.4　课后演练答案解析

（1）参考答案：C

🔑解析　《软件产品管理办法》规定，软件产品的开发、生产、销售、进出口等活动应通过我国有关法律、法规和标准规范，任何单位和个人不得开发、生产、销售、进出口含有以下内容的软件产品：①侵犯他人的知识产权；②含有计算机病毒；③可能危害计算机系统安全；④含有国家规定禁止传播的内容；⑤不符合我国软件标准规范。

（2）参考答案：B

🔑解析　本题中赵某的行为本质是盗用了应用 App 的内容，侵犯了软件著作权。

（3）参考答案：A

🔑解析　B、C、D 项都要分不同的情况，不是统一的。

（4）参考答案：B

🔑解析　委托开发无合同约定，著作权默认归开发者，即 X 公司。

（5）参考答案：B

🔑解析　署名权、修改权、保护作品完整权等非营利性质权利不受限制。

第14章
数学与经济管理

14.1 备考指南

数学与经济管理主要考查的是运筹学、线性规划、最小生成树、最短路径等相关知识，在系统架构设计师的考试中只在选择题里考查，占1～2分，掌握解题技巧灵活应对即可。

14.2 考点梳理及精讲

14.2.1 最小生成树

最小生成树有两种方法：普里姆算法和克鲁斯卡尔算法，实际计算建议采用克鲁斯卡尔算法。

克鲁斯卡尔算法：将图中所有的边按权值从小到大排序，从权值最小的边开始选取，判断是否为安全边（即不构成环），直至选取了 n-1 条边，构成了最小生成树。

最小生成树并不唯一，但权值之和都相等且最小，只要求出一个就可以。

例题：图 14-1 是某地区通信线路图，假设其中标注的数字代表通信线路的长度（单位为 km），现在要求至少要架设多长的线路，才能保持六个城市的通信连通。

解题过程如图 14-2 所示，第 6 步就是需要的最小生成树，需要架设的线路长度为 200+200+300+300+300=1300（km）。

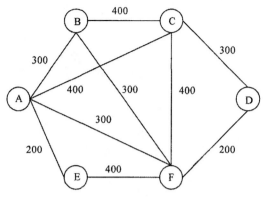

图 14-1　某地区通信线路图

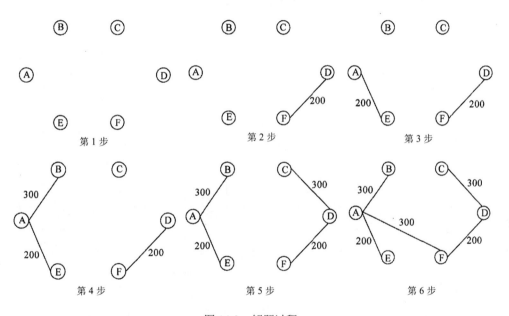

图 14-2　解题过程

14.2.2　最短（长）路径

　　计算从起点到终点的最短（长）路径的方法：从起点开始，依次向终点推导，每个经过的中间节点都直接计算出到该中间节点最短（长）的路径，这样递归推导到终点，就是最短（长）路径。

　　例题：如图 14-3 所示，有一货物要从城市 s 发送到城市 t，线条上的数字代表通过这条路的费用（单位为万元）。那么，运送这批货物，至少需要花费多少万元？

　　解题过程见表 14-1，可知最终从起点 s 到终点 t 的最短路径花费是 81 万元。

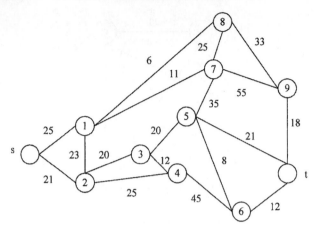

图 14-3 货物运输图

表 14-1 货物运输最短路径推导表

红点集	D[1]	D[2]	D[3]	D[4]	D[5]	D[6]	D[7]	D[8]	D[9]	D[t]
{s}	25	21	∞	∞	∞	∞	∞	∞	∞	∞
{s,2}	25		41	46	∞	∞	∞	∞	∞	∞
{s,2,1}			41	46	∞	∞	36	31	∞	∞
{s,2,1,8}			41	46	∞	∞	36		64	∞
{s,2,1,8,7}			41	46	71	∞			64	∞
{s,2,1,8,7,3}				46	61	∞			64	∞
{s,2,1,8,7,3,4}					61	91			64	∞
{s,2,1,8,7,3,4,5}						69			64	82
{s,2,1,8,7,3,4,5,9}						69				82
{s,2,1,8,7,3,4,5,9,6}										81
{s,2,1,8,7,3,4,5,9,6,t}										

14.2.3 网络与最大流量

计算从一个节点到另一个节点的最大运输能力，取决于节点之间运输能力的短板：首先看有多少条路径可走，最大流量等于所有路径最大流量之和，而每条路径的最大流量是节点之间运输能力最小的流量决定的（短板决定）。

解题技巧：

（1）取每条路径上的最小权值即为此条路径的最大流量，每次走完一条路径后，需要实时修改此条路径还剩下的运输流量值，若为0，则删掉此连线。

（2）重复第（1）步，直至从起点到终点无路径连通，而后将每条路径上的流量相加得到整体最大流量。

例题：图 14-4 标出了某地区的运输网，各节点之间的运输能力见表 14-2。

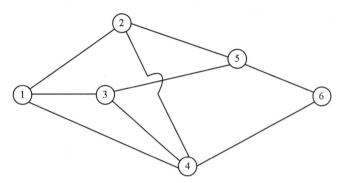

图 14-4 某地区的运输网

表 14-2 各节点之间的运输能力

	①	②	③	④	⑤	⑥
①		6	10	10		
②	6				7	
③	10				4	
④	10	4	1			5
⑤		7	4			11
⑥				5	11	

将表格数据汇总到图上，得到图 14-5。

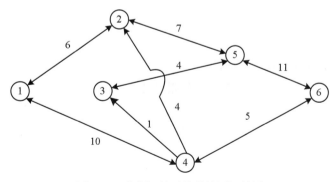

图 14-5 数据汇总后的某地区运输网

然后依次执行解题步骤，如图 14-6 所示，依次运输的流量为 10、6、5、1、1，所以最大流量是 10+6+5+1+1=23。

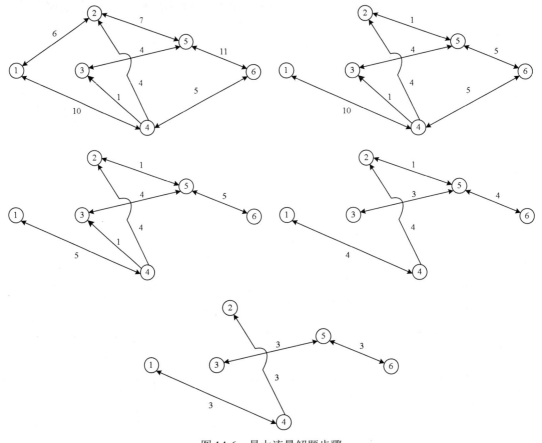

图 14-6　最大流量解题步骤

14.2.4　决策论

1. 决策分类

按决策环境分类，可分为如下三种类型。

（1）确定型决策：决策环境是确定的，结果也是确定的。

（2）风险决策：决策环境是不确定的，但是结果发生的概率是一致的。

（3）不确定型决策：决策环境不确定，且结果也不确定，完全凭主观意识来决定。

2. 决策的六个要素

决策的六个要素：决策者、可供选择的方案（包括行动、策略）、衡量选择方案的准则（目的、目标、正确性等）、事件（被决策的对象）、每一事件的发生将会产生的某种结果、决策者的价值观。

3．不确定型决策

决策者对环境一无所知，任意猜测，完全凭借于决策者自身的价值观，有五种准则（建立环境与方案的表格，每一个环境每种方案对应一个收益）。

例题：某公司需要根据下一年度宏观经济的增长趋势预测决定投资策略。宏观经济增长趋势有不景气、不变和景气三种，投资策略有积极、稳健和保守三种，各种状态的收益见表 14-3。

表 14-3　某公司投资策略

预计收益（单位：万元人民币）		经济趋势预测		
		不景气	不变	景气
投资策略	积极	5000	15000	50000
	稳健	15000	20000	30000
	保守	40000	25000	20000

（1）乐观主义准则（大中取大 max(max)，先取每个方案最大的收益，再取所有最大收益中最大的那个）；积极方案的最大结果为 50000，稳健方案的最大结果为 30000，保守方案的最大结果为 40000。三者的最大值为 50000，因此，选择其对应的积极投资方案。

（2）悲观主义准则（小中取大 max(min)，先取每个方案最小的收益，再取所有最小收益中最大的那个）；积极方案的最小结果为 5000，稳健方案的最小结果为 15000，保守方案的最小结果为 20000。三者的最大值为 20000，因此，选择其对应的保守投资方案。

（3）折中主义准则，也称为赫尔维斯（Harwicz）准则。设定折中系数为 a，用每个方案的最大收益×a+最小收益×$(1-a)$，选择每个方案中计算结果最大的那个，可知，$a=1$ 时为乐观主义，$a=0$ 时为悲观主义。

（4）等可能性准则，也称为拉普拉斯（Laplace）准则。设定每个可能的结果的发生都是等可能的，概率都为 $1/n$，这样就知道每个结果发生的概率，即将不确定性的问题转换为了风险决策问题。

（5）后悔值准则，也称为萨维奇（Savage）准则、最小机会损失准则[最小最大后悔值 min(max)，在不同的环境中（之前都是方案），投资方案获得的最大收益-当前选择的收益=后悔值，将所有后悔值中每个方案的最大后悔值选出，再从这些最大的后悔值中选择最小的即可]。各种状态的后悔值见表 14-4。

表 14-4　各种状态的后悔值

预计收益（单位：万元人民币）		经济趋势预测		
		不景气	不变	景气
投资策略	积极	35000	10000	0
	稳健	25000	5000	20000
	保守	0	0	30000

积极方案的最大后悔值为 35000，稳健方案的最大后悔值为 25000，保守方案的最大后悔值 30000。三者的最小值为 25000，因此，选择其对应的稳健投资方案。

4．灵敏度分析（决策树和决策表）

对环境不了解，但是对即将发生的结果的概率了解，一般题目会给出每个结果对应的收益及风险概率，然后将每种结果产生的收益×此种结果发生的概率，取收益最大的即可。

例题：假设有外表完全相同的木盒 100 只，将其分为两组，一组装白球，有 70 盒；另一组装黑球，有 30 盒。现从这 100 盒中任取一盒，请你猜，如果这盒内装的是白球，猜对了得 500 分，猜错了罚 200 分；如果这盒内装的是黑球，猜对了得 1000 分，猜错了罚 150 分。为使期望得分最多，应选哪一个方案？

本题采用决策树的方法解题，按照题意，建议的决策树如图 14-7 所示。可知猜白的收益为 $0.7 \times 500 + 0.3 \times (-200) = 290$。猜黑的收益为 $0.7 \times (-150) + 0.3 \times 1000 = 195$。所以应该选择猜白的方案。

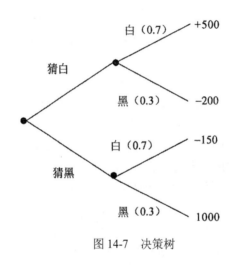

图 14-7　决策树

14.2.5　线性规划

线性规划是在一组约束条件下来寻找目标函数的极值（极大值和极小值）问题。线性规划问题的数学模型通常由线性目标函数、线性约束条件、变量非负条件组成（实际问题中的变量一般都是非负的）。

线性规划问题就是面向实际应用，求解一组非负变量，使其满足给定的一组线性约束条件，并使某个线性目标函数达到极值。满足这些约束条件的非负变量组的集合称为可行解域。可行解域中使目标函数达到极值的解称为最优解。

线性规划问题的最优解要么是 0 个（没有），要么是唯一的（1 个），要么有无穷个（只要有 2 个，就会有无穷个）。

在实际应用中，可以直接求约束条件方程组的解，即交叉点，将这些解代入目标函数中判断是否为极值即可。

例题：某工厂在计划期内要安排生产Ⅰ、Ⅱ两种产品，已知生产单位产品所需的设备台时及A、B两种原材料的消耗，见表14-5。

表14-5　某工厂生产计划表

	Ⅰ	Ⅱ	总数
设备	1	2	8台时
原材料A	4	0	16kg
原材料B	0	4	12kg

【解】该问题可用以下数学模型来描述，设 x_1、x_2 分别表示在计划期内产品Ⅰ、Ⅱ的产量，因为设备的有效台时是8，这是一个限制产量的条件，所以在确定产品Ⅰ、Ⅱ的产量时，要考虑不超过设备的有效台时数，即可用不等式表示为：

$$x_1+2x_2 \leqslant 8$$

同理，因原材料A、B的限量，可以得到以下不等式：

$$4x_1 \leqslant 16$$
$$4x_2 \leqslant 12$$

该工厂的目标是在不超过所有资源限制的条件下确定产量 x_1、x_2，以得到最大的利润。若用 z 表示利润，这时 $z=2x_1+3x_2$。综上所述，该计划问题可用数学模型表示如下。

目标函数：

$$\max z=2x_1+3x_2$$

满足约束条件：

$$x_1+2x_2 \leqslant 8$$
$$4x_1 \leqslant 16$$
$$4x_2 \leqslant 12$$
$$x_1、x_2 \geqslant 0$$

该厂的最优生产计划方案是：生产4件产品Ⅰ，2件产品Ⅱ，可得最大利润为14元。

14.2.6　伏格尔法

伏格尔法针对多种解决方法问题，如多个煤场供给多个工厂的运输成本。

从正常思维来思考，在没有任何约束条件的情况下，我们会优先考虑运输成本最低的方案，这就是最小元素法，但是当有多个制约因素时，最小元素法的缺点是，为了节约一处的费用，有时造成在其他处要多花几倍的运费。因此，多个因素互相制约时，普遍采用伏格尔法（又称差值法），该方法考虑到，某产地的产品如不能按最小运费就近供应，就考虑次小运费，这就有一个差额。差额越大，说明不能按最小运费调运时运费增加越多。因而对差额最大处，就应当采用最小运费调运。

由上述原理，可得出其解题步骤为：

（1）计算出每行每列的最小运费和次小运费的差值（绝对值）。

（2）从这些差值里选出最大的行（列），定位到该行（列），从该行（列）中找出最小的那一个，就是优先供应的方案。

（3）供应后，更新供应量和需求量，如果某行（列）的供应量和需求量为 0，则删除该行（列）。

（4）形成一个全新的表格，重复上述步骤。

14.3　课后演练（精选真题）

● 某项目包括 A～G 七个作业，各作业之间的衔接关系和所需时间如下表：

作业	A	B	C	D	E	F	G
紧前作业	—	A	A	B	C、D	—	E、F
所需天数	5	7		8	3	20	4

其中，作业 C 所需的时间，乐观估计为 5 天，最可能为 14 天，保守估计为 17 天。假设其他作业都按计划进度实施，为使该项目按进度计划如期全部完成。作业 C　(1)　。（**2021 年 11 月第 70 题**）

（1）A．必须在期望时间内完成　　　　B．必须在 14 天内完成

　　　C．比期望时间最多可拖延 1 天　　D．比期望时间最多可拖延 2 天

● 数学模型常带有多个参数，而参数会随环境因素而变化。根据数学模型求出最优解或满意解后，还需要进行　(2)　，对计算结果进行检验，分析计算结果对参数变化的反映程度。（**2019 年 11 月第 69 题**）

（2）A．一致性分析　　B．准确性分析　　C．灵敏性分析　　D．似然性分析

● 甲、乙、丙、丁四人加工 A、B、C、D 四种工件所需工时如下表所示。指派每人加工一种工件，四人加工四种工件其总工时最短的最优方案中，工件 B 应由　(3)　加工。（**2015 年 11 月第 69 题**）

	A	B	C	D
甲	14	9	4	15
乙	11	7	7	10
丙	13	2	10	5
丁	17	9	15	13

（3）A．甲　　　　　B．乙　　　　　　C．丙　　　　　D．丁

● 小王需要从①地开车到⑦地，可供选择的路线如下图所示。图中，各条箭线表示路段及其行驶方向，箭线旁标注的数字表示该路段的拥堵率（描述堵车的情况，即堵车概率）。拥堵率=1-畅通率，拥堵率=0 时表示完全畅通，拥堵率=1 时表示无法行驶。根据该图，小王选择拥堵情况最少（畅通情况最好）的路线是 __(4)__ 。（**2015 年 11 月第 70 题**）

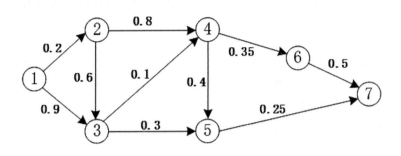

（4）A. ①②③④⑤⑦　　　　　　　　B. ①②③④⑥⑦

　　　C. ①②③⑤⑦　　　　　　　　　D. ①②④⑥⑦

● 生产某种产品有两个建厂方案：①建大厂，需要初期投资 500 万元。如果产品销路好，每年可以获利 200 万元；如果销路不好，每年会亏损 20 万元。②建小厂，需要初期投资 200 万元。如果产品销路好，每年可以获利 100 万元；如果销路不好，每年只能获利 20 万元。市场调研表明，未来 2 年这种产品销路好的概率为 70%。如果这 2 年销路好，则后续 5 年销路好的概率上升为 80%；如果这 2 年销路不好，则后续 5 年销路好的概率仅为 10%。为取得 7 年最大总收益，决策者应 __(5)__ 。（**2014 年 11 月第 70 题**）

（5）A. 建大厂，总收益超 500 万元　　　B. 建大厂，总收益略多于 300 万元

　　　C. 建小厂，总收益超 500 万元　　　D. 建小厂，总收益略多于 300 万元

● 在军事演习中，张司令希望将部队尽快从 A 地通过公路网（见下图）运送到 F 地：

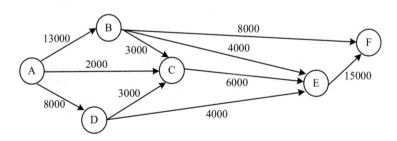

　　图中标出了各路段上的最大运量（单位：人每小时）。根据该图可以算出，从 A 地到 F 地的最大运量是 __(6)__ 人每小时。（**2011 年 11 月第 69 题**）

（6）A. 20000　　　　　　　　　　　B. 21000

　　　C. 22000　　　　　　　　　　　D. 23000

14.4 课后演练答案解析

（1）**参考答案**：D

解析 本题考查的是进度管理的三点估算法，(最可能×4+最乐观+最悲观)/6=13 天，由此可知，C 有 2 天总时差。

（2）**参考答案**：C

解析 本题考查应用数学基础知识。实际问题的数学模型往往都是近似的，常带有多个参数，而参数会随环境因素而变化。根据数学模型求出最优解或满意解后，还需要进行灵敏性分析，对计算结果进行检验，分析计算结果对参数变化的反映程度。如果对于参数的微小变化引发计算结果的很大变化，那么这种计算结果并不可靠，并不可信。

（3）**参考答案**：D

解析 先将矩阵进行化简，化简的方法是每行的元素减去这一行的最小值，然后每列的元素减去这一列的最小值，确保每行、每列都有 0。得到：

	A	B	C	D
甲	6	5	0	8
乙	0	0	0	0
丙	7	0	8	0
丁	4	0	6	1

然后找出一种方案，方案组成元素都是 0，而这些元素不同行，也不同列，即为解决方案。如下所示：

	A	B	C	D
甲	6	5	0	8
乙	0	0	0	0
丙	7	0	8	0
丁	4	0	6	1

（4）**参考答案**：C

解析 方案①②③④⑤⑦的畅通概率为：

$$(1-0.2)×(1-0.6)×(1-0.1)×(1-0.4)×(1-0.25)= 0.1296$$

方案①②③④⑥⑦的畅通概率为：

$$(1-0.2)×(1-0.6)×(1-0.1)×(1-0.35)×(1-0.5)= 0.0936$$

方案①②③⑤⑦的畅通概率为：

$$(1-0.2)\times(1-0.6)\times(1-0.3)\times(1-0.25)=0.168$$

方案①②④⑥⑦的畅通概率为：

$$(1-0.2)\times(1-0.8)\times(1-0.35)\times(1-0.5)=0.052$$

（5）**参考答案**：B

解析　具体见下表：

	前 2 年	后 5 年	总概率	收益
建大厂	销路好（70%）	销路好（80%）	56%	200×7=1400 万元
	销路好（70%）	销路不好（20%）	14%	200×2+(-20)×5=300 万元
	销路不好（30%）	销路好（10%）	3%	(-20)×2+200×5=960 万元
	销路不好（30%）	销路不好（90%）	27%	(-20)×7=-140 万元
	EMV=-500+1400×56%+300×14%+960×3%+ (-140)×27%=317 万元			
建小厂	销路好（70%）	销路好（80%）	56%	100×7=700 万元
	销路好（70%）	销路不好（20%）	14%	100×2+20×5=300 万元
	销路不好（30%）	销路好（10%）	3%	20×2+100×5=540 万元
	销路不好（30%）	销路不好（90%）	27%	20×7=140 万元
	EMV=-200+700×56%+300×14%+540×3%+140×27%=288 万元			

（6）**参考答案**：C

解析　本题是系统架构考试中常见的一类计算题。该题解题关系是需要将图中节点的输入输出流量调整平衡，因为只有输入输出流量平衡才能表现出真实的运量。例如，对于节点 E，它的输出运力为 15000，而所有输入运力之和为 14000，则 E 的最大真实运力只能达到 14000，所以将 E 的输出运力修改为 14000。对于节点 D，其输出运力和为 7000，而输入运力为 8000，则需要平衡为 7000。节点 B 也需要调，但情况比较复杂，我们需要综合分析节点 B 的输出运力与节点 C 的输出运力，分析可知，当节点 B 到节点 C 的运力调整为 1000 时，既能达到节点运力的平衡，又能使运力最大，所以应调整为 1000。当完成这些调整之后，可轻易得出结论，最大运力为 22000。

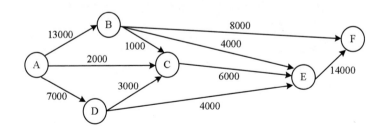

第**15**章

软件可靠性基础知识

15.1 备考指南

软件可靠性知识应该考查 2 分左右，从 2022 年开始才考查选择题，之前偶尔会出现在案例分析中，整体考得比较少。本章节内容重点掌握一下容错技术以及可靠性计算即可，其他的基本概念以了解为主。

15.2 考点梳理及精讲

15.2.1 软件可靠性基本概念

软件可靠性是软件产品在规定的条件下和规定的时间区间完成规定功能的能力。

1. 软件可靠性和硬件可靠性的区别

（1）复杂性：软件复杂性比硬件高，大部分失效来自于软件失效。

（2）物理退化：硬件失效主要是物理退化所致，软件不存在物理退化。

（3）唯一性：软件是唯一的，每个 COPY 版本都一样，而两个硬件不可能完全一样。

（4）版本更新周期：硬件较慢，软件较快。

2. 软件可靠性的定量描述

（1）规定时间：自然时间、运行时间、执行时间（占用 CPU）。

（2）失效概率：软件运行初始时为 0，随着时间增加单调递增，不断趋向于 1。

（3）可靠度：软件系统在规定的条件下、规定的时间内不发生失效的概率。可靠度=1-失效概率。

（4）失效强度：单位时间软件系统出现失效的概率。

（5）平均失效前时间（Mean Time To Failure，MTTF）：平均无故障时间，发生故障前正常运行的时间。

（6）平均恢复前时间（Mean Time To Repair，MTTR）：平均故障修复时间，发生故障后的修复时间。

（7）平均故障间隔时间（Mean Time Between Failure，MTBF）：失效或维护中所需的平均时间，包括故障时间以及检测和维护设备的时间。MTBF=MTTF+MTTR。

系统可用性=MTTF/(MTTF+MTTR)×100%。

3. 串并联系统可靠性

无论什么系统，都是由多个设备组成的，协同工作，而这多个设备的组合方式可以是串联、并联，也可以是混合模式，假设每个设备的可靠性为 R_1，R_2，$\cdots$，R_n，则不同的系统的可靠性公式如下：

串联系统（图 15-1），一个设备不可靠，整个系统崩溃，整个系统的可靠性 $R=R_1 \times R_2 \times \cdots \times R_n$。

图 15-1　串联系统

并联系统（图 15-2），所有设备都不可靠，整个系统才崩溃，整个系统的可靠性 $R=1-(1-R_1) \times (1-R_2) \times \cdots \times (1-R_n)$。

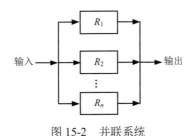

图 15-2　并联系统

15.2.2　软件可靠性建模

软件可靠性模型是指为预计或估算软件的可靠性所建立的可靠性框图和数学模型。

从技术的角度来看，影响软件可靠性的主要因素包括：运行环境、软件规模、软件内部结构、软件的开发方法和开发环境、软件的可靠性投入。

一个软件可靠性模型通常（但不是绝对）由以下几部分组成：

（1）模型假设。模型是实际情况的简化或规范化，总要包含若干假设，如测试的选取代表实际运行剖面，不同软件失效独立发生等。

（2）性能度量。软件可靠性模型的输出量就是性能度量，如失效强度、残留缺陷数等。在软件可靠性模型中性能度量通常以数学表达式给出。

（3）参数估计方法。某些可靠性度量的实际值无法直接获得，如残留缺陷数，这时需通过一定的方法估计参数的值，从而间接确定可靠性度量的值。

（4）数据要求。一个软件可靠性模型要求一定的输入数据，即软件可靠性数据。

绝大多数的模型包含三个共同假设：

（1）代表性假设。是指可以用测试产生的软件可靠性数据预测运行阶段的软件可靠性行为。

（2）独立性假设。此假设认为软件失效是独立发生于不同时刻，一个软件失效的发生不影响另一个软件失效的发生。

（3）相同性假设。此假设认为所有软件失效的后果（等级）相同，即建模过程只考虑软件失效的具体发生时刻，不区分软件的失效严重等级。

15.2.3　软件可靠性设计

软件可靠性设计原则：

（1）软件可靠性设计是软件设计的一部分，必须在软件的总体设计框架中使用，并且不能与其他设计原则相冲突。

（2）软件可靠性设计在满足提高软件质量要求的前提下，以提高和保障软件可靠性为最终目标。

（3）软件可靠性设计应确定软件的可靠性目标，不能无限扩大化，并且排在功能度、用户需求和开发费用之后考虑。

软件可靠性设计技术主要有容错设计、检错设计和降低复杂度设计等技术。

1. 容错设计技术

软件容错的主要方法是提供足够的冗余信息和算法程序，使系统在实际运行时能够及时发现程序设计错误，采取补救措施，以提高系统可靠性，保证整个系统的正常运行。软件容错技术主要有冗余设计、N 版本程序设计、恢复块方法和防卫式程序设计等。

（1）**冗余设计**。冗余是指在正常系统运行所需的基础上加上一定数量的资源，包括信息、时间、硬件和软件。冗余是容错技术的基础，通过冗余资源的加入，可以使系统的可靠性得到较大的提高。主要的冗余技术有结构冗余（硬件冗余和软件冗余）、信息冗余、时间冗余和冗余附加四种。

（2）**N 版本程序设计**。是一种静态的故障屏蔽技术，其设计思想是用 N 个具有相同功能的程序同时执行一项计算，结果通过多数表决来选择。其中 N 个版本的程序必须由不同的人独立设计，使用不同的方法、设计语言、开发环境和工具来实现，目的是减少 N 个版本的程序在表决点上相关错误的概率。N 版本程序设计示意图如图 15-3 所示。

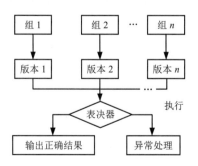

图 15-3　N 版本程序设计示意图

与通常软件开发过程不同的是，N 版本程序设计增加了三个新的阶段：相异成分规范评审、相异性确认、背对背测试。

其他需要注意的问题：N 版本程序的同步、N 版本程序之间的通信、表决算法、一直比较问题、数据相异性。

（3）**恢复块设计（动态冗余）**。动态冗余又称为主动冗余，它是通过故障检测、故障定位及故障恢复等手段达到容错的目的。其主要方式是多重模块待机储备，当系统检测到某工作模块出现错误时，就用一个备用的模块来替代它并重新运行。各备用模块在其待机时，可与主模块一样工作，也可以不工作。前者称热备份系统（双重系统），后者称冷备份系统（双工系统、双份系统）。恢复块设计示意图如图 15-4 所示。

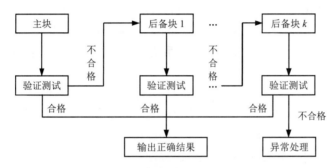

图 15-4 恢复块设计示意图

设计时应保证实现主块和后备块之间的独立性，避免相关错误的产生，使主块和备份块之间的共性错误降到最低程度。

恢复块方法与 N 版本程序设计的比较见表 15-1。

表 15-1 恢复块方法与 N 版本程序设计的比较

比较项	恢复块方法	N 版本程序设计
硬件运行环境	单机	多机
错误检测方法	验证测试程序	表决
恢复策略	后向恢复	前向恢复
实时性	差	好

（4）**防卫式程序设计**。是一种不采用任何传统的容错技术就能实现软件容错的方法，对于程序中存在的错误和不一致性，防卫式程序设计的基本思想是通过在程序中包含错误检查代码和错误恢复代码，使得一旦发生错误，程序就能撤销错误状态，恢复到一个已知的正确状态中去。其实现策略包括错误检测、破坏估计和错误恢复三个方面。

2. 检错技术

在软件出现故障后能及时发现并报警，提醒维护人员进行处理。代价低，但不能自动解决故障。

采用检错设计技术要着重考虑几个要素：检测对象、检测延时、实现方式和处理方式。

3. 降低复杂度设计

降低复杂度设计是在保证实现软件功能的基础上，简化软件结构，缩短程序代码长度，优化软件数据流向，降低软件复杂度，从而提高软件可靠性。

通常在**系统配置**中可以采用相应的容错技术，通过系统的整体来提供相应的可靠性，主要有双机热备技术和服务器集群技术。

双机容错技术是一种软硬件结合的容错应用方案，该方案由两台服务器和一个外接共享磁盘阵列及相应的双机软件组成。

双机容错系统采用"心跳"方法保证主系统与备用系统的联系。所谓心跳，是指主从系统之间相互按照一定的时间间隔发送通信信号，表明各自系统当前的运行状态。一旦心跳信号表明主系统发生故障，或者备用系统无法收到主系统的心跳信号，则系统的高可用性管理软件认为主系统发生故障，立即将系统资源转移到备用系统上，备用系统替代主系统工作，以保证系统正常运行和网络服务不间断。

工作模式：双机热备模式；双机互备模式；双机双工模式。

集群技术就是将多台计算机组织起来进行协同工作，它是提高系统可用性和可靠性的一种技术。在集群系统中，每台计算机均承担部分计算任务和容错任务，当其中一台计算机出现故障时，系统使用集群软件将这台计算机从系统中隔离出去，通过各计算机之间的负载转嫁机制完成新的负载分担，同时向系统管理人员发出警报。集群系统通过功能整合和故障过渡，实现了系统的高可用性和可靠性。

特点：可伸缩性、高可用性、可管理性、高性价比、高透明性。

分类：高性能计算集群、负载均衡集群、高可用性集群。

负载均衡是集群系统中的一项重要技术，可以提高集群系统的整体处理能力，也提高了系统的可靠性，最终目的是加快集群系统的响应速度，提高客户端访问的成功概率。集群的最大特征是多个节点的并行和共同工作，如何让所有节点承受的负荷平均，不出现局部过大负载或过轻负载的情况，是负载均衡的重要目的。

比较常用的负载均衡实现技术主要有以下几种：

（1）基于特定软件的负载均衡。很多网络协议都支持重定向功能，如基于 HTTP 重定向服务，其主要原理是服务器使用 HTTP 重定向指令，将一个客户端重新定位到另一个位置。服务器返回一个重定向响应，而不是返回请求的对象。客户端确认新地址然后重发请求，从而达到负载均衡的目的。

（2）基于 DNS 的负载均衡。属于传输层负载均衡技术，其主要原理是在 DNS 服务器中为同一个主机名配置多个地址，在应答 DNS 查询时，DNS 服务器对每个查询将以 DNS 文件中主机记录的 IP 地址顺序返回不同的解析结果，将客户端的访问引导到不同的节点上去，使得不同的客户端访问不同的节点，从而达到负载均衡的目的。

（3）基于 NAT 的负载均衡。将一个外部 IP 地址映射为多个内部 IP 地址，对每次连接需求动态地转换为一个内部节点的地址，将外部连接请求引到转换得到地址的那个节点上，从而达到负载均衡的目的。

（4）反向代理负载均衡。将来自 Internet 上的连接请求以反向代理的方式动态地转发给内部网络上的多个节点进行处理，从而达到负载均衡的目的。

（5）混合型负载均衡。

15.3　课后演练（精选真题）

- 系统　(1)　是指在规定的时间内和规定条件下能有效地实现规定功能的能力。它不仅取决于规定的使用条件等因素，还与设计技术有关。常用的度量指标主要有故障率（或失效率）、平均失效等待时间、平均失效间隔时间和可靠度等。其中，　(2)　是系统在规定工作时间内无故障的概率。（**2022 年 11 月第 16～17 题**）

（1）A．可靠性　　　　　　　　　　B．可用性

　　 C．可理解性　　　　　　　　　D．可测试性

（2）A．失效率　　　　　　　　　　B．平均失效等待时间

　　 C．平均失效间隔时间　　　　　D．可靠度

- 平均失效等待时间（MTTF）和平均失效间隔时间（MTBF）是进行系统可靠性分析时的重要指标，在失效率为常数和修复时间很短的情况下，　(3)　。（**2022 年 11 月第 60 题**）

（3）A．MTTF 远远小于 MTBF　　　　B．MTTF 和 MTBF 无法计算

　　 C．MTTF 远远大于 MTBF　　　　D．MTTF 和 MTBF 几乎相等

15.4　课后演练答案解析

（1）（2）**参考答案**：A　D

解析　有的考生可能会认为是可用性，但是后面有度量指标，涉及故障、失效是可靠；另外，第二问注意问的是概率，只能是 A 项或者 D 项，无故障当然是可靠的概率。

（3）**参考答案**：D

解析　失效率为常数意味着不怎么失效，修复时间很短意味着失效后立马就能恢复，MTBF=MTTF+MTTR，MTTR 就是平均故障修复时间，这里的意思就是 MTTR 很小，所以 MTBF 和 MTTF 很接近。

第16章
软件架构的演化和维护

16.1 备考指南

本章节内容可能考查 2 分左右，为第 2 版教材新增章节，历年尚未考过，无习题。对应第 2 版教材第 10 章，新增的内容是关于架构的演化和维护阶段，偏理论，而且不像架构风格、质量属性内容那样容易出题，以扩展了解为主，掌握即可。

16.2 考点梳理及精讲

16.2.1 软件架构演化和定义

软件架构的演化和维护就是对架构进行修改和完善的过程，目的就是为了使软件能够适应环境的变化而进行的纠错性修改和完善性修改等，是一个不断迭代的过程，直至满足用户需求。

本质上讲，软件架构的演化就是软件整体结构的演化，演化过程涵盖软件架构的全生命周期，包括软件架构需求的获取、软件架构建模、软件架构文档、软件架构实现以及软件架构维护等阶段。

软件架构演化的重要性体现在：一是架构是整个系统的骨架，是软件系统具备诸多好的特性的保障；二是软件架构作为软件蓝图为人们宏观管控软件系统的整体复杂性和变化性提供了一条有效途径。

软件架构的演化能降低软件演化的成本的原因：

（1）对系统的软件架构进行的形式化、可视化表示提高了软件的可构造性，便于软件演化。

（2）软件架构设计方案涵盖的整体结构信息、配置信息、约束信息等有助于开发人员充分考虑未来可能出现的演化问题、演化情况和演化环境。

（3）架构设计时对系统组件之间的耦合描述有助于软件系统的动态调整。

软件架构的定义包含组件、连接件、约束三大要素，这类软件架构演化主要关注的就是这三者之间的添加、修改和删除等。

16.2.2　面向对象软件架构演化

对象演化：在顺序图中，组件的实体是对象，会对架构设计的动态行为产生影响的演化只包括 AddObject（AO）和 DeleteObject（DO）两种。

AO 表示在顺序图中添加一个新的对象。这种演化一般是在系统需要添加新的对象来实现某种新的功能，或需要将现有对象的某个功能独立以增加架构灵活性的时候发生。

DO 删除顺序图中现有的一个对象。这种演化一般在系统需要移除某个现有的功能，或需要合并某些对象及其功能来降低架构的复杂度的时候发生。

消息演化：将消息演化分为 AddMessage（AM）、DeleteMessage（DM）、SwapMessageOrder（SMO）、OverturnMessage（OM）、ChangeMessageModule（CMM）五种。

AM 增添一条新的消息，产生在对象之间需要增加新的交互行为的时候。DM 删除当前的一条消息，产生在需要移除某个交互行为的时候，是 AM 的逆向演化。SMO 交换两条消息的时间顺序，发生在需要改变两个交互行为之间关系的时候。OM 反转消息的发送对象与接收对象，发生在需要修改某个交互行为本身的时候。CMM 改变消息的发送或接收对象，发生在需要修改某个交互行为本身的时候。

复合片段演化：复合片段是对象交互关系的控制流描述，表示可能发生在不同场合的交互，与消息同属于连接件范畴。复合片段的演化分为 AddFragment（AF）、DeleteFragment（DF）、FragmentTypeChange（FTC）和 FragmentConditionChange（FCC）。

FCC 改变复合片段内部执行的条件，发生在改变当前控制流的执行条件时。自动机中与控制流执行条件相对应的转移包括两个：一个是符合条件时的转移；另一个是不符合条件时的转移。因此每次发生 FCC 演化时会同时修改这两个转移的触发事件。

AF 在某几条消息上新增复合片段，发生在需要增添新的控制流。复合片段所产生的分支是不同类型的，如 ref 会关联到另一个顺序图，par 会产生并行消息，其余的则为分支过程。

DF 删除某个现有的复合片段，发生在需要移除当前某段控制流时。DF 与 AF 互为逆向演化过程。

FTC 改变复合片段的类型，发生在需要改变某段控制流时。类型演化意味着交互流程的改变，一般伴随着条件、内部执行序列的同时演化，可以视为复合片段的删除与添加的组合。

约束演化：即直接对约束信息进行添加和删除。

AC（Add Constraint）直接添加新的约束信息，会对架构设计产生直接的影响，需要判断当前设计是否满足新添加的约束要求。

DC（Delete Constraint）直接移除某条约束信息，发生在去除某些不必要条件的时候，一般而言架构设计均会满足演化后的约束。

16.2.3　软件架构演化方式分类

三种典型的分类方法如下所述。

（1）按照软件架构的实现方式和实施粒度分类：基于过程和函数的演化、面向对象的演化、基于组件的演化和基于架构的演化。

（2）按照研究方法将软件架构演化方式分为四类：第 1 类是对演化的支持，如代码模块化的准则、可维护性的指示（如内聚和耦合）、代码重构等；第 2 类是版本和工程的管理工具；第 3 类是架构变换的形式方法，包括系统结构和行为变换的模型，以及架构演化的重现风格等；第 4 类是架构演化的成本收益分析，决定如何增加系统的弹性。

（3）针对软件架构的演化过程是否处于系统运行时期，可以将软件架构演化分为静态演化和动态演化。

软件架构的演化时期包括：设计时演化、运行前演化、有限制运行时演化、运行时演化。

软件架构静态演化主要是设计时演化以及运行前演化。与此相对应的维护方法有三类：更正性维护、适应性维护和完善性维护。

软件的静态演化一般包括如下五个步骤。

- 软件理解：查阅软件文档，分析软件架构，识别系统组成元素及其之间的相互关系，提取系统的抽象表示形式。
- 需求变更分析：静态演化往往是由于用户需求变化、系统运行出错和运行环境发生改变等原因所引起的，需要找出新的软件需求与原有的差异。
- 演化计划：分析原系统，确定演化范围和成本，选择合适的演化计划。
- 系统重构：根据演化计划对系统进行重构，使之适应当前的需求。
- 系统测试：对演化后的系统进行测试，查找其中的错误和不足之处。

一次完整软件架构演化过程可以看作经过一系列原子演化操作组合而成。所谓原子演化操作是指基于 UML 模型表示的软件架构，在逻辑语义上粒度最小的架构修改操作。每经过一次原子演化操作，架构会形成一个演化中间版本。

架构演化的可维护性度量基于组件图表示的软件架构，在较高层次上评估架构的某个原子修改操作对整个架构所产生的影响。这些原子修改操作包括增加/删除模块间的依赖、增加/删除模块间的接口、增加/删除模块、拆分/聚合模块等。

架构演化的可靠性评估基于用例图、部署图和顺序图，分析在架构模块的交互过程中某个原子演化操作对交互场景的可靠程度的影响。这些原子修改操作包括增加/删除消息、增加/删除交互对象、增加/删除/修改消息片段、增加/删除用例执行、增加/删除角色等。

动态演化是在系统运行期间的演化，需要在不停止系统功能的情况下完成演化，较之静态演化更加困难。具体发生在有限制的运行时演化和运行时演化阶段。

架构的动态演化主要来自两类需求：①软件内部执行所导致的体系结构改变，如许多服务器端软件会在客户请求到达时创建新的组件来响应用户需求；②软件系统外部的请求对软件进行的重配置，如操作系统在升级时无须重新启动，在运行过程中就完成对体系结构的修改。

软件的动态性分为三个级别：①交互动态性，要求数据在固定的结构下动态交互；②结构动态性，允许对结构进行修改，通常的形式是组件和连接件实例的添加和删除，这种动态性是研究和应用的主流；③架构动态性，允许软件架构的基本构造的变动，即结构可以被重定义，如新的组件类型的定义。

根据所修改的内容不同，软件的动态演化主要包括以下四个方面。

- 属性改名：目前所有的 ADL 都支持对非功能属性的分析和规约，而在运行过程中，用户可能会对这些指标进行重新定义（如服务响应时间）。
- 行为变化：在运行过程中，用户需求变化或系统自身服务质量的调节都将引发软件行为的变化。
- 拓扑结构改变：如增删组件，增删连接件，改变组件与连接件之间的关联关系等。
- 风格变化：一般软件演化后其架构风格应当保持不变，如果非要改变软件的架构风格，也只能将架构风格变为其衍生风格，如两层 C/S 到三层 C/S。

目前，实现软件架构动态演化的技术主要有两种：采用动态软件架构（Dynamic Software Architecture，DSA）和进行动态重配置（Dynamic Reconfiguration，DR）。DSA 是指在运行时刻会发生变化的系统框架结构，允许在运行过程中通过框架结构的动态演化实现对架构的修改；DR 从组件和连接件的配置入手，允许在运行过程中增删组件，增删连接件，修改连接关系等操作。

实现软件架构动态演化的基本原理是使 DSA 在可运行应用系统中以一类有状态、有行为、可操作的实体显式地表示出来，并且被整个运行环境共享，作为整个系统运行的依据。也就是说，运行时刻体系结构相关信息的改变可用来触发、驱动系统自身的动态调整。

系统必须提供 SA 动态演化的一些相关功能：保存当前软件架构信息的功能、设置监控机制监视系统有无需求变化、保证演化操作原子性。

DSA 实施动态演化大体遵循以下四步：①捕捉并分析需求变化；②获取或生成体系结构演化策略；③根据步骤 2 得到的演化策略，选择适当的演化策略并实施演化；④演化后的评估与检测。

基于软件动态重配置的软件架构动态演化主要是指在软件部署之后对配置信息的修改，常常被用于系统动态升级时需要进行的配置信息修改。一般来说，动态重配置可能涉及的修改有：①简单任务的相关实现修改；②工作流实例任务的添加和删除；③组合任务流程中的个体修改；④任务输入来源的添加和删除；⑤任务输入来源的优先级修改；⑥组合任务输出目标的添加和删除；⑦组合任务输出目标的优先级修改等。

动态重配置模式有：主从模式、中央控制模式、客户端/服务器模式、分布式控制模式。

16.2.4　软件架构演化原则

软件架构演化有如下原则：

（1）演化成本控制原则。

（2）进度可控原则。

（3）风险可控原则。

（4）主体维持原则：保证软件系统主体行为稳定。

（5）系统总体结构优化原则。

（6）平滑演化原则：演化速率趋于稳定。

（7）目标一致原则。

（8）模块独立演化原则。

（9）影响可控原则。

（10）复杂性可控原则。

（11）有利于重构原则。

（12）有利于重用原则。

（13）设计原则遵从性原则：判断架构设计原则是否被破坏。

（14）适应新技术原则。

（15）环境适应性原则。

（16）标准依从性原则。

（17）质量向好原则。

（18）适应新需求原则。

16.2.5　软件架构演化评估方法

根据演化过程是否已知可将评估过程分为：演化过程已知的评估和演化过程未知的评估。

演化过程已知的评估目的在于通过对架构演化过程进行度量，比较架构内部结构上的差异以及由此导致的外部质量属性上的变化，对该演化过程中相关质量属性进行评估。

架构演化评估的执行过程如图 16-1 所示。图中 A_0 和 A_n 表示一次完整演化前后的相邻版本的软件架构。每经过一次原子演化，即可得到一个架构中间演化版本 A_i。对每个中间版本架构进行度量，得到架构 A_i 的质量属性度量值 Q_i。$D(i-1,i)$ 是版本间的质量属性距离。

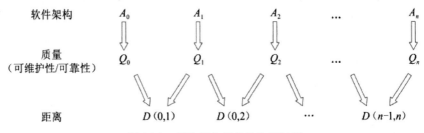

图 16-1　架构演化评估的执行过程

基于度量的架构演化评估方法基本思路在于通过对演化前后的软件架构进行度量，比较架构内部结构上的差异以及由此导致的外部质量属性上的变化。具体包括：架构修改影响分析、监控演化过程、分析关键演化过程，如图 16-2 所示。

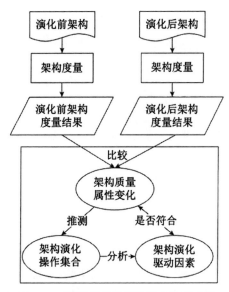

图 16-2　基于度量的架构演化评估方法

当演化过程未知时，我们无法像演化过程已知时那样追踪架构在演化过程中的每一步变化，只能根据架构演化前后的度量结果逆向推测出架构发生了哪些改变，并分析这些改变与架构相关质量属性的关联关系。

16.2.6　软件架构维护

软件架构维护过程一般涉及架构知识管理、架构修改管理和架构版本管理。

软件架构知识管理是对架构设计中所隐含的决策来源进行文档化表示，进而在架构维护过程中帮助维护人员对架构的修改进行完善的考虑，并能够为其他软件架构的相关活动提供参考。

架构知识的定义：架构知识＝架构设计＋架构设计决策。即需要说明在进行架构设计时采用此种架构的原因。

架构知识管理侧重于软件开发和实现过程所涉及的架构静态演化，从架构文档等信息来源中捕捉架构知识，进而提供架构的质量属性及其设计依据以进行记录和评价。

在软件架构修改管理中，一个主要的做法就是建立一个隔离区域保障该区域中任何修改对其他部分的影响比较小，甚至没有影响。为此，需要明确修改规则、修改类型，以及可能的影响范围和副作用等。

软件架构版本管理为软件架构演化的版本演化控制、使用和评价等提供了可靠的依据，并为架构演化量化度量奠定了基础。

第**17**章

未来信息综合技术

17.1　备考指南

本章节是系统架构设计师考试大纲改版后完全新增的内容，主要介绍的是当前流行的新兴技术，这也是近几年以及未来系统架构设计师考试的一个趋势，本章节选择题可能会考 2~3 分，案例论文也可能会涉及，需要大家重点掌握。

17.2　考点梳理及精讲

17.2.1　信息物理系统技术

信息物理系统（Cyber Physical System，CPS）是控制系统、嵌入式系统的扩展与延伸，其涉及的相关底层理论技术源于对嵌入式技术的应用与提升。

CPS 通过集成先进的感知、计算、通信、控制等信息技术和自动控制技术，构建了物理空间与信息空间中人、机、物、环境、信息等要素相互映射、适时交互、高效协同的复杂系统，实现系统内资源配置和运行的按需响应、快速迭代、动态优化。

CPS 的本质就是构建一套信息空间与物理空间之间基于数据自动流动的状态感知、实时分析、科学决策、精准执行的闭环赋能体系，解决生产制造、应用服务过程中的复杂性和不确定性问题，提高资源配置效率，实现资源优化。

1.　CPS 的体系架构

（1）单元级 CPS。是具有不可分割性的 CPS 最小单元，是具备可感知、可计算、可交互、可延展、自决策功能的 CPS 最小单元，一个智能部件、一个工业机器人或一个智能机床都可能是一个 CPS 最小单元。

（2）系统级 CPS。多个最小单元（单元级）通过工业网络（如工业现场总线、工业以太网等），实现更大范围、更宽领域的数据自动流动，实现了多个单元级 CPS 的互联、互通和互操作，进一步提高制造资源优化配置的广度、深度和精度。包含互联互通、即插即用、边缘网关、数据互操作、协同控制、监视与诊断等功能。其中互联互通、边缘网关和数据互操作主要实现单元级 CPS 的异构集成；即插即用主要在系统级 CPS 实现组件管理，包括组（单元级 CPS）的识别、配置、更新和删除等功能；协同控制是指对多个单元级 CPS 的联动和协同控制等；监视与诊断主要是对单元级 CPS 的状态实时监控和诊断其是否具备应有的能力。

（3）SoS 级。多个系统级 CPS 的有机组合构成 SoS 级 CPS。例如，多个工序（系统的 CPS）形成一个车间级的 CPS 或者形成整个工厂的 CPS。主要实现数据的汇聚，从而对内进行资产的优化和对外形成运营优化服务。其主要功能包括：数据存储、数据融合、分布式计算、大数据分析、数据服务，并在数据服务的基础上形成了资产性能管理和运营优化服务。

2. CPS 的技术体系

CPS 技术体系主要分为 CPS 总体技术、CPS 支撑技术、CPS 核心技术。CPS 总体技术主要包括系统架构、异构系统集成、安全技术、试验验证技术等，是 CPS 的顶层设计技术；CPS 支撑技术主要包括智能感知、嵌入式软件、数据库、人机交互、中间件、SDN（软件定义网络）、物联网、大数据等，是基于 CPS 应用的支撑；CPS 核心技术主要包括虚实融合控制、智能装备、MBD、数字孪生技术、现场总线、工业以太网、CAX\MES\ERP\PLM\CRM\SCM 等，是 CPS 的基础技术。

上述技术体系可以分为四大核心技术要素即"一硬"（感知和自动控制）、"一软"（工业软件）、"一网"（工业网络）、"一平台"（工业云和智能服务平台）。其中感知和自动控制是 CPS 实现的硬件支撑；工业软件固化了 CPS 计算和数据流程的规则，是 CPS 的核心；工业网络是互联互通和数据传输的网络载体；工业云和智能服务平台是 CPS 数据汇聚和支撑上层解决方案的基础，对外提供资源管控和能力服务。

CPS 的典型应用场景：

（1）智能设计。在产品及工艺设计、工厂设计过程中的大部分工作都可以在虚拟空间中进行仿真，并实现迭代和改进。包括产品及工艺设计、生产线/工厂设计。

（2）智能生产。CPS 可以打破生产过程的信息孤岛现象，实现设备的互联互通，实现生产过程监控，合理管理和调度各种生产资源，优化生产计划，达到资源和制造协同，实现"制造"到"智造"的升级。包块设备管理、生产管理、柔性制造。

（3）智能服务。通过 CPS 按照需要形成本地与远程云服务相互协作，个体与群体、群体与系统的相互协同一体化工业云服务体系，能够更好地服务于生产，解决装备运行日益复杂、使用难度日益增大的困扰，实现智能装备的协同优化，支持企业用户经济性、安全性和高效性经营目标落地。包括健康管理、智能维护、远程征兆性诊断、协同优化、共享服务。

（4）智能应用。将设计者、生产者和使用者的单调角色转变为新价值创造的参与者，并通过新型价值链的创建反馈到产业链的转型，从根本上调动各个参与者的积极性，实现制造业转型。包括无人装备、产业链互动、价值链共赢。

CPS 建设路径有：CPS 体系设计、单元级 CPS 建设、系统级 CPS 建设和 SoS 级 CPS 建设阶段。

17.2.2 人工智能技术

人工智能（AI）是利用数字计算机或者数字计算机控制的机器模拟、延伸和扩展人的智能、感知环境、获取知识并使用知识获得最佳结果的理论、方法、技术及应用系统。

人工智能的目标是了解智能的实质，并生产出一种新的能以人类智能相似的方式做出反应的智能机器。该领域的研究包括机器人、自然语言处理、计算机视觉和专家系统等。

根据人工智能是否能真正实现推理、思考和解决问题，可以将人工智能分为弱人工智能和强人工智能。

人工智能关键技术有以下几种。

（1）自然语言处理（Natural Language Processing，NLP）。研究实现人与计算机之间用自然语言进行有效通信的各种理论和方法。自然语言处理涉及的领域主要包括机器翻译（利用计算机实现从一种自然语言到另外一种自然语言的翻译）、语义理解（利用计算机理解文本篇章内容，并回答相关问题）和问答系统（让计算机像人类一样用自然语言与人交流）等。

（2）计算机视觉。是使用计算机模仿人类视觉系统的科学，让计算机拥有类似人类提取、处理、理解和分析图像以及图像序列的能力，将图像分析任务分解为便于管理的小块任务。

（3）知识图谱。就是把所有不同种类的信息连接在一起而得到的一个关系网络，提供了从"关系"的角度去分析问题的能力。一般用于反欺诈、不一致性验证等问题。

（4）人机交互（Human-Computer Interaction，HCI）。主要研究人和计算机之间的信息交换，包括人到计算机和计算机到人的两部分信息交换。

（5）虚拟现实（Virtual Reality，VR）或增强现实（Augmented Reality，AR）。以计算机为核心的新型视听技术。结合相关科学技术，在一定范围内生成与真实环境在视觉、听觉等方面高度近似的数字化环境。

（6）机器学习（Machine Learning，ML）。是以数据为基础，通过研究样本数据寻找规律，并根据所得规律对未来数据进行预测。目前，机器学习广泛应用于数据挖掘、计算机视觉、自然语言处理、生物特征识别等领域。

广义上来说，机器学习指专门研究计算机怎么模拟或实现人类的学习行为以获取新的知识或技能的学科，使计算机重新组织已有的组织结构并不断改善自身的性能。

按照学习模式的不同，机器学习可分为监督学习、无监督学习、半监督学习、强化学习。其中，监督学习需要提供标注的样本集，无监督学习不需要提供标注的样本集，半监督学习需要提供少量标注的样本，而强化学习需要反馈机制。

监督学习是利用已标记的有限训练数据集，通过某种学习策略/方法建立一个模型，从而实现对新数据/实例的标记（分类）/映射。在自然语言处理、信息检索、文本挖掘、手写体辨识、垃圾邮件侦测等领域获得了广泛应用。

无监督学习是利用无标记的有限数据描述隐藏在未标记数据中的结构/规律。无监督学习不需要以人工标注数据作为训练样本，这样不仅便于压缩数据存储、减少计算量、提升算法速度，还可以避免正负样本偏移引起的分类错误问题。无监督学习主要用于经济预测、异常检测、数据挖掘、图像处理、模式识别等领域。

半监督学习可以利用少量的标注样本和大量的未标注样本进行训练和分类,从而达到减少标注代价、提高学习能力的目的。半监督学习的算法首先试图对未标注数据进行建模,在此基础上再对标识的数据进行预测。例如,图论推理算法或者拉普拉斯支持向量机等。

强化学习可以学习从环境状态到行为的映射,使得智能体选择的行为能够获得环境的最大奖赏,最终目标是使外部环境对学习系统在某种意义下的评价最佳。在机器人控制、无人驾驶、工业控制等领域获得成功应用。

按照学习方法的不同,机器学习可分为传统机器学习和深度学习。区别在于,传统机器学习的领域特征需要手动完成,且需要大量领域专业知识;深度学习不需要人工特征提取,但需要大量的训练数据集以及强大的 GPU 服务器来提供算力。

传统机器学习从一些观测(训练)样本出发,试图发现不能通过原理分析获得的规律,实现对未来数据行为或趋势的准确预测。在自然语言处理、语音识别、图像识别、信息检索等许多计算机领域获得了广泛应用。

深度学习是一种基于多层神经网络并以海量数据作为输入规则的自学习方法,依靠提供给它的大量实际行为数据(训练数据集),进行参数和规则调整。深度学习更注重特征学习的重要性。

机器学习的常见算法还包括迁移学习、主动学习和演化学习。

迁移学习是指当在某些领域无法取得足够多的数据进行模型训练时,利用另一领域数据获得的关系进行的学习。主要在变量有限的小规模应用中使用,如基于传感器网络的定位、文字分类和图像分类等。未来迁移学习将被广泛应用于解决更有挑战性的问题,如视频分类、社交网络分析、逻辑推理等。

主动学习通过一定的算法查询最有用的未标注样本,并交由专家进行标记,然后用查询到的样本训练分类模型来提高模型的精度。

演化学习基于演化算法提供的优化工具设计机器学习算法,针对机器学习任务中存在大量的复杂优化问题,应用于分类、聚类、规则发现、特征选择等机器学习与数据挖掘问题中。算法通常维护一个解的集合,并通过启发式算子来从现有的解产生新解,并通过挑选更好的解进入下一次循环,不断提高解的质量。

人工智能目前典型的应用:ChatGPT。

17.2.3　机器人技术

机器人技术已经准备进入 4.0 时代。所谓机器人 4.0 时代,就是把云端大脑分布在各个地方,充分利用边缘计算的优势,提供高性价比的服务,把要完成任务的记忆场景的知识和常识很好地组合起来,实现规模化部署。特别强调机器人除了具有感知能力实现智能协作,还应该具有一定的理解和决策能力,进行更加自主的服务。

我们目前的服务机器人大多可以做到物体识别和人脸识别。在机器人 4.0 时代,我们需要加上更强的自适应能力。

1. 机器人 4.0 的核心技术

（1）云-边-端的无缝协同计算。云-边-端一体的机器人系统是面向大规模机器人的服务平台，信息处理和生成主要在云-边-端上分布处理完成。通常情况下，云侧可以提供高性能的计算和知识存储，边缘侧用来进一步处理数据并实现协同和共享，机器人端只用完成实时操作的功能。

（2）持续学习与协同学习。希望机器人可以通过少量数据来建立基本的识别能力，然后可以自主地去找到更多的相关数据并进行自动标注。然后用这些自主得到的数据对自己已有的模型进行重新训练来提高性能。

（3）知识图谱。机器人应用的知识图谱应该具有的不同的需求：需要更加动态和个性化的知识；需要和机器人的感知与决策能力相结合。

（4）场景自适应。通过在对当前场景进行三维语义理解的基础上，主动观察场景内人和物之间的变化，预测可能发生的事件，从而影响之后的行动模式。这个技术的关键问题在于场景预测能力。场景预测就是机器人通过对场景内的各种人和物进行细致的观察，结合相关的知识和模型进行分析，并预测之后事件即将发生的时间，改变自己的行为模式。

（5）数据安全。既要保证端到端的安全传输，也要保障服务器端的安全存储。

2. 机器人的分类

如果按照要求的控制方式分类，机器人可分为操作机器人、程序机器人、示教再现机器人、智能机器人和综合机器人。

（1）操作机器人。典型代表是在核电站处理放射性物质时远距离进行操作的机器人。

（2）程序机器人。可以按预先给定的程序、条件、位置进行作业。

（3）示教再现机器人。机器人可以将所教的操作过程自动地记录在磁盘、磁带等存储器中，当需要再现操作时，可重复所教过的动作过程。示教方法有直接示教与遥控示教两种。

（4）智能机器人。既可以进行预先设定的动作，还可以按照工作环境的改变而变换动作。

（5）综合机器人。由操作机器人、示教再现机器人、智能机器人组合而成的机器人，如火星机器人。整个系统可以看作由地面指令操纵的操作机器人。

如果按照应用行业来分，机器人可分为工业机器人、服务机器人和特殊领域机器人。

17.2.4 边缘计算

边缘计算将数据的处理、应用程序的运行甚至一些功能服务的实现，由网络中心下放到网络边缘的节点上。在网络边缘侧的智能网关上就近采集并且处理数据，不需要将大量未处理的原生数据上传到远处的大数据平台。

采用边缘计算的方式，海量数据能够就近处理，大量的设备也能实现高效协同的工作，诸多问题迎刃而解。因此，边缘计算理论上可满足许多行业在敏捷性、实时性、数据优化、应用智能，以及安全与隐私保护等方面的关键需求。

边缘计算的业务本质是云计算在数据中心之外汇聚节点的延伸和演进，主要包括云边缘、边缘云和云化网关三类落地形态；以"边云协同"和"边缘智能"为核心能力发展方向；软件平台需要考虑导入云理念、云架构、云技术，提供端到端实时、协同式智能、可信赖、可动态重置等能力；硬件平台需要考虑异构计算能力。

（1）云边缘。是云服务在边缘侧的延伸，逻辑上仍是云服务，依赖于云服务提供主要的能力或需要与云服务紧密协同。

（2）边缘云。是在边缘侧构建中小规模云服务能力，边缘服务能力主要由边缘云提供；集中式 DC 侧的云服务主要提供边缘云的管理调度能力。

（3）云化网关。以云化技术与能力重构原有嵌入式网关系统，云化网关在边缘侧提供协议/接口转换、边缘计算等能力，部署在云侧的控制器提供边缘节点的资源调度、应用管理与业务编排等能力。

边缘计算具有以下特点：

（1）联接性。联接性是边缘计算的基础。所联接物理对象的多样性及应用场景的多样性，需要边缘计算具备丰富的联接功能。

（2）数据第一入口。边缘计算作为物理世界到数字世界的桥梁，是数据的第一入口，拥有大量、实时、完整的数据，可基于数据全生命周期进行管理与价值创造，将更好地支撑预测性维护、资产效率与管理等创新应用。

（3）约束性。边缘计算产品需适配工业现场相对恶劣的工作条件与运行环境，如防电磁、防尘、防爆、抗振动、抗电流/电压波动等。在工业互联场景下，对边缘计算设备的功耗、成本、空间也有较高的要求。

（4）分布性。边缘计算实际部署天然具备分布式特征。这要求边缘计算支持分布式计算与存储、实现分布式资源的动态调度与统一管理、支撑分布式智能、具备分布式安全等能力。

边云协同：边缘计算与云计算各有所长，云计算擅长全局性、非实时、长周期的大数据处理与分析，能够在长周期维护、业务决策支撑等领域发挥优势；边缘计算更适用局部性、实时、短周期数据的处理与分析，能更好地支撑本地业务的实时智能化决策与执行。

边缘计算既靠近执行单元，更是云端所需高价值数据的采集和初步处理单元，可以更好地支撑云端应用。反之，云计算通过大数据分析优化输出的业务规则或模型可以下发到边缘侧，边缘计算基于新的业务规则或模型运行。

边云协同主要包括六种协同：

（1）资源协同。边缘节点提供计算、存储、网络、虚拟化等基础设施资源，具有本地资源调度管理能力，同时可与云端协同，接受并执行云端资源调度管理策略，包括边缘节点的设备管理、资源管理以及网络连接管理。

（2）数据协同。边缘节点主要负责现场/终端数据的采集，按照规则或数据模型对数据进行初步处理与分析，并将处理结果以及相关数据上传给云端；云端提供海量数据的存储、分析与价值挖掘。边缘与云的数据协同，支持数据在边缘与云之间可控有序流动，形成完整的数据流转路径，高效低成本对数据进行生命周期管理与价值挖掘。

（3）智能协同。边缘节点按照 AI 模型执行推理，实现分布式智能；云端开展 AI 的集中式模型训练，并将模型下发边缘节点。

（4）应用管理协同。边缘节点提供应用部署与运行环境，并对本节点多个应用的生命周期进行管理调度；云端主要提供应用开发、测试环境，以及应用的生命周期管理能力。

（5）业务管理协同。边缘节点提供模块化、微服务化的应用/数字孪生/网络等应用实例；云端主要提供按照客户需求实现应用/数字孪生/网络等的业务编排能力。

（6）服务协同。边缘节点按照云端策略实现部分 ECSaaS 服务，通过 ECSaaS 与云端 SaaS 的协同实现面向客户的按需 SaaS 服务；云端主要提供 SaaS 服务在云端和边缘节点的服务分布策略，以及云端承担的 SaaS 服务能力。

边缘计算的应用场合：智慧园区、安卓云与云游戏、视频监控、工业互联网、Cloud VR。

17.2.5　数字孪生体技术

数字孪生体技术是跨层级、跨尺度的现实世界和虚拟世界建立沟通的桥梁。

数字孪生体是现有或将有的物理实体对象的数字模型，通过实测、仿真和数据分析来实时感知、诊断、预测物理实体对象的状态，通过优化和指令来调控物理实体对象的行为，通过相关数字模型间的相互学习来进化自身，同时改进利益相关方在物理实体对象生命周期内的决策。

1. 关键技术

（1）建模。建模的目的是将我们对物理世界的理解进行简化和模型化。而数字孪生体的目的或本质是通过数字化和模型化，用信息换能量，以使少的能量消除各种物理实体、特别是复杂系统的不确定性。需求指标、生存期阶段和空间尺度构成了数字孪生体建模技术体系的三维空间。

（2）仿真。从技术角度看，建模和仿真是一对伴生体。如果说建模是模型化我们对物理世界或问题的理解，那么仿真就是验证和确认这种理解的正确性和有效性。所以，数字化模型的仿真技术是创建和运行数字孪生体、保证数字孪生体与对应物理实体实现有效闭环的核心技术。

仿真是将包含了确定性规律和完整机理的模型转化成软件的方式来模拟物理世界的一种技术。只要模型正确，并拥有了完整的输入信息和环境数据，就可以基本准确地反映物理世界的特性和参数。

（3）其他技术。VR、AR 以及 MR 等增强现实技术、数字线程、系统工程和 MBSE、物联网、云计算、雾计算、边缘计算、大数据技术、机器学习和区块链技术。

2. 主要应用

数字孪生体主要应用于制造、产业、城市和战场。

17.2.6　云计算和大数据技术

云计算概念的内涵包含两个方面：平台和应用。平台即基础设施，其地位相当于 PC 上的操作系统，云计算应用程序需要构建在平台之上；云计算应用所需的计算与存储通常在"云端"完成，客户端需要通过互联网访问计算与存储能力。

1. 云计算的服务方式

（1）软件即服务（SaaS）。在 SaaS 的服务模式下，服务提供商将应用软件统一部署在云计算平台上，客户根据需要通过互联网向服务提供商订购应用软件服务，服务提供商根据客户所订购软件的数量、时间的长短等因素收费，并且通过标准浏览器向客户提供应用服务。

（2）平台即服务（PaaS）。在 PaaS 模式下，服务提供商将分布式开发环境与平台作为一种服务来提供。这是一种分布式平台服务，厂商提供开发环境、服务器平台、硬件资源等服务给客户，客户在服务提供商平台的基础上定制开发自己的应用程序，并通过其服务器和互联网传递给其他客户。

（3）基础设施即服务（IaaS）。在 IaaS 模式下，服务提供商将多台服务器组成的"云端"基础设施作为计量服务提供给客户。具体来说，服务提供商将内存、I/O 设备、存储和计算能力等整合为一个虚拟的资源池，为客户提供所需要的存储资源、虚拟化服务器等服务。

在灵活性方面，SaaS→PaaS→IaaS 灵活性依次增强。

在方便性方面，IaaS→PaaS→SaaS 方便性依次增强。

2. 云计算的部署模式

（1）公有云。在公有云模式下，云基础设施是公开的，可以自由地分配给公众。企业、学术界与政府机构都可以拥有和管理公有云，并实现对公有云的操作。公有云能够以低廉的价格为最终用户提供有吸引力的服务，创造新的业务价值。

（2）社区云。在社区云模式下，云基础设施分配给一些社区组织所专有，这些组织共同关注任务、安全需求、政策等信息。云基础设施被社区内的一个或多个组织所拥有、管理及操作。"社区云"是"公有云"范畴内的一个组成部分。

（3）私有云。在私有云模式下，云基础服务设施分配给由多种用户组成的单个组织。它可以被这个组织或其他第三方组织所拥有、管理及操作。

（4）混合云。混合云是公有云、私有云和社区云的组合。由于安全和控制原因，并非所有的企业信息都能放置在公有云上，因此企业将会使用混合云模式。

大数据是指其大小或复杂性无法通过现有常用的软件工具，以合理的成本并在可接受的时限内对其进行捕获、管理和处理的数据集。这些困难包括数据的收入、存储、搜索、共享、分析和可视化。

大数据的特点：大规模、高速度、多样化、可变性、复杂性等。

大数据分析的步骤：大致分为数据获取/记录、信息抽取/清洗/注记、数据集成/聚集/表现、数据分析/建模和数据解释五个主要阶段。

大数据的应用领域：制造业、服务业、交通行业、医疗行业。

17.3　课后演练（精选真题）

● 云计算服务体系结构如下图所示，图中①、②、③分别与 SaaS、PaaS、IaaS 相对应，图中①、②、③应为　(1)　。（2022 年 11 月第 1 题）

（1）A. 应用层、基础设施层、平台层　　B. 应用层、平台层、基础设施层

　　C. 平台层、应用层、基础设施层　　D. 平台层、基础设施层、应用层

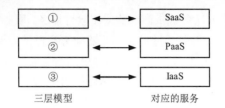

GPU 目前已广泛应用于各行各业，GPU 中集成了同时运行在 GHz 的频率上的成千上万个 core，可以高速处理图像数据。最新的 GPU 峰值性能可高达 __(2)__ 以上。（**2022 年 11 月第 10 题**）

    （2）A．100TFlops   B．50TFlops   C．10TFlops   D．1TFlops

● AI 芯片是当前人工智能技术发展的核心技术，其能力要支持训练和推理，通常，AI 芯片的技术架构包括 __(3)__ 等三种。（**2022 年 11 月第 11 题**）

    （3）A．GPU、FPGA、ASIC   B．CPU、FPGA，DSP

         C．GPU、CPU、ASIC   D．GPU、FPGA、SOC

17.4　课后演练答案解析

（1）**参考答案**：B

解析　按照云计算服务提供的资源层次，可以分为 IaaS、PaaS、SaaS 三种服务类型。

1）IaaS（基础设施即服务），向用户提供计算机能力、存储空间等基础设施方面的服务。这种服务模式需要较大的基础设施投入和长期运营管理经验。

2）PaaS（平台即服务），向用户提供虚拟的操作系统、数据库管理系统、Web 应用等平台化的服务。PaaS 服务的重点不在于直接的经济效益，而更注重构建和形成紧密的产业生态。

3）SaaS（软件即服务），向用户提供应用软件（如 CRM、办公软件等）、组件、工作流等虚拟化软件的服务。

（2）**参考答案**：A

解析　超纲题。BR 100 通用 GPU 16 位浮点算力达到 1000T 以上、8 位定点算力达到 2000T 以上，单芯片峰值算力达到 PFlops 级别，FP32 算力超越英伟达在售旗舰 GPU 一个数量级。

（3）**参考答案**：A

解析　超纲题。AI 芯片主要有三种技术架构：

第一种是 GPU，可以高效支持 AI 应用的通用芯片，但是相对于 FPGA 和 ASIC 来说，价格和功耗过高。

第二种是 FPGA（现场可编程门阵列），可对芯片硬件层进行编程和配置，实现半定制化，相对于 GPU 有更低的功耗。

第三种是 ASIC（专用集成电路），专门为特定的 AI 产品或者服务而设计，主要是侧重加速机器学习（尤其是神经网络、深度学习），它针对特定的计算网络结构采用了硬件电路实现的方式，能够在很低的功耗下实现非常高的能效比，这也是目前 AI 芯片中最多的形式。

第 2 篇　案例专题

第**18**章
案例分析总论

18.1 案例分析答题卡

案例分析第 1 题必做，后面四个题四选二，自从 2023 年 11 月软考全面改革机考之后，已经没有纸质答题卡，直接在机考软件上进行选题操作。

18.2 历年真题考点分析

根据历年真题考点分析，我们将架构案例分析真题分为如下几个大类：

（1）软件架构设计。每年会必考 1～2 题，并且第 1 题是必选题，必须掌握，主要涉及质量属性、软件架构风格、软件架构评估、MVC 架构、面向服务的架构（SOA）、ESB、J2EE 架构等。对于其他未考查的架构领域重点知识，如 DSSA、ABSD 等，也必须掌握。在 2023 年 11 月考试中，采用的是第二版教材，第 1 题不再是传统的架构风格+质量属性的组合，而是变成了大数据架构。可以看出，以后架构案例考题应该会考查第二版教材新增的八大架构内容。我们也在案例专题后面新增了"典型八大系统架构设计实例"内容做补充。

（2）系统开发基础。几乎每年必考 1 题，主要涉及 UML 的图、关系的识别，尤其是类图、用例图、活动图、状态图；设计模式识别；数据流图、E-R 图等简单识别；信息安全相关技术；项目管理－进度管理－关键路径。

（3）数据库系统。偶尔会考查 1 题，主要考查的是数据库的一些新技术的比较，如关系型数据库、内存数据库及 NoSQL 等，还会包括反规范化技术、主从复制、负载均衡等。

（4）嵌入式系统。几乎每年必考 1 题，选做题，考查比较多的是嵌入式系统的实时性和可靠性以及容错等概念。大概率会考到一些嵌入式领域陌生技术，如果是完全没见过的技术，不选即可。

（5）Web 应用开发。主要考查 Web 相关技术，一般结合架构进行考查。偶尔会考到新技术，遇到完全没听说过的技术，就不选。

此外，早年的考试中，偶尔考到一些完全陌生的架构和技术。这些陌生的架构和技术，没有看的必要，可忽略，因为陌生技术不会再考第二次，无法去归纳总结，也没有了解的必要。

历年案例真题考点归纳见表 18-1。

表 18-1　历年案例真题考点归纳

时间	所属范围	考查知识点
2023 年 11 月试题一	软件架构	大数据架构 Lambda 和 Kappa
2023 年 11 月试题二	系统开发	sysML 需求图、用例图填空及区别
2023 年 11 月试题三	数据库	读写分离、Redis、hibernate 架构、数据持久层
2023 年 11 月试题四	嵌入式	空天一体化技术
2023 年 11 月试题五	Web 应用	数字孪生、无人机操控平台架构图填空
2022 年 11 月试题一	软件架构	架构风格，质量属性
2022 年 11 月试题二	系统开发	结构化分析：数据流图、E-R 图、数据字典
2022 年 11 月试题三	嵌入式	宇航装备架构、看图填空、故障分析
2022 年 11 月试题四	数据库	同步和异步、缓存分片、布隆过滤器
2022 年 11 月试题五	Web 应用	MQTT 协议、看图填空、云计算、边缘计算
2021 年 11 月试题一	软件架构	架构风格，质量属性
2021 年 11 月试题二	系统开发	用例图、顺序图填空、模型对比
2021 年 11 月试题三	软件架构	数据定义分布管理含义、基于 FACE 的架构（题目不全）
2021 年 11 月试题四	数据库	反规范化设计方法、数据不一致、Redis 同步
2021 年 11 月试题五	Web 应用	云平台智能家居，看图填空，TCP/UDP 区别
2020 年 11 月试题一	软件架构	架构风格，质量属性
2020 年 11 月试题二	数据库	逻辑设计、关系模式、主键、超类实体、派生属性
2020 年 11 月试题三	嵌入式	需求到架构映像、FACE 架构
2020 年 11 月试题四	数据库	内存数据库 Redis，内存淘汰机制
2020 年 11 月试题五	Web 应用	非功能性需求，SSM 框架，数据访问机制
2019 年 11 月试题一	软件架构	架构风格，质量属性
2019 年 11 月试题二	系统开发	数据流图求实体、加工、补充数据流；系统流程图区别
2019 年 11 月试题三	嵌入式	信息物理系统三层结构概念、填空；三类安全威胁
2019 年 11 月试题四	数据库	数据库读写并发操作、key/value 方案探讨
2019 年 11 月试题五	Web 应用	非功能性需求、分布式架构图、SQL 注入攻击
2018 年 11 月试题一	软件架构	非功能性需求、C/S 架构

续表

时间	所属范围	考查知识点
2018 年 11 月试题二	系统开发	数据流图、E-R 图、实体和类、用例
2018 年 11 月试题三	嵌入式	简单任务和复杂任务、基本消息通信（BMTS）
2018 年 11 月试题四	数据库	MemCache 和 Redis、数据可靠性和一致性
2018 年 11 月试题五	Web 应用	SOA、ESB、信息安全、根据描述填图
2017 年 11 月试题一	软件架构	质量属性效用树、架构风险、敏感点、权衡点
2017 年 11 月试题二	软件架构	MVC、EJB、J2EE
2017 年 11 月试题三	嵌入式	机器人操作系统 ROS 和 RTOS、根据描述填流程图
2017 年 11 月试题四	数据库	ORM 和数据库程序在线访问、数据访问层、工厂设计模式
2017 年 11 月试题五	Web 应用	响应式 Web 设计、高并发 Web 架构、主从复制机制
2016 年 11 月试题一	软件架构	质量属性、架构风格对比、根据描述填空
2016 年 11 月试题二	系统开发	用例图参与者、用例关系、类图关系
2016 年 11 月试题三	嵌入式	RTOS 特点、实时性分类、缺陷故障失效关系图
2016 年 11 月试题四	Web 应用	应用服务器、PHP 和 Java、J2EE 架构
2016 年 11 月试题五	系统开发	Scrum 敏捷开发状态图、MVC 架构应用
2015 年 11 月试题一	软件架构	质量属性效用树、架构风险、敏感点、权衡点
2015 年 11 月试题二	系统开发	状态图、活动图特点，根据描述填图
2015 年 11 月试题三	嵌入式	可靠性子特性、硬件软件可靠性、恢复块和 N 版本程序设计
2015 年 11 月试题四	数据库	关系数据库、文件系统、内存数据库、SQL 查询性能
2015 年 11 月试题五	Web 应用	数据持久层特点和其实现技术
2014 年 11 月试题一	软件架构	MVC 架构、扩展接口模式
2014 年 11 月试题二	系统开发	数据流图元素、找 DFD 错误、CRUD 矩阵
2014 年 11 月试题三	嵌入式	构件获取和开发、构件标准、特点判断、构件接口
2014 年 11 月试题四	软件架构	质量属性效用树、架构风险、敏感点、权衡点
2014 年 11 月试题五	Web 应用	负载均衡（DNS、反向代理）、主从复制、数据库分区、MemCached
2013 年 11 月试题一	软件架构	根据描述填表、ESB 定义和功能
2013 年 11 月试题二	项目管理	项目管理计划、进度和成本计算
2013 年 11 月试题三	嵌入式	故障模型影响分析（FMEA）内容、步骤等
2013 年 11 月试题四	Web 应用	MVC 架构、XML 界面设计
2013 年 11 月试题五	信息安全	公钥体系、数字信封、数据库加密（解密 API 和透明加密）

18.3　解题技巧

（1）先看问题，再看题目描述，第 1 题必做，不用犹豫，先做完第 1 题。

（2）后面四道题四选二，快速浏览所有题目的问题，看看问题描述是否能看懂，再选择。

（3）问题与题目描述相结合，尤其是遇到系统分析和设计问题，以及新技术问题，答案一般都在题目描述里，从题目描述抽象总结出问题答案。

（4）以最简练的语言写出答案，一般题目会有最大字数要求，不能超过字数限制。

（5）遇到新的知识点，不要慌，稳住心态。

（6）列条目回答问题，把自己认为对的都写上，多写不会扣分，少写一定会扣分。

（7）分析题目问题的倾向性，顺势答题。

第**19**章

案例专题一：软件架构设计

19.1 考点梳理及精讲

系统架构设计师方面的知识在案例分析中每年必考 1～2 题，并且是第 1 题，必选题，必须掌握，主要涉及质量属性、软件架构风格、软件架构评估、MVC 架构、面向服务的架构（SOA）等。

对于其他未考查的架构领域重点知识，如 DSSA、ABSD 等，也必须掌握。

本题考查得比较简单，知识点固定，一般可以得到 20 分。具体考点如下：

1. 质量属性判断与质量属性效用树

（1）**性能**。指系统的响应能力，即要经过多长时间才能对某个事件作出响应，或者在某段时间内系统所能处理的事件的个数，如响应时间、吞吐量。设计策略：优先级队列、增加计算资源、减少计算开销、引入并发机制、采用资源调度等。

（2）**可靠性**。是软件系统在应用或系统错误面前，在意外或错误使用的情况下维持软件系统的功能特性的基本能力，如 MTTF、MTBF。设计策略：心跳、Ping/Echo、冗余、选举。

（3）**可用性**。是系统能够正常运行的时间比例，经常用两次故障之间的时间长度或在出现故障时系统能够恢复正常的速度来表示，如故障间隔时间。设计策略：心跳、Ping/Echo、冗余、选举。

（4）**安全性**。是指系统在向合法用户提供服务的同时能够阻止非授权用户使用的企图或拒绝服务的能力，如保密性、完整性、不可抵赖性、可控性。设计策略：入侵检测、用户认证、用户授权、追踪审计。

（5）**可修改性**。指能够快速地以较高的性价比对系统进行变更的能力。通常以某些具体的变更为基准，通过考查这些变更的代价衡量。设计策略：接口-实现分类、抽象、信息隐藏。

（6）功能性。是系统所能完成所期望的工作的能力。一项任务的完成需要系统中许多或大多数构件的相互协作。

（7）可变性。指体系结构经扩充或变更而成为新体系结构的能力。这种新体系结构应该符合预先定义的规则，在某些具体方面不同于原有的体系结构。当要将某个体系结构作为一系列相关产品的基础时，可变性是很重要的。

（8）互操作性。作为系统组成部分的软件不是独立存在的，经常与其他系统或自身环境相互作用。为了支持互操作性，软件体系结构必须为外部可视的功能特性和数据结构提供精心设计的软件入口。程序和用其他编程语言编写的软件系统的交互作用就是互操作性的问题，也影响应用的软件体系结构。

2. 必背概念

（1）软件架构风格。指描述特定软件系统组织方式的惯用模式。组织方式描述了系统的组成构件和这些构件的组织方式，惯用模式则反映众多系统共有的结构和语义。

（2）架构风险。指架构设计中潜在的、存在问题的架构决策所带来的隐患。

（3）风险点与非风险点。不是以标准专业术语形式出现的，只是一个常规概念，即可能引起风险的因素，可称为风险点。某个做法如果有隐患，有可能导致一些问题，则为风险点；而如果某件事是可行的、可接受的，则为非风险点。

（4）敏感点。指为了实现某种特定的质量属性，一个或多个构件所具有的特性。

（5）权衡点。是影响多个质量属性的特性，是多个质量属性的敏感点。

3. 架构风格对比

案例分析常考的架构风格对比见表 19-1。

表 19-1　案例分析常考的架构风格对比

架构风格	主要特点	主要优点	主要缺点	适合领域
管道-过滤器	过滤器相对独立	功能模块复用；可维护性和可扩展性较强；具有并发性；模块独立性高	不适于交互性强的应用，对于存在关系的数据流必须进行协调	系统可划分清晰的模块；模块相对独立；有清晰的模块接口
面向对象	力争实现问题空间和软件系统空间结构的一致性	高度模块性；实现封装；代码共享灵活；易维护；可扩充性好	增加了对象之间的依赖关系	多种领域
事件驱动	系统由若干子系统构成且称为一个整体；系统有统一的目标；子系统有主从之分；每一个子系统有自己的事件收集和处理机制	适合描写系统组；容易实现并发处理和多任务；可扩展性好；具有类层次结构；简化代码	因为树形结构所以削弱了对系统计算的控制能力；各个对象的逻辑关系复杂	一个系统对外部的表现可以从它对事件的处理表征出来
分层风格	各个层次的组件形成不同功能级别的虚拟机；多层相互协同工作，而且实现透明	支持系统设计过程中的逐级抽象；可扩展性好；支持软件复用	不同层次之间耦合度高的系统很难实现	适合功能层次的抽象和相互之间低耦合的系统
数据共享风格	采用两个常用构件中央数据单元和一些相对独立的组件集合	中央数据单元实现了数据的集中，以数据为中心	适合于特定领域	适合于专家系统等人工智能领域问题的求解

续表

架构风格	主要特点	主要优点	主要缺点	适合领域
解释器风格	系统核心是虚拟机	可以用多种操作来解释一个句子，灵活应对自定义场景	适合于特定领域	适合于模式匹配系统与语言编译器
闭环控制风格	通过不断地测量被控对象，认识和掌握被控对象；将控制理论引入体系结构构建	将控制理论引入到计算机软件体系结构中	适合于特定领域	该系统中一定存在目标的作用、信息处理闭环控制过程

4. MVC 架构

MVC 强制性地把一个应用的输入、处理、输出流程按照视图、控制、模型的方式进行分离，形成三个核心模块：控制器、模型、视图，如图 19-1 所示。

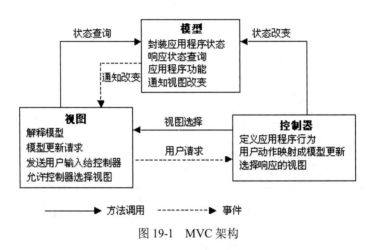

图 19-1　MVC 架构

（1）控制器（Controller）。是应用程序中处理用户交互的部分。通常控制器负责从视图读取数据，控制用户输入，并向模型发送数据。

（2）模型（Model）。是应用程序中用于处理应用程序数据逻辑的部分。通常模型对象负责在数据库中存取数据。模型表示业务数据和业务逻辑。

（3）视图（View）。是应用程序中处理数据显示的部分。通常视图是依据模型数据创建的，是用户看到并与之交互的界面。视图向用户显示相关的数据，并能接收用户的输入数据，但是它并不进行任何实际的业务处理。

MVC 分层有助于管理复杂的应用程序，因为您可以在一个时间内专门关注一个方面。例如，您可以在不依赖业务逻辑的情况下专注于视图设计。同时也让应用程序的测试更加容易。

MVC 分层同时也简化了分组开发。不同的开发人员可同时开发视图、控制器逻辑和业务逻辑。

5. J2EE 架构

（1）四层架构。J2EE 四层架构如图 19-2 所示。

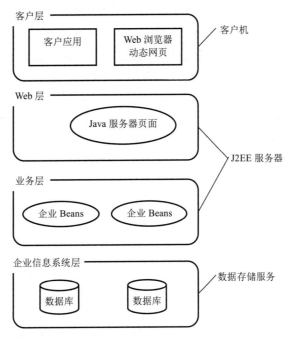

图 19-2　J2EE 四层架构

1）客户层组件。J2EE 应用程序可以是基于 Web 方式的，也可以是基于传统方式的。静态的 HTML（标准通用标记语言下的一个应用）页面和 Applets 是客户层组件。

2）Web 层组件。J2EE Web 层组件可以是 JSP 页面或 Servlet。

3）业务层组件。业务层代码的逻辑用来满足特定领域的业务逻辑处理。

EJB 层是 JavaEE 服务器端组件模型，设计目标与核心应用是部署分布式应用程序。简单来说就是把已经编写好的程序（即类）打包放在服务器上执行。凭借 Java 跨平台的优势，用 EJB 技术部署的分布式系统可以不限于特定的平台。

EJB 中有三种企业级的 Bean：会话（Session）Bean、实体（Entity）Bean 和消息驱动（Message-Driven）Bean。会话 Bean 表示与客户端程序的临时交互，当客户端程序执行完后，会话 Bean 和相关数据就会消失。相反，实体 Bean 表示数据库的表中一行永久的记录。当客户端程序中止或服务器关闭时，就会有潜在的服务保证实体 Bean 的数据得以保存。消息驱动 Bean 结合了会话 Bean 和 JMS 的消息监听器的特性，允许一个业务层组件异步接收 JMS 消息。

4）企业信息系统层。企业信息系统层软件包括企业基础建设系统，如企业资源计划（ERP）、大型机事务处理、数据库系统和其他的遗留信息系统。例如，J2EE 应用组件可能为了数据库连接需要访问企业信息系统。

（2）JSP+Servlet+JavaBean+DAO 架构。

JSP：用于显示、收集数据的部分。作为 MVC 中的视图 V。

Servlet：作为业务逻辑层，用于处理复杂的业务逻辑，如验证数据、实例化 JavaBean、调用 DAO 连接数据库等。作为 MVC 中的控制器 C，在其中会调用 Service 方法处理服务。

JavaBean：用于数据的封装，方便将查询结果在 Servlet 与 JSP 页面之间进行传递等。

DAO：用于连接数据库及进行数据库的操作，如查询、删除、更改等。

DAO 与 JavaBean 合在一起为 MVC 中的模型 M。

基本流程：JSP 发一个数据到 Servlet，Servlet 收到后进行解析再根据数据调用相应的 Service 去服务，Service 如果要调用数据库就通过 DAO 跟数据库交互，使用 JavaBean 完成封装，返回结果给 Servlet，Servlet 再返回给 JSP。

6. 面向服务的架构（SOA）

SOA 是一种设计理念，其中包含多个服务，服务之间通过相互依赖最终提供一系列完整的功能。各个服务通常以独立的形式部署运行，服务之间通过网络进行调用。

7. 企业服务总线（ESB）

简单来说 ESB 是一根管道，用来连接各个服务节点。ESB 的存在是为了集成基于不同协议的不同服务，ESB 做了消息的转化、解释以及路由的工作，以此来让不同的服务互联互通。

（1）ESB 的特点。

1）SOA 的一种实现方式，ESB 在面向服务的架构中起到的是总线作用，将各种服务进行连接与整合。

2）描述服务的元数据和服务注册管理。

3）在服务请求者和提供者之间传递数据，以及对这些数据进行转换的能力，并支持由实践中总结出来的一些模式，如同步模式、异步模式等。

4）发现、路由、匹配和选择的能力，以支持服务之间的动态交互，解耦服务请求者和服务提供者。高级一些的能力，包括对安全的支持、服务质量保证、可管理性和负载平衡等。

（2）ESB 的主要功能。

1）服务位置透明性。

2）传输协议转换。

3）消息格式转换。

4）消息路由。

5）消息增强。

6）安全性。

7）监控与管理。

19.2 典型案例真题 1（质量属性+架构风格）

阅读以下关于软件架构设计与评估的叙述，在答题纸上回答问题 1 和问题 2。

【说明】某公司拟开发一套机器学习应用开发平台，支持用户使用浏览器在线进行基于机器学习的智能应用开发活动。该平台的核心应用场景是用户通过拖拽算法组件灵活定义机器学习流程，采用自助方式进行智能应用设计、实现与部署，并可以开发新算法组件加入平台中。在需求分析与架构设计阶段，公司提出的需求和质量属性描述如下：

（a）平台用户分为算法工程师、软件工程师和管理员三种角色，不同角色的功能界面有所不同。

（b）平台应该具备数据库保护措施，能够预防核心数据库被非授权用户访问。

（c）平台支持分布式部署，当主站点断电后，应在 20 秒内将请求重定向到备用站点。

（d）平台支持初学者和高级用户两种界面操作模式，用户可以根据自己的情况灵活选择合适的模式。

（e）平台主站点宕机后，需要在 15 秒内发现错误并启用备用系统。

（f）在正常负载情况下，机器学习流程从提交到开始执行，时间间隔不大于 5 秒。

（g）平台支持硬件扩容与升级，能够在 3 人·天内完成所有部署与测试工作。

（h）平台需要对用户的所有操作过程进行详细记录，便于审计工作。

（i）平台部署后，针对界面风格的修改需要在 3 人·天内完成。

（j）在正常负载情况下，平台应在 0.5 秒内对用户的界面操作请求进行响应。

（k）平台应该与目前国内外主流的机器学习应用开发平台的界面风格保持一致。

（l）平台提供机器学习算法的远程调试功能，支持算法工程师进行远程调试。

在对平台需求、质量属性描述和架构特性进行分析的基础上，公司的架构师给出了三种候选的架构设计方案，公司目前正在组织相关专家对平台架构进行评估。

【问题 1】（9 分）

在架构评估过程中，质量属性效用树（utility tree）是对系统质量属性进行识别和优先级排序的重要工具。请将合适的质量属性名称填入图 1-1 中（1）、（2）空白处，并从题干中的（a）～（l）中选择合适的质量属性描述，填入（3）～（6）空白处，完成该平台的效用树。

【问题 2】（16 分）

针对该系统的功能，赵工建议采用解释器（interpreter）架构风格，李工建议采用管道-过滤器（pipe-and-filter）的架构风格，王工则建议采用隐式调用（implicit invocation）架构风格。请针对平台的核心应用场景，从机器学习流程定义的灵活性和学习算法的可扩展性两个方面对三种架构风格进行对比与分析，并指出该平台更适合采用哪种架构风格。

参考答案：

【问题 1】

（1）性能　　　　　（2）可修改性　　　　　（3）e

（4）j　　　　　（5）h　　　　　（6）i

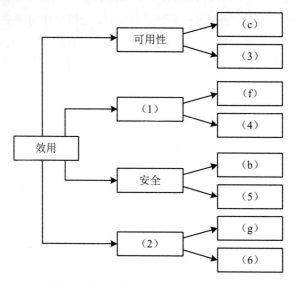

图 1-1 机器学习应用开发平台效用树

【问题 2】

应采取解释器风格。

（1）解释器风格是自定义了一套规则供使用者使用，使用者基于这个规则来开发构件，能够跨平台适配。

（2）管道-过滤器风格每个构件都有一组输入和输出，构件读取输入的数据流，经过内部处理（计算或增值），产生输出数据流。前一个构件的输出作为后一个构件的输入，前后数据流关联。过滤器就是构件，连接件就是管道。

（3）隐式调用风格是构件不直接调用一个过程，而是触发或广播一个或多个事件。构件中的过程在一个或多个事件中注册，当某个事件被触发时，系统自动调用在这个事件中注册的所有过程。一个事件的触发就导致了另一个模块中的过程调用。

平台支持初学者和高级用户两种界面操作模式，用户可以根据自己的情况灵活选择合适的模式。

从灵活性上解释器可以通过灵活的自定义规则实现规则的重组。

从可扩展性上解释器可以包括一个完成解释工作的解释引擎、一个包含将被解释的代码的存储区、一个记录解释引擎当前工作状态的数据结构，以及一个记录源代码被解释执行的进度的数据结构。可以通过新建规则实现可扩展性。

19.3 典型案例真题 2（SOA）

阅读以下关于 Web 系统设计的叙述，在答题纸上回答问题 1 至问题 3。

【说明】某银行拟将以分行为主体的银行信息系统，全面整合为由总行统一管理维护的银行信息系统，实现统一的用户账户管理、转账汇款、自助缴费、理财投资、贷款管理、网上支付、财务报表分析等业务功能。但是，由于原有以分行为主体的银行信息系统中，多个业务系统采用异构平台、数据库和中间件，使用的报文交换标准和通信协议也不尽相同，使用传统的 EAI 解决方案根本无法实现新的业务模式下异构系统间灵活的交互和集成。因此，为了以最小的系统改进整合现有的基于不同技术实现的银行业务系统，该银行拟采用基于 ESB 的面向服务架构（SOA）集成方案实现业务整合。

【问题 1】（7 分）

请说明什么是面向服务架构（SOA）以及 ESB 在 SOA 中的作用与特点。

【问题 2】（12 分）

基于该信息系统整合的实际需求，项目组完成了基于 SOA 的银行信息系统架构设计方案。该系统架构图如图 5-1 所示。

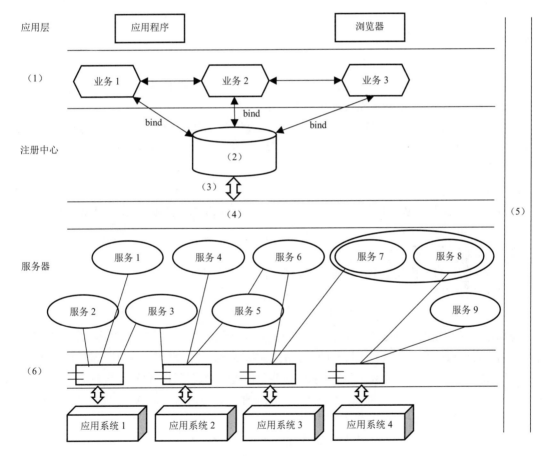

图 5-1　基于 SOA 的银行信息系统架构设计

请从（a）～（k）中选择相应内容填入图 5-1 的（1）～（6），补充完善架构设计图。

（a）数据层　　　　　（b）界面层　　　　（c）业务层　　　　（d）bind

（e）企业服务总线 ESB　　（f）XML　　　　　（g）安全验证和质量管理

（h）publish　　　　　　　（i）UDDI　　　　　（j）组件层　　　　（k）BPEL

【问题3】（6分）

针对银行信息系统的数据交互安全性需求，列举三种可实现信息系统安全保障的措施。

参考答案：

【问题1】

SOA 是一个组件模型，它将应用程序的不同功能单元（称为服务）通过这些服务之间定义良好的接口和契约联系起来。接口是采用中立的方式进行定义的，它应该独立于实现服务的硬件平台、操作系统和编程语言。这使得构建在各种这样的系统中的服务可以一种统一和通用的方式进行交互。

ESB 的作用与特点：

（1）SOA 的一种实现方式，ESB 在面向服务的架构中起到的是总线作用，将各种服务进行连接与整合。

（2）描述服务的元数据和服务注册管理。

（3）在服务请求者和提供者之间传递数据，以及对这些数据进行转换的能力，并支持由实践中总结出来的一些模式，如同步模式、异步模式等。

（4）发现、路由、匹配和选择的能力，以支持服务之间的动态交互，解耦服务请求者和服务提供者。高级一些的能力，包括对安全的支持、服务质量保证、可管理性和负载平衡等。

【问题2】

（1）（c）业务层　　　　　　（2）（i）UDDI　　　　（3）（h）publish

（4）（e）企业服务总线 ESB　　　　　　　　（5）（g）安全验证和质量管理

（6）（j）组件层

【问题3】

（1）引入 HTTPS 协议或采用加密技术对数据先加密再传输。

（2）采用信息摘要技术对重要信息进行完整性验证。

（3）交易类敏感信息采用数字签名机制。

解析　从应用的角度定义，可以认为 SOA 是一种应用框架，它着眼于日常的业务应用，并将它们划分为单独的业务功能和流程，即所谓的服务。SOA 使用户可以构建、部署和整合这些服务，且无须依赖应用程序及其运行平台，从而提高业务流程的灵活性。这种业务灵活性可使企业加快发展速度，降低总体拥有成本，改善对及时、准确性信息的访问。SOA 有助于实现更多的资产重用、更轻松的管理和更快的开发与部署。

从软件的基本原理定义，可以认为 SOA 是一个组件模型，它将应用程序的不同功能单元（称为服务）通过这些服务之间定义良好的接口和契约联系起来。接口是采用中立的方式进行定义的，它应该独立于实现服务的硬件平台、操作系统和编程语言。这使得构建在各种这样的系统中的服务可以一种统一和通用的方式进行交互。

19.4   典型案例真题 3（J2EE 架构设计）

阅读以下关于软件系统设计的叙述，在答题纸上回答问题 1 至问题 3。

【说明】某软件企业受该省教育部门委托建设高校数字化教育教学资源共享平台，实现以众筹众创的方式组织省内普通高校联合开展教育教学资源内容建设，实现全省优质教学资源整合和共享。该资源共享平台的主要功能模块包括：

（1）统一身份认证模块：提供统一的认证入口，为平台其他核心业务模块提供用户管理、身份认证、权限分级和单点登录等功能。

（2）共享资源管理模块：提供教学资源申报流程服务，包括资源申报、分类定制、资料上传、资源审核和资源发布等功能。

（3）共享资源展示模块：提供教育教学共享资源的展示服务，包括资源导航、视频点播、资源检索、分类展示、资源评价和推荐等功能。

（4）资源元模型管理模块：依据资源类型提供共享资源的描述属性、内容属性和展示属性，包括共享资源统一标准和规范、资源加工和在线编辑工具、数字水印和模板定制等功能。

（5）系统综合管理模块：提供系统管理和维护服务，包括系统配置、数据备份恢复、资源导入导出和统计分析等功能。

项目组经过分析和讨论，决定采用基于 JavaEE 的 MVC 模式设计资源共享平台的软件架构，如图 2-1 所示。

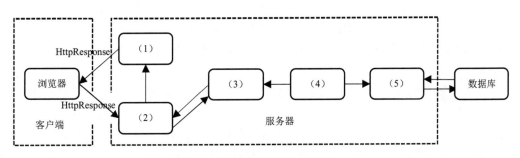

图 2-1   资源共享平台软件架构

【问题 1】（9 分）

MVC 架构中包含哪三种元素？它们的作用分别是什么?请根据图 2-1 所示架构将 JavaEE 中 JSP、Servlet、Service、JavaBean、DAO 五种构件分别填入空（1）～（5）所示位置。

【问题 2】（6 分）

项目组架构师王工提出在图 2-1 所示架构设计中加入 EJB 构件，采用企业级 JavaEE 架构开发资源共享平台。请说明 EJB 构件中的 Bean（构件）分为哪三种类型，每种类型 Bean 的职责是什么。

【问题3】（10分）

如果采用王工提出的企业级 JavaEE 架构，请说明下列（a）～（e）所给出的业务功能构件中，有状态和无状态构件分别包括哪些。

（a）Identification Bean（身份认证构件）

（b）ResPublish Bean（资源发布构件）

（c）ResRetrieval Bean（资源检索构件）

（d）OnlineEdit Bean（在线编辑构件）

（e）Statistics Bean（统计分析构件）

参考答案：

【问题1】 MVC 架构包含：视图、控制器、模型。

视图（View）：视图是用户看到并与之交互的界面。视图向用户显示相关的数据，并能接收用户的输入数据，但是它并不进行任何实际的业务处理。

控制器（Controller）：控制器接受用户的输入并调用模型和视图去完成用户的需求。该部分是用户界面与 Model 的接口。一方面它解释来自于视图的输入，将其解释成为系统能够理解的对象，同时它也识别用户动作，并将其解释为对模型特定方法的调用；另一方面，它处理来自于模型的事件和模型逻辑执行的结果，调用适当的视图为用户提供反馈。

模型（Model）：模型是应用程序的主体部分。模型表示业务数据和业务逻辑。一个模型能为多个视图提供数据。

（1）JSP （2）Servlet （3）Service （4）JavaBean （5）DAO

解析 MVC 是一种目前广泛流行的软件设计模式。近年来，随着 J2EE（Java 2Enterprise Edition）的成熟，MVC 成为了 J2EE 平台上推荐的一种设计模式。MVC 强制性地把一个应用的输入、处理、输出流程按照视图、控制、模型的方式进行分离，形成了三个核心模块：控制器、模型、视图。

（1）控制器（Controller）：控制器接受用户的输入并调用模型和视图去完成用户的需求。该部分是用户界面与 Model 的接口。一方面它解释来自于视图的输入，将其解释成为系统能够理解的对象，同时它也识别用户动作，并将其解释为对模型特定方法的调用；另一方面，它处理来自于模型的事件和模型逻辑执行的结果，调用适当的视图为用户提供反馈。

（2）模型（Model）：模型是应用程序的主体部分。模型表示业务数据和业务逻辑。一个模型能为多个视图提供数据。由于同一个模型可以被多个视图重用，所以提高了应用的可重用性。

（3）视图（View）：视图是用户看到并与之交互的界面。视图向用户显示相关的数据，并能接收用户的输入数据，但是它并不进行任何实际的业务处理。视图可以向模型查询业务状态，但不能改变模型。视图还能接受模型发出的数据更新事件，从而对用户界面进行同步更新。

Session Bean 描述了与客户端的一个短暂的会话。当客户端的执行完成后，Session Bean 和它的数据都将消失。

Entity Bean 描述了存储在数据库表中的一行持久稳固的数据，如果客户端终止或者服务结束，底层的服务会负责 Entity Bean 数据的存储。

Message-Driven bean 结合了 Session Bean 和 Java 信息服务（JMS）信息监听者的功能，它允许一个商业组件异步地接受 JMS 消息。

【问题 2】

EJB 中的 Bean 分三种类型：Session Bean、Entity Bean 和 Message-Driven Bean。

Session Bean 的职责是：维护一个短暂的会话。

Entity Bean 的职责是：维护一行持久稳固的数据。

Message-Driven Bean 的职责是：异步接受消息。

【问题 3】

有状态：（a）、（b）、（d）　　无状态：（c）、（e）

第20章

案例专题二：系统开发基础

20.1 考点梳理及精讲

在考试中，涉及本章相关知识的题目为选做题，几乎每年必考1题，但是不会涉及大范围的系统分析与设计原理，而是偏向于软件设计的范围，考查UML的图、关系的识别；设计模式识别；数据流图、E-R图等简单识别；信息安全相关技术；项目管理－进度管理－关键路径。

本章知识点考查比较简单，一般可以拿到20分，具体考点如下。

1. 结构化

结构化的特点：自顶向下，逐步分解，面向数据。

三大模型：功能模型（数据流图）、行为模型（状态转换图）、数据模型（E-R图）以及数据字典（数据元素、数据结构、数据流、数据存储、加工逻辑、外部实体）。

数据字典：数据字典是在DFD的基础上，对DFD中出现的所有命名元素都加以定义，使得每个图形元素的名字都有一个确切的解释。DFD和数据字典等工具相配合，就可以从图形和文字两个方面对系统的逻辑模型进行完整的描述。数据字典中一般有六类条目，分别是数据元素、数据结构、数据流、数据存储、加工逻辑和外部实体。不同类型的条目有不同的属性需要描述。

2. 用例建模

用例图：静态图，展现了一组用例、参与者以及它们之间的关系。用例图中的参与者是人、硬件或其他系统可以扮演的角色；用例是参与者完成的一系列操作。

主要考查参与者和用例的识别、用例之间的关系［包含（include）、扩展（extend）、泛化］，如图20-1至图20-3所示。例如，登记外借信息用例包含用户登录用例，因为每次如果要登记外借信息，必然要先进行用户登录。而查询书籍信息的扩展是修改书籍信息，因为每次查询书籍信息后，发现有错误才会修改，否则不修改，不是必要的操作。因此，区分用例间的关系是包含还是扩展，关键在于是不是必须操作。

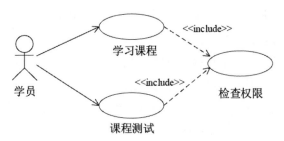

图 20-1　包含关系的例子

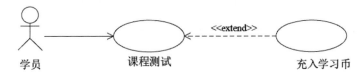

图 20-2　扩展关系的例子

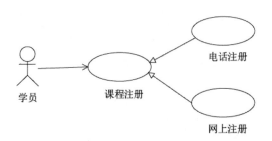

图 20-3　泛化关系的例子

类图：静态图，为系统的静态设计视图，展现一组对象、接口、协作和它们之间的关系。

UML 关系：依赖、关联、泛化、实现、组合、聚合。

3．数据流图

基本图形元素：外部实体、加工、数据存储、数据流，如图 20-4 所示。

（a）外部实体　　　　　　　　　　　（b）加工

（c）数据存储　　　　　　　　　　　（b）数据流

图 20-4　数据流图基本元素

（1）数据流：由一组固定成分的数据组成，表示数据的流向。在 DFD 中，数据流的流向可以有以下几种：从一个加工流向另一个加工；从加工流向数据存储（写）；从数据存储流向加工（读）；从外部实体流向加工（输入）；从加工流向外部实体（输出）。

（2）加工：描述了输入数据流到输出数据流之间的变换，也就是输入数据流经过什么处理后变成了输出数据流。数据流图中常见的三种错误如图 20-5 所示。

加工 3.1.2 有输入但是没有输出，称之为"黑洞"。

加工 3.1.3 有输出但没有输入，称之为"奇迹"。

加工 3.1.1 中输入不足以产生输出，称之为"灰洞"。这有几种可能的原因：一个错误的命名过程；错误命名的输入或输出；不完全的事实。灰洞是最常见的错误，也是最使人为难的错误。一旦数据流图交给了程序员，到一个加工的输入数据流必须足以产生输出数据流。

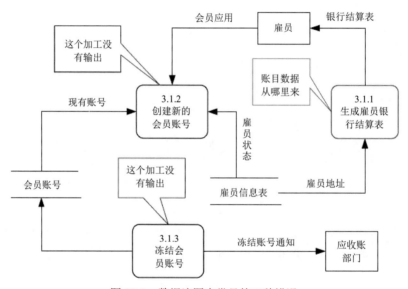

图 20-5　数据流图中常见的三种错误

（3）数据存储：用来存储数据。在软件系统中还常常要把某些信息保存下来以供以后使用。

（4）外部实体（外部主体）：是指存在于软件系统之外的人员或组织，它指出系统所需数据的发源地（源）和系统所产生的数据的归宿地（宿）。

分层数据流图如图 20-6 所示。

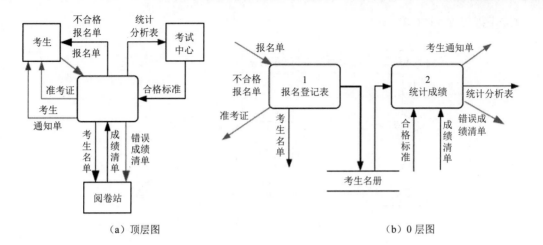

（a）顶层图　　　　　　　　　　　　（b）0 层图

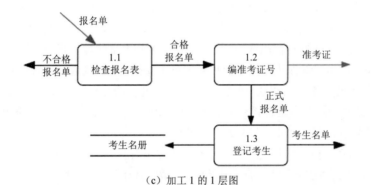

（c）加工 1 的 1 层图

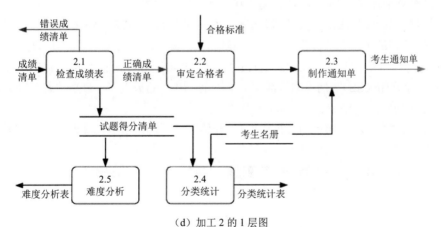

（d）加工 2 的 1 层图

图 20-6　分层数据流图

E-R 图实例如图 20-7 所示。

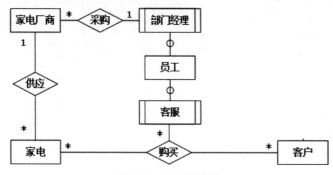

图 20-7　E-R 图实例

4. 进度管理

PERT（项目评估与评审技术）图是一种图形化的网络模型，描述一个项目中任务和任务之间的关系，每个节点表示一个任务，通常包括任务编号、名称、开始和结束时间、持续时间和松弛时间。

Gantt 图是一种简单的水平条形图，它以一个日历为基准描述项目任务，横坐标表示时间，纵坐标表示任务，图中的水平线段表示对一个任务的进度安排，线段的起点和终点对应在横坐标上的时间分别表示该任务的开始时间和结束时间，线段的长度表示完成该任务所需的时间。

PERT 图主要描述不同任务之间的依赖关系；Gantt 图主要描述不同任务之间的重叠关系。

关键路径：是项目的最短工期，但却是从开始到结束时间最长的路径。进度网络图中可能有多条关键路径，因为活动会变化，因此关键路径也在不断变化中。

关键活动：关键路径上的活动，最早开始时间=最晚开始时间。

通常，每个节点的活动会有如下几个时间：

（1）最早开始时间（ES）。某项活动能够开始的最早时间。

（2）最早结束时间（EF）。某项活动能够完成的最早时间。EF=ES+工期。

（3）最迟结束时间（LF）。为了使项目按时完成，某项活动必须完成的最迟时间。

（4）最迟开始时间（LS）。为了使项目按时完成，某项活动必须开始的最迟时间。LS=LF-工期。

顺推：最早开始（ES）=所有前置活动最早结束（EF）的最大值；最早结束（EF）=最早开始（ES）+持续时间。

逆推：最迟结束（LF）=所有后续活动最迟开始（LS）的最小值；最迟开始（LS）=最迟结束（LF）-持续时间。

掌握关键路径的计算，会依据表格和题目描述画图，然后求出关键路径。

20.2　典型案例真题 4（UML 设计）

阅读以下关于软件系统设计与建模的叙述，在答题纸上回答问题 1 至问题 3。

【说明】某医院拟委托软件公司开发一套预约挂号管理系统，以便为患者提供更好的就医体验，为医院提供更加科学的预约管理。本系统的主要功能描述如下：

（a）注册登录，（b）信息浏览，（c）账号管理，（d）预约挂号，（e）查询与取消预约，（f）号源管理，（g）报告查询，（h）预约管理，（i）报表管理，（j）信用管理等。

【问题 1】（6 分）

若采用面向对象方法对预约挂号管理系统进行分析，得到如图 2-1 所示的用例图。请将合适的参与者名称填入图 2-1 中的（1）和（2）处，使用题干给出的功能描述（a）～（j），完善用例（3）～（12）的名称，将正确答案填在答题纸上。

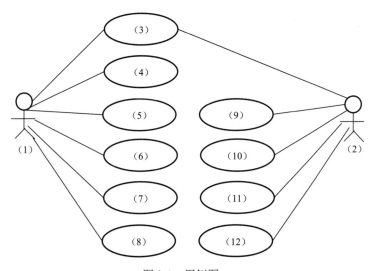

图 2-1　用例图

【问题 2】（10 分）

预约人员（患者）登录系统后发起预约挂号请求，进入预约界面。进行预约挂号时使用数据库访问类获取医生的相关信息，在数据库中调用医生列表，并调取医生出诊时段表，将医生出诊时段反馈到预约界面，并显示给预约人员；预约人员选择医生及就诊时间后确认预约，系统返回预约结果，并向用户显示是否预约成功。

采用面向对象方法对预约挂号过程进行分析，得到如图 2-2 所示的顺序图，使用题干中给出的描述，完善图 2-2 中对象（1）及消息（2）～（4）的名称，将正确答案填在答题纸上。请简要说明在描述对象之间的动态交互关系时，协作图与顺序图存在哪些区别。

【问题 3】（9 分）

采用面向对象方法开发软件，通常需要建立对象模型、动态模型和功能模型，请分别介绍这三种模型，并详细说明它们之间的关联关系，针对上述模型，说明哪些模型可用于软件的需求分析。

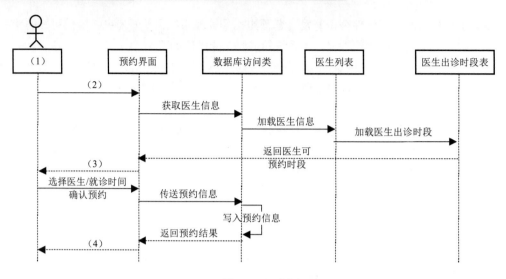

图 2-2　顺序图

参考答案:

【问题 1】

（1）系统管理员（2）患者

（3）（a）　　（4）（c）　　（5）（f）　　（6）（h）　　（7）（i）　　（8）（j）

（9）（b）　　（10）（d）　　（11）（e）　　（12）（g）

（4）～（8）答案可互换。（9）～（12）答案可互换。

【问题 2】

（1）预约人员。

（2）发起预约挂号请求。

（3）显示医生出诊时段。

（4）显示是否预约成功。

顺序图强调交互的消息时间顺序。

协作图强调接收和发送消息的对象的结构组织，强调通信的方式。

【问题 3】

对象模型描述系统中对象的静态结构、对象之间的关系、属性和操作，主要用对象图来实现。

动态模型描述与时间和操作顺序有关的系统特征，如激发事件、事件序列、确定事件先后关系的状态等，主要用状态图来实现。

功能模型描述一个计算如何从输入值得到输出值，它不考虑计算的次序，主要用 DFD 来实现。

功能模型指发生了什么，动态模型确定什么时候发生，而对象模型确定发生的客体。

对象设计建立基于分析模型的设计模型并考虑实现细节，可用于软件的需求分析。

20.3　典型案例真题 5（数据流图）

阅读以下叙述，在答题纸上回答问题 1 至问题 3。

【说明】某软件企业为快餐店开发一套在线订餐管理系统，主要功能包括：

（1）在线订餐：已注册客户通过网络在线选择快餐店所提供的餐品种类和数量后提交订单，系统显示订单费用供客户确认，客户确认后支付订单所列各项费用。

（2）厨房备餐：厨房接收到客户已付款订单后按照订单餐品列表选择各类食材进行餐品加工。

（3）食材采购：当快餐店某类食材低于特定数量时自动向供应商发起采购信息，包括食材类型和数量，供应商接收到采购信息后按照要求将食材送至快餐店并提交已采购的食材信息，系统自动更新食材库存。

（4）生成报表：每个周末和月末，快餐店经理会自动收到系统生成的统计报表，报表中详细列出了本周或本月订单的统计信息以及库存食材的统计信息。

现采用数据流图对上述订餐管理系统进行分析与设计，系统未完成的 0 层数据流图如图 2-1 所示。

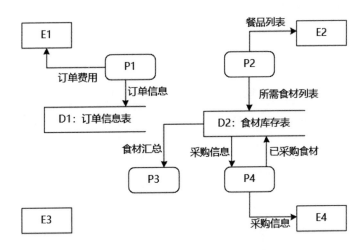

图 2-1　系统未完成的 0 层数据流图

【问题 1】（8 分）

根据订餐管理系统功能说明，请在图 2-1 所示数据流图中给出外部实体 E1～E4 和加工 P1～P4 的具体名称。

【问题 2】（8 分）

根据数据流图规范和订餐管理系统功能说明，请说明在图 2-1 中需要补充哪些数据流可以构造出完整的 0 层数据流图。

问题 3（9 分）

根据数据流图的含义，请说明数据流图和系统流程图之间有哪些方面的区别。

参考答案：

【问题 1】

E1：客户　　　　E2：厨房　　　　E3：经理　　　　E4：供应商

P1：在线订餐　　P2：厨房备餐　　P3：生成报表　　P4：食材采购

【问题 2】

（1）增加 E1 到 P1 数据流"餐品订单"。

（2）增加 P1 到 P2 数据流"餐品订单"。

（3）增加 D1 到 P3 数据流"订单汇总"。

（4）增加 P3 到 E3 数据流"统计报表"。

【问题 3】

（1）数据流图中的处理过程可并行；系统流程图在某个时间点只能处于一个处理过程。

（2）数据流图展现系统的数据流；系统流程图展现系统的控制流。

（3）数据流图展现全局的处理过程，过程之间遵循不同的计时标准；系统流程图中处理过程遵循一致的计时标准。

第21章

案例专题三：数据库系统

21.1 考点梳理及精讲

数据库系统知识在架构设计师的考试里时有考查，主要考查的是数据库的一些新技术的比较，如关系型数据库、内存数据库及 NoSQL 等，很少涉及规范化，但也要掌握。

1. ORM 技术

ORM，即 Object-Relational Mapping，它在关系型数据库和对象之间作一个映像，这样，在具体操作数据库的时候，就不需要再去和复杂的 SQL 语句打交道，只要像平时操作对象一样操作即可。

面向对象编程把所有实体看成对象（object），关系型数据库则是采用实体之间的关系（relation）连接数据。很早就有人提出，关系也可以用对象表达，这样，就能使用面向对象编程来操作关系型数据库。

ORM 把数据库映像成对象。如：

数据库的表（table）→类（class）。

记录（record，行数据）→对象（object）。

字段（field）→对象的属性（attribute）。

ORM 的优点：

（1）使用 ORM 可以大大降低学习和开发成本。

（2）程序员不用再写 SQL 来进行数据库操作。

（3）减少程序的代码量。

（4）降低由于 SQL 代码质量差而带来的影响。

ORM 的缺点：

（1）不太容易处理复杂查询语句。

（2）性能较直接用 SQL 差。

2. **数据库分类比较**

关系型数据库：关系型数据库是建立在关系模型基础上的数据库，借助集合代数等数学概念和方法来处理数据库中的数据。现实世界中的各种实体以及实体之间的各种联系均用关系模型来表示。简单说，关系型数据库是由多张能互相联接的二维行列表格组成的数据库。

NoSQL：泛指非关系型的数据库。随着互联网的兴起，传统的关系型数据库在应付超大规模和高并发的纯动态网站时已经显得力不从心，暴露了很多难以克服的问题，而非关系型的数据库则由于其本身的特点得到了非常迅速的发展。NoSQL 数据库的产生就是为了解决大规模数据集合多重数据种类带来的挑战，尤其是大数据应用难题，包括超大规模数据的存储。

内存数据库：将数据库整体存储在内存中，提高性能。

各数据库之间的比较见表 21-1 至表 21-3。

表 21-1　关系型数据库和 NoSQL 比较

特征	关系型数据库模式	NoSQL 模式
并发支持	支持并发、效率低	并发性能高
存储与查询	关系表方式存储、SQL 查询	海量数据存储、查询效率高
扩展方式	向上扩展	向外扩展
索引方式	B 树、哈希等	键值索引
应用领域	面向通用领域	特定应用领域
数据一致性	实时一致性	弱一致性
数据类型	结构化数据	非结构化
事物	高事务性	弱事务性
水平扩展	弱	强
数据容量	有限数据	海量数据

表 21-2　内存数据库和关系型数据库比较

	主要数据模型	读写性能	存储容量	可靠性
内存数据库	Key-Value 模式（键-值对模式）	内存直接读写，性能相对较高	基于内存存储，存储容量受限	恢复机制复杂，可靠性较低
关系型数据库	关系模式	外存读写，性能相对较低	基于存盘存储，存储容量大	内建恢复机制，可靠性较高

表21-3　关系型数据库和文件系统比较

	设计难度	数据冗余程度	数据架构	应用扩展性
关系型数据库	针对特定应用系统设计，难度较大	遵守数据库范式，数据冗余较小	以数据库为中心组织，管理数据	数据库独立于应用系统，数据库系统接口标准化，易于在不同应用之间共享数据
文件系统	针对特定应用系统设计，难度较小	可能在多个文件中复制相同的数据属性，数据冗余较大	以应用为中心管理数据	符合特定应用系统要求的文件数据很难在不同的应用系统之间共享

3. 并发控制

丢失更新：事务 1 对数据 A 进行了修改并写回，事务 2 也对 A 进行了修改并写回，此时事务 2 写回的数据会覆盖事务 1 写回的数据，就丢失了事务 1 对 A 的更新。即对数据 A 的更新会被覆盖。

不可重复读：事务 2 读 A，而后事务 1 对数据 A 进行了修改并写回，此时若事务 2 再读 A，发现数据不对。即一个事务重复读 A 两次，会发现数据 A 有误。

读脏数据：事务 1 对数据 A 进行了修改后，事务 2 读数据 A，而后事务 1 回滚，数据 A 恢复了原来的值，那么事务 2 对数据 A 做的事是无效的，读到了脏数据。

4. 封锁协议

X 锁是排他锁（写锁）。若事务 T 对数据对象 A 加上 X 锁，则只允许 T 读取和修改 A，其他事务都不能再对 A 加任何类型的锁，直到 T 释放 A 上的锁。

S 锁是共享锁（读锁）。若事务 T 对数据对象 A 加上 S 锁，则只允许 T 读取 A，但不能修改 A，其他事务只能再对 A 加 S 锁（也即能读不能修改），直到 T 释放 A 上的 S 锁。

5. 不规范化带来的四大问题

设有一个关系模式 R（SNAME，CNAME，TNAME，TADDRESS），其属性分别表示学生姓名、选修的课程名、任课教师姓名和任课教师地址。仔细分析一下，就会发现这个模式存在下列存储异常的问题：

（1）数据冗余：数据被重复存储，如某门课程有 100 个学生选修，那么在 R 的关系中就要出现 100 个元组，这门课程的任课教师姓名和地址也随之重复出现 100 次。

（2）修改异常：修改导致数据不一致，如由于上述冗余问题，当需要修改这个教师的地址时，就要修改 100 个元组中的地址值，否则就会出现地址值不一致的现象。

（3）插入异常：插入时异常，如不知道听课学生名单，这个教师的任课情况和家庭地址就无法进入数据库；否则就要在学生姓名处插入空值。

（4）删除异常：删除了不该删除的数据，如当只有一条记录时，要删除这个学生选课信息，会将课程名、教师名和教师地址都给删除了。

6. 反规范化技术

规范化设计后，数据库设计者希望牺牲部分规范化来提高性能，这种从规范化设计的回退方法称为反规范化技术。

采用反规范化技术的益处：降低连接操作的需求、降低外码和索引的数目，还可能减少表的数目，能够提高查询效率。

可能带来的问题：数据的重复存储，浪费了磁盘空间；可能出现数据的完整性问题，为了保障数据的一致性，增加了数据维护的复杂性，会降低修改速度。

常见的反规范化技术有：

（1）增加冗余列：在多个表中保留相同的列，通过增加数据冗余减少或避免查询时的连接操作。

（2）增加派生列：在表中增加可以由本表或其他表中数据计算生成的列，减少查询时的连接操作并避免计算或使用集合函数。

（3）重新组表：如果许多用户需要查看两个表连接出来的结果数据，则把这两个表重新组成一个表来减少连接而提高性能。

（4）水平分割表：根据一列或多列数据的值，把数据放到多个独立的表中，主要用于表数据规模很大、表中数据相对独立或数据需要存放到多个介质上时使用。

（5）垂直分割表：对表进行分割，将主键与部分列放到一个表中，主键与其他列放到另一个表中，在查询时减少 I/O 次数。

7. 分布式数据库

分布式数据库是由一组数据组成的，这组数据分布在计算机网络的不同计算机上，网络中的每个节点具有独立处理的能力（称为场地自治），它可以执行局部应用，同时，每个节点也能通过网络通信子系统执行全局应用。

分布式数据库系统是在集中式数据库系统技术的基础上发展起来的，具有如下特点：

（1）数据独立性。在分布式数据库系统中，数据独立性这一特性更加重要，并具有更多的内容。除了数据的逻辑独立性与物理独立性外，还有数据分布独立性（分布透明性）。

（2）集中与自治共享结合的控制结构。各局部的数据库管理系统（Database Management System，DBMS）可以独立地管理局部数据库，具有自治的功能。同时，系统又设有集中控制机制，协调各局部 DBMS 的工作，执行全局应用。

（3）适当增加数据冗余度。在不同的场地存储同一数据的多个副本，这样，可以提高系统的可靠性和可用性，同时也能提高系统性能。

（4）全局的一致性、可串行性和可恢复性。

分布式数据库的优点：

（1）分布式数据库可以解决企业部门分散而数据需要相互联系的问题。

（2）如果企业需要增加新的相对自主的部门来扩充机构，则分布式数据库系统可以在对当前机构影响最小的情况下进行扩充。

（3）分布式数据库可以满足均衡负载的需要。

（4）当企业已存在几个数据库系统，而且实现全局应用的必要性增加时，就可以由这些数据库自下而上构成分布式数据库系统。

（5）相等规模的分布式数据库系统在出现故障的概率上不会比集中式数据库系统低，但由于其故障的影响仅限于局部数据应用，因此，就整个系统来说，它的可靠性是比较高的。

数据分片将数据库整体逻辑结构分解为合适的逻辑单位（片段），然后由分布模式来定义片段及其副本在各场地的物理分布，其主要目的是提高访问的局部性，有利于按照用户的需求，组织数据的分布和控制数据的冗余度。

（1）水平分片。水平分片将一个全局关系中的元组分裂成多个子集，每个子集为一个片段。分片条件由关系中的属性值表示。对于水平分片，重构全局关系可通过关系的并操作实现。

（2）垂直分片。垂直分片将一个全局关系按属性分裂成多个子集，应满足不相交性（关键字除外）。对于垂直分片，重构全局关系可通过连接运算实现。

（3）导出分片。导出分片又称为导出水平分片，即水平分片的条件不是本关系属性的条件，而是其他关系属性的条件。

（4）混合分片。混合分片是在分片中采用水平分片和垂直分片两种形式的混合。

分布透明性是指用户不必关心数据的逻辑分片，不必关心数据存储的物理位置分配细节，也不必关心局部场地上数据库的数据模型。

（1）分片透明性。分片透明性是分布透明性的最高层次，它是指用户或应用程序只对全局关系进行操作而不必考虑数据的分片。

（2）位置透明性。位置透明性是指用户或应用程序应当了解分片情况，但不必了解片段的存储场地。

（3）局部数据模型透明性。局部数据模型透明性是指用户或应用程序应当了解分片及各片断存储的场地，但不必了解局部场地上使用的是何种数据模型。

21.2　典型案例真题 6（反规范化设计）

阅读以下关于数据库设计的叙述，在答题纸上回答问题 1 至问题 3。

【说明】某医药销售企业因业务发展，需要建立线上药品销售系统，为用户提供便捷的互联网药品销售服务，该系统除了常规药品展示、订单、用户交流与反馈功能外，还需要提供当前热销产品排名、评价分类管理等功能。

通过对需求的分析，在数据管理上初步决定采用关系数据库（MySQL）和数据库缓存（Redis）的混合架构实现。

经过规范化设计之后，该系统的部分数据库表结构如下所示。

供应商（供应商 ID，供应商名称，联系方式，供应商地址）；

药品（药品 ID，药品名称，药品型号，药品价格，供应商 ID）；

药品库存（药品 ID，当前库存数量）；

订单（订单号码，药品 ID，供应商 ID，药品数量，订单金额）；

【问题1】（9分）

在系统初步运行后，发现系统数据访问性能较差。经过分析，刘工认为原来数据库规范化设计后，关系表过于细分，造成了大量的多表关联查询，影响了性能。例如，当用户查询商品信息时，需要同时显示该药品的信息、供应商的信息、当前库存等信息。

为此，刘工认为可以采用反规范化设计来改造药品关系的结构，以提高查询性能。修改后的药品关系结构为：

药品（药品 ID，药品名称，药品型号，药品价格，供应商 ID，供应商名称，当前库存数量）；

请用 200 字以内的文字说明常见的反规范化设计方法，并说明用户查询商品信息应该采用哪种反规范化设计方法。

【问题2】（9分）

王工认为，反规范化设计可提高查询的性能，但必然会带来数据的不一致性问题。请用 200 字以内的文字说明在反规范化设计中，解决数据不一致性问题的三种常见方法，并说明该系统应该采用哪种方法。

【问题3】（7分）

该系统采用了 Redis 来实现某些特定功能（如当前热销药品排名等），同时将药品关系数据放到内存以提高商品查询的性能，但必然会造成 Redis 和 MySQL 的数据实时同步问题。

（1）Redis 的数据类型包括 String、Hash、List、Set 和 ZSet 等，请说明实现当前热销药品排名的功能应该选择使用哪种数据类型。

（2）请用 200 字以内的文字解释说明解决 Redis 和 MySQL 数据实时同步问题的常见方案。

参考答案：

【问题1】

常见的反规范化技术如下：

（1）增加冗余列：在多个表中保留相同的列，通过增加数据冗余减少或避免查询时的连接操作。

（2）增加派生列：在表中增加可以由本表或其他表中数据计算生成的列，减少查询时的连接操作并避免计算或使用集合函数。

（3）重新组表：如果许多用户需要查看两个表连接出来的结果数据，则把这两个表重新组成一个表来减少连接而提高性能。

（4）水平分割表：根据一列或多列数据的值，把数据放到多个独立的表中，主要用于表数据规模很大、表中数据相对独立或数据需要存放到多个介质上时使用。

（5）垂直分割表：对表进行分割，将主键与部分列放到一个表中，主键与其他列放到另一个表中，在查询时减少 I/O 次数。

用户查询商品信息采用的是增加冗余列的方式。

【问题2】

解决数据不一致问题的三种常见方法：批处理维护、应用逻辑和触发器。

（1）批处理维护：指对复制列或派生列的修改积累一定的时间后，运行一批处理作业或存储过程对复制或派生列进行修改，这只能在对实时性要求不高的情况下使用。

（2）应用逻辑：要求必须在同一事务中对所有涉及的表进行增、删、改操作。用应用逻辑来实现数据的完整性风险较大，因为同一逻辑必须在所有的应用中使用和维护，容易遗漏，特别是在需求变化时，不易于维护。

（3）触发器：对数据的任何修改立即触发对复制列或派生列的相应修改。触发器是实时的，而且相应的处理逻辑只在一个地方出现，易于维护。一般来说，是解决这类问题比较好的办法。

该系统应该采用触发器。

【问题 3】

（1）ZSet。

（2）解决 Redis 和 MySQL 数据实时同步问题的常见方案：

1）对强一致要求比较高的，应采用实时同步方案，即查询缓存查询不到再从 DB 查询，保存到缓存；更新缓存时，先更新数据库，再将缓存设置过期（建议不要去更新缓存内容，直接设置缓存过期）。

2）对于并发程度较高的，可采用异步队列的方式同步，可采用 kafka 等消息中间件处理消息生产和消费。

3）使用阿里的同步工具 canal，canal 的实现方式是模拟 MySQL Slave 和 Master 的同步机制，监控 DB bitlog 的日志更新来触发缓存的更新，此种方法可以解放程序员双手，减少工作量，但在使用时有些局限性。

4）采用 UDF 自定义函数的方式，面对 MySQL 的 API 进行编程，利用触发器进行缓存同步。

21.3　典型案例真题 7（数据库性能设计）

阅读以下关于数据库设计的叙述，在答题纸上回答问题 1 至问题 3。

【说明】某初创企业的主营业务是为用户提供高度个性化的商品订购业务，其业务系统支持 PC 端、手机 App 等多种访问方式。系统上线后受到用户普遍欢迎，在线用户数和订单数量迅速增长，原有的关系数据库服务器不能满足高速并发的业务要求。

为了减轻数据库服务器的压力，该企业采用了分布式缓存系统，将应用系统经常使用的数据放置在内存，降低对数据库服务器的查询请求，提高了系统性能。在使用缓存系统的过程中，企业碰到了一系列技术问题。

【问题 1】（11 分）

该系统使用过程中，由于同样的数据分别存在于数据库和缓存系统中，必然会造成数据同步或数据不一致的问题。该企业团队为解决这个问题，提出了如下解决思路：应用程序读数据时，首先读缓存，当该数据不在缓存时，再读取数据库；应用程序写数据时，先写缓存，成功后再写数据库；或者先写数据库，再写缓存。

王工认为该解决思路并未解决数据同步或数据不一致的问题，请用100字以内的文字解释其原因。

王工给出了一种可以解决该问题的数据读写步骤，如下：

读数据操作的基本步骤：

1．根据 key 读缓存；

2．读取成功则直接返回；

3．若 key 不在缓存中时，根据 key____（a）____；

4．读取成功后，____（b）____；

5．成功返回。

写数据操作的基本步骤：

1．根据 key 值写____（c）____；

2．成功后____（d）____；

3．成功返回。

请填写完善上述步骤中（a）～（d）处的空白内容。

【问题2】（8分）

缓存系统一般以 key/value 形式存储数据，在系统运维中发现，部分针对缓存的查询，未在缓存系统中找到对应的 key，从而引发了大量对数据库服务器的查询请求，最严重时甚至导致了数据库服务器的宕机。

经过运维人员的深入分析，发现存在两种情况：

（1）用户请求的 key 值在系统中不存在时，会查询数据库系统，加大了数据库服务器的压力。

（2）系统运行期间，发生了黑客攻击，以大量系统不存在的随机 key 发起了查询请求，从而导致了数据库服务器的宕机。

经过研究，研发团队决定，当在数据库中也未查找到该 key 时，在缓存系统中为 key 设置空值，防止对数据库服务器发起重复查询。

请用100字以内的文字说明该设置空值方案存在的问题，并给出解决思路。

【问题3】（6分）

缓存系统中的 key 一般会存在有效期，超过有效期则 key 失效；有时也会根据 LRU 算法将某些 key 移出内存。当应用软件查询 key 时，如 key 失效或不在内存，会重新读取数据库，并更新缓存中的 key。

运维团队发现在某些情况下，若大量的 key 设置了相同的失效时间，导致缓存在同一时刻众多 key 同时失效，或者瞬间产生对缓存系统不存在 key 的大量访问，或者缓存系统重启等原因，都会造成数据库服务器请求瞬时爆量，引起大量缓存更新操作，导致整个系统性能急剧下降，进而造成整个系统崩溃。

请用100字以内的文字，给出解决该问题的两种不同思路。

参考答案:

【问题 1】

存在双写不一致问题，在写数据时，可能存在缓存写成功，数据库写失败，或者反之，从而造成数据不一致。当多个请求发生时，也可能产生读写冲突的并发问题。

（a）从数据库中读取数据或读数据库

（b）更新缓存中 key 值或更新缓存

（c）数据库

（d）删除缓存 key 或使缓存 key 失效或更新缓存（key 值）

【问题 2】

存在问题：不在系统中的 key 值是无限的，如果均设置 key 值为空，会造成内存资源的极大浪费，引起性能急剧下降。

解决思路：查询缓存之前，对 key 值进行过滤，只允许系统中存在的 key 进行后续操作（例如采用 key 的 bitmap 进行过滤）。

【问题 3】

思路 1：缓存失效后，通过加排他锁或者队列方式控制数据库写缓存的线程数量，使得缓存更新串行化。

思路 2：给不同 key 设置随机或不同的失效时间，使失效时间的分布尽量均匀。

思路 3：设置两级或多级缓存，避免访问数据库服务器。

第 **22** 章

案例专题四：嵌入式系统

22.1 考点梳理及精讲

嵌入式系统每年必考一题，但是属于选做题，如果不会可以不选。主要考查嵌入式系统的实时性和可靠性以及容错等概念。大概率会考到一些嵌入式领域的陌生技术，如果是完全没见过的技术，不选即可。

1. 相关概念

系统可靠性是系统在规定的时间内及规定的环境条件下，完成规定功能的能力，也就是系统无故障运行的概率。

系统可用性是指在某个给定时间点上系统能够按照需求执行的概率。

可靠度就是系统在规定的条件下、规定的时间内不发生失效的概率。

失效率又称风险函数，也可以称为条件失效强度，是指运行至此刻系统未出现失效的情况下，单位时间系统出现失效的概率。

2. 软件可靠性和硬件可靠性的区别

复杂性：软件复杂性比硬件高，大部分失效来自于软件失效。

物理退化：硬件失效主要是物理退化所致，软件不存在物理退化。

唯一性：软件是唯一的，每个 COPY 版本都一样，而两个硬件不可能完全一样。

版本更新周期：硬件较慢，软件较快。

3. 可靠性指标

平均无故障时间（MTTF）=1/失效率。

平均故障修复时间（MTTR）=1/修复率。

平均故障间隔时间（MTBF）=MTTF+MTTR。

系统可用性=MTTF/(MTTF+MTTR)×100%。

4. 可靠性设计

常见的软件可靠性技术主要有容错设计、检错设计和降低复杂度设计等技术。

容错设计技术主要有恢复块设计、N 版本程序设计和冗余设计三种方法。

5. 冗余技术

提高系统可靠性的技术可以分为避错（排错）技术和容错技术。避错是通过技术评审、系统测试和正确性证明等技术，在系统正式运行之前避免、发现和改正错误。

容错是指系统在运行过程中发生一定的硬件故障或软件错误时，仍能保持正常工作而不影响正确结果的一种性能或措施。容错技术主要是采用冗余方法来消除故障的影响。

冗余是指在正常系统运行所需的基础上加上一定数量的资源，包括信息、时间、硬件和软件。冗余是容错技术的基础，通过冗余资源的加入，可以使系统的可靠性得到较大的提高。主要的冗余技术有结构冗余（硬件冗余和软件冗余）、信息冗余、时间冗余和冗余附加四种。

6. 软件容错

软件容错的主要方法是提供足够的冗余信息和算法程序，使系统在实际运行时能够及时发现程序设计错误，采取补救措施，以提高系统可靠性，保证整个系统的正常运行。软件容错技术主要有 N 版本程序设计、恢复块设计和防卫式程序设计等。详细可见本书 15.2.3 软件可靠性设计章节内容。

7. 可维护性的评价指标

（1）易分析性。软件产品诊断软件中的缺陷或失效原因或识别待修改部分的能力。

（2）易改变性。软件产品使指定的修改可以被实现的能力，实现包括编码、设计和文档的更改。如果软件由最终用户修改，那么易改变性可能会影响易操作性。

（3）稳定性。软件产品避免由于软件修改而造成意外结果的能力。

（4）易测试性。软件产品使已修改软件能被确认的能力。

（5）维护性的依从性。软件产品遵循与维护性相关的标准或约定的能力。

8. 软件维护的分类

（1）改正性维护。为了识别和纠正软件错误、改正软件性能上的缺陷、排除实施中的误使用，应当进行的诊断和改正错误的过程称为改正性维护。

（2）适应性维护。在使用过程中，外部环境（新的硬、软件配置）、数据环境（数据库、数据格式、数据输入/输出方式、数据存储介质）可能发生变化。为使软件适应这种变化，而去修改软件的过程称为适应性维护。

（3）完善性维护。在软件的使用过程中，用户往往会对软件提出新的功能与性能要求。为了满足这些要求，需要修改或再开发软件，以扩充软件功能、增强软件性能、改进加工效率、提高软件的可维护性。这种情况下进行的维护活动称为完善性维护。

（4）预防性维护。这是指预先提高软件的可维护性、可靠性等，为以后进一步改进软件打下良好基础。通常，预防性维护可定义为"把今天的方法学用于昨天的系统以满足明天的需要"。也就是说，采用先进的软件工程方法对需要维护的软件或软件中的某一部分（重新）进行设计、编码和测试。

22.2 典型案例真题8（可靠性设计）

阅读以下关于嵌入式系统可靠性设计方面的描述，回答问题1至问题3。

【说明】某宇航公司长期从事宇航装备的研制工作，嵌入式系统的可靠性分析与设计已成为该公司产品研制中的核心工作，随着宇航装备的综合化技术发展，嵌入式软件规模发生了巨大变化，代码规模已从原来的几十万扩展到上百万，从而带来了由于软件失效而引起系统可靠性降低的隐患。公司领导非常重视软件可靠性工作，决定抽调王工程师等5人组建可靠性研究团队，专门研究提高本公司宇航装备的系统可靠性和软件可靠性问题，并要求在三个月内，给出本公司在系统和软件设计方面如何考虑可靠性设计的方法和规范。可靠性研究团队很快拿出了系统及硬件的可靠性提高方案，但对于软件可靠性问题始终没有研究出一种普遍认同的方法。

【问题1】（共9分）

请用200字以内文字说明系统可靠性的定义及包含的四个子特性，并简要指出提高系统可靠性一般采用哪些技术。

【问题2】（共8分）

王工带领的可靠性研究团队之所以没能快速取得软件可靠性问题的技术突破，其核心原因是他们没有搞懂高可靠性软件应具备的特点。软件可靠性一般致力于系统性地减少和消除对软件程序性能有不利影响的系统故障。除非被修改，否则软件系统不会随着时间的推移而发生退化。请根据你对软件可靠性的理解，给出表3-1所列出的硬件可靠性特征对应的软件可靠性特征之间的差异或相似之处，将答案写在答题纸上。

表3-1 硬件和软件可靠性对比

序号	硬件可靠性	软件可靠性
1	失效率服从浴缸曲线。老化状态类似于软件调试状态	（1）
2	即使不使用，材料劣化也会导致失效	（2）
3	硬件维修会恢复原始状态	（3）
4	硬件失效之前会有报警	（4）

【问题3】（共8分）

王工带领的可靠性研究团队在分析了大量相关资料的基础上，提出软件的质量和可靠性必须在开发过程构建到软件中，也就是说，为了提高软件的可靠性，必须在需求分析、设计阶段开展软件可靠性筹划和设计。研究团队针对本公司承担的飞行控制系统制订出了一套飞控软件的可靠性设计要求。飞行控制系统是一种双余度同构型系统，输入采用了独立的两路数据通道，在系统内完成输入数据的交叉对比、表决制导率计算，输出数据的交叉对比、表决、输出等功能，系统的监控模块实现对系统失效或失步的检测与定位。其软件的可靠性设计包括恢复块方法和 N 版本程序设计方法。请根据恢复块方法工作原理完成图 3-1，在（1）～（4）中填入恰当的内容，并比较恢复块方法与 N 版本程序设计方法，将比较结果（5）～（8）填入表 3-2 中。

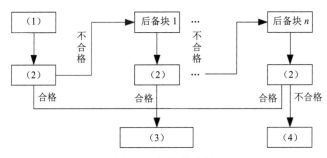

图 3-1　恢复块方法

表 3-2　恢复块方法与 N 版本程序设计的比较

	恢复块方法	N 版本程序设计
硬件运行环境	单机	多机
错误检测方法	验证测试程序	（5）
恢复策略	（6）	向前恢复
实时性	（7）	（8）

参考答案：

【问题 1】

可靠性（Reliability）是指产品在规定的条件下和规定的时间内完成规定功能的能力，其子特性包含：成熟性、容错性、易恢复性、可靠性的依从性。

提高可靠性的技术有：①N 版本程序设计；②恢复块设计；③防卫式程序设计；④双机热备或集群系统；⑤冗余设计。

【问题 2】

（1）不考虑软件演化的情况下，失效率在统计上是非增的。

（2）如果不使用该软件，永远不会发生失效。

（3）软件维护会创建新的软件代码。

（4）软件失效之前很少会有报警。

【问题 3】

（1）主块

（2）验证测试

（3）输出正确结果

（4）异常处理

（5）表决

（6）后向恢复

（7）差

（8）好

第**23**章

案例专题五：Web 应用开发

23.1 考点梳理及精讲

本章知识点主要考查 Web 相关技术，尤其是新技术的应用。Web 技术一般不会重复考查，每年都有新技术，需要依据答题技巧灵活应变。

1. Web 应用技术分类

从架构来看有：MVC、MVP、MVVM、REST、Web Service、微服务。

从缓存来看有：MemCache、Redis、Squid。

从并发分流来看有：集群（负载均衡）、CDN。

从数据库来看有：主从库（主从复制）、内存数据库、反规范化技术、NoSQL、分区（分表）技术、视图与物化视图。

从持久化来看有：Hibernate、Mybatis。

从分布存储来看有：Hadoop、FastDFS、区块链。

从数据编码来看有：XML、JSON。

从 Web 应用服务器来看有：Apache、WebSphere、Weblogic、Tomcat、JBOSS、IIS。

其他有：静态化、有状态与无状态、响应式 Web 设计。

2. 单台机器到数据库与 Web 服务器分离

单台机器即 Web 应用和数据库都放在一台服务器上；数据库与 Web 服务器分离即 Web 应用和数据库分别放在两台服务器上，如图 20-1 所示。

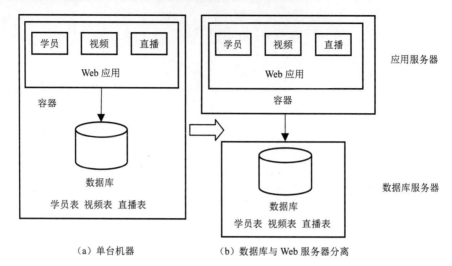

（a）单台机器　　　　　　（b）数据库与 Web 服务器分离

图 23-1　单台机器到数据库与 Web 服务器分离

3. 应用服务器集群

当客户访问量增加的时候，可以通过加机器的方式即采用集群技术缓解并发的访问量，如图 23-2 所示。

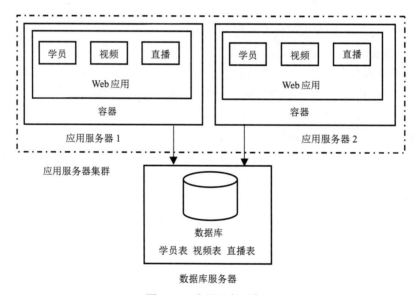

图 23-2　应用服务器集群

系统演变到这里，将会出现以下问题：

（1）用户的请求由谁来转发到具体的应用服务器。

（2）用户如果每次访问到的服务器不一样，那么如何维护 Session 的一致性。

要解决这两个问题，就要用到负载均衡技术。

4. 负载均衡技术

引入集群技术就需要增加负载均衡调度器,把客户的请求按照一定的算法分发给对应的提供服务的服务器,如图 23-3 所示。

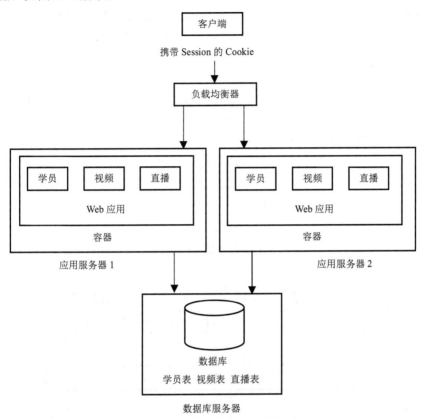

图 23-3　负载均衡技术

（1）**应用层负载均衡技术**。

1）HTTP 重定向。HTTP 重定向就是应用层的请求转发。用户的请求其实已经到了 HTTP 重定向负载均衡服务器,服务器根据算法要求用户重定向,用户收到重定向请求后,再次请求真正的集群。

特点：实现简单,但性能较差。

2）反向代理服务器。在用户的请求到达反向代理服务器时（已经到达网站机房）,由反向代理服务器根据算法转发到具体的服务器。常用的 Apache、Nginx 都可以充当反向代理服务器。

特点：部署简单,但代理服务器可能成为性能的瓶颈。

（2）**传输层负载均衡技术**。

1）DNS 域名解析负载均衡。DNS 域名解析负载均衡就是在用户请求 DNS 服务器,获取域名对应的 IP 地址时,DNS 服务器直接给出负载均衡后的服务器 IP。

特点：效率比 HTTP 重定向高，减少维护负载均衡服务器成本。但一个应用服务器故障，不能及时通知 DNS，而且 DNS 负载均衡的控制权在域名服务商那里，网站无法做更多的改善和更强大的管理。

2）基于 NAT 的负载均衡。基于 NAT 的负载均衡将一个外部 IP 地址映像为多个 IP 地址，对每次连接请求动态地转换为一个内部节点的地址。

特点：技术较为成熟，一般在网关位置，可以通过硬件实现，四层交换机就采用了这种技术。

5．数据库读写分离化

当客户的访问量进一步激增的时候，读并发可以通过加机器的方式解决一定的并发量，但是涉及写并发的时候，数据库就会成为瓶颈，由于关系型数据库无法做集群，所以采用读写分离的方式，主库负责写，从库负责读，如图 23-4 所示。

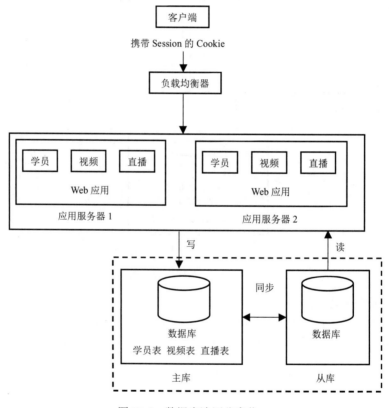

图 23-4　数据库读写分离化

6．用缓存缓解库读取压力

MemCache 是一个自由开源的、高性能、分布式内存对象缓存系统，简洁的 Key-Value 存储系统。通过缓存数据库查询结果，减少数据库访问次数，以提高动态 Web 应用的速度、提高可扩展性。

7.　有状态和无状态

无状态服务（Stateless Service）对单次请求的处理，不依赖其他请求，也就是说，处理一次请求所需的全部信息，要么都包含在这个请求里，要么可以从外部获取到（比如说数据库），服务器本身不存储任何信息。

有状态服务（Stateful Service）则相反，它会在自身保存一些数据，先后的请求是有关联的。

8.　内容分发网络

内容分发网络（Content Delivery Network，CDN）是构建在网络之上的内容分发网络，依靠部署在各地的边缘服务器，通过中心平台的负载均衡、内容分发、调度等功能模块，使用户就近获取所需内容，降低网络拥塞，提高用户访问响应速度和命中率。CDN 的关键技术主要有内容存储和分发技术。

CDN 的基本原理是广泛采用各种缓存服务器，将这些缓存服务器分布到用户访问相对集中的地区或网络中，在用户访问网站时，利用全局负载技术将用户的访问指向距离最近的工作正常的缓存服务器上，由缓存服务器直接响应用户请求，如图 23-5 所示。

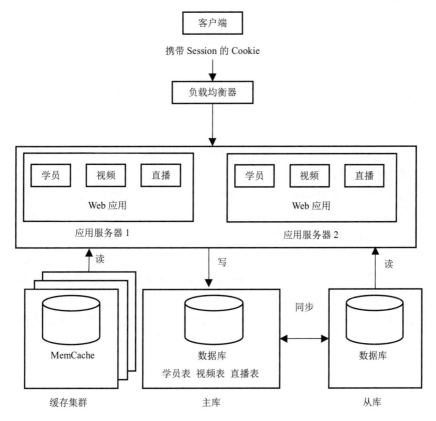

图 23-5　用缓存缓解库读取压力

9. 表述性状态转移

表述性状态转移（Representational State Transfer，REST）是一种只使用 HTTP 和 XML 进行基于 Web 通信的技术，可以降低开发的复杂性，提高系统的可伸缩性。

REST 的五个原则：

（1）网络上的所有事物都被抽象为资源。

（2）每个资源对应一个唯一的资源标识。

（3）通过通用的连接件接口对资源进行操作。

（4）对资源的各种操作不会改变资源标识。

（5）所有的操作都是无状态的。

10. 微服务

微服务架构建议将大型复杂的单体架构应用划分为一组微小的服务，每个微服务根据其负责的具体业务职责提炼为单一的业务功能；每个服务可以很容易地部署并发布到生产环境里隔离和独立的进程内部，它可以很容易地扩展和变更；对于一个具体的服务来说可以采用任何适用的语言和工具来快速实现；服务之间基于基础设施互相协同工作。

微服务的优势：

（1）解决了复杂性问题。它把庞大的单一模块应用分解为一系列的服务，同时保持总体功能不变。

（2）让每个服务能够独立开发，开发者能够自由选择可行的技术，让服务来决定 API 约定。

（3）每个微服务都能独立配置，开发者不必协调对于本地服务配置上的变化，这种变化一旦测试完成就被配置了。

（4）让每个服务都可以独立调整，你可以给每个服务配置正好满足容量和可用性限制的实例数。

微服务架构带来的挑战：

（1）并非所有的系统都能转成微服务。例如，一些数据库层的底层操作是不推荐服务化的。

（2）部署较以往架构更加复杂。系统由众多微服务搭建，每个微服务需要单独部署，从而增加部署的复杂度，容器技术能够解决这一问题。

（3）性能问题。由于微服务注重独立性，互相通信时只能通过标准接口，可能产生延迟或调用出错。例如，一个服务需要访问另一个服务的数据，只能通过服务间接口来进行数据传输，如果是频繁访问，则可能带来较大的延迟。

（4）数据一致性问题。作为分布式部署的微服务，在保持数据一致性方面需要比传统架构更加困难。

微服务与 SOA 的比较见表 23-1。

11. 缓存技术

（1）MemCache：MemCache 是一个高性能的分布式的内存对象缓存系统，用于动态 Web 应用以减轻数据库负载。MemCache 通过在内存里维护一个统一的巨大的 Hash 表，它能够用来存储各种格式的数据，包括图像、视频、文件以及数据库检索的结果等。

表 23-1　微服务与 SOA 的比较

微服务	SOA
能拆分的就拆分	是整体的，服务能放一起的都放一起
纵向业务划分	是水平分多层
由单一组织负责	按层级划分不同部门的组织负责
细粒度	粗粒度
两句话可以解释明白	几百字只相当于 SOA 的目录
独立的子公司	类似大公司里面划分了一些业务单元（BU）
组件小	存在较复杂的组件
业务逻辑存在于每一个服务中	业务逻辑横跨多个业务领域
使用轻量级的通信方式，如 HTTP	企业服务总线（ESB）充当了服务之间通信的角色
微服务架构实现	**SOA 实现**
团队级，自底向上开展实施	企业级，自顶向下开展实施
一个系统被拆分成多个服务，粒度细	服务由多个子系统组成，粒度大
无集中式总线，松散的服务架构	企业服务总线，集中式的服务架构
集成方式简单（HTTP/REST/JSON）	集成方式复杂（ESB/ws/SOAP）
服务能独立部署	单块架构系统，相互依赖，部署复杂

（2）Redis：Redis 是一个开源的使用 ANSI C 语言编写、支持网络、可基于内存亦可持久化的日志型、Key-Value 数据库，并提供多种语言的 API。

（3）Squid：Squid 是一个高性能的代理缓存服务器，Squid 支持 FTP、gopher、HTTPS 和 HTTP 协议。和一般的代理缓存软件不同，Squid 用一个单独的、非模块化的、I/O 驱动的进程来处理所有的客户端请求。

（4）Redis 与 MemCache 的差异。

1）Redis 和 MemCache 都是将数据存放在内存中，都是内存数据库。它们都支持 Key-Value 数据类型。同时 MemCache 还可用于缓存其他东西，如图片、视频等，Redis 还支持 list、set、Hash 等数据结构的存储。

2）Redis 支持数据的持久化，可以将内存中的数据保持在磁盘中，重启的时候可以再次加载进行使用，MemCache 挂掉之后，数据就没了。

3）灾难恢复——MemCache 挂掉后，数据不可恢复；Redis 数据丢失后可以恢复。

4）在 Redis 中，并不是所有的数据都一直存储在内存中。这是一个和 MemCache 相比最大的区别。当物理内存用完时，Redis 可以将一些很久没用到的 value 交换到磁盘。

5）Redis 在很多方面支持数据库的特性，可以这样说，它就是一个数据库系统，而 MemCache 只是简单地 K/V 缓存。

所以在选择方面，如果有持久方面的需求，或对数据类型和处理有要求，应该选择 Redis。如果是简单的 key/value 存储应该选择 MemCache。

12. XML 和 JSON

扩展标记语言（Extensible Markup Language，XML）用于标记电子文件使其具有结构性的标记语言，可以用来标记数据、定义数据类型，是一种允许用户对自己的标记语言进行定义的源语言。

XML 的优点：

（1）格式统一，符合标准。

（2）容易与其他系统进行远程交互，数据共享比较方便。

XML 的缺点：

（1）XML 文件庞大，文件格式复杂，传输占带宽。

（2）服务器端和客户端都需要花费大量代码来解析 XML，导致服务器端和客户端代码变得异常复杂且不易维护。

（3）客户端不同浏览器之间解析 XML 的方式不一致，需要重复编写很多代码。

（4）服务器端和客户端解析 XML 花费较多的资源和时间。

JSON（JavaScript Object Notation），一种轻量级的数据交换格式，具有良好的可读和便于快速编写的特性。可在不同平台之间进行数据交换。

JSON 的优点：

（1）数据格式比较简单，易于读写，格式都是压缩的，占用带宽小。

（2）易于解析，客户端 JavaScript 可以简单地通过 eval() 进行 JSON 数据的读取。

（3）支持多种语言，包括 ActionScript、C、C#、ColdFusion、Java、JavaScript、Perl、PHP、Python、Ruby 等服务器端语言，便于服务器端的解析。

（4）因为 JSON 格式能直接为服务器端代码使用，大大简化了服务器端和客户端的代码开发量，且完成任务不变，并且易于维护。

JSON 的缺点：没有 XML 格式这么推广得深入人心和使用广泛，没有 XML 那么通用。

13. Web 应用服务器

常见的 Web 应用服务器有以下几种：

（1）Web 服务器：其职能较为单一，就是把浏览器发过来的 Request 位请求，返回 Html 页面。

（2）应用服务器：进行业务逻辑的处理。

（3）Apache：Web 服务器，市场占有率达 60% 左右。它可以运行在几乎所有的 UNIX、Windows、Linux 系统平台上。

（4）IIS 早期 Web 服务器，目前小规模站点仍有应用。

（5）Tomcat：开源、运行 Servlet 和 JSPWeb 应用软件的基于 Java 的 Web 应用软件容器。

（6）JBOSS：JBOSS 是基于 J2EE 的开放源代码的应用服务器，一般与 Tomcat 或 Jetty 绑定使用。

（7）WebSphere：一种功能完善、开放的 Web 应用程序服务器，基于 Java 的应用环境，用于建立、部署和管理 Internet 和 Intranet Web 应用程序。

（8）Weblogic：BEA Weblogic Server 是一种多功能、基于标准的 Web 应用服务器，为企业构建自己的应用提供了坚实的基础。

（9）Jetty：Jetty 是一个开源的 Servlet 容器，是基于 Java 的 Web 容器。

响应式 Web 设计是一种网络页面设计布局，其理念是：集中创建页面的图片排版大小，可以智能地根据用户行为以及使用的设备环境进行相对应的布局。

响应式 Web 设计的方法与策略：

（1）采用流式布局和弹性化设计：使用相对单位，设定百分比而非具体值的方式设置页面元素的大小。

（2）响应式图片：不仅要同比地缩放图片，还要在小设备上降低图片自身的分辨率。

23.2　典型案例真题 9（云平台智能家居设计）

阅读以下关于 Web 系统架构设计的描述，在答题纸上回答问题 1 至问题 3。

【说明】某公司拟开发一个智能家居管理系统，该系统的主要功能需求如下：

（1）用户可使用该系统客户端实现对家居设备的控制，且家居设备可向客户端反馈实时状态；

（2）支持家居设备数据的实时存储和查询；

（3）基于用户数据，挖掘用户生活习惯，向用户提供家居设备智能化使用建议。

基于上述需求，该公司组建了项目组，在项目会议上，张工给出了基于家庭网关的传统智能家居管理系统的设计思路，李工给出了基于云平台的智能家居系统的设计思路。经过深入讨论，公司决定采用李工的设计思路。

【问题 1】（8 分）

请用 400 字以内的文字简要描述基于家庭网关的传统智能家居管理系统和基于云平台的智能家居管理系统在网关管理、数据处理和系统性能等方面的特点，以说明项目组选择李工设计思路的原因。

【问题 2】（12 分）

请从下面给出的（a）～（j）中进行选择，补充完善图 5-1 中空（1）～（6）处的内容，协助李工完成该系统的架构设计方案。

（a）Wi-Fi　　　　（b）蓝牙　　　　（c）驱动程序　　　（d）数据库
（e）家庭网关　　　（f）云平台　　　（g）微服务　　　　（h）用户终端
（i）鸿蒙　　　　　（j）TCP/IP

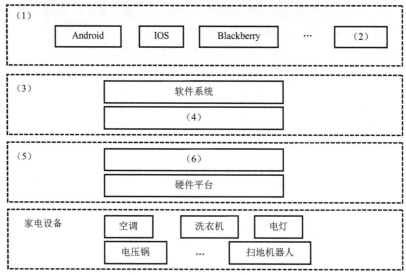

图 5-1

【问题 3】（5 分）

该系统需实现用户终端与服务端的双向可靠通信，请用 300 字以内的文字从数据传输可靠性的角度对比分析 TCP 和 UDP 通信协议的不同，并说明该系统应采用哪种通信协议。

参考答案：

【问题 1】

在网关管理方面，基于云平台的智能家居管理系统可以将分散的智能家居网关数据集中起来，实现对智能家居网关的远程高效管理。

在数据处理方面，云端服务器对智能家居网数据进行备份存储，当家庭网关由于故障等原因导致数据丢失时，可以通过云端管理系统对网关数据进行恢复，从而提高数据的容灾性。

在系统性能方面，基于云服务平台的智能家居管理系统将数据信息存储在云端，减少了数据请求时间，提高了通信效率。

【问题 2】

（1）（h）用户终端　　（2）（i）鸿蒙　　（3）（f）云平台　　（4）（d）数据库

（5）（e）家庭网关　　（6）（c）驱动程序

【问题 3】

TCP 在 IP 协议提供的不可靠数据服务的基础上，采用了重发技术，为应用程序提供了一个可靠的、面向连接的、全双工的数据传输服务。TCP 协议一般用于传输数据量比较少，且对可靠性要求高的场合。

UDP 是一种不可靠的、无连接的协议，可以保证应用程序进程间的通信，与 TCP 相比，UDP 是一种无连接的协议，它的错误检测功能要弱得多。

该系统应采用 TCP 协议。

23.3　典型案例真题 10（典型 Web 架构设计）

阅读以下关于 Web 系统架构设计的叙述，在答题纸上回答问题 1 至问题 3。

【说明】某电子商务企业因发展良好，客户量逐步增大，企业业务不断扩充，导致其原有的 B2C 商品交易平台已不能满足现有业务需求。因此，该企业委托某软件公司重新开发一套商品交易平台。该企业要求新平台应可适应客户从手机、平板设备、电脑等不同终端设备访问系统，同时满足电商定期开展"秒杀""限时促销"等活动的系统高并发访问量的需求。面对系统需求，软件公司召开项目组讨论会议，制定系统设计方案。讨论会议上，王工提出可以应用响应式 Web 设计满足客户从不同设备正确访问系统的需求。同时，采用增加镜像站点、CDN 内容分发等方式解决高并发访问量带来的问题。李工在王工的提议上补充，仅仅依靠上述外网加速技术不能完全解决高用户并发访问问题，如果访问量持续增加，系统仍存在崩溃可能。李工提出应同时结合负载均衡、缓存服务器、Web 应用服务器、分布式文件系统、分布式数据库等方法设计系统架构。经过项目组讨论，最终决定综合王工和李工的思路，完成新系统的架构设计。

【问题 1】（5 分）

请用 200 字以内的文字描述什么是"响应式 Web 设计"，并列举 2 个响应式 Web 设计的实现方式。

【问题 2】（16 分）

综合王工和李工的提议，项目组完成了新商品交易平台的系统架构设计方案。新系统架构图如图 5-1 所示。请从选项（a）～（j）中为架构图中（1）～（8）处空白选择相应的内容，补充支持高并发的 Web 应用系统架构设计图。

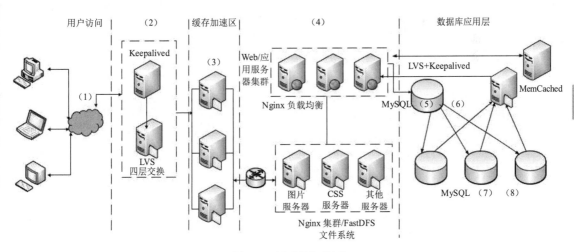

图 5-1　新系统架构图

（a）Web 应用层　　　（b）界面层　　　（c）负载均衡层　　　（d）CDN 内容分发

（e）主数据库　　　　（f）缓存服务器集群　　（g）从数据库

（h）写操作　　　　　（i）读操作　　　　　（j）文件服务器集群

【问题 3】（4 分）

根据李工的提议，新的 B2C 商品交易平台引入了主从复制机制。请针对 B2C 商品交易平台的特点，简要叙述引入该机制的好处。

参考答案：

【问题 1】响应式 Web 设计是指设计与开发的页面可以根据用户的行为和不同的设备环境作出相应的响应来调整页面的布局，以给用户提供可感知的、流畅的阅读和操作体验。

实现方式：（1）流式布局；（2）弹性布局加媒体查询。

【问题 2】

（1）（d）　　　（2）（c）　　　（3）（f）　　　（4）（a）

（5）（e）　　　（6）（h）　　　（7）（g）　　　（8）（i）

【问题 3】

（1）提升性能。交易平台要求高并发，主从复制方式一主多从，不同的用户请求可以从不同的从数据库读取数据，提高并发度。

（2）可扩展性更优。如果采用单台数据库服务器，则访问量持续增加时，数据库瓶颈暴露，且无法迅速解决问题。而主从结构可以快速增加从服务器数量，以满足需求。

（3）提升可用性。一主多从，一台从服务器出现故障不影响整个系统正常工作。

（4）相当于负载均衡。一主多从分担任务，相当于负载均衡。

（5）提升数据安全性。系统中的数据冗余存放多份，不会因为某台机器硬件故障而导致数据丢失。

案例专题六：典型八大系统架构设计实例

24.1 信息系统架构设计

24.1.1 信息系统架构基本概念

信息系统架构（ISA）是指对某一特定内容里的信息进行统筹、规划、设计、安排等一系列有机处理的活动。

为了更好地理解信息系统架构的定义，特作如下说明：

（1）架构是对系统的抽象，它通过描述元素、元素的外部可见属性及元素之间的关系来反映这种抽象。因此，仅与内部具体实现有关的细节是不属于架构的，即定义强调元素的"外部可见"属性。

（2）架构由多个结构组成，结构是从功能角度来描述元素之间的关系的，具体的结构传达了架构某方面的信息，但是个别结构一般不能代表大型信息系统架构。

（3）任何软件都存在架构，但不一定有对该架构的具体表述文档。即架构可以独立于架构的描述而存在。如文档已过时，则该文档不能反映架构。

（4）元素及其行为的集合构成架构的内容。体现系统由哪些元素组成，这些元素各有哪些功能（外部可见），以及这些元素间如何连接与互动。即在两个方面进行抽象：在静态方面，关注系统的大粒度（宏观）总体结构（如分层）；在动态方面，关注系统内关键行为的共同特征。

（5）架构具有"基础"性：它通常涉及解决各类关键重复问题的通用方案（复用性），以及系统设计中影响深远（架构敏感）的各项重要决策（一旦贯彻，更改的代价昂贵）。

（6）架构隐含有"决策"，即架构是由架构设计师根据关键的功能和非功能性需求（质量属性及项目相关的约束）进行设计与决策的结果。

24.1.2 信息系统架构

信息系统架构可分为物理结构与逻辑结构两种，物理结构是指不考虑系统各部分的实际工作与功能结构，只抽象地考查其硬件系统的空间分布情况。逻辑结构是指信息系统各种功能子系统的综合体。

物理结构一般分为集中式与分布式两大类。

在信息系统开发中，强调各子系统之间的协调一致性和整体性。要达到这个目的，就必须在构造信息系统时注意对各种子系统进行统一规划，并对各子系统进行综合。

（1）横向综合：将同一管理层次的各种职能综合在一起。例如，将运行控制层的人事和工资子系统综合在一起，使基层业务处理一体化。

（2）纵向综合：把某种职能的各个管理层次的业务组织在一起，这种综合沟通了上下级之间的联系，如工厂的会计系统和公司的会计系统综合在一起，它们都有共同之处，能形成一体化的处理过程。

（3）纵横综合：主要是从信息模型和处理模型两个方面来进行综合，做到信息集中共享，程序尽量模块化，注意提取通用部分，建立系统公用数据库和统一的信息处理系统。

信息系统架构指的是在全面考虑企业的战略、业务、组织、管理和技术的基础上，着重研究企业信息系统的组成成分及成分之间的关系，建立起多维度分层次的、集成的开放式体系结构，并为企业提供具有一定柔性的信息系统及灵活有效的实现方法。

1. 信息系统常用四种架构模型

（1）单机应用模式：是最简单的软件结构，是指运行在一台物理机器上的独立应用程序。单机系统本身也可以很复杂。

（2）客户机/服务器模式：即两层、三层 C/S、B/S 模式、MVC 模式等。

（3）面向服务架构（SOA）模式。

（4）企业数据交换总线：不同的企业应用之间进行信息交换的公共通道。

2. 企业信息系统的总体框架

要在企业中建立一个有效集成的 ISA，必须考虑企业中的四个方面：战略系统、业务系统、应用系统和企业信息基础设施，如图 24-1 所示。

（1）战略系统是指企业中与战略制订、高层决策有关的管理活动和计算机辅助系统。

在 ISA 中战略系统由两个部分组成，其一是以计算机为基础的高层决策支持系统，其二是企业的战略规划体系。

在 ISA 中设立战略系统有两重含义：一是它表示信息系统对企业高层管理者的决策支持能力；二是它表示企业战略规划对信息系统建设的影响和要求。

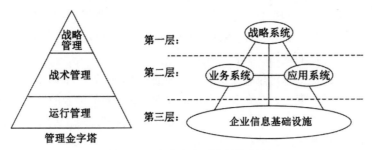

图 24-1　企业信息系统总体框架

（2）业务系统是指企业中完成一定业务功能的各部分（物质、能量、信息和人）组成的系统。

作用：对企业现有业务系统、业务过程和业务活动进行建模，并在企业战略的指导下，采用业务流程重组（Business Process Reengineering，BPR）的原理和方法进行业务过程优化重组。

（3）应用系统即应用软件系统，指信息系统中的应用软件部分，如 TPS、MIS、DSS 等。

包含两个基本组成部分：内部功能实现部分和外部界面部分。

（4）企业信息基础设施（Enterprise Information Infrastructure，EII）是指根据企业当前业务和可预见的发展趋势，及对信息采集、处理、存储和流通的要求，构筑由信息设备、通信网络、数据库、系统软件和支持性软件等组成的环境。这里可以将企业信息基础设施分成三部分：技术基础设施、信息资源设施和管理基础设施。

● 技术基础设施由计算机、网络、系统软件、支持性软件、数据交换协议等组成。
● 信息资源设施由数据与信息本身、数据交换的形式与标准、信息处理方法等组成。
● 管理基础设施指企业中信息系统部门的组织结构、信息资源设施管理人员的分工、企业信息基础设施的管理方法与规章制度等。

24.1.3　信息系统架构设计方法

信息化总体架构方法如下所述。

信息化是指培育、发展以智能化工具为代表的新的生产力并使之造福于社会的历史过程。

实现信息化就要构筑和完善六个要素（开发利用信息资源，建设国家信息网络，推进信息技术应用，发展信息技术和产业，培育信息化人才，制定和完善信息化政策）的国家信息化体系。

完整的信息化内涵包括四方面内容：信息网络体系、信息产业基础、社会运行环境、效用积累过程。

信息化建设指品牌利用现代信息技术来支撑品牌管理的手段和过程。信息化建设包括了企业规模，企业在电话通信、网站、电子商务方面的投入情况，在客户资源管理、质量管理体系方面的建设成就等。

信息化主要体现以下六种特征：易用性；健壮性；平台化、灵活性、扩展性；安全性；门户化、整合性；移动性。

信息化架构一般有两种模式：一种是数据导向架构；一种是流程导向架构。对于数据导向架构重点是在数据中心，商业智能（BI）等建设中使用较多，关注数据模型和数据质量；对于流程导向架构，SOA 本身就是关键方法和技术，关注端到端流程整合，以及架构对流程变化的适应度。两种架构并没有严格的边界，而是相互配合和补充。

数据导向架构研究的是数据对象和数据对象之间的关系，这个是首要的内容。在这个完成后仍然要开始考虑数据的产生、变更、废弃等数据生命周期，这些自然涉及的数据管理的相关流程。

流程导向架构关注的是流程，架构本身的目的是为了端到端流程整合服务。因此研究切入点会是价值链分析、流程分析和分解、业务组件划分。

信息系统的生命周期可以分为系统规划、系统分析、系统设计、系统实施、系统运行和维护等五个阶段。

（1）系统规划阶段：任务是对组织的环境、目标及现行系统的状况进行初步调查，根据组织目标和发展战略确定信息系统的发展战略，对建设新系统的需求做出分析和预测，同时考虑建设新系统所受的各种约束，研究建设新系统的必要性和可能性。根据需要与可能，给出制建系统的备选方案。

输出：可行性研究报告、系统设计任务书。

（2）系统分析阶段：任务是根据系统设计任务书所确定的范围，对现行系统进行详细调查，描述现行系统的业务流程，指出现行系统的局限性和不足之处，确定新系统的基本目标和逻辑功能要求，即提出新系统的逻辑模型。系统分析阶段又称为逻辑设计阶段。这个阶段是整个系统建设的关键阶段，也是信息系统建设与一般工程项目的重要区别所在。

输出：系统说明书。

（3）系统设计阶段：系统分析阶段的任务是回答系统"做什么"的问题，而系统设计阶段要回答的问题是"怎么做"。该阶段的任务是根据系统说明书中规定的功能要求，具体设计实现逻辑模型的技术方案，也就是设计新系统的物理模型。这个阶段又称为物理设计阶段，可分为总体设计（概要设计）和详细设计两个子阶段。

输出：系统设计说明书（概要设计、详细设计说明书）。

（4）系统实施阶段：是将设计的系统付诸实施的阶段。这一阶段的任务包括计算机等设备的购置、安装和调试、程序的编写和调试、人员培训、数据文件转换、系统调试与转换等。这个阶段的特点是几个互相联系、互相制约的任务同时展开，必须精心安排、合理组织。系统实施是按实施计划分阶段完成的，每个阶段应写出实施进展报告。系统测试之后写出系统测试分析报告。

输出：实施进展报告、系统测试分析报告。

（5）系统运行和维护阶段：系统投入运行后，需要经常进行维护和评价，记录系统运行的情况，根据一定的规则对系统进行必要的修改，评价系统的工作质量和经济效益。

24.1.4 信息系统架构案例分析

以服务为中心的企业整合案例如下。

某航空公司已经在几个主要的核心系统之间构建了用于信息集成的信息 Hub，其他应用间也有不少点到点的集成。然而还存在如下困难：

（1）因为大部分核心应用构建在主机之上，所以 Information Hub 是基于主机技术开发，很难被开放系统使用。

（2）Information Hub 对 Event 支持不强，被集成的系统间的事件以点到点流转为主，被集成系统间耦合性强。

（3）牵扯到多个系统间的业务协作以硬编码为主，将业务活动自动化的成本高，周期长，被开发的业务活动模块重用性差。

为了解决这些企业集成中的问题，该公司决定以 Ramp Control 系统为例探索一条以服务为中心的企业集成道路。

在航空业中，Ramp Coordination 是指飞机从降落到起飞过程中所需要进行的各种业务活动的协调过程。需要协调的业务活动有：检查机位环境是否安全，以及卸货、装货和补充燃料是否方便和安全等。

三种类型航班：short turn around 航班是降落后不久就起飞的航班；Arrival Only 航班指降落后需要隔夜才起飞的；Departure Only 航班是指每天一早第一班飞机。

每种细分的航班类型的 Ramp Coordination 的流程都略有不同。如此多的流程之间共享着一个业务活动的集合，如此多种类型的流程都是这些业务活动的不同组装方式。以服务为中心的企业集成中流程服务就是通过将这些流程间共享的业务活动抽象为可重用的服务，并通过流程服务提供的流程编排的能力将它们组成各种大同小异的流程类型，来降低流程集成成本，加快流程集成开发效率的。以服务为中心的企业集成，通过服务建模过程发现这些可重用的服务，并通过流程模型将这些服务组装在一起。

Ramp Coordination 相关的服务模型和 Ramp Coordination 流程相关的有两个业务组件：①Ramp Control 负责 Ramp Control 相关各种业务活动的组件；②Flight Management 负责航班相关信息的管理，包括航班日程、乘客信息等。

这两个业务组件分别输出如下服务。

（1）Retrieve Flight BO：由 Flight Management 输出，主要用于提取和航班相关的数据信息。

（2）Ramp Coordination：由 Ramp Control 输出，主要用于 Ramp Coordination 流程的编排。

（3）Check Spot：由 Ramp Control 输出，用于检测机位安全信息。

（4）Check Unloading：由 Ramp Control 输出，用于检查卸货状况。

（5）Check Loading：由 Ramp Control 输出，用于检查装货状况。

（6）Check Push Back：由 Ramp Control 输出，用于检查关门动作。

目前，Ramp Coordination 流程需要四种类型的外围应用交互。

（1）从乘务人员管理系统提取航班乘务员的信息。

（2）从订票系统中提取乘客信息。

（3）从机务人员管理系统中提取机务人员信息。

（4）接收来自航班调度系统的航班到达事件。

主要架构元素如图 24-2 所示。

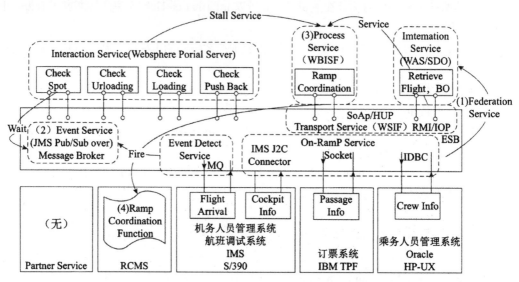

图 24-2　Ramp Coordination 主要框架元素

（1）信息服务。Federation Service 是 Ramp Coordination 流程中需要从已有系统中提取四类信息，在 Service 建模阶段这四类信息被聚合为 Flight BO（Business Object），集成了的 Crew Info、Cockpit Info 和 Passage Info 等信息。

（2）企业服务总线中的事件服务。Event Service 是在检查机务环境安全（Check Spot）前，Ramp Coordinator 需要被通知航班已经到达。这个业务事件由航班调度系统激发，Flight Arrival 是典型事件发现服务（Event Detect Service），它通过 MQ 将事件传递给 Message Broker，通过 JMS 的 Pub/Sub，这个事件被分发给 Check Spot。

（3）流程服务。

（4）企业服务总线中的传输服务。RCMS 是即将新建系统，用于提供包括 Ramp Coordination 在内的 Ramp Control 的功能。

24.2　层次式架构设计

24.2.1　表现层框架设计

1. 使用 XML 设计表现层

用户接口处理（User Interface Process，UIP）提供了一个扩展的框架，用于简化用户界面与商业逻辑代码的分离方法，可以用它来写复杂的用户界面导航和工作流处理，并且它能够复用在不同的场景，并可以随着应用的增加而进行扩展。

使用 UIP 框架的应用程序把表现层分为了以下几层。

● User Interface Components：这个组件就是原来的表现层，用户看到的和进行交互都是这个组件，它负责获取用户的数据并且返回结果。

● User Interface Process Components：这个组件用于协调用户界面的各部分，使其配合后台的活动，例如导航和工作流控制，以及状态和视图的管理。用户看不到这一组件，但是这些组件为 User Interface Components 提供了重要的支持功能。

UIP 的组件主要负责的功能是：管理经过 User Interface Components 的信息流；管理 UIP 中各个事件之间的事务；修改用户过程的流程以响应异常；将概念上的用户交互流程从实现或者涉及的设备上分离出来；保持内部的事务关联状态，通常是持有一个或者多个的与用户交互的事务实体。因此，这些组件也能从 UI 组件收集数据，执行服务器的成组的升级或是跟踪 UIP 中的任务过程的管理。

2．表现层动态生成设计

基于 XML 的界面管理技术可实现灵活的界面配置、界面动态生成和界面定制。其思路是用 XML 生成配置文件及界面所需的元数据，按不同需求生成界面元素及软件界面。基于 XML 界面管理技术，包括界面配置（静态）、界面动态生成和界面定制（动态）三部分，如图 24-3 所示。

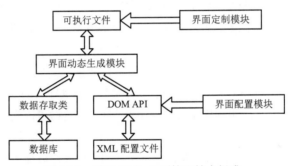

图 24-3　基于 XML 界面管理技术组成

24.2.2　中间层架构设计

1．组件设计

业务逻辑组件分为接口和实现类两个部分。接口用于定义业务逻辑组件，定义业务逻辑组件必须实现的方法是整个系统运行的核心。增加业务逻辑组件的接口，是为了提供更好的解耦，控制器无须与具体的业务逻辑组件耦合，而是面向接口编程。

2．工作流设计

工作流定义为：业务流程的全部或部分自动化，在此过程中，文档、信息或任务按照一定的过程规则流转，实现组织成员间的协调工作以达到业务的整体目标。工作流参考模型如图 24-4 所示，其包含六个基本模块，分别是工作流执行服务、工作流引擎、流程定义工具、客户端应用、调用应用和管理与监视工具。

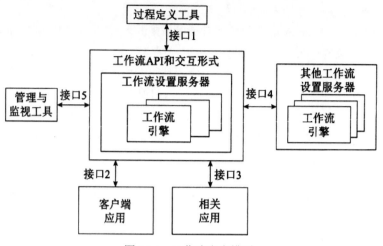

图 24-4　工作流参考模型

（1）接口 1：过程定义导入/导出接口。这个接口的特点是：转换格式和 API 调用，从而支持过程定义信息间的互相转换。

（2）接口 2：客户端应用程序接口。通过这个接口工作流机可以与任务表处理器交互，代表用户资源来组织任务。然后由任务表处理器负责，从任务表中选择、推进任务项。由任务表处理器或者终端用户来控制应用工具的活动。

（3）接口 3：应用程序调用接口。允许工作流机直接激活一个应用工具，来执行一个活动。典型的是调用以后台服务为主的应用程序，没有用户接口。当执行活动要用到的工具，需要与终端用户交互，通常是使用客户端应用程序接口来调用那个工具，这样可以为用户安排任务时间表提供更多的灵活性。

（4）接口 4：工作流机协作接口。其目标是定义相关标准，以使不同开发商的工作流系统产品相互间能够进行无缝的任务项传递。

（5）接口 5：管理和监视接口。提供的功能包括用户管理、角色管理、审查管理、资源控制、过程管理和过程状态处理器等。

3. 实体设计

业务逻辑层实体提供对业务数据及相关功能（在某些设计中）的状态编程访问。业务逻辑层实体可以使用具有复杂架构的数据来构建，这种数据通常来自数据库中的多个相关表。

在应用程序中表示业务逻辑层实体的方法有很多（从以数据为中心的模型到更加面向对象的表示法），如 XML、通用 DataSet、有类型的 DataSet 等。

业务框架位于系统架构的中间层，是实现系统功能的核心组件。采用容器的形式，便于系统功能的开发、代码重用和管理。图 24-5 便是在吸收了 SOA 思想之后的一个三层体系结构的简图。

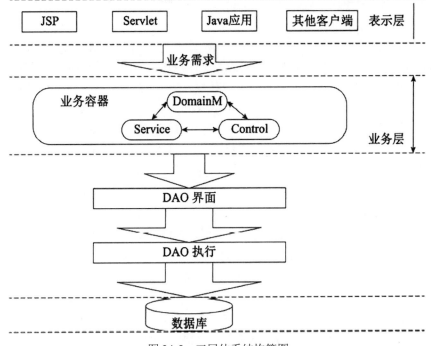

图 24-5　三层体系结构简图

业务层采用业务容器的方式存在于整个系统当中,采用此方式可以大大降低业务层和相邻各层的耦合,表示层代码只需要将业务参数传递给业务容器,而不需要业务层多余的干预。如此一来,可以有效地防止业务层代码渗透到表示层。

在业务容器中,业务逻辑是按照 Domain Model—Service—Control 思想来实现的。

(1) Domain Model 是领域层业务对象,它仅仅包含业务相关的属性。

(2) Service 是业务过程实现的组成部分,是应用程序的不同功能单元,通过在这些服务之间定义良好的接口和契约联系起来。

(3) Control 服务控制器,是服务之间的纽带,不同服务之间的切换就是通过它来实现的。

24.2.3　数据访问层设计

1. 五种数据访问模式

(1) 在线访问:会占用一个数据库连接,读取数据,每个数据库操作都会通过这个连接不断地与后台的数据源进行交互。

(2) DataAccess Object:是标准 J2EE 设计模式之一,开发人员常用这种模式将底层数据访问操作与高层业务逻辑分离开。

(3) Data Transfer Object(DTO):是经典 EJB 设计模式之一。DTO 本身是这样一组对象或是数据的容器:它需要跨不同的进程或是网络的边界来传输数据。这类对象本身应该不包含具体的业务逻辑，并且通常这些对象内部只能进行一些诸如内部一致性检查和基本验证之类的方法，而且这些方法最好不要再调用其他的对象行为。

（4）离线数据模式是以数据为中心，数据从数据源获取之后，将按照某种预定义的结构（这种结构可以是 SDO 中的 Data 图表结构，也可以是 ADO.NET 中的关系结构）存放在系统中，成为应用的中心。离线，对数据的各种操作独立于各种与后台数据源之间的连接或是事务。

（5）对象/关系映射（Object/Relation Mapping, O/R Mapping）：大多数应用中的数据都是依据关系模型存储在关系型数据库中；而很多应用程序中的数据在开发或是运行时则是以对象的形式组织起来的。那么，对象/关系映射就提供了这样一种工具或是平台，能够帮助将应用程序中的数据转换成关系型数据库中的记录；或是将关系数据库中的记录转换成应用程序中代码便于操作的对象。

2. 工厂模式在数据库访问层的应用

首先定义一个操纵数据库的接口 DataAccess，然后根据数据库的不同，由类工厂决定实例化哪个类。因为 DataAccess 的具体实现类有一些共同的方法，所以先从 DataAccess 实现一个抽象的 AbstractDataAccess 类，包含一些公用方法。然后，分别为 SQL Server、Oracle 和 OleDb 数据库编写三个数据访问的具体实现类。

现在已经完成了所要的功能，下面需要创建一个 Factory 类，来实现自动数据库切换的管理。这个类很简单，主要的功能就是根据数据库类型，返回适当的数据库操纵类。

3. 事务处理设计

JavaBean 中使用 JDBC 方式进行事务处理：在 JDBC 中，打开一个连接对象 Connection 时，默认是 auto-commit 模式，每个 SQL 语句都被当作一个事务，即每次执行一个语句，都会自动地得到事务确认。为了能将多个 SQL 语句组合成一个事务，要将 auto-commit 模式屏蔽掉。在 auto-commit 模式屏蔽掉之后，如果不调用 commit()方法，SQL 语句不会得到事务确认。在最近一次 commit() 方法调用之后的所有 SQL 会在方法 commit()调用时得到确认。

连接对象管理设计：通过资源池解决资源频繁分配、释放所造成的问题。

建立连接池的第一步，就是要建立一个静态的连接池。所谓静态，是指池中的连接是在系统初始化时就分配好的，并且不能够随意关闭。Java 中给我们提供了很多容器类，可以方便地用来构建连接池，如 Vector、Stack 等。在系统初始化时，根据配置创建连接并放置在连接池中，以后所使用的连接都是从该连接池中获取的，这样就可以避免连接随意建立、关闭造成的开销。

有了这个连接池，下面就可以提供一套自定义的分配、释放策略。当客户请求数据库连接时，首先看连接池中是否有未分配出去的连接。如果存在空闲连接则把连接分配给客户，并标记该连接为已分配。若连接池中没有空闲连接，就在已经分配出去的连接中，寻找一个合适的连接给客户，此时该连接在多个客户间复用。

当客户释放数据库连接时，可以根据该连接是否被复用进行不同的处理。如果连接没有使用者，就放入到连接池中，而不是被关闭。

24.2.4　数据架构规划与设计

XML 文档分为两类：一类是以数据为中心的文档，这种文档在结构上是规则的，在内容上是同构的，具有较少的混合内容和嵌套层次，人们只关心文档中的数据而并不关心数据元素的存放顺序，这种文档简称为数据文档，它常用来存储和传输 Web 数据；另一类是以文档为中心的文档，这种文档的结构不规则，内容比较零散，具有较多的混合内容，并且元素之间的顺序是有关的，这种文档常用来在网页上发布描述性信息、产品性能介绍和 E-mail 信息等。

经提出的 XML 文档的存储方式有两种：基于文件的存储方式和数据库存储方式。

（1）基于文件的存储方式。基于文件的存储方式是指将 XML 文档按其原始文本形式存储，主要存储技术包括操作系统文件库、通用文档管理系统和传统数据库的列。这种存储方式需维护某种类型的附加索引，以建立文件之间的层次结构。基于文件的存储方式的特点：无法获取 XML 文档中的结构化数据；通过附加索引可以定位具有某些关键字的 XML 文档，一旦关键字不确定，将很难定位；查询时，只能以原始文档的形式返回，即不能获取文档内部信息；文件管理存在容量大、管理难的缺点。

（2）数据库存储方式。数据库在数据管理方面具有管理方便、存储占用空间小、检索速度快、修改效率高和安全性好等优点。一种比较自然的想法是采用数据库对 XML 文档进行存取和操作，这样可以利用相对成熟的数据库技术处理 XML 文档内部的数据。数据库存储方式的特点：能够管理结构化和半结构化数据；具有管理和控制整个文档集合本身的能力；可以对文档内部的数据进行操作；具有数据库技术的特性，如多用户、并发控制和一致性约束等；管理方便，易于操作。

24.2.5　物联网层次架构设计

物联网可以分为三个层次：底层是用来感知数据的感知层，即利用传感器、二维码、RFID 等设备随时随地获取物体的信息；第二层是数据传输处理的网络层，即通过各种传感网络与互联网的融合，将对象当前的信息实时准确地传递出去；第三层则是与行业需求结合的应用层，即通过智能计算、云计算等将对象进行智能化控制。

感知层用于识别物体、采集信息。感知层包括二维码标签和识读器、RFID 标签和读写器、摄像头、GPS、传感器、M2M 终端、传感器网关等，主要功能是识别对象、采集信息，与人体结构中皮肤和五官的作用类似。感知层解决的是人类世界和物理世界的数据获取问题。

网络层用于传递信息和处理信息。网络层包括通信网与互联网的融合网络、网络管理中心、信息中心和智能处理中心等。网络层将感知层获取的信息进行传递和处理，类似于人体结构中的神经中枢和大脑。网络层解决的是传输和预处理感知层所获得数据的问题。

应用层实现广泛智能化。应用层是物联网与行业专业技术的深度融合，结合行业需求实现行业智能化，这类似于人们的社会分工。

物联网应用层利用经过分析处理的感知数据，为用户提供丰富的特定服务。应用层解决的是信息处理和人机交互的问题。

24.2.6 层次式架构案例分析

在网站设计中，常用的 BS 分层式结构如图 24-6 所示，这也是 Petshop 最原始的设计架构，而 Petshop 2.0 架构如图 24.7 所示，并没有明显的数据访问层设计。这样的设计虽然提高了数据访问的性能，但也同时导致了业务逻辑层与数据访问层的职责混乱。

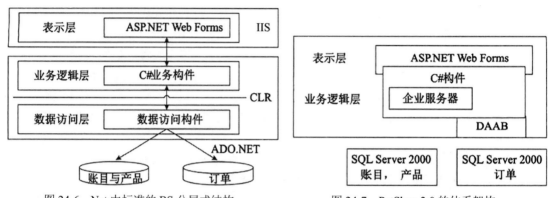

图 24-6　Net 中标准的 BS 分层式结构　　　图 24-7　PetShop 2.0 的体系架构

PetShop 3.0 纠正了此前层次不明的问题，将数据访问逻辑作为单独的一层独立出来。

PetShop 4.0 基本上延续了 3.0 的结构，但在性能上作了一定的改进，引入了缓存和异步处理机制，同时又充分利用了 ASP.NET 2.0 的新功能 MemberShip。

从图 24-8 可以看到，在数据访问层中，完全采用了"面向接口编程"思想。抽象出来的 IDAL 模块，脱离了与具体数据库的依赖，从而使得整个数据访问层有利于数据库迁移。DALFactory 模块专门管理 DAL 对象的创建，便于业务逻辑层访问。SQLServerDAL 和 OracleDAL 模块均实现 IDAL 模块的接口，其中包含的逻辑就是对数据库的 Select、Insert、Update 和 Delete 操作。因为数据库类型的不同，对数据库的操作也有所不同，代码也会因此有所区别。

此外，抽象出来的 IDAL 模块，除了解除了向下的依赖之外，对于其上的业务逻辑层同样仅存在弱依赖关系。

图 24-9 中，BLL 是业务逻辑层的核心模块，它包含了整个系统的核心业务。在业务逻辑层中，不能直接访问数据库，而必须通过数据访问层。注意，图 24-9 中对数据访问业务的调用，是通过接口模块 IDAL 来完成的。既然与具体的数据访问逻辑无关，则层与层之间的关系就是松散耦合的。如果此时需要修改数据访问层的具体实现，只要不涉及 IDAL 的接口定义，那么业务逻辑层就不会受到任何影响。毕竟，具体实现的 SQLServerDAL 和 OracalDAL 根本就与业务逻辑层没有半点关系。

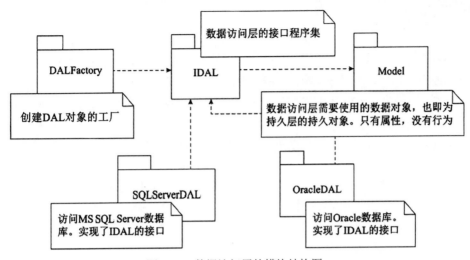

图 24-8　数据访问层的模块结构图

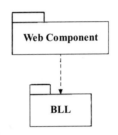

图 24-9　表示层的模块结构

24.3　云原生架构设计

24.3.1　云原生架构内涵

云原生架构是基于云原生技术的一组架构原则和设计模式的集合,旨在将云应用中的非业务代码部分进行最大化的剥离,从而让云设施接管应用中原有的大量非功能特性(如弹性、韧性、安全、可观测性、灰度等),使业务不再有非功能性业务中断困扰的同时,具备轻量、敏捷、高度自动化的特点。

云原生的代码通常包括三部分:业务代码、三方软件、处理非功能特性的代码。从业务代码中剥离大量非功能性特性(不会是所有,比如易用性还不能剥离)到 IaaS 和 PaaS 中,从而减少业务代码开发人员的技术关注范围,通过云厂商的专业性提升应用的非功能性能力。

具备云原生架构的应用可以最大限度利用云服务和提升软件交付能力,进一步加快软件开发。其特点包括:代码结构发生巨大变化、非功能性特性大量委托、高度自动化的软件交付。

24.3.2 云原生架构原则

云原生架构有以下原则。

服务化原则：拆分为微服务架构、小服务架构，分别迭代。

弹性原则：系统的部署规模可以随着业务量的变化而自动伸缩，无须根据事先的容量规划准备固定的硬件和软件资源。

可观测原则：通过日志、链路跟踪和度量等手段，使得一次点击背后的多次服务调用的耗时、返回值和参数都清晰可见。

韧性原则：当软件所依赖的软硬件组件出现各种异常时，软件表现出来的抵御能力。

所有过程自动化原则：一方面标准化企业内部的软件交付过程；另一方面在标准化的基础上进行自动化，通过配置数据自描述和面向终态的交付过程，让自动化工具理解交付目标和环境差异，实现整个软件交付和运维的自动化。

零信任原则：默认情况下不应该信任网络内部和外部的任何人/设备/系统，需要基于认证和授权重构访问控制的信任基础，以身份为中心。

架构持续演进原则：云原生架构本身也必须是一个具备持续演进能力的架构。

24.3.3 主要架构模式

（1）服务化架构模式：典型模式是微服务和小服务模式。通过服务化架构，把代码模块关系和部署关系进行分离，每个接口可以部署不同数量的实例，单独扩缩容，从而使得整体的部署更经济。

（2）Mesh 化架构模式：把中间件框架（如 RPC、缓存、异步消息等）从业务进程中分离，让中间件 SDK 与业务代码进一步解耦，从而使得中间件升级对业务进程没有影响，甚至迁移到另外一个平台的中间件也对业务透明。分离后在业务进程中只保留很"薄"的 Client 部分，Client 通常很少变化，只负责与 Mesh 进程通信，原来需要在 SDK 中处理的流量控制、安全等逻辑由 Mesh 进程完成。

（3）Serverless 模式：将"部署"这个动作从运维中"收走"，使开发者不用关心应用运行地点、操作系统、网络配置、CPU 性能等，从架构抽象上看，当业务流量到来/业务事件发生时，云会启动或调度一个已启动的业务进程进行处理，处理完成后云自动会关闭/调度业务进程，等待下一次触发，也就是把应用的整个运行都委托给云。

（4）存储计算分离模式：在云环境中，推荐把各类暂态数据（如 session）、结构化和非结构化持久数据都采用云服务来保存，从而实现存储计算分离。

（5）分布式事务模式：大颗粒度的业务需要访问多个微服务，必然带来分布式事务问题，否则数据就会出现不一致。架构师需要根据不同的场景选择合适的分布式事务模式。

（6）可观测架构：可观测架构包括 Logging、Tracing、Metrics 三个方面，其中 Logging 提供多个级别的详细信息跟踪，由应用开发者主动提供；Tracing 提供一个请求从前端到后端的完整调用链路跟踪，对于分布式场景尤其有用；Metrics 则提供对系统量化的多维度度量。

（7）事件驱动架构：本质上是一种应用/组件间的集成架构模式。可用于服务解耦、增强服务韧性、数据变化通知等场景中。

典型的云原生架构反模式：庞大的单体应用、单体应用"硬拆"为微服务、缺乏自动化能力的微服务。

24.3.4　云原生架构相关技术

1. 容器技术

容器作为标准化软件单元，它将应用及其所有依赖项打包，使应用不再受环境限制，在不同计算环境间快速、可靠地运行。

通过容器技术，企业可以充分发挥云计算弹性优势，降低运维成本。一般而言，借助容器技术，企业可以通过部署密度提升和弹性降低 50%的计算成本。

Kubernetes 已经成为容器编排的事实标准，被广泛用于自动部署、扩展和管理容器化应用。Kubernetes 提供了分布式应用管理的核心能力，包括资源调度、应用部署与管理、自动修复、服务发现与负载均衡、弹性伸缩、声明式 API、可扩展性架构、可移植性。

2. 云原生微服务

微服务模式将后端单体应用拆分为松耦合的多个子应用，每个子应用负责一组子功能。这些子应用称为"微服务"，多个"微服务"共同形成了一个物理独立但逻辑完整的分布式微服务体系。这些微服务相对独立，通过解耦研发、测试与部署流程，提高整体迭代效率。

微服务设计约束：

（1）微服务个体约束：功能在业务域划分上应是相互独立的，低耦合、单一职责。

（2）微服务与微服务之间的横向关系：主要从微服务的可发现性和可交互性处理服务间的横向关系，一般需要服务注册中心。

（3）微服务与数据层之间的纵向约束：在微服务领域，提供数据存储隔离原则，即数据是微服务的私有资产，对于该数据的访问都必须通过当前微服务提供的 API 来访问。

（4）全局视角下的微服务分布式约束：故障发现时效性和根因精确性始终是开发运维人员的核心诉求。

无服务器技术（Serverless）因为屏蔽了服务器的各种运维复杂度，让开发人员可以将更多精力用于业务逻辑设计与实现，而逐渐成为云原生主流技术之一。Serverless 计算包含以下特征：

（1）全托管的计算服务，客户只需要编写代码构建应用，无须关注同质化的、负担繁重的基于服务器等基础设施的开发、运维、安全、高可用等工作。

（2）通用性，结合云 BaaSAPI 的能力，能够支撑云上所有重要类型的应用。

（3）自动弹性伸缩，让用户无须为资源使用提前进行容量规划。

（4）按量计费，让企业使用成本有效降低，无须为闲置资源付费。

函数计算（FaaS）是 Serverless 中最具代表性的产品形态。通过把应用逻辑拆分多个函数，每个函数都通过事件驱动的方式触发执行。

无服务器技术关注点：计算资源弹性调度、负载均衡和流控、安全性。

服务网格（ServiceMesh）是分布式应用在微服务软件架构之上发展起来的新技术，旨在将那些微服务间的连接、安全、流量控制和可观测等通用功能下沉为平台基础设施，实现应用与平台基础设施的解耦。这个解耦意味着开发者无须关注微服务相关治理问题而聚焦于业务逻辑本身，提升应用开发效率并加速业务探索和创新。

在图 24-10 所示的架构图中，服务 A 调用服务 B 的所有请求，都被其下的服务代理截获，代理服务 A 完成到服务 B 的服务发现、熔断、限流等策略，而这些策略的总控是在控制平面（Control Plane）上配置。

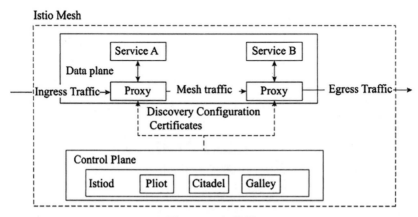

图 24-10　架构图

24.3.5　云原生架构案例分析

云原生技术助力某汽车公司数字化转型实践案例如下。

战略性构建容器云平台。通过平台实现对某云行 App、二手车、在线支付、优惠券等核心互联网应用承载。以多租户的形式提供弹性计算、数据持久化、应用发布等面向敏捷业务服务，并实现高水平资源隔离。标准化交付部署，快速实现业务扩展，满足弹性要求。利用平台健康检查、智能日志分析和监控告警等手段及时洞察风险，保障云平台和业务应用稳定运行。

数字混合云交付。采用私有云+公有云的混合交付模式，按照服务的敏态/稳态特性和管控要求划分部署，灵活调度公有云资源来满足临时突发或短期高 TPS 业务支撑的需求。利用 PaaS 平台标准化的环境和架构能力，实现私有云和公有云一致交付体验。

深度融合微服务治理体系，实现架构的革新和能力的沉淀，逐步形成支撑数字化应用的业务中台。通过领域设计、系统设计等关键步骤，对原来庞大的某云体系应用进行微服务拆分，形成能量、社群、用户、车辆、订单等多共享业务服务，同步制定了设计与开发规范、实施路径和配套设施，形成一整套基于微服务的分布式应用架构规划、设计方法论。

某汽车公司升级后的云原生架构图如图 24-11 所示。

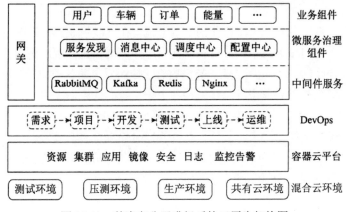

图 24-11　某汽车公司升级后的云原生架构图

24.4　面向服务架构设计

24.4.1　SOA 概述和发展

在面向服务的体系结构（SOA）中，服务的概念有了延伸，泛指系统对外提供的功能集。

从应用的角度定义，可以认为 SOA 是一种应用框架，它着眼于日常的业务应用，并将它们划分为单独的业务功能和流程，即所谓的服务。SOA 使用户可以构建、部署和整合这些服务，且无须依赖应用程序及其运行平台，从而提高业务流程的灵活性。

从软件的基本原理定义，可以认为 SOA 是一个组件模型，它将应用程序的不同功能单元（称为服务）通过这些服务之间定义良好的接口和契约联系起来。接口是采用中立的方式进行定义的，它应该独立于实现服务的硬件平台、操作系统和编程语言。

业务流程是指为了实现某种业务目的行为所进行的流程或一系列动作。

BPEL：面向 Web 服务的业务流程执行语言，是一种使用 Web 服务定义和执行业务流程的语言。使用 BPEL，用户可以通过组合、编排和协调 Web 服务自上而下地实现面向服务的体系结构。BPEL 目前用于整合现有的 Web Services，将现有的 Web Services 按照要求的业务流程整理成为一个新的 Web Services，在这个基础上，形成一个从外界看来和单个 Service 一样的 Service。

24.4.2　SOA 的微服务化发展

SOA 架构向更细粒度、更通用化程度发展，就成了所谓的微服务了。SOA 与微服务的区别在于如下几个方面：

（1）微服务相比于 SOA 更加精细，微服务更多地以独立进程的方式存在，互相之间并无影响。

（2）微服务提供的接口方式更加通用化，如 HTTP RESTful 方式，各种终端都可以调用，无关语言、平台限制。

（3）微服务更倾向于分布式去中心化的部署方式，在互联网业务场景下更适合。

SOA 架构是一个面向服务的架构，可将其视为组件模型，其将系统整体拆分为多个独立的功能模块，模块之间通过调用接口进行交互，有效整合了应用系统的各项业务功能，系统各个模块之间是松耦合的。SOA 架构以企业服务总线链接各个子系统，是集中式的技术架构，应用服务间相互依赖导致部署复杂，应用间交互使用远程通信，降低了响应速度。

微服务架构是 SOA 架构的进一步优化，去除了 ESB 企业服务总线，是一个真正意义上去中心化的分布式架构。其降低了微服务之间的耦合程度，不同的微服务采用不同的数据库技术，服务独立，数据源唯一，应用极易扩展和维护，同时降低了系统复杂性。

24.4.3　SOA 的参考架构

典型的以服务为中心的企业集成架构如图 24-12 所示，采用"关注点分离"的方法规划企业集成中的各种架构元素，同时从服务视角规划每种架构元素提供的服务，以及服务如何被组合在一起完成某种类型的集成，可划分为六大类。

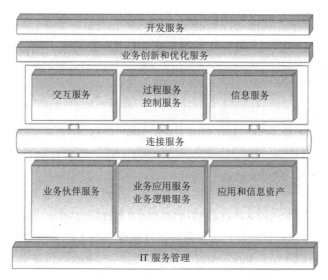

图 24-12　典型的以服务为中心的企业集成架构

（1）业务逻辑服务：包括用于实现业务逻辑的服务和执行业务逻辑的能力，其中包括业务应用服务、业务伙伴服务以及应用和信息资产。

1）整合已有应用——应用和信息访问服务。实现对已有应用和信息的集成，主要有两类访问服务：可接入服务、事件发现服务。

2）整合新开发的应用——业务应用服务。实现新应用集成，主要有三类业务应用服务：组件服务（可重用）、核心服务（运行时）、接口服务。

3）整合客户和业务伙伴（B2C/B2B）——伙伴服务。提供与企业外部的 B2B 的集成能力，包括社区服务、文档服务、协议服务。

（2）控制服务：包括实现人、流程和信息集成的服务，以及执行这些集成逻辑的能力。

1）数据整合——信息服务。提供集成数据的能力，目前主要包括如下集中信息服务：联邦服务（不同类型数据聚合）、复制服务（远程数据本地访问）、转换服务（格式转换）、搜索服务。

2）流程整合——流程服务。完成业务流程集成，包括编排服务（预定义流程顺序）、事务服务（保证 ACID）、人工服务（人工活动集成到流程中）。

3）用户访问整合——交互服务。实现用户访问集成，包括交付服务（运行时交互框架）、体验服务、资源服务（运行时交互组件的管理）。

（3）连接服务：通过提供企业服务总线提供分布在各种架构元素中服务间的连接性。

企业服务总线（ESB）的基本特征和能力包括：描述服务的元数据和服务注册管理；在服务请求者和提供者之间传递数据，以及对这些数据进行转换的能力，并支持由实践中总结出来的一些模式，如同步模式、异步模式等；发现、路由、匹配和选择的能力，以支持服务之间的动态交互，解耦服务请求者和服务提供者。高级一些的能力，包括对安全的支持、服务质量保证、可管理性和负载平衡等。

（4）业务创新和优化服务：用于监控业务系统运行时服务的业务性能，并通过及时了解到的业务性能和变化，采取措施适应变化的市场。

以业务性能管理（Business Performance Management，BPM）技术为核心提供业务事件发布、收集和关键业务指标监控能力。包括以下服务：

1）公共事件框架服务：通过一个公共事件框架提供 IT 和业务事件的激发、存储和分类等。

2）采集服务通过基于策略的过滤和相关性分析检测感兴趣的服务。

3）监控服务：通过事件与监控上下文间的映射，计算和管理业务流程的关键性能指标。

（5）开发服务：贯彻整个软件开发生命周期的开发平台，从需求分析到建模、设计、开发、测试和维护等全面的工具支持。

开发环境和工具中为不同开发者的角色提供的功能被称为开发服务。根据开发过程中开发者角色和职责的不同，有如下四类服务：建模服务、设计服务、实现服务、测试服务。

（6）IT 服务管理：支持业务系统运行的各种基础设施管理能力或服务，如安全服务、目录服务、系统管理和资源虚拟化。

为业务流程和服务提供安全、高效和健康的运行环境，包括安全和目录服务、系统管理和虚拟化服务。

24.4.4　SOA 主要协议和规范

Web 服务最基本的协议包括 UDDI、WSDL 和 SOAP，通过它们可以提供直接而又简单的 Web Service 支持，如图 24-13 所示。

图 24-13 Web 服务协议示意图

UDDI（统一描述、发现和集成协议）计划是一个广泛的、开放的行业计划，它使得商业实体能够彼此发现；定义它们怎样在 Internet 上互相作用，并在一个全球的注册体系架构中共享信息。

WSDL（Web 服务描述语言），是一个用来描述 Web 服务和说明如何与 Web 服务通信的 XML 语言。可描述三个基本属性：服务做些什么、如何访问服务、服务位于何处。

SOAP 是在分散或分布式的环境中交换信息的简单的协议，是一个基于 XML 的协议。它包括四个部分：SOAP 封装，定义了一个描述消息中的内容是什么，是谁发送的，谁应当接收并处理它以及如何处理它们的框架；SOAP 编码规则，用于表示应用程序需要使用的数据类型的实例；SOAP RPC 表示是远程过程调用和应答的协定；SOAP 绑定是使用底层协议交换信息。

24.4.5　SOA 的设计模式

服务注册表模式，支持如下 SOA 治理功能：

（1）服务注册：应用开发者，也叫服务提供者，向注册表公布它们的功能。它们公布服务合同，包括服务身份、位置、方法、绑定、配置、方案和策略等描述性属性。

（2）服务位置：也就是服务应用开发者，帮助它们查询注册服务，寻找符合自身要求的服务。注册表让服务的消费者检索服务合同。对谁可以访问注册表，以及什么服务属性通过注册表暴露的控制。

（3）服务绑定：服务的消费者利用检索到的服务合同来开发代码，开发的代码将与注册的服务绑定、调用注册的服务以及与它们实现互动。开发者常常利用集成的开发环境自动将新开发的服务与不同的新协议、方案和程序间通信所需的其他接口绑在一起。

企业服务总线模式，由中间件技术实现的支持面向服务架构的基础软件平台，支持异构环境中的服务以基于消息和事件驱动模式的交互，并且具有适当的服务质量和可管理性。

一个典型的在 ESB 环境中组件之间的交互过程是：首先由服务请求者触发一次交互过程，产生一个服务请求消息，并将该消息按照 ESB 的要求标准化，然后标准化的消息被发送给服务总线。ESB 根据请求消息中的服务名或者接口名进行目的组件查找，将消息转发至目的组件，并最终将处理结果逆向返回给服务请求者。这种交互过程不再是点对点的直接交互模式，而是由事件驱动的消息交互模式。

ESB 的核心功能如下。

（1）提供位置透明性的消息路由和寻址服务。

（2）提供服务注册和命名的管理功能。

（3）支持多种消息传递范型（如请求/响应、发布/订阅等）。

（4）支持多种可以广泛使用的传输协议。

（5）支持多种数据格式及其相互转换。

（6）提供日志和监控功能。

微服务模式，不再强调传统 SOA 架构里面比较重的 ESB 企业服务总线，同时 SOA 的思想进入到单个业务系统内部实现真正的组件化。

微服务模式特点：复杂应用解耦、独立、技术选型灵活、容错、松耦合易扩展。

常见的微服务设计模式：

（1）聚合器微服务。聚合器调用多个微服务实现系统应用程序所需功能，具体有两种形式：一种是将检索到的数据信息进行处理并直接展示；另一种是对获取到的数据信息增加业务逻辑处理后，再进一步发布成一个新的微服务作为一个更高层次的组合微服务，相当于从服务消费者转换成服务提供者。

（2）链式微服务。客户端或服务在收到请求后，会返回一个经过合并处理的响应，服务之间形成一条调用链。

（3）数据共享微服务。当服务之间存在强耦合关系时，可能存在多个微服务共享缓存与数据库存储的现象。

（4）异步消息传递微服务。消息队列将消息写入一个消息队列中，实现业务逻辑以异步方式运行，从而加快系统响应速度。对于一些不必要以同步方式运行的业务逻辑，可以使用消息队列代替 REST 实现请求、响应，加快服务调用的响应速度。

微服务架构的问题与挑战：微服务架构分布式特点带来的复杂性；微服务架构的分区数据库体系，不同服务拥有不同数据库；增加了测试的复杂性。在大规模应用部署中，在监控、管理、分发及扩容等方面，微服务也存在着巨大挑战。

24.5 嵌入式系统架构设计

24.5.1 嵌入式系统软件架构原理与特征

嵌入式系统的典型架构可概括为两种模式，即层次化模式架构和递归模式架构。

（1）层次化模式架构。位于高层的抽象概念与低层的更加具体的概念之间存在着依赖关系。层次化模式架构主要设计思想是：

1）当一个系统存在高层次的抽象，这些抽象的表现形式是一个个的抽象概念，而这些抽象概念需要具体的低层概念进行实现时，就可采用层次化模式。

2）分层模式结构只包含了一个主要的元素（域包）和它的接口，以及用来说明模式结构的约束条件。

3）层次化模式可以分为两种：封闭型和开放型。封闭型的特征是：一层中的对象只能调用同一层或下一个底层的对象提供的方法。而开放型一层中的对象可以调用同一层或低于该层的任意一层的对象提供的方法。

（2）递归模式架构。递归模式解决的问题是：需要将一个非常复杂的系统进行分解，并且还要确保分解过程是可扩展的，即只要有必要，该分解过程就可以持续下去。

在创建这种模式的实例时，通常使用两种相反的工作流程。

- 自顶向下：自顶向下的工作流从系统层级开始并标识结构对象，这些对象提供实现协作的服务。在实时系统和嵌入式系统中，大多数情况下是基于某个标准方法，将系统分成一个个子系统。当开发人员逐步降低抽象层级，向下推进时，容易确保开发者的工作没有偏离用例中所规定的需求。
- 自底向上：自底向上专注于域的构造，首先确定域中的关键类和关系。这种方法之所以可行是因为：开发者以往有丰富的开发经验，并能将其他领域所获得的知识映射到当前开发所在的域中。通过这种方法，最终开发者会到达子系统级的抽象。

与传统数据库相比，嵌入式数据库系统有以下几个主要特点：嵌入式、实时性、移动性、伸缩性。

嵌入式数据库按存储位置的不同可分为三类：基于内存方式、基于文件方式、基于网络方式。

（1）基于内存的数据库系统（MMDB）是实时系统和数据库系统的有机结合。内存数据库是支持实时事务的最佳技术，其本质特征是以其"主拷贝"或"工作版本"常驻内存，即活动事务只与实时内存数据库的内存拷贝打交道。典型产品是 eXtremeDB 嵌入式数据库。eXtremeDB 主要特点：

- 最小化支持持久数据所必需的资源：实质上就是将内存资源减到最小。
- 保持极小的必要堆空间：在某些配置上 eXtremeDB 只需要不到 1KB 的堆空间。
- 维持极小的代码体积。
- 通过紧密的集成持久存储和宿主应用程序语言消除额外的代码层。
- 提供对动态数据结构的本地支持，例如变长字符串、链表和树。

（2）基于文件的数据库（FDB）系统就是以文件方式存储数据库数据，即数据按照一定格式储存在磁盘中。使用时由应用程序通过相应的驱动程序甚至直接对数据文件进行读写。典型产品是 SQLite，它由公共接口、编译器系统、虚拟机和后端四个子系统组成。SQLite 的主要特点：

- SQLite 是一个开源的、内嵌式的关系型数据库。
- SQLite 数据库服务器就在数据库应用程序中，其好处是不需要网络配置和管理，也不需要通过设置数据源访问数据库服务器。
- SQLite 数据库的服务器和客户端运行在同一个进程中。这样可以减少网络访问的消耗，简化数据库管理，使程序部署起来更容易。

● SQLite 在处理数据类型时与其他的数据库不同。区别在于它所支持的类型以及这些类型如何存储、比较、强化（enforce）和指派（assign）。

（3）基于网络的数据库（NDB）系统是基于手机 4G/5G 的移动通信基础之上的数据库系统，在逻辑上可以把嵌入式设备看作远程服务器的一个客户端。实际上，嵌入式网络数据库是把功能强大的远程数据库映射到本地数据库，使嵌入式设备访问远程数据库就像访问本地数据库一样方便。嵌入式网络数据库主要由三部分组成：客户端、通信协议和远程服务器。

数据库服务器架构：数据库客户端通常通过数据库驱动程序如 JDBC、ODBC 等访问数据库服务器，数据库服务器再操作数据库文件。数据库服务是一种客户端服务器模式，客户端和服务器是完全两个独立的进程。它们可以分别位于不同的计算机甚至网络中。客户端和服务器通过 TCP/IP 进行通信。这种模式将数据与应用程序分离，便于对数据访问的控制和管理。

嵌入式数据库架构：嵌入式数据库不需要数据库驱动程序，直接将数据库的库文件链接到应用程序中。应用程序通过 API 访问数据库，而不是 TCP/IP。因此，嵌入式数据库的部署是与应用程序在一起的。

数据库服务器和嵌入式数据库对比如下：

（1）数据库服务器通常允许非开发人员对数据库进行操作，而在嵌入式数据中通常只允许应用程序对其进行访问和控制。

（2）数据库服务器将数据与程序分离，便于对数据库访问的控制。而嵌入式数据库则将数据的访问控制完全交给应用程序，由应用程序来进行控制。

（3）数据库服务器需要独立地安装、部署和管理，而嵌入式数据通常和应用程序一起发布，不需要单独地部署一个数据库服务器，具有程序携带性的特点。

嵌入式数据库有其自身的特殊需要，它应具备的功能包括以下四点：

● 足够高效的数据存储机制。
● 数据安全控制（锁机制）。
● 实时事务管理机制。
● 数据库恢复机制（历史数据存储）。

这样，一般嵌入式数据库可划分成数据库运行处理、数据库存取、数据管理、数据库维护和数据库定义等功能。

在嵌入式环境下开发实时数据库系统需要特别解决以下几个设计问题：

（1）存储空间管理模块。嵌入式实时数据库系统由于采用了内存缓冲的技术，必然要涉及嵌入式操作系统的内存管理。系统运行时，由该模块通过实时 OS 向系统申请内存缓冲区，作为共享的内存数据区使用。之后，将历史数据库中的初始化数据调入内存区对这些空白内存进行初始化。

（2）数据安全性、完整性控制模块。

（3）事务并发控制模块。在实时数据库中的封锁粒度通常选择一张关系表为一个单位。

（4）实时数据转储模块。该模块实现的功能是将实时数据存储为历史数据，通常由该模块先将历史数据保存在内存缓冲区中，缓冲区满时才一次性写入磁盘；读历史数据时，先从缓冲区内取数据，取不到数据时再进行文件的读写。

（5）运行日志管理模块。日志文件可以用来进行事务故障恢复和系统故障恢复。

嵌入式中间件是在嵌入式系统中处于嵌入式应用和操作系统之间层次的中间软件，其主要作用是对嵌入式应用屏蔽底层操作系统的异构性，常见功能有网络通信、内存管理和数据处理等。

中间件=平台+通信。中间件的共性特点：通用性、异构性、分布性、协议规范性、接口标准化。

具体到嵌入式中间件而言，它还应提供对下列环境的支持：

● 网络化：支持移动、无线环境下的分布应用，适应多种设备特性以及不断变化的网络环境。
● 支持流媒体应用，适应不断变化的访问流量和宽带约束。
● QoS 质量品质：在分布式嵌入式实时环境下，适应强 QoS 的分布应用的软硬件约束。
● 适应性：能够适应未来确定的应用要求。

通用中间件大致存在以下几类：

● 企业服务总线中间件：ESB 是一种开放的、基于标准的分布式同步/异步信息传递中间件。
● 事务处理监控器：为发生在对象间的事务处理提供监控功能，以保证操作成功。
● 分布式计算环境：指创建运行在不同平台上的分布式应用程序所需的一组技术服务。
● 远程过程调用：指客户机向服务器发送关于运行某程序的请求时所需的标准。
● 对象请求代理：为用户提供与其他分布式网络环境中对象通信的接口。
● 数据库访问中间件：支持用户访问各种操作系统或应用程序中的数据库。
● 消息传递：电子邮件系统是该类中间件的其中之一。
● 基于 XML 的中间件：XML 允许开发人员为实现 Internet 中交换结构化信息而创建文档。

24.5.2 嵌入式系统软件架构设计方法

在嵌入式系统中，其设计通常采用了自顶向下的设计方法，**基于架构的软件设计（ABSD）**可适应于嵌入式系统的软件设计方法。ABSD 已经在系统架构设计章节有详解，不再赘述。

属性驱动的软件设计（ADD）是把一组质量属性场景作为输入，利用对质量属性实现与架构设计之间的关系的了解（如体系结构风格、质量战术等）对软件架构进行设计的一种方法。

采用 ADD 方法进行软件开发时，需要经历评审、选择驱动因子、选择系统元素、选择设计概念、实体化元素和定义接口、草拟视图和分析评价等七个阶段，如图 24-14 所示。

步骤一：评审输入。首先，需要确保设计流程的输入是可用且正确的。其次，确认设计目的是否符合设计的类型，要确保设计过程中其他的属性驱动因子也是可用的。最后，如果是设计一个已有的系统，还需要分析已经存在的架构设计的输入存在是否合理。

步骤二：通过选择驱动因子（架构）建立迭代目标。根据使用的开发模型去选择设计的回合。一个设计回合需要在一系列的设计迭代中进行，每一个迭代着重完成一个目标，特别是满足驱动因子的目标。

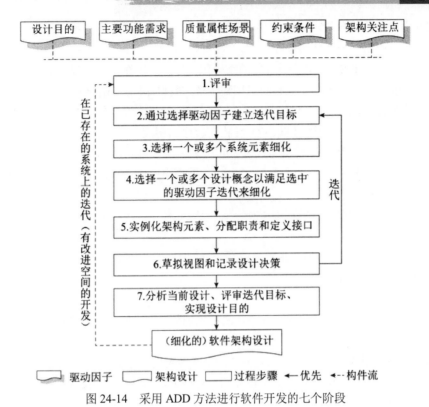

图 24-14　采用 ADD 方法进行软件开发的七个阶段

步骤三：选择一个或者多个系统元素来细化。系统元素可以是指一个软件模块，或者是指包含了多个元素或子模块的整个软件系统。本步骤主要是指选取可满足驱动因子需要的一个或者多个架构结构，这些结构是由具有内在关联的元素组成的。

步骤四：选择一个或者多个设计概念来细化。本步骤是从常用的架构设计模式中选取一种或多种设计概念，对选中的驱动因子进行细化。

步骤五：实例化架构元素、分配职责和定义接口。选择好了一个或者多个设计概念后，就要求做另一个设计决策了，包括所选择的实例化元素的设计概念。比如，如果选择分层，就需要决定分多少层。

步骤六：草拟视图和记录设计决策。本步骤就是将上述活动的结果用文字或图的方式记录或绘制出来，以供后续迭代使用。

步骤七：分析当前设计、评审迭代目标、实现设计目的。到本步骤，应该说已经创建好了部分设计，可以得到这个迭代设计建立的目标。在这个确定的目标前提下，可以得到项目利益相关者的认同，避免否定，导致返工。

实时系统设计方法（DARTS） 主要是将实时系统分解为多个并发任务，并定义这些任务之间的接口。提供了一些分解规则和一套处理并发任务的设计步骤，还提供了一套把实时系统建造成并发任务的标准和定义并发任务间接口的指南。

RTSAD（实时结构化分析和设计方法）是 DARTS 方法的起源，是对传统结构化分析和设计方法的补充扩展，专门用于开发实时系统。

实时结构化分析（RTSA）主要对传统的结构化分析方法扩充了行为建模部分，它通过状态转换图（STD）刻画系统的行为特征，并利用控制转换与数据流图集成在一起。

实时结构化设计（RTSD）是利用内聚和耦合原则进行程序设计的一个方法，它通过事务和变换两种策略将 RTSA 的分析结构 DFD/CFD 转换为程序结构图。

任务结构化标准可以为设计人员将实时系统分解为并发任务的时候提供帮助。这些标准是从设计并发系统所积累的经验中得到的启发。确定任务过程中主要考虑的问题是系统内部功能的并发特性。

信息隐藏作为封装数据存储的标准来使用。信息隐藏模块用于信息数据存储和状态转换表的内容和表示。

RTSAD 设计方法使用任务架构图来显示系统分解为并发任务的过程，以及采用消息、事件和信息隐藏模块形式的任务间接口。

DARTS 方法由以下五部分组成：

（1）用实时结构化分析（RTSA）方法开发系统规范：本阶段要开发系统环境图（SCD）和状态转换图（STD）。

（2）将系统划分为多个并发任务：任务结构化标准应用于数据流/控制流图层次集合事件中的叶子节点上。初步任务架构图（TAD）可以显示使用任务结构化标准确定的任务。

（3）定义任务间接口：通过分析在上一阶段确认的任务间的数据/控制流接口可以定义任务间的接口。任务间的数据流被映射为松耦合的或紧密耦合的消息接口。事件流被映射为事件信号。数据存储被映射为信息隐藏模块。这个阶段应该完成时间约束分析。

（4）设计每个任务：每个任务都代表了一个顺序程序的执行。在这个阶段要定义各个模块的功能以及与其他模块之间的接口。此外，还要设计各个模块的内部结构。

（5）设计过程的成果：RTSA 规范、任务结构规范（定义每个并发任务功能及接口）、任务分解（定义每个任务分解为模块的过程以及模块的功能接口详细设计）。

DARTS 开发方法的主要优势：

- 强调把系统分解成并发的任务，并提供了确认这些任务的标准。强调并发在并发实时系统的设计中非常重要。
- 提供了详细的定义任务间接口的指南。
- 强调了用任务架构图（STD）的重要性，这在实时系统的设计中也非常重要。
- 提供了从 RTSA 规格到实时设计的转换。

DARTS 开发方法的不足之处：

- 用结构化的设计方法把任务创建成了程序模块，而并非完全用 IHM 来封装数据存储。
- 如果 RTSA 阶段的工作没有做好，创建任务就非常困难。

24.5.2　嵌入式系统软件架构案例分析

鸿蒙操作系统架构案例分析如下所述。

鸿蒙操作系统（HarmonyOS）是一款"面向未来"、面向全场景（移动办公、运动健康、社交通信、媒体娱乐等）的分布式操作系统。在传统的单设备系统能力的基础上，HarmonyOS 提出了基于同一套系统能力、适配多种终端形态的分布式理念，能够支持多种终端设备的能力。

鸿蒙（HarmonyOS）整体采用分层的层次化设计，从下向上依次为：内核层、系统服务层、应用框架层和应用层，如图 24-15 所示。系统功能按照"系统"→"子系统"→"功能/模块"逐级展开，在多设备部署场景下，支持根据实际需求裁剪某些非必要的子系统或功能/模块。

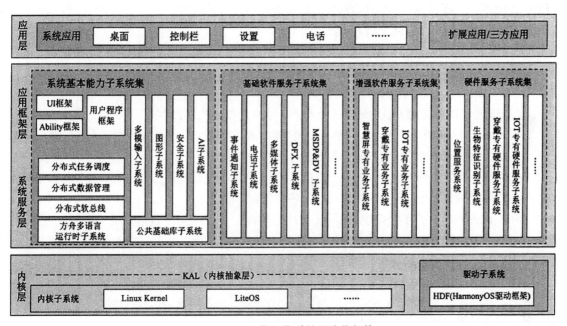

图 24-15　鸿蒙操作系统层次化架构

（1）内核层。主要由内核子系统和驱动子系统组成。

内核子系统：HarmonyOS 采用多内核设计，支持针对不同资源受限设备选用适合的 OS 内核。内核抽象层通过屏蔽多内核差异，对上层提供基础的内核能力，包括进程/线程管理、内存管理、文件系统、网络管理和外设管理等。

驱动子系统：HarmonyOS 驱动框架是 HarmonyOS 硬件生态开放的基础，提供统一外设访问能力和驱动开发、管理框架。

（2）系统服务层。是 HarmonyOS 的核心能力集合，通过框架层对应用程序提供服务。该层包含四个部分：

系统基本能力子系统集：为分布式应用在 HarmonyOS 多设备上的运行、调度、迁移等操作提供了基础能力。

基础软件服务子系统集：为 HarmonyOS 提供公共的、通用的软件服务。

增强软件服务子系统集：为 HarmonyOS 提供针对不同设备的、差异化的能力增强型软件服务。

硬件服务子系统集：为 HarmonyOS 提供硬件服务。

（3）应用框架层。为 HarmonyOS 的应用程序提供了 Java/C/C++/JS 等多语言的用户程序框架和 Ability 框架，以及各种软硬件服务对外开放的多语言框架 API；同时为采用 HarmonyOS 的设备提供了 C/C++/JS 等多语言的框架 API，不同设备支持的 API 与系统的组件化裁剪程度相关。

（4）应用层。包括系统应用和第三方非系统应用。HarmonyOS 的应用由一个或多个 FA（Feature Ability）或 PA（Particle Ability）组成。其中，FA 有 UI 界面，提供与用户交互的能力；而 PA 无 UI 界面，提供后台运行任务的能力以及统一的数据访问抽象。

鸿蒙操作系统架构具有四个技术特性：

1）分布式架构首次用于终端 OS，实现跨终端无缝协同体验。

2）确定时延引擎和高性能 IPC 技术实现系统天生流畅。

3）基于微内核架构重塑终端设备可信安全。

4）通过统一 IDE 支撑一次开发，多端部署，实现跨终端生态共享。

在 HarmonyOS 架构中，重点关注于分布式架构所带来的优势，主要体现在分布式软总线、分布式设备虚拟化、分布式数据管理和分布式任务调度等四个方面。

分布式软总线是多种终端设备的统一基座，为设备之间的互联互通提供了统一的分布式通信能力，能够快速发现并连接设备，高效地分发任务和传输数据。

分布式设备虚拟化平台可以实现不同设备的资源融合、设备管理、数据处理，多种设备共同形成一个超级虚拟终端。针对不同类型的任务，为用户匹配并选择能力合适的执行硬件，让业务连续地在不同设备间流转，充分发挥不同设备的资源优势。

分布式数据管理基于分布式软总线的能力，实现应用程序数据和用户数据的分布式管理。用户数据不再与单一物理设备绑定，业务逻辑与数据存储分离，应用跨设备运行时数据无缝衔接，为打造一致、流畅的用户体验创造了基础条件。

分布式任务调度构建统一的分布式服务管理（发现、同步、注册、调用）机制，支持对跨设备的应用进行远程启动、远程调用、远程连接以及迁移等操作，能够根据不同设备的能力、位置、业务运行状态、资源使用情况，以及用户的习惯和意图，选择合适的设备运行分布式任务。

HarmonyOS 架构的系统安全性主要体现在搭载 HarmonyOS 的分布式终端上，可以保证"正确的人，通过正确的设备，正确地使用数据"。这里通过"分布式多端协同身份认证"来保证"正确的人"，通过"在分布式终端上构筑可信运行环境"来保证"正确的设备"，通过"分布式数据在跨终端流动的过程中，对数据进行分类分级管理"来保证"正确地使用数据"。

HarmonyOS 架构提供了基于硬件的可信执行环境来保护用户的个人敏感数据的存储和处理，确保数据不泄露。

24.6　通信系统架构设计

24.6.1　通信系统网络架构

当今，通信网络从大的方面主要包括局域网、广域网、移动通信网等网络形式。不同的网络会采用不同的技术进行网络构建。

局域网，即计算机局部区域网络，是一种为单一机构所拥有的专用计算机网络。其特点是：覆盖地理范围小，通常限定在相对独立的范围内。低误码率，可靠性高；通常为单一部门或单位所有；支持多种传输介质，支持实时应用。就网络拓扑而言，有总线型、环型、星型、树型等型式。从传输介质来说，包含有线局域网和无线局域网。

局域网已从早期只提供二层交换功能的简单网络发展到如今不仅提供二层交换功能，还提供三层路由功能的复杂网络。局域网，现代通常用在园区网络的构建中，某种意义上，局域网也称为园区网。**以下给出局域网的几种典型架构风格。**

（1）单核心架构。通常由一台核心二层或三层交换设备充当网络的核心设备，通过若干台接入交换设备将用户设备（如用户计算机、智能设备等）连接到网络中，如图 24-16 所示。

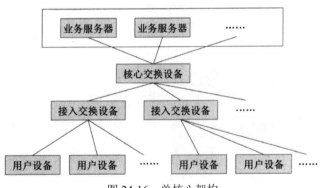

图 24-16　单核心架构

此类局域网可通过连接核心网交换设备与广域网之间的互连路由设备（边界路由器或防火墙）接入广域网，实现业务跨局域网的访问。单核心网具有如下特点：

1）核心交换设备通常采用二层、三层及以上交换机。

2）接入交换设备采用二层交换机，仅实现二层数据链路转发。

3）核心交换设备和接入设备之间可采用 100M/GE/10GE 等以太网连接。

用单核心构建网络，其优点是网络结构简单，可节省设备投资。需要使用局域网的部门接入较为方便，直接通过接入交换设备连接至核心交换设备空闲接口即可。其不足是网络地理范围受限，要求使用局域网的部门分布较为紧凑；核心网交换设备存在单点故障，容易导致网络整体或局部失效；网络扩展能力有限；在局域网接入交换设备较多的情况下，对核心交换设备的端口密度要求高。

（2）双核心架构。通常是指核心交换设备通常采用三层及以上交换机。核心交换设备和接入设备之间可采用 100M/GE/10GE 等以太网连接，如图 24-17 所示。

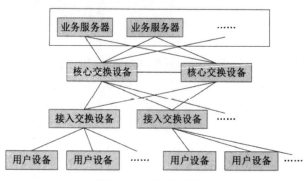

图 24-17　双核心架构

网络内划分 VLAN 时，各 VLAN 之间访问需通过两台核心交换设备来完成。网络中仅核心交换设备具备路由功能，接入设备仅提供二层转发功能。

核心交换设备之间互联，实现网关保护或负载均衡。需要使用局域网的部门接入较为方便，直接通过接入交换设备连接至核心交换设备空闲接口即可。

（3）环型架构。是由多台核心交换设备连接成双 RPR 动态弹性分组环，构建网络的核心。核心交换设备通常采用三层或以上交换机提供业务转发功能，如图 24-18 所示。

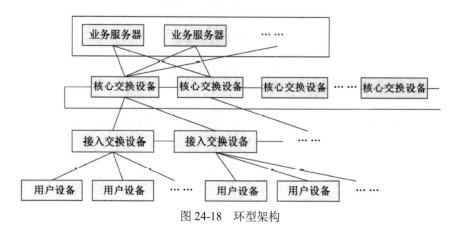

图 24-18　环型架构

典型环型局域网网络内各 VLAN 之间通过 RPR 环实现互访。通过 RPR 组建大规模局域网时，多环之间只能通过业务接口互通，不能实现网络直接互通。环型局域网设备投资比单核心局域网的高。核心路由冗余设计实施难度较高，且容易形成环路。

此网络通过与环上的交换设备互联的边界路由设备接入广域网。

（4）层次局域网架构（或多层局域网）。由核心层交换设备、汇聚层交换设备和接入层交换设备，以及用户设备等组成。

广域网属于多级网络，通常由骨干网、分布网、接入网组成。在网络规模较小时，可仅由骨干网和接入网组成。通常，在大型网络构建中，通过广域网将分布在各地域的局域网互联起来，形成一个大的网络。以下给出不同形式的广域网构建模型以及各自的特点。

1）单核心广域网。通常由一台核心路由设备和各局域网组成。核心路由设备采用三层及以上交换机。网络内各局域网之间访问需要通过核心路由设备。

2）双核心广域网。通常由两台核心路由设备和各局域网组成，如图 24-19 所示。其主要特征是核心路由设备通常采用三层及以上交换机。核心路由设备之间实现网关保护或负载均衡。各局域网访问核心局域网，以及它们相互访问可有多条路径选择，可靠性更高，路由层面可实现热切换，提供业务连续性访问能力。

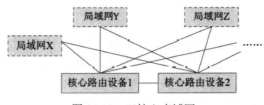

图 24-19　双核心广域网

3）环型广域网。通常是采用三台以上核心路由器设备构成路由环路，用以连接各局域网，实现广域网业务互访。核心路由设备之间具备网关保护或负载均衡机制，同时具备环路控制功能。各局域网访问核心局域网，或互相访问，有多条路径可选择，可靠性更高，路由层面可实现无缝热切换，保证业务访问连续性。

4）半冗余广域网。是由多台核心路由设备连接各局域网而形成的。其中，任意核心路由设备至少存在两条以上连接至其他路由设备的链路，如图 24-20 所示。如果任何两个核心路由设备之间均存在链接，则属于半冗余广域网特例，即全冗余广域网。

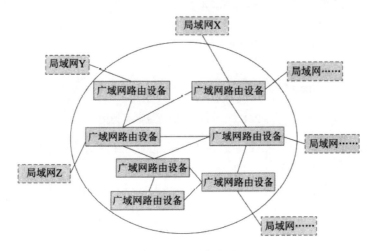

图 24-20　半冗余广域网

5）对等子域广域网。是通过将广域网的路由设备划分成两个独立的子域，每个子域路由设备采用半冗余方式互连。两个子域之间通过一条或多条链路互连，对等子域中任何路由设备都可接入局域网络。

对等子域广域网的主要特征是对等子域之间的互访是以对等子域之间互连链路为主。对等子域之间可做到路由汇总或明细路由条目匹配，路由控制灵活。通常，子域之间链路带宽应高于子域内链路带宽。

6）层次子域广域网。是将大型广域网路由设备划分成多个较为独立的子域，每个子域内路由设备采用半冗余方式互连，多个子域之间存在层次关系，高层次子域连接多个低层次子域。层次子域中任何路由设备都可以接入局域网。

24.6.2 移动通信网网络架构

5GS（5GSystem）在为移动终端用户（UE）提供服务时通常需要 DN（Data Network）网络，各式各样的上网、语音、AR/VR、工业控制和无人驾驶等 5GS 中 UPF 网元作为 DN 的接入点。5GS 和 DN 之间通过 5GS 定义的 N6 接口互连。5GS 和 DN 之间是一种路由关系。

5G 网络的边缘计算（MEC）架构如图 24-21 所示，支持在靠近终端用户 UE 的移动网络边缘部署 5G UPF 网元，结合在移动网络边缘部署边缘计算平台（MEP），为垂直行业提供诸如以时间敏感、高带宽为特征的业务就近分流服务。

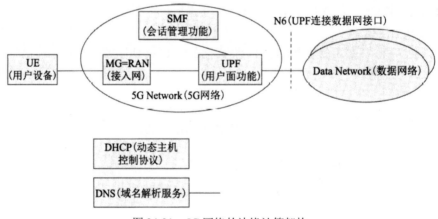

图 24-21 5G 网络的边缘计算架构

运营商自有应用或第三方应用 AF 通过 5GS 提供的能力开放功能网元 NEF，触发 5G 网络为边缘应用动态地生成本地分流策略，由 PCF 将这些策略配置给相关 SMF，SMF 根据终端用户位置信息或用户移动后发生的位置变化信息动态实现 UPF（即移动边缘云中部署的 UPF）在用户会话中插入或移除，以及对这些 UPF 分流规则的动态配置，达到用户访问所需业务的极佳效果，如图 24-22 所示。

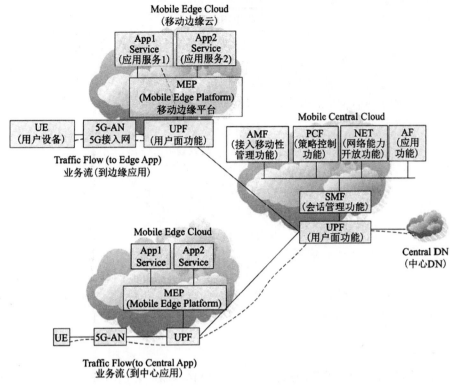

图 24-22　生成本地分流策略架构图

存储网络架构 DAS、NAS、SAN 在计算机网络章节已有详解，不再赘述。

软件定义网络（Software Defined Network，SDN）的核心思想是通过对网络设备的控制面与数据面进行分离，控制面集中化管控，同时对外提供开放的可编程接口，为网络应用创新提供极佳的能力开放平台；而数据面则通用化、轻量化，高效转发，以提升网络的整体运行效能。

具体来说，SDN 利用分层的思想，将网络分为控制层和数据层。控制层包括可编程控制器，具有网络控制逻辑的中心，掌握网络的全局信息，方便运营商或网络管理人员配置网络和部署新协议等。数据层包括哑交换机（与传统的二层交换机不同，专指用于转发数据的设备），仅提供简单的数据转发功能，可以快速处理匹配的数据包。两层之间采用开放的统一接口（如 OpenFlow 等）进行交互。通过此接口控制器向转发设备（如交换机等）下发统一标准的转发规则，转发设备仅需按照这些规则执行相应动作即可。

由下至上分为数据平面、控制平面和应用平面。

数据平面由网络转发设备（如通常由通用硬件构成）组成，网络转发设备之间通过由不同规则形成的 SDN 数据通路连接起来；控制平面包含了逻辑上为中心的 SDN 控制器，它掌握着网络全局信息，负责转发设备的各种转发规则的下发；应用平面包含各种基于 SDN 的网络应用，应用无须关心网络底层细节就可以编程、部署新应用，如图 24-23 所示。

图 24-23　SDN 各层关系示意

以控制器为逻辑中心,南向接口负责与数据平面进行通信,北向接口负责与应用平面进行通信,东西向接口负责多控制器之间的通信。

24.6.3　网络构建关键技术

网络的高可用性是一个系统级的概念。对于一个网络来说,它由网络元素（或网络部件）按照一定的连接模型连接在一起而构成。因此,网络可用性包括网络部件、网络连接模型以及有关网络协议等方面的可靠性。

（1）网络部件。是组成网络的基本要素,典型代表有各种交换机、路由器等网络设备。网络部件的高可用性是网络高可用性的关键。包括硬件结构和软件系统,硬件可用性通过冗余、热备等保证;软件可用性通过异常保护、数据冗余等保证。

（2）网络连接模型。除了网络部件本身的高可用性外,网络物理拓扑连接形式也影响网络的可用性程度。这就涉及串并联系统的可靠性计算。

（3）网络协议及配置。高可用性离不开运行于网络中的路由、链路检测等协议,可以部署链路检测协议发现故障。

24.6.4　通信网络构建案例分析

高可用网络构建架构如图 24-24 所示。

（1）网络接入层高可用性设计。高可用接入层具有下述特征:

1）使用冗余引擎和冗余电源获得系统级冗余,为关键用户群提供高可靠性。

2）与具备冗余系统的汇聚层采用双归属连接,获得默认网关冗余,支持在汇聚层的主备交换机间快速实现故障切换。

3）通过链路汇聚提供带宽利用率,同时降低复杂度。

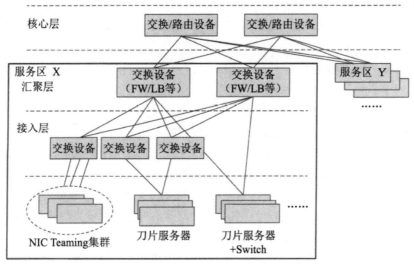

图 24-24   高可用网络构建架构

4）通过配置 802.1x，动态 ARP 检查及 IP 源地址保护等功能增加安全性，有效防止非法访问。

（2）网络汇聚层高可用设计。汇聚层到核心层间采用 OSPF 等动态路由协议实现路由层面高可用保障。典型连接方式有两种，组网模型一为三角形连接方式，从汇聚层到核心层具有全冗余链路和转发路径；组网模型二为矩形连接方式，从汇聚层到核心层为非全冗余链路，当主链路发生故障时，需要通过路由协议计算获得从汇聚到核心的其他路径。可见，组网模型一（即三角形连接方式）的故障收敛时间较小，不足的是，三角形连接方式要占用更多设备端口，建网成本较高。

（3）网络核心层高可用设计。从系统冗余性角度，应考虑部署双核心或多核心设备，以主备或负荷分担方式工作。

24.7   安全架构设计

24.7.1   安全架构概述

对于信息系统来说，威胁可以是针对物理环境、通信链路、网络系统、操作系统、应用系统以及管理系统等方面。

物理安全威胁是指对系统所用设备的威胁，如自然灾害、电源故障、操作系统引导失败或数据库信息丢失、设备被盗/被毁造成数据丢失或信息泄露。

通信链路安全威胁是指在传输线路上安装窃听装置或对通信链路进行干扰。

网络安全威胁是指由于互联网的开放性、国际化的特点，人们很容易通过技术手段窃取互联网信息，对网络形成严重的安全威胁。

操作系统安全威胁是指对系统平台中的软件或硬件芯片中植入威胁，如"木马"和"陷阱门"、

BIOS 的万能密码。

应用系统安全威胁是指对于网络服务或用户业务系统安全的威胁，也受到"木马"和"陷阱门"的威胁。

管理系统安全威胁是指由于人员管理上的疏忽而引发人为的安全漏洞，如通过拷贝、拍照、抄录等手段盗取计算机信息。

具体来讲，常见的安全威胁有以下内容。

（1）信息泄露：信息被泄露或透露给某个非授权的实体。

（2）破坏信息的完整性：数据被非授权地进行增删、修改或破坏而受到损失。

（3）拒绝服务：对信息或其他资源的合法访问被无条件地阻止。

（4）非法使用（非授权访问）：某一资源被某个非授权的人或以非授权的方式使用。

（5）窃听：用各种可能的合法或非法的手段窃取系统中的信息资源和敏感信息。

（6）业务流分析：通过对系统进行长期监听，利用统计分析方法对诸如通信频度、通信的信息流向、通信总量的变化等态势进行研究，从而发现有价值的信息和规律。

（7）假冒：通过欺骗通信系统（或用户）达到非法用户冒充成为合法用户，或者特权小的用户冒充成为特权大的用户的目的。黑客大多是采用假冒进行攻击。

（8）旁路控制：攻击者利用系统的安全缺陷或安全性上的脆弱之处获得非授权的权利或特权。

（9）授权侵犯：被授权以某一目的使用某一系统或资源的某个人，却将此权限用于其他非授权的目的，也称作"内部攻击"。

（10）特洛伊木马：软件中含有一个察觉不出的或者无害的程序段，当它被执行时，会破坏用户的安全。

（11）陷阱门：在某个系统或某个部件中设置了"机关"，使得当提供特定的输入数据时，允许违反安全策略。

（12）抵赖：这是一种来自用户的攻击。例如，否认自己曾经发布过的某条消息、伪造一份对方来信等。

（13）重放：所截获的某次合法的通信数据备份，出于非法的目的而被重新发送。

（14）计算机病毒：所谓计算机病毒，是一种在计算机系统运行过程中能够实现传染和侵害的功能程序。一种病毒通常含有两个功能：一种功能是对其他程序产生"感染"；另外一种或者是引发损坏功能或者是一种植入攻击的能力。

（15）人员渎职：一个授权的人为了钱或利益、或由于粗心，将信息泄露给一个非授权的人。

（16）媒体废弃：信息被从废弃的磁盘或打印过的存储介质中获得。

（17）物理侵入：侵入者通过绕过物理控制而获得对系统的访问。

（18）窃取：重要的安全物品，如令牌或身份卡被盗。

（19）业务欺骗：某一伪系统或系统部件欺骗合法的用户或系统自愿地放弃敏感信息。

安全架构是架构面向安全性方向上的一种细分，通常的产品安全架构、安全技术体系架构和审计架构可组成三道安全防线。

（1）产品安全架构：构建产品安全质量属性的主要组成部分以及它们之间的关系。产品安全架构的目标是如何在不依赖外部防御系统的情况下，从源头打造自身安全的产品。

（2）安全技术体系架构：构建安全技术体系的主要组成部分以及它们之间的关系。安全技术体系架构的任务是构建通用的安全技术基础设施，包括安全基础设施、安全工具和技术、安全组件与支持系统等，系统性地增强各产品的安全防御能力。

（3）审计架构：独立的审计部门或其所能提供的风险发现能力，审计的范围主要包括安全风险在内的所有风险。

24.7.2　安全模型

信息系统的安全目标是控制和管理主体（含用户和进程）对客体（含数据和程序）的访问。

安全模型是准确地描述安全的重要方面及其与系统行为的关系，安全策略是从安全角度为系统整体和构成它的组件提出基本的目标。安全模型提供了实现目标应该做什么，不应该做什么，具有实践指导意义，它给出了策略的形式。图 24-25 所示为模型的分类。

图 24-25　模型的分类

状态机模型描述了一种无论处于何种状态都是安全的系统。它是用状态语言将安全系统描述成抽象的状态机，用状态变量表述系统的状态，用转换规则描述变量变化的过程。

状态机模型中一个状态是处于系统在特定时刻的一个快照。如果该状态所有方面满足安全策略的要求，则称此状态是安全的。一个安全状态模型系统，总是从一个安全状态启动，并且在所有迁移中保持安全状态，只允许主体以和安全策略相一致的安全方式访问资源。

Bell-LaPadula 模型使用主体、客体、访问操作（读、写、读/写）以及安全级别这些概念，当主体和客体位于不同的安全级别时，主体对客体就存在一定的访问限制，如图 24-26 所示。通过该模型可保证信息不被不安全主体访问。

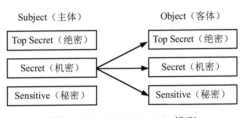

图 24-26　Bell-LaPadula 模型

Bell-LaPadula 模型的安全规则如下：

（1）简单安全规则：安全级别低的主体不能读安全级别高的客体（No Read Up），只能下读。

（2）星属性安全规则：安全级别高的主体不能往低级别的客体写（No Write Down），只能上写。

（3）强星属性安全规则：不允许对另一级别进行读写。

（4）自主安全规则：使用访问控制矩阵来定义说明自由存取控制。其存取控制体现在内容相关和上下文相关。

Biba 模型不关心信息机密性的安全级别，因此它的访问控制不是建立在安全级别上，而是建立在完整性级别上，如图 24-27 所示。

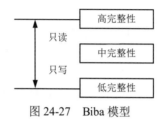

图 24-27　Biba 模型

完整性的三个目标：保护数据不被未授权用户更改；保护数据不被授权用户越权修改（未授权更改）；维持数据内部和外部的一致性。

Biba 模型能够防止数据从低完整性级别流向高完整性级别，其安全规则如下：

（1）星完整性规则：表示完整性级别低的主体不能对完整性级别高的客体写数据，只能下写。

（2）简单完整性规则：表示完整性级别高的主体不能从完整性级别低的客体读取数据，只能上读。

（3）调用属性规则：表示一个完整性级别低的主体不能从级别高的客体调用程序或服务。

Chinese Wall 模型（又名 Brew and Nash 模型）是应用在多边安全系统中的安全模型。也就是说，是指通过行政规定和划分、内部监控、IT 系统等手段防止各部门之间出现有损客户利益的利益冲突事件。

Chinese Wall 模型安全策略的基础是客户访问的信息不会与当前他们可支配的信息产生冲突。在投资银行中，一个银行会同时拥有多个互为竞争者的客户，一个银行家可能为一个客户工作，但他可以访问所有客户的信息。因此，应当制止该银行家访问其他客户的数据。银行家可以选择为谁工作（DAC），一旦选定，他就只能为该客户工作（MAC）。

Chinese Wall 模型的访问客体控制的安全规则如下：

（1）与主体曾经访问过的信息属于同一公司数据集合的信息，即墙内信息可以访问。

（2）属于一个完全不同的利益冲突组的可以访问。

（3）主体能够对一个客体进行写的前提是主体未对任何属于其他公司数据集进行过访问。

定理 1：一个主体一旦访问过一个客体，则该主体只能访问位于同一公司数据集的客体或在不同利益组的客体。

定理 2：在一个利益冲突组中，一个主体最多只能访问一个公司数据集。

24.7.3　系统安全体系架构规划框架

安全技术体系架构是对组织机构信息技术系统的安全体系结构的整体描述。安全技术体系架构的目标是建立可持续改进的安全技术体系架构的能力。

根据网络中风险威胁的存在实体划分出五个层次的实体对象：应用、存储、主机、网络和物理。

信息系统安全体系主要是由技术体系、组织机构体系和管理体系三部分共同构成的。

技术体系是全面提供信息系统安全保护的技术保障系统，该体系由物理安全技术和系统安全技术两大类构成。

组织机构体系是信息系统的组织保障系统，由机构、岗位和人事三个模块构成。

管理体系由法律管理、制度管理和培训管理三部分组成。

24.7.4　信息系统安全规划框架

1. 信息系统安全规划依托企业信息化战略规划

信息系统安全规划依托企业信息化战略规划，对信息化战略的实施起到保驾护航的作用。信息系统安全规划的目标应该与企业信息化的目标是一致的，而且应该比企业信息化的目标更具体明确、更贴近安全。

2. 信息系统安全规划需要围绕技术安全、管理安全、组织安全考虑

规划的内容基本上应涵盖：确定信息系统安全的任务、目标、战略以及战略部门和战略人员，并在此基础上制订出物理安全、网络安全、系统安全、运营安全、人员安全的信息系统安全的总体规划。

3. 信息系统安全规划以信息系统与信息资源的安全保护为核心

规划工作需要围绕着信息系统与信息资源的开发、利用和保护工作进行，要包括蓝图、现状、需求和措施四个方面。

（1）对信息系统与信息资源的规划需要从信息化建设的蓝图入手，知道企业信息化发展策略的总体目标和各阶段的实施目标，制订出信息系统安全的发展目标。

（2）对企业的信息化工作现状进行整体的、综合的、全面的分析，找出过去工作中的优势与不足。

（3）根据信息化建设的目标提出未来几年的需求，这个需求最好可以分解成若干个小的方面，以便于今后的实施与落实。

（4）要明确在实施工作阶段的具体措施与方法，提高规划工作的执行力度。

24.7.5　信息安全整体架构设计

WPDRRC（Warning/Protect/Detect/React/Restore/Counterattack）模型有六个环节和三大要素。

六个环节包括：预警、保护、检测、响应、恢复和反击，它们具有较强的时序性和动态性，能够较好地反映出信息系统安全保障体系的预警能力、保护能力、检测能力、响应能力、恢复能力和

反击能力。

三大要素包括：人员、策略和技术。人员是核心，策略是桥梁，技术是保证，落实在 WPDRRC 的六个环节的各个方面，将安全策略预警变为安全现实。

- W：预警主要是指利用远程安全评估系统提供的模拟攻击技术来检查系统存在的、可能被利用的薄弱环节，收集和测试网络与信息的安全风险所在，并以直观的方式进行报告，提供解决方案的建议，在经过分析后，分解网络的风险变化趋势和严重风险点，从而有效降低网络的总体风险，保护关键业务和数据。

- P：保护通常是通过采用成熟的信息安全技术及方法来实现网络与信息的安全。主要内容有加密机制、数字签名机制、访问控制机制、认证机制、信息隐藏和防火墙技术等。

- D：检测通过检测和监控网络以及系统来发现新的威胁和弱点，强制执行安全策略。在这个过程中采用入侵检测、恶意代码过滤等技术，形成动态检测的制度，奖励报告协调机制，提高检测的实时性。主要内容有入侵检测、系统脆弱性检测、数据完整性检测和攻击性检测等。

- R：响应是指在检测到安全漏洞和安全事件之后必须及时做出正确的响应，从而把系统调整到安全状态。为此需要相应的报警、跟踪、处理系统，其中处理包括了封堵、隔离、报告等能力。主要内容有应急策略、应急机制、应急手段、入侵过程分析和安全状态评估等。

- R：恢复灾难恢复系统是当前网络、数据、服务受到黑客攻击并遭到破坏或影响后，通过必要技术手段，在尽可能短的时间内使系统恢复正常。主要内容有容错、冗余、备份、替换、修复和恢复等。

- C：反击是指采用一切可能的高新技术手段，侦察、提取计算机犯罪分子的作案线索与犯罪证据，形成强有力的取证能力和依法打击手段。

信息系统安全设计重点考虑两个方面：其一是系统安全保障体系；其二是信息安全体系架构。

（1）系统安全保障体系。由安全服务、协议层次和系统单元三个层面组成，且每个层面都涵盖了安全管理的内容。系统安全保障体系设计工作主要考虑以下几点：

1）安全区域策略的确定。根据安全区域的划分，主管部门应制订针对性的安全策略，如定时审计评估、安装入侵检测系统、统一授权、认证等。

2）统一配置和管理防病毒系统。主管部门应当建立整体防御策略，以实现统一的配置和管理。网络防病毒的策略应满足全面性、易用性、实时性和可扩展性等方面要求。

3）网络安全管理。在网络安全中，除了采用一些技术措施之外，加强网络安全管理，制订有关规章制度。

（2）信息安全体系架构。具体在安全控制系统，我们可以从物理安全、系统安全、网络安全、应用安全和管理安全等五个方面开展分析和设计工作。

1）物理安全。保证计算机信息系统各种设备的物理安全是保障整个网络系统安全的前提。包括环境安全、设备安全、媒体安全等。

2）系统安全。主要是指对信息系统组成中各个部件的安全要求。系统安全是系统整体安全的基础。它主要包括网络结构安全、操作系统安全和应用系统安全。

3）网络安全。是整个安全解决方案的关键。它主要包括访问控制、通信保密、入侵检测、网络安全扫描系统和防病毒等。

4）应用安全。主要是指多个用户使用网络系统时，对共享资源和信息存储操作所带来的安全问题。它主要包括资源共享和信息存储两个方面。

5）管理安全。主要体现在三个方面：其一是制订健全的安全管理体制；其二是构建安全管理平台；其三是增强人员的安全防范意识。

24.7.6　网络安全体系架构设计

OSI 定义了七层协议，其中除第五层（会话层）外，每一层均能提供相应的安全服务。实际上，最适合配置安全服务的是物理层、网络层、运输层及应用层，其他层都不宜配置安全服务。

OSI 开放系统互连安全体系的五类安全服务包括鉴别、访问控制、数据机密性、数据完整性和抗抵赖性。

OSI 定义分层多点安全技术体系架构，也称为深度防御安全技术体系架构，它通过以下三种方式将防御能力分布至整个信息系统中。

（1）多点技术防御。在对手可以从内部或外部多点攻击一个目标的前提下，多点技术防御通过对网络和基础设施、边界、计算环境这三个防御核心区域的防御达到抵御所有方式的攻击目的。

（2）分层技术防御。即使最好的可得到的信息保障产品也有弱点，其最终结果将使对手能找到一个可探查的脆弱性，一个有效的措施是在对手和目标间使用多个防御机制。

（3）支撑性基础设施。为网络、边界和计算环境中信息保障机制运行基础的支撑性基础设施，包括公钥基础设施以及检测和响应基础设施。

数据库完整性是指数据库中数据的正确性和相容性。数据库完整性由各种各样的完整性约束来保证，因此可以说数据库完整性设计就是数据库完整性约束的设计。数据库完整性约束可以通过 DBMS 或应用程序来实现，基于 DBMS 的完整性约束作为模式的一部分存入数据库中。

在实施数据库完整性设计时，需要把握以下基本原则：

（1）根据数据库完整性约束的类型确定其实现的系统层次和方式，并提前考虑对系统性能的影响。一般情况下，静态约束应尽量包含在数据库模式中，而动态约束由应用程序实现。

（2）实体完整性约束、引用完整性约束是关系数据库最重要的完整性约束，在不影响系统关键性能的前提下需尽量应用。用一定的时间和空间来换取系统的易用性是值得的。

（3）要慎用目前主流 DBMS 都支持的触发器功能，一方面由于触发器的性能开销较大；另一方面，触发器的多级触发难以控制，容易发生错误，非用不可时，最好使用 Before 型语句级触发器。

（4）在需求分析阶段就必须制订完整性约束的命名规范，尽量使用有意义的英文单词、缩写词、表名、列名及下划线等组合，使其易于识别和记忆。

（5）要根据业务规则对数据库完整性进行细致的测试，以尽早排除隐含的完整性约束间的冲突和对性能的影响。

（6）要有专职的数据库设计小组，自始至终负责数据库的分析、设计、测试、实施及早期维护。

（7）应采用合适的 CASE 工具来降低数据库设计各阶段的工作量。

数据库完整性的作用：

（1）数据库完整性约束能够防止合法用户使用数据库时向数据库中添加不合语义的数据。

（2）利用基于 DBMS 的完整性控制机制来实现业务规则，易于定义，容易理解，而且可以降低应用程序的复杂性，提高应用程序的运行效率。

（3）合理的数据库完整性设计，能够同时兼顾数据库的完整性和系统的效能。

（4）在应用软件的功能测试中，完善的数据库完整性有助于尽早发现应用软件的错误。

（5）数据库完整性约束可分为六类：列级静态约束、元组级静态约束、关系级静态约束、列级动态约束、元组级动态约束和关系级动态约束。

一个好的数据库完整性设计，首先需要在需求分析阶段确定要通过数据库完整性约束实现的业务规则。然后在充分了解特定 DBMS 提供的完整性控制机制的基础上，依据整个系统的体系结构和性能要求，遵照数据库设计方法和应用软件设计方法，合理选择每个业务规则的实现方式。最后，认真测试，排除隐含的约束冲突和性能问题。

典型软件架构的脆弱性分析如下所述。

（1）分层架构的脆弱性主要表现在两个方面：

1）层间的脆弱性。一旦某个底层发生错误，那么整个程序将会无法正常运行。

2）层间通信的脆弱性。将系统隔离为多个相对独立的层，这就要求在层与层之间引入通信机制。本来"直来直去"的操作现在要层层传递，势必造成性能下降。

（2）C/S 架构的脆弱性主要表现在以下几个方面：

1）客户端软件的脆弱性。因为在用户计算机上安装了客户端软件，所以这个系统就面临着程序被分析、数据被截取的安全隐患。

2）网络开放性的脆弱性。目前很多传统的 C/S 系统还是采用二层结构，也就是说所有客户端直接读取服务器端中的数据，在客户端包括了数据的用户名，密码等致命的信息，这样会给系统带来安全隐患。

3）网络协议的脆弱性。C/S 架构不便于随时与用户交流（主要是不便于数据包共享），并且 C/S 架构软件在保护数据的安全性方面有着先天的弊端。由于 C/S 架构软件的数据分布特性，客户端所发生的火灾、盗抢、地震、病毒等都将成为可怕的数据杀手。

（3）B/S 架构的脆弱性主要表现在：系统如果使用 HTTP 协议，B/S 架构相对 C/S 架构而言更容易被病毒入侵，虽然最新的 HTTP 协议在安全性方面有所提升，但还是弱于 C/S。

（4）事件驱动架构的脆弱性主要表现在：

1）组件的脆弱性。组件削弱了自身对系统的控制能力，一个组件触发事件，并不能确定响应该事件的其他组件及各组件的执行顺序。

2）组件间交换数据的脆弱性。组件不能很好地解决数据交换问题，事件触发时，一个组件有可能需要将参数传递给另一个组件，而数据量很大的时候，如何有效传递是一个脆弱性问题。

3）组件间逻辑关系的脆弱性。事件架构使系统中各组件的逻辑关系变得更加复杂。

4）事件驱动容易进入死循环，这是由编程逻辑决定的。

5）高并发的脆弱性。虽然事件驱动可实现有效利用 CPU 资源，但是存在高并发事件处理造成的系统响应问题，而且，高并发容易导致系统数据不正确、丢失数据等现象。

6）固定流程的脆弱性。因为事件驱动的可响应流程基本都是固定的，如果操作不当，容易引发安全问题。

（5）MVC 架构的脆弱性主要表现在：

1）MVC 架构的复杂性带来脆弱性。MVC 架构增加了系统结构和实现的复杂性。比如说一个简单的界面，如果严格遵循 MVC 方式，使得模型、视图与控制器分离，会增加结构的复杂性，并可能产生过多的更新操作，降低运行效率。

2）视图与控制器间紧密连接的脆弱性。视图与控制器是相互分离但却是联系紧密的部件，没有控制器的存在，视图应用是很有限的。反之亦然，这样就妨碍了它们的独立重用。

3）视图对模型数据的低效率访问的脆弱性。依据模型操作接口的不同，视图可能需要多次调用才能获得足够的显示数据。对未变化数据的不必要的频繁访问也将损害操作性能。

（6）微内核架构的脆弱性主要表现在：

1）微内核架构难以进行良好的整体化优化。由于微内核系统的核心态只实现了最基本的系统操作，这样内核以外的外部程序之间的独立运行使得系统难以进行良好的整体优化。

2）微内核系统的进程间通信开销也较单一内核系统要大得多。从整体上看，在当前硬件条件下，微内核在效率上的损失小于其在结构上获得的收益。

3）通信损失率高。微内核把系统分为各个小的功能块，从而降低了设计难度，系统的维护与修改也容易，但通信带来的效率损失是一个问题。

（7）微服务架构的脆弱性主要表现在：

1）开发人员需要处理分布式系统的复杂结构。

2）开发人员要设计服务之间的通信机制，通过写代码来处理消息传递中速度过慢或者不可用等局部实效问题。

3）服务管理的复杂性，在生产环境中要管理多个不同的服务实例，这意味着开发团队需要全局统筹。

24.7.7 安全架构设计案例分析

基于混合云的工业安全架构设计案例如下所述。

图 24-28 给出了大型企业采用混合云技术的安全生产管理系统的架构，企业由多个跨区域的智能工厂和公司总部组成，公司总部负责相关业务的管理、协调和统计分析，而每个智能工厂负责智能产品的设计与生产制造。智能工厂内部采用私有云实现产品设计、数据共享和生产集成等，公司总部与智能工厂间采用公有云实现智能工厂间、智能工厂与公司总部间的业务管理、协调和

统计分析等。

整个安全生产管理系统架构由四层组成，分别为设备层、控制层、设计/管理层和应用层。设备层主要是指用于智能工厂生产产品所需的相关设备。

控制层主要是指智能工厂生产产品所需要建立的一套自动控制系统，控制智能设备完成生产工作。

设计/管理层是指智能工厂各种开发、业务控制和数据管理功能的集合，实现数据集成与应用。

应用层主要是指在云计算平台上进行信息处理，主要涵盖两个核心功能：一是"数据"，应用层需要完成数据的管理和数据的处理；二是"应用"，仅仅管理和处理数据还远远不够，必须将这些数据与行业应用相结合，本系统主要包括定制业务、协同业务和产品服务等。

在设计基于混合云的安全生产管理系统中，需要重点考虑五个方面的安全问题：设备安全、网络安全、控制安全、应用安全和数据安全。

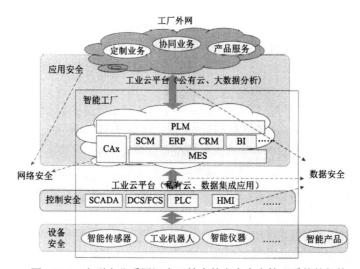

图 24-28　大型企业采用混合云技术的安全生产管理系统的架构

24.8　大数据架构设计

1.　Lambda 架构

Lambda 架构设计目的在于提供一个能满足大数据系统关键特性的架构，包括高容错、低延迟、可扩展等。其整合离线计算与实时计算，融合不可变性、读写分离和复杂性隔离等原则。Lambda 是用于同时处理离线和实时数据的、可容错的、可扩展的分布式系统。它具备强鲁棒性，提供低延迟和持续更新。

Lambda 架构应用场景：机器学习、物联网、流处理。

如图 24-29 所示，Lambda 架构可分解为三层，即批处理层、加速层和服务层。

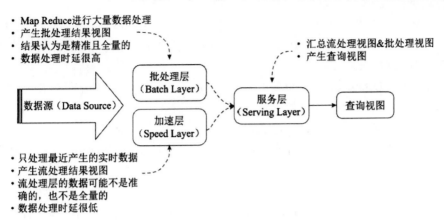

- Map Reduce进行大量数据处理
- 产生批处理结果视图
- 结果认为是精准且全量的
- 数据处理时延很高

- 汇总流处理视图&批处理视图
- 产生查询视图

- 只处理最近产生的实时数据
- 产生流处理结果视图
- 流处理层的数据可能不是准确的，也不是全量的
- 数据处理时延很低

图 24-29　Lambda 架构

（1）批处理层（Batch Layer）：存储数据集，Batch Layer 在数据集上预先计算查询函数，并构建查询所对应的 View。Batch Layer 可以很好地处理离线数据，但有很多场景数据不断实时生成，并且需要实时查询处理。Speed Layer 正是用来处理增量的实时数据。

（2）加速层（Speed Layer）：Batch Layer 处理的是全体数据集，而 Speed Layer 处理的是最近的增量数据流。Speed Layer 为了效率，在接收到新的数据后会不断更新 Real-time View，而 Batch Layer 是根据全体离线数据集直接得到 Batch View。

（3）服务层（Serving Layer）：Serving Layer 用于合并 Batch View 和 Real-time View 中的结果数据集到最终数据集。用于响应用户的查询请求。

如图 24-30 所示，在这种 Lambda 架构实现中，Hadoop（HDFS）用于存储主数据集，Spark（或 Storm） 可构成速度层（Speed Layer），HBase（或 Cassandra）作为服务层，由 Hive 创建可查询的视图。

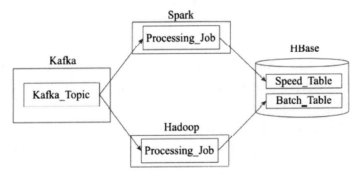

图 24-30　Lambda 架构实现技术

Hadoop 是被设计成适合运行在通用硬件上的分布式文件系统。HDFS 是一个具有高度容错性的系统，能提供高吞吐量的数据访问，非常适合大规模数据集上的应用。HDFS 放宽了一些约束，以达到流式读取文件系统数据的目的。

Apache Spark 是专为大规模数据处理而设计的快速通用的计算引擎。Spark 中间输出结果可以保存在内存中，从而不再需要读写 HDFS，因此 Spark 能更好地适用于数据挖掘与机器学习等需要迭代的 Map Reduce 算法。

HBase-Hadoop Database，是一个高可靠性、高性能、面向列、可伸缩的分布式存储系统，利用 HBase 技术可在廉价 PCServer 上搭建起大规模结构化存储集群。

Lambda 架构的优点：容错性好、查询灵活度高、易伸缩、易扩展。

Lambda 架构的缺点：全场景覆盖带来编码开销，针对具体场景重新离线训练一遍益处不大，重新部署和迁移成本很高。

2. Kappa 架构

Kappa 架构的原理是：在 Lambda 的基础上进行了优化，删除了 Batch Layer 的架构，将数据通道以消息队列进行替代。因此对于 Kappa 架构来说，依旧以流处理为主，但是数据却在数据湖层面进行了存储，当需要进行离线分析或者再次计算的时候，则将数据湖的数据再次经过消息队列重播一次则可。

如图 24-31 所示，输入数据直接由实时层的实时数据处理引擎对源源不断的源数据进行处理，再由服务层的服务后端进一步处理以提供上层的业务查询。而中间结果的数据都是需要存储的，这些数据包括历史数据与结果数据，统一存储在存储介质中。

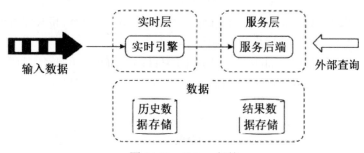

图 24-31　Kappa 架构

从使用场景上来看，Kappa 架构与 Lambda 相比，主要有两点区别：

（1）Kappa 不是 Lambda 的替代架构，而是其简化版本，Kappa 放弃了对批处理的支持，更擅长业务本身为增量数据写入场景的分析需求。

（2）Lambda 直接支持批处理，因此更适合对历史数据分析查询的场景。

Kappa 架构的优点在于将实时和离线代码统一起来，方便维护而且统一了数据口径的问题，避免了 Lambda 架构中与离线数据合并的问题，查询历史数据的时候只需要重放存储的历史数据即可。

Kappa 的缺点：

（1）消息中间件缓存的数据量和回溯数据有性能瓶颈。通常算法需要过去 180 天的数据，如果都存在消息中间件，无疑有非常大的压力。同时，一次性回溯订正 180 天级别的数据，对实时计算的资源消耗也非常大。

（2）在实时数据处理时，遇到大量不同的实时流进行关联时，非常依赖实时计算系统的能力，很可能因为数据流先后顺序问题，导致数据丢失。

（3）Kappa 在抛弃了离线数据处理模块的时候，同时抛弃了离线计算更加稳定可靠的特点。Lambda 虽然保证了离线计算的稳定性，但双系统的维护成本高且两套代码将使后期运维困难。

Lambda 架构与 Kappa 架构的对比和设计选择见表 24-1。

表 24-1 Lambda 架构与 Kappa 架构的对比和设计选择

对比内容	Lambda 架构	Kappa 架构
复杂度与开发、维护成本	需要维护两套系统（引擎），复杂度高，开发、维护成本高	只需要维护一套系统（引擎），复杂度低，开发、维护成本低
计算开销	需要一直运行批处理和实时计算，计算开销大	必要时进行全量计算，计算开销相对较小
实时性	满足实时性	满足实时性
历史数据处理能力	批式全量处理，吞吐量大，历史数据处理能力强	流式全量处理，吞吐量相对较低，历史数据处理能力相对较弱

根据两种架构对比分析，将业务需求、技术要求、系统复杂度、开发维护成本和历史数据处理能力作为选择考虑因素。而计算开销虽然存在一定差别，但是相差不是很大，所以不作为考虑因素。

（1）业务需求与技术要求：如果业务对于 Hadoop、Spark、Storm 等关键技术有强制性依赖，选择 Lambda 架构可能较为合适；如果处理数据偏好于流式计算，又依赖 Flink 计算引擎，那么选择 Kappa 架构可能更为合适。

（2）系统复杂度：如果项目中需要频繁地对算法模型参数进行修改，Lambda 架构需要反复修改两套代码，则显然不如 Kappa 架构简单方便。同时，如果算法模型支持同时执行批处理和流式计算，或者希望用一份代码进行数据处理，那么可以选择 Kappa 架构。

（3）开发维护成本：Lambda 架构需要有一定程度的开发维护成本，包括两套系统的开发、部署、测试、维护，适合有足够经济、技术和人力资源的开发者。而 Kappa 架构只需要维护一套系统，适合不希望在开发维护上投入过多成本的开发者。

（4）历史数据处理能力：有些情况下，项目会频繁接触海量数据集进行分析，比如过往十年内的地区降水数据等，这种数据适合批处理系统进行分析，应该选择 Lambda 架构。如果始终使用小规模数据集，流处理系统完全可以使用，则应该选择 Kappa 架构。

24.9 大数据架构设计案例分析

1. Lambda 架构在某网奥运中的大数据应用

Lambda 架构实时处理层采用增量计算实时数据的方式，可以在集群规模不变的前提下，秒级分析出当日概览所需要的信息。赛事回顾模块需要展现自定义时间段内的历史最高在线人数、逐日播放走势、直播最高在线人数和点播视频排行等海量数据的统计信息，由于奥运期间产生的数据通常不需要被经常索引、更新，因此要求采用不可变方式存储所有的历史数据，以保证历史数据的准确性。

Lambda 架构的批处理层采用不可变存储模型，不断地往主数据集后追加新的数据，恰好可以满足对奥运数据的大规模统计分析要求。具体架构如图 24-32 所示。

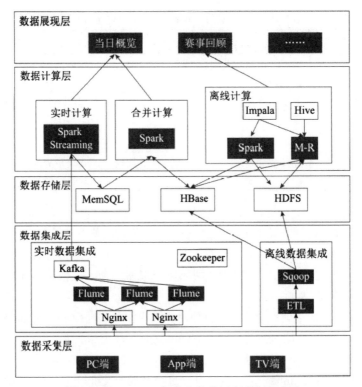

图 24-32　Lambda 架构在某奥运赛事中的应用

2. 某证券公司大数据系统

实时日志分析平台基于 Kappa 架构，使用统一的数据处理引擎 Flink 可实时处理全部数据，并将其存储到 ElasticSearch 与 OpenTSDB 中，如图 24-33 所示。实时处理过程如下：

（1）日志采集，即在各应用系统部署采集组件 Filebeat，实时采集日志数据并输出到 Kafka 缓存。

（2）日志清洗与解析，即基于大数据计算集群的 Flink 计算框架，实时读取 Kafka 中的日志数据进行清洗和解析，提取日志关键内容并转换成指标，以及对指标进行二次加工形成衍生指标。

（3）日志存储，即将解析后的日志数据分类存储于 ElasticSearch 日志库中，各类基于日志的指标存储于 OpenTSDB 指标库中，供前端组件搜索与查询。

（4）日志监控，即通过单独的告警消息队列来保持监控消息的有序管理与实时推送。

（5）日志应用，即在充分考虑日志搜索专业需求的基础上，平台支持搜索栏常用语句保存，选择日志变量自动形成搜索表达式，以及快速按时间排序过滤、查看日志上下文等功能。同时，基于可视化分析和全息场景监控可实时展现各种指标和趋势，并在预警中心查看各类告警的优先级和详细信息，进而结合告警信息关联查询系统日志内容来分析解决问题。此外，开发配置中心还提供了自定义日志解析开发功能，并支持告警规则、告警渠道配置。

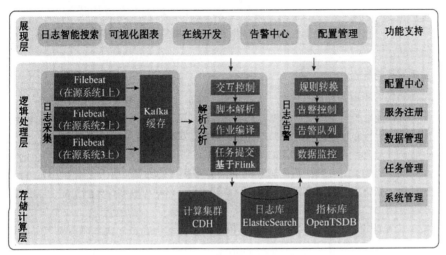

图 24-33　Kappa 架构在某证券公司日志分析平台中的应用

第3篇 论文专题

第 **25** 章
论文整体分析

25.1 复习说明

1. 论文写作概述

时间：2023 年 11 月考试，软考全面改为机考之后，论文和案例合并在一起考，时间共计 210 分钟，其中案例 90 分钟，论文 120 分钟，如果案例做得快，可以直接结束接着做论文科目，相当于变相延长论文科目时间，然而案例本身比较耗时，建议考生不要图快，认真检查，论文时间 120 分钟，对于机考打字是完全足够的。

题目：四选一，必有一题考查软件架构，每个题目下会有概述和子题目，要认真看。

考查形式：机考，约 2500 字。

2. 题目类型

（1）软件架构，最常考查架构风格、面向服务的架构、架构评估，会用到质量属性，其他如 DSSA 和 ABSD 的概念也要了解。

（2）系统开发，会考需求分析、需求获取、系统建模、设计模式等知识。

（3）系统可靠性、安全性、容错技术等。

（4）信息系统开发方法、开发模型、生命周期模型、企业应用集成技术。

（5）其他：项目管理、数据库等。

25.2 历年真题

这里仅汇总大题目，供整体分析，每年真题的子题目，大家也有必要了解，都在本书第 4 章。历年考试论文真题汇总（除嵌入式系统）见表 25-1。

表 25-1 历年考试论文真题汇总（除嵌入式系统）

年份	试题一	试题二	试题三	试题四
2023	论可靠性分析与评价方法	论面向对象分析	论多数据源集成及其应用	论边云协同技术及其应用
2022	论基于构件的软件开发方法及其应用	论软件维护方法及其应用	论区块链技术及应用	论湖仓一体架构及其应用
2021	论面向对象的编程技术及其应用	论系统安全架构设计及其应用	论企业集成平台的理解与应用	论微服务架构及其应用
2020	论企业集成架构设计及应用	论软件测试中缺陷管理及其应用	论云原生架构及其应用	论数据分片技术及其应用
2019	论企业集成架构设计及应用	论软件测试中缺陷管理及其应用	论源性架构及其应用	论数据分片技术及其应用
2018	论软件开发过程 RUP 及其应用	论软件体系结构的演化	论面向服务架构设计及其应用	论 NoSQL 数据库技术及其应用
2017	论软件系统建模方法及其应用	论软件架构风格	论无服务器架构及其应用	论软件质量保证及其应用
2016	论软件系统架构评估	论软件设计模式及其应用	论数据访问层设计技术及其应用	论微服务架构及其应用
2015	论应用服务器基础软件	论软件系统架构风格	论面向服务的架构及其应用	论企业集成平台的技术与应用
2014	论软件需求管理	论非功能性需求对企业应用架构设计的影响	论软件的可靠性设计	论网络安全体系设计
2013	论软件架构建模技术与应用	论企业应用系统的分层架构风格	论软件可靠性设计技术的应用	论分布式存储系统架构设计
2012	论企业信息化规划的实施与应用	论决策支持系统的开发与应用	论企业应用系统的数据持久层架构设计	论基于架构的软件设计方法及应用
2011	论模型驱动架构在系统开发中的应用	论企业集成平台的架构设计	论企业架构管理与应用	论软件需求获取技术及应用
2010	论软件的静态演化和动态演化及其应用	论数据挖掘技术的应用	论大规模分布式系统缓存设计策略	论软件可靠性评价

25.3 写作原则

（1）不要猜题，要复用构件（摘要+项目背景+结尾），不要整篇复用。

（2）不要抄范文，只能改范文，可以选择适合自己的范文进行修改，改成自己的论文。

（3）练习写文章前，提前准备好自己要写的项目，必须是近三年内的中、大型商业项目。

（4）做好准备工作，练习论文主题时发现有不会的知识点，一定要全部背会。

（5）要勇于迈出第一步，万事开头难，写完第一篇，就不难了，第一篇论文不限时间。

（6）写正文时，不要生硬地回答问题，要根据问题要点组合成一篇通顺的文章。

（7）字数一般在300+2200左右，写到最后一页即可，字迹一定要工整，一笔一画。

（8）从系统架构设计师的角度看项目，技术细节适中，书本理论要与实际的项目联系起来。

（9）不要全局都列举一、二、三到1、2、3，可以局部段落列举1、2、3，论点分开论述，没必要都写编号。

（10）论述要求：不能口语化、文档段落不宜太长。

（11）换个角度看论文，以论文写作技巧视频为依据，对自己的论文进行自评。

25.4 常见问题

问题1：论文字数范围，各部分字数如何分配？

答：首先，答题卡最大字数是330+2750，肯定不能超过答题卡；其次，建议摘要300字左右，正文2000～2700字都可以，建议2200字，改革机考后，可以实时看到界面显示的字数统计，自己注意把握；最后字数分配建议摘要300字+项目背景500字+主体1200字+结尾500字。

问题2：我没有做过系统架构设计师怎么办？

答：如果你是专业人员，虽然不是系统架构设计师，但跟过项目，那么就从系统架构设计师的角度去写熟悉的项目；如果你是完全零基础，行外人，就参考范文，找一个觉得合适的项目背景改写。

问题3：我做的是公司内部的项目，没有客户怎么办？

答：不要在论文里写这是内部项目，当成普通项目写，如某年某月，公司要做什么项目，任命我为系统架构设计师即可，最后收尾仍然写客户一致满意，按照一般项目来写。

问题4：是否需要写论文题目？

答：不需要写论文题目，改革机考后，直接在考试软件上选择即可。

问题5：项目背景如何构造才比较合理？

关于项目时间：建议离考试时间五年以内，持续时间8个月以上，并且是已完成的项目；如果说项目真的是比较久远的，或者持续时间较短的，但是规模是足够的，请自己灵活修改时间。

关于项目级别：建议是省市级、集团级，不要是县级、社区级等，如果你做的项目规模是符合要求的，真的是县级的真实项目，那没有问题。

是否要写真实的项目名称：不需要，也不能写，只能写某地级市、某医院、某公司。

关于项目团队成员：可省略，为了保证真实性，也可以简单带过，如有需求分析人员3人、开发人员8人、测试人员5人等。

关于项目金额：要和项目时间还有项目团队成员对应，如果项目组一共有20人，按每人每月2万元算，一个月需要40万元，再乘以持续时间（假设是15个月），那么项目金额在600万元左右是合理的，但不要写整数，可以写565万元、618万元等。

特别注意：如果是自己编的项目，请不要构造太大的项目，项目金额最好在500万元左右。

问题 6：如何记住论文？

答：一定要自己改写，即使参考了别人的范文，也不能直接使用，自己动手写过的东西才能记住。文章采用统一的模板和结构，搭建好自己的模板之后不要改动，正文部分按论文题目要求去写，一定要回应子题目。另外，一定要自己在电脑上默写，在两个小时内完成默写，不参考任何文档。

25.5　评分标准

下述情况的论文，需要适当扣 5 分到 10 分：

（1）没有写论文摘要、摘要过于简略或者摘要中没有实质性内容。

（2）字迹比较潦草、其中有不少字难以辨认。

（3）确实属于过分自我吹嘘或自我标榜、夸大其词。

（4）内容有明显错误漏洞的，按同一类错误每一类扣一次分。

（5）内容仅属于大学生或研究生实习性质的项目、并且其实际应用水平相对较低。

下述情况，可考虑适当加分（可考虑加 5 分到 10 分）：

（1）有独特的见解或者有着很深入的体会、相对非常突出。

（2）起点很高，确实符合当今信息系统发展的新趋势与新动向，并能加以应用。

（3）内容翔实、体会中肯、思路清晰、非常切合实际、很优秀。

（4）项目难度很大，或者项目完成的质量优异，或者项目涉及国家重大信息系统工程且作者本人参加并发挥重要作用并且能正确按照试题要求论述。

下述情况之一的论文，不能给予及格分数：

（1）虚构情节、文章中有较严重的不真实的或者不可信的内容出现。

（2）没有项目开发的实际经验、通篇都是浅层次纯理论。

（3）所讨论的内容与方法过于陈旧，或者项目的水准非常低下。

（4）内容不切题意，或者内容相对很空洞，基本上是泛泛而谈且没有较深入体会。

（5）正文与摘要的篇幅过于短小（如正文少于 1200 字）。

（6）文理很不通顺、错别字很多、条理与思路不清晰、字迹过于潦草等情况相对严重。

第**26**章

搭建自己的万能模板

请大家在学完本章节后，按步骤一步步地搭建好自己的模板，后面也有万能模板供参考。如果是零基础，不知道怎么选择项目，可以参考本书第 3 章里提供的范文，从中选一个修改作为自己的项目。有自己真实项目经历的，尽量用自己的真实项目，如果自己项目规模不够，可以在真实项目基础上去扩展，因为范文的项目可以预见会被很多人采用，容易导致重复。

26.1 选择合适的项目

选择中、大型商业项目，一般金额在 200 万元以上，研发周期在 8 个月以上的项目。

1. 推荐项目

政府或大型信息系统项目：各国企、事业单位、医院、银行、股份公司大企业的 ERP、OA 等；云计算、大数据等各种软件及信息系统。

2. 不能选的项目

（1）小型企业项目：如进销存系统、图书管理系统、单机版系统。

（2）尚未完成的项目：一定要已经完成并上线运行，并最好在三年内。

（3）纯建网站项目：如建设企业或政府门户网站，只有静态网页链接介绍，没有后台大型应用的。

（4）硬件项目：如综合布线、安防、视频会议等。

（5）纯技术项目：如数据升级迁移、内部技术研究等。

3. 建议

在推荐的范围内有限选择自己做的或熟悉的中、大型项目，如果是零基础没有做过项目，就参考后面的范文，用别人的项目来模仿。

26.2　提前准备论文摘要

（1）自己参考范文或者下面的格式，根据自己选择的项目准备一个就可以了。建议逻辑上分两段（但是实际写作不要写两段，因为格子可能不够），第一段是通用的介绍项目背景，第二段是根据不同的论文题目发挥的，简单回应子题目并介绍论文结构。

注意：论文摘要部分最多只有 330 个格子，千万不能超，建议写 310～320 个字即可。

（2）包含内容：项目名称、项目金额、项目历时、项目简介、我的责任；本文讨论主题概括（具体可以参考后面的万能模板）。

（3）论文摘要格式：

1）本文讨论……系统项目的……（指的是项目主题，例如进度管理等），该系统是由某单位建设的，投资多少，系统是用来做什么的（项目背景，简单功能等）。在本文中，首先讨论了……（过程、方法、措施），最后……（主要是不足之处/如何改进/特色之处/发展趋势等）。在本项目的开发过程中，我主要担任了……（在本项目中的角色）。

2）根据……需求（项目背景），我所在的……组织了……项目的开发。该项目……（项目背景、简单功能介绍）。在该项目中，我担任了……（角色）。我通过采取……（过程、方法、措施等），使项目圆满成功，得到了用户的一致好评。但通过项目的建设，我发现……（主要是不足之处/如何改进/特色之处/发展趋势等）。

3）××年××月，我参加了……项目的开发，担任……（角色）。该项目投资多少，建设工期是多少，该项目是为了（项目背景、功能介绍）。本文结合作者的实践，以……项目为例，讨论……（论文主题），包括……（过程、方法、措施）。

4）……是……（戴帽子，讲述论文主题的重要性，比如进度的重要性）。本文结合作者的实践，以……项目为例，讨论……（论文主题），包括……（过程、方法、措施）。在本项目的开发过程中，我担任了……（角色）。

26.3　提前准备项目背景

项目背景及过渡部分建议写 500～600 字，不能超过太多，需要提前准备好，尽量通用化，不要和论文主题相关，这样考试的时候无论什么论文主题都可以直接默写，只需要在最后写一段过渡语句，过渡到下一个论点。

包括内容：项目开发的原因、你的岗位职责、项目开发周期及规模、项目功能组成介绍、项目技术（可省略）。

具体可以参考后面的万能模板来写。

26.4　正文写作

正文应该按照论文题目和子题目的要求来写作，并且**一定要回应论文子题目**。

正文需要写 1200 字左右。正文部分不在万能模板里，需要根据不同的题目来准备，详细见本书第 3 章内容，本章可以先略过，先准备好自己的万能模板。

26.5　提前准备结尾

结尾是个非常有意思的部分，从其本身意义来说，是让你总结项目收获和不足的，另一方面，还是你整体补救论文的最后一步。如果你到最后发现字数不够，结尾就需要多写一些，如果你发现字数多了，结尾就要少写一点，如果你觉得前面写得很差，结尾就一定要重视。

结尾可以写 400~600 字，是对整体论文的总体概括。

包括内容：项目上线及运行效果、客户评价、项目收获、项目不足和解决思路。

具体可以参考后面的万能模板来写。

26.6　万能模板

按照上面提到的步骤，我们可以总结出如下的模板，大家可以参考，还要用自己的项目来模仿。

摘要模板（时间+项目+项目简介+投入+历时+成功交付客户好评+结合具体题目说明本文结构）：

2018 年 3 月，我参与了某航天研究所某型号卫星的全数字仿真验证平台项目的建设，并担任系统架构设计师，负责系统架构设计工作。该系统包括虚拟目标机仿真、动力学模型仿真、同步时序控制三大功能模块，能够模拟卫星在太空中运行所需的所有硬件及外部力学环境，从而可以在虚拟平台中充分测试卫星软件的功能及性能以提高卫星软件的可靠性。该项目总投入 565 万元人民币，历时 15 个月，于 2019 年 6 月正式交付运行至今，受到了客户的一致好评。本文结合笔者的实际工作经验就该项目的……（根据不同论文题目去简要概括本文内容）。

项目背景模板（为什么要做这个项目+项目功能和技术介绍+回应子题目并过渡到主体）：

在航天卫星的研制过程中，一颗航天卫星只有一套配套的硬件设备，无法满足一个开发团队的测试需求，同时因为航天卫星硬件设备造价十分昂贵，测试人员也无法进行一些非常规的极限测试，以防止损坏硬件设备，以上种种，将会造成对航天卫星软件的测试不充分和不彻底，有可能导致卫星研制失败。为了防止这种情况的发生，针对某重要型号的航天卫星的研制，该航天研究所领导决定使用技改经费投资建设一套全数字仿真验证平台，以纯软件的方式模拟卫星在太空中运行所需的全部硬件及外部力学环境，在虚拟平台中运行卫星软件和动力学模型并进行详细彻底的测试。

我所在的公司成功中标该项目，并于 2018 年 3 月正式启动该项目的建设工作，我被任命为该项目的系统架构设计师，负责系统架构设计工作。该项目总投入 565 万元人民币，建设周期从 2018 年 3 月 10 日至 2019 年 6 月 30 日，历时 15 个月。系统采用两台联想 Think Station P510 搭载软件运行，考虑到对于性能及执行效率方面的要求，使用 C 语言模拟 CPU 指令集及外部设备驱动，使用 Labview 图形化语言搭建地面遥测遥控终端界面。项目的主要建设内容包括三大模块：①虚拟目标机仿真，完成对卫星软件运行所需的全部硬件环境的模拟，包括内核模拟、片内外设模拟、板级外设模拟等子系统；②动力学模型仿真，完成对动力学模型运行所需的环境的模拟，包括动力学模型运行环境模拟、故障注入模拟、动力学同步数据控制与显示等子系统；③同步时序控制，控制卫星软件及动力学模型的启停以及二者之间的时序同步，包括总控台监控、同步时序控制、超实时运行控制等子系统。

　　笔者所在的公司虽然在其他型号航天卫星的全数字化仿真验证平台项目上取得成功，但由于卫星型号及用途不同，所涉及的硬件及使用标准也不同，对应的动力学模型也完全不同，而且由于严格的保密性要求，团队成员无法获取全部的卫星型号资料，这无疑加大了项目开发的难度和风险。于是笔者决定在……（**过渡段，可以自行参考论文来写，需要回应子题目并引出正文**）。

　　项目总结模板（**强调项目顺利交付运行反馈好+自己的收获或者不足之处**）：

　　经过近 15 个月的项目开发，该型号航天卫星的全数字仿真验证系统顺利投入使用，协助客户对卫星软件进行全面的功能和性能上的测试，运行至今客户反馈良好。该系统由于保密性高，性能要求高，技术实现难度高，项目建设周期长等原因，建设过程困难重重。但由于笔者及项目团队成员十分重视项目的……（**回应具体论文题目**），最终保证了该项目按质按量顺利交付。

　　当然，在本项目中，还有一些不足之处，比如：……（**自己去想一些小问题，切记，别出现什么大问题**），不过，经过我后期的纠偏，并没有对项目产生什么影响。在后续的学习和工作中，我将不断地和同行进行交流，提升自己的专业技术水平，更好地完成系统架构设计的工作。

第**27**章
正文素材及范文

准备好论文模板，明确了自己要写的项目和背景，接下来就是如何去填充正文部分了，正文部分需要写1300字左右，要完成两件事：

（1）按照论文题目写相关内容。这一块是自己要提前准备的重点，并且一定要针对自己的项目构造几个真实的例子，不能只列举理论。

（2）回应子题目。这一块一般是写过程，有可能会问其他的，需要针对性点题，但是不会影响大局，可以看看历年真题的子题目是怎么问的，一般可以直接按子题目顺序写论文正文。

本章针对常考的论文题目，给出了思路和范文，读者在学习本章内容的时候，一定要重点关注正文部分的写作，其他项目背景等模板部分用自己的万能模板。

特别注意：

（1）范文仅供参考，请勿照抄，一定要自己改写。

（2）范文可能会字数超标，大家重点要掌握写作的思路，然后自己写得规范点。

27.1 论软件系统架构风格

27.1.1 真题分析及理论素材

系统架构风格（System Architecture Style）是描述某一特定应用领域中系统组织方式的惯用模式。架构风格定义了一个词汇表和一组约束，词汇表中包含一些构件和连接件类型，而这组约束指出系统是如何将这些构件和连接件组合起来的。软件系统架构风格反映了领域中众多软件系统所共有的结构和语义特性，并指导如何将各个模块和子系统有效地组织成一个完整的系统。软件系统架构风格的共有部分可以使得不同系统共享同一个实现代码，系统能够按照常用的、规范化的方式来组织，便于不同设计者很容易地理解系统架构。

请以"软件系统架构风格"论题，依次从以下三个方面进行论述：

1．概要叙述你参与分析和开发的软件系统开发项目以及你所担任的主要工作。

2．分析软件系统开发中常用的软件系统架构风格有哪些。详细阐述每种风格的具体含义。

3．详细说明在你所参与的软件系统开发项目中，采用了哪种软件系统架构风格，具体实施效果如何。

论文解题思路如下。

一、找准核心论点

问题 1 要点：

　　软件系统的概要：系统的背景、发起单位、目的、开发周期、交付的产品等。

　　"我"的角色和担任的主要工作。

问题 2 要点：

　　常用的软件系统架构风格。

　　每种风格的具体含义。

问题 3 要点：

　　采用的是哪种软件系统架构风格。

　　具体实施效果如何。

二、理论素材准备

（1）架构设计的一个核心问题是能否达到架构级的软件复用。

（2）架构风格反映了领域中众多系统所共有的结构和语义特性，并指导如何将各个构件有效地组织成一个完整的系统。

（3）架构风格定义了用于描述系统的术语表和一组指导构建系统的规则。

（4）数据流风格：批处理序列、管道-过滤器。

（5）调用/返回风格：主程序/子程序、面向对象、层次结构。

（6）独立构件风格：进程通信、事件驱动系统（隐式调用）。

（7）虚拟机风格：解释器、基于规则的系统。

（8）仓库风格：数据库系统、超文本系统、黑板系统。

27.1.2　合格范文赏析

摘要：本人于 2016 年 1 月参与浙江省某市公交集团"公交车联网一体化"项目，该系统为新能源营运车辆补贴监管、安全监控等方面提供全方位的软件支撑，在该项目组中我担任系统架构师，主要负责整体架构设计与中间件选型。

本文以该车联网项目为例，主要讨论了软件架构风格在该项目中的具体应用。底层架构风格我们采用了虚拟机风格中的解释器，因该公交共有几十种不同的数据协议，使用解释器风格可以满足整车数据协议兼容性需求；中间层关于应用层的数据流转我们采用了独立构件风格中的隐式调用，这种风格主要用于减低系统间耦合度、简化软件架构，提高可修改性方面的架构属性；应用系统层我们采用了 B/S 的架构风格，统一解决公交行业性"实施推广难、维护难"问题。最终项目成功上线，获得用户一致好评。

正文：随着国家"十三五"计划中能源战略的深入和推广，该市公交集团自 2016 年 1 月起全面停止采购燃油机公交车，规划到 2020 年纯电公交车采购占比必须在 70%以上，同时配套将车联网方面的系统建设被列为工作重点。不管是新能源营运车辆补贴监管、安全监控还是公交公司自身的营运和机护需求，都要求有新的车联网系统对它们进行全方位的支持，而我司是该公交的主要仪表与 can 模块产品的主要供应商，全市 4000 多台车中有 3000 多辆是我司的产品，我司不仅掌握、熟悉该公交整车数据，而且在车联网底层 can 数据有非常明显的领域知识优势，因此 2016 年 1 月我司被该市公交集团委托建设公交集团车联网一体化项目。本项目组全体成员共有 27 人（不含业主方），我在项目中担任系统架构师职务，架构小组共 4 人，我的主要职责是负责整体架构设计与中间件选型，4 月份完成架构工作，整个项目共耗时 7 个月，2016 年 8 月顺利通过验收。

在架构工作开始阶段，我们便意识到，架构风格是一组设计原则，是能够提供抽象框架模式，可以为我们的项目提供通用解决方案的，这种能够极大提高软件设计的重用方法可加快我们的建设进程，因此在我司总工程师的建议下，我们使用了虚拟机风格、独立构件风格以及 B/S 架构风格这三种较常用的风格。虚拟机风格中的解释器架构风格能够提供灵活的解析引擎，这类风格非常适用于复杂流程的处理。独立构件风格包括进程通信风格与隐式调用风格，我们为了简化架构复杂度采用了隐式调用风格，通过消息订阅和发布控制系统间信息交互，不仅能减低系统耦合度，而且还可提高架构的可修改性。B/S 架构风格是基于浏览器和服务器的软件架构，它主要使用 HTTP 协议进行通信和交互，简化客户端的工作，最终减低了系统推广和维护的难度，以下正文将重点描述架构风格的实施过程和效果。

底层架构我们使用解释器风格来满足整车数据协议兼容性需求。解释器风格是虚拟机风格中的一种，具备良好的灵活性，在本项目中我们的架构设计需要兼容好 86 种不同 can 数据协议，一般来说这种软件编写难度非常高，代码维护难度压力也很大，因此这个解释器的设计任务便很明确了，软件设计需要高度抽象、协议的适配由配置文件来承担。具体的做法如下，我们对各个车厂的 can 数据结构进行了高度抽象，由于 can 数据由很多数据帧组成，每个数据帧容量固定并且标识和数据有明确规定，因此我们将 can 协议中的 ID 和数据进行关系建模，将整体协议标识作为一个根节点，以 canid 作为根节点下的叶子节点，使用 XML 的数据结构映像成了有整车协议链—数据帧—数据字节—数据位这 4 层的数据结构，核心的代码采用 jdom.jar 与 Java 的反射机制动态生成 Java 对象，搭建一套可以基于可变模板的解释器，协议模板的产生可以由公交公司提供的 Excel 协议文档进行转换得到，解释器支持协议模板热部署，这种可以将透传二进制数据直接映像成 Java 的可序列化对象，将数据协议的复杂度简化，后期数据协议更改不会对软件产生影响，仅仅更改协议模板文件即可，最终我们使用了 86 个协议描述文件便兼容了这些复杂的 can 数据协议，规避了 can 数据巨大差异带来的技术风险。

中间层我们使用独立构件风格中的隐式调用来简化构件间的交互复杂度，降低系统耦合度。主要的实现手段是，我们采用了一个开源的消息中间件作为连接构件，这个构件是 apache 基金会下的核心开源项目 activemq，它是一款消息服务器，其性能和稳定性久经考验。由上文提到的解释器解析出对象化数据经过 activemq 分发到各个订阅此消息的应用系统，这些应用系统包括运营指挥调度、自动化机护、新能源电池安全监控等，这种多 Web 应用的情况非常适合采用消息发布与消息订阅的机制，能够有效解决耦合问题，我们在编码的过程中发现只要采用这种风格的 Web 应用，整个迭代过程效率极高，错误率降低，而且我们使用的 spring 框架，消息队列的管理完全基于配置，清晰简单，维护性良好，例如整车安全主题、运营调度主题、机护维修主题等消息队列分类清晰，可以随时修改其结构，也能够随时增加其他主题的消息队列，不同的 Web 系统监听的队列也可以随时变换组合，基于消息中间件的架构设计能够让系统的构件化思路得到良好实施，总体来说，这种架构风格带来了非常清晰的数据流转架构，简化了编码难度，减低了本项目二次开发的难度。

应用系统层我们主要采用 B/S 的架构风格，主要用于解决公交推广难、维护难的问题。公交行业有一个明显的特点，公交子公司分布在全市各个地区，路途很远，且都是内网通信，车联网络也是走 APN 专网，一般是无法远程支持的，这给我们的系统推广以及后期维护带来了很大的难题，我们可以想象如果使用 C/S 架构更新客户端，一旦遇到问题很可能需要全市各个站点跑一遍。这让我们在系统推广和维护方面面临较大压力。我们采用的 B/S 架构风格能够解决这个难题，并充分考量现在可用的相关技术成熟度，例如现在的 HTML5 完全能够实现以前客户端的功能，项目中我们使用了大量的前端缓存技术与 Websocket 技术，能够满足公交用户实时性交互等需求。这种风格中页面和逻辑处理存储在 Web 服务器上，维护和软件升级只要更新服务器端即可，及时生效，用户体验较好，例如界面上需要优化，改一下 Javascript 脚本或者 CSS 文件就可以马上看到效果了。

项目于 2016 年 8 月完成验收，这 1 年内共经历了 2 次大批量新购公交车辆接入，这几次接入过程平稳顺利，其中协议解释器软件性能没有出现过问题，消息中间件的性能经过多次调优吞吐量也接近了硬盘 I/O 极限，满足当前的消息交互总量。另外，由于我们的项目多次紧急状态下能够快速适应 can 协议变动，得到过业主的邮件表扬。除了业主机房几次突发性的网络故障外，项目至今还未有重大的生产事故，项目组现在留 1 个开发人员和 1 个售后人员在维护，系统的维护量是可控的，系统运行也比较稳定。

不足之处有两个方面：第一，在架构设计的过程中我们忽略了 PC 配置，个别 PC 因为需要兼容老的应用软件不允许系统升级，这些电脑系统老旧，其浏览器不支持 HTML5，导致了系统推广障碍；第二，在系统容灾方面还有待改善。针对第一种情况，我们通过技术研讨会可说服业主新购 PC，采用两台机器同时使用的方式解决。针对第二种情况，我方采用了服务器冗余和心跳监测等策略，在一台服务器暂停的情况下，另外一台服务器接管，以增加可用性。

27.2　论面向服务架构设计及其应用

27.2.1　真题分析及理论素材

企业应用集成（Enterprise Application Integration，EAI）是每个企业都必须要面对的实际问题。面向服务的企业应用集成是一种基于面向服务体系结构（Service-Oriented Architecture，SOA）的新型企业应用集成技术，强调将企业和组织内部的资源和业务功能暴露为服务，实现资源共享和系统之间的互操作性，并支持快速地将新的应用以服务的形式加入到已有的集成环境中，增强企业 IT 环境的灵活性。

请围绕"**SOA 在企业集成架构设计中的应用**"论题，依次从以下三个方面进行论述。

1．概要叙述你参与管理和实施的企业应用集成项目及你在其中所承担的主要工作。

2．具体论述 SOA 架构的内容、特点，以及你熟悉的工具和环境对 SOA 的支持，在应用中重点解决了哪些问题。

3．通过你的切身实践详细论述 SOA 在企业应用集成中发挥的作用和优势。

一、找准核心论点

问题 1 要点：

软件系统的概要：系统的背景、发起单位、目的、开发周期、交付的产品等。

"我"的角色和担任的主要工作。

问题 2 要点：

SOA 架构的内容、特点，以及你熟悉的工具和环境对 SOA 的支持。

在应用中重点解决了哪些问题。

问题 3 要点：

SOA 在企业应用集成中发挥的作用和优势。

二、理论素材准备

1．SOA 概念

SOA 是一种粗粒度、松耦合服务架构，服务之间通过简单、精确定义接口进行通信，不涉及底层编程接口和通信模型。

在 SOA 中，服务是一种为了满足某项业务需求的操作、规则等的逻辑组合，它包含一系列有序活动的交互，为实现用户目标提供支持。

SOA 并不仅仅是一种开发方法，还具有管理上的优点，管理员可直接管理开发人员所构建的相同服务。多个服务通过企业服务总线提出服务请求，由应用管理来进行处理。

实施 SOA 的关键目标是实现企业 IT 资产重用的最大化，在实施 SOA 过程中要牢记以下特征：可从企业外部访问、随时可用（服务请求能被及时响应）、粗粒度接口（粗粒度提供一项特定的业务功能，而细粒度服务代表了技术构件方法）、服务分级、松散耦合（服务提供者和服务使用者分离）、可重用的服务及服务接口设计管理、标准化的接口（WSDL、SOAP、XML 是核心）、支持各种消息模式、精确定义的服务接口。

从基于对象到基于构件再到基于服务，架构越来越松散耦合，粒度越来越粗，接口越来越标准。

基于服务的构件与传统构件的区别有以下四点：

（1）服务构件粗粒度，传统构件细粒度居多。

（2）服务构件的接口是标准的，主要是 WSDL 接口，而传统构件常以具体 API 形式出现。

（3）服务构件的实现与语言是无关的，而传统构件常绑定某种特定的语言。

（4）服务构件可以通过构件容器提供 QoS 的服务，而传统构件完全由程序代码直接控制。

2．SOA 的实现方式

Web Service 由服务提供者、服务注册中心（中介，提供交易平台，可有可无）、服务请求者组成。服务提供者将服务描述发布到服务注册中心，供服务请求者查找，查找到后，服务请求者将绑定查找结果。

27.2.2　合格范文赏析

摘要：2016 年 8 月，我参与了胶凝砂砾石坝施工质量监控系统的开发工作，该系统旨在帮助水利工程建设法人单位、施工企业、监理机构及相关政府部门解决水利工程建设施工质量监控和工程项目管理等问题。我在该项目中担任系统分析师，主要负责该系统的系统分析及设计工作。本文以胶凝砂砾石坝施工质量监控系统为例，主要论述了 SOA 在企业集成架构设计中的具体应用。服务提供者主要完成服务的设计、描述、定义和发布等相关工作；服务注册中心保证该系统各个模块、服务的相互独立性与松耦合；服务请求者通过 Web Service 技术调用服务。实践证明，通过以上技术的应用有效实现了资源共享和系统间的互操作性，提高了系统的灵活性，最终系统顺利上线，获得用户一致好评。

胶凝砂砾石坝是在面板坝和碾压混凝土重力坝基础上发展起来的一种新坝型，其特点是采用胶凝砂砾石材料筑坝，使用高效率的土石方运输机械和压实机械施工。与常规坝型相比，胶凝砂砾石坝在适用性和经济性方面具有独特的优势，可以就地、就近取材，不需设置集料筛分，施工进度快，施工工序简单高效，因而要求施工过程紧凑，高峰期筑坝效率要求高，这给施工质量控制带来了一定的困难和风险，需要综合考虑影响施工质量的各方面因素，尽量采用自动化监控手段，加强实时质量监控力度，这使胶凝砂砾石坝施工质量监控系统应运而生。

正文：2016 年 8 月，我参与了胶凝砂砾石坝施工质量监控系统的开发工作，担任该系统的系统分析师，主要负责该系统的系统分析及设计工作。该系统的主要功能模块包括采料监控、运料监控、拌和监控、碾压监控和温湿度监控等。旨在帮助水利工程建设法人单位、施工企业、监理机构及相关政府部门，解决水利工程建设施工质量监控和工程项目管理等问题，通过信息技术和施工信息现场采集、实时传输、统一存储、科学分析和在线处理，及时生成质量监控报表和发布质量预警信息，提高水利工程建设管理的科学化、现代化和信息化，落实法人负责、监理控制、施工保证、政府监督等各项职能。因此，要满足该系统的需求，选择一种合适的架构技术至关重要。

SOA 是一种应用程序架构，在这种架构中，所有功能都定义为独立的服务，服务之间通过交互和协调完成业务的整体逻辑。SOA 指定了一组实体，包括服务提供者、服务消费者、服务注册表、服务条款、服务代理和服务契约，这些实体详细说明了如何提供和消费服务。服务提供者提供符合契约的服务，并将它们发布到服务代理。这些服务是自我包含的、无状态的实体，可以由多个组件组成。服务代理者作为存储库、目录库或票据交换所，产生由服务提供者发布的事先定义的标准化接口，使得服务可以提供给在任何异构平台和任何用户接口使用。这种松散耦合和跨技术实现，使各服务在交互过程中无须考虑双方的内部实现细节、实现技术以及部署在什么平台上，服务消费者只需要提出服务请求，就可以发现并调用其他的软件服务得到答案。SOA 作为一种粗粒度、松耦合的架构，具有松散耦合、粗粒度服务、标准化的接口、位置和传输协议透明、服务的封装和重用、服务的互操作等几个特点。

该系统要求开发周期短，系统灵活性高等，结合 SOA 的特点，我们最终采用了面向服务的、基于 SOA 的企业应用集成。下面具体论述其应用过程。

1. 服务提供者

服务提供者主要完成服务的设计、描述、定义和发布等相关工作。经过对水利行业施工工程及施工工艺的深入研究，通过查阅《胶凝砂砾石坝施工指南》等相关资料，根据企业应用集成的要求，对胶凝砂砾石坝施工质量监控系统的业务流程进行梳理；综合考虑服务粗粒度、松耦合、自包含和模块化等特点进行服务的设计。为了避免服务通信期间，信息量过大，服务之间交互过于频繁，尽量减少了服务的数量。同时，为了保证服务自身功能的完整性，尽可能地减少服务与系统之间的通信，在胶凝砂砾石坝施工质量监控系统的分析与开发过程中，先行设计，提取出了两个必要的、急需的服务便于日后集成使用，其中包括拌和监控中标准拌和比对比服务和碾压监控中的碾压轨迹生成服务。

在标准拌和比对比服务中主要实现针对现有拌和配比与标准拌和比的对比，以判断现有拌和配比是否符合标准的工作。由于胶凝砂砾石坝就地、就近取材的特性，因此在不同的水利施工工地所使用的材料也不尽相同，标准拌和比对比服务预留了标准拌和比的输入接口，以适应不同的需求。在碾压轨迹生成服务中主要实现读取定位信息绘制碾压轨迹，以监控是否存在漏碾和欠碾的情况。由于受到胶凝砂砾石坝选址和机密程度的限制，定位信息可以选择 GPS 或者超宽带技术，但是两种定位的方式的数据格式并不相同，因此碾压轨迹生成服务的开发中预留了两种数据格式的接口来读取定位信息。待完成服务设计之后，服务提供者采用 WSDL 进行服务描述，而后再利用 UDDI 技术将这些服务信息发布至服务注册中心，公布查找和定位服务的方法。

2. 服务注册中心和服务请求者

在胶凝砂砾石坝施工质量监控系统采用了服务注册中心。服务注册中心不是一个必选角色，但是为了保证该系统各个模块、服务的相互独立性与松耦合，在该系统中依然保留了服务注册中心。

同时，服务注册中心的存在也使得服务请求者与服务提供者之间进一步解耦。在服务注册中心包含已发布的标准拌和比对比服务与碾压监控中的碾压轨迹生成服务的描述信息，其描述信息主要包括服务功能描述、参数描述、接口定义、信息传递等相关信息。

服务请求者通过 Web Service 技术调用服务。当服务完成发布，在服务请求者要使用已发布的服务的时候，利用 Web Service 技术在拌和监控阶段，通过服务注册中心获取拌和监控中标准拌和比对比服务的相关功能、接口、参数及其返回值等相关服务信息；之后使用 Web Service 技术传递服务所需的标准拌和比等相关参数，进而调用该服务相关的运算、处理和分析。利用 Web Service 技术在拌和监控阶段，通过服务注册中心获取实时施工数据采集处理服务的服务定义和功能、接口、参数及其返回值等相关服务信息，之后根据施工工地的具体情况选择不同的定位方式，传递服务所需的相关参数，最后，实时施工数据采集处理服务运行结束返回的绘制碾压轨迹坐标点同样是利用 Web Service 技术传递至服务请求者。服务请求者接收到碾压轨迹的坐标点后最终完成碾压轨迹的绘制工作并在界面中将其呈现出来。在这期间服务请求者无须了解服务是如何对数据进行处理和分析的。

整个项目历时 10 个月开发，于 2017 年 6 月完成交付，到目前运行稳定。通过在水利施工工地等恶劣环境下的一段时间的使用，用户普遍反馈良好。总体来讲，选用 SOA 有如下优势：①系统更易维护。当需求发生变化时，不需要修改提供业务服务接口，只需要调整业务服务流程或者修改操作即可。②更高的可用性。该特点是在于服务提供者和服务请求者的松散耦合关系上得以发挥与体现。这种没有绑定在特定实现上、具有中立的接口定义的特征称为服务之间的松耦合。松耦合有两个明显的优势：一是它的灵活性，其独立于实现服务的硬件平台、操作系统和编程语言；二是当组成整个应用程序的每个服务的内部结构和实现逐渐地发生改变时，它能够继续存在。③更好的伸缩性，依靠业务服务设计、开发和部署等所采用的架构模型实现伸缩性。使得服务提供者可以互相彼此独立地进行调整，以满足新的服务需求。

实践证明，SOA 技术的使用大大提高了系统开发效率，节省了开发和维护成本，使得系统具有更好的开放性、易扩展性和可维护性，从项目完工后的使用效果来看，达到了预期目的。

27.3　论软件设计模式及其应用

27.3.1　真题分析及理论素材

软件设计模式（Software Design Pattern）是一套被反复使用的、多数人知晓的、经过分类编目的代码设计经验的总结。使用设计模式是为了重用代码以提高编码效率、增加代码的可理解性、保证代码的可靠性。软件设计模式是软件开发中的最佳实践之一，它经常被软件开发人员在面向对象软件开发过程中所采用。项目中合理地运用设计模式可以完美地解决很多问题，每种模式在实际应用中都有相应的原型与之相对，每种模式都描述了一个在软件开发中不断重复发生的问题，以及对应该原型问题的核心解决方案。

请围绕"论软件设计模式及其应用"论题，依次从以下三个方面进行论述。

1. 概要叙述你参与分析和开发的软件系统，以及你在项目中所担任的主要工作。

2. 说明常用的软件设计模式有哪几类，阐述每种类型特点及其所包含的设计模式。

3. 详细说明你所参与的软件系统开发项目中，采用了哪些软件设计模式，具体实施效果如何。

一、找准核心论点

问题 1 要点：

　　软件系统的概要：系统的背景、发起单位、目的、开发周期、交付的产品等。

　　"我"的角色和担任的主要工作。

问题 2 要点：

　　常用的软件设计模式的分类。

　　说明每种类型的特点及其所包含的设计模式。

问题 3 要点：

　　采用了哪些软件设计模式，说明其具体实施步骤。

　　最终效果如何。

二、理论素材准备

　　设计模式主要用于得到简洁灵活的系统设计，按设计模式的目的划分，可分为创建型、结构型和行为型三种模式；按设计模式的范围划分，即根据设计模式是作用于类还是作用于对象来划分，可以把设计模式分为类设计模式和对象设计模式。

27.3.2　合格范文赏析

　　摘要：2014 年 3 月，本人所在的公司承担了一项农业系统平台的开发项目，该项目主要是实现农业系统各项内部业务，以及各项农业项目的审批工作，并提供外部用户通过 Web 服务进行信息访问。我在该项目中担任系统架构设计师一职，负责系统的架构设计和软件开发的部分设计工作。本文以该农业系统平台的开发项目为例，主要论述了软件设计模式在该系统开发中的具体应用。在农产品标准化模块中，针对不同的农产品质量指标我们采用了责任链模式；在数据访问中我们采用了工厂模式，以实现对不同数据格式的转换；在验证码生成中我们采用了策略模式，以实现算法的灵活替换。通过使用这些设计模式，提高了软件的设计质量和开发效率，最终项目顺利上线，并获得用户一致好评。

　　正文：2014 年 3 月，本人所在的公司承担了某市农委系统的系统平台开发项目，该项目是农业系统的工作平台，承担着农委系统的内部业务工作，包括：生产处、环能处、经管处、农村处、生态处等多个处室。通过实施该系统，可以实现不同处室的业务信息的共享和交流，消除信息孤岛，提高办事效率和质量。通过这个平台，可以为农产品加工企业、合作社农户等涉农群体，提供信息公开、在线审批、政策查询、留言信箱、技术推广等农业服务，实现与农产品加工企业、合作社农户等社会群体的网上在线交互，提高服务三农的质量和水平。在该项目中，本人担任系统架构设计师，负责项目的架构设计以及软件开发的部分工作。

由于传统的结构化的软件设计方法不符合面向对象的设计原则，无法很好地实现高内聚和低耦合的要求。模块之间过于紧密，给软件扩展和维护带来了很多困难。在这种情况下，设计模式的出现和广泛应用给问题的解决提供了一种有效方法。通过利用设计模式，可以帮助开发者复用已有的设计方法，设计出结构合理、易于复用和可维护的软件，当用户需要发生改变时，可以通过修改少量代码或不修改原有代码即可满足新的需求，增强了系统的可修改性和稳定性，降低了系统开发成本。

一般而言，一个设计模式具有模式名称、适应场景、解决方案和效果四个方面的基本要素。设计模式依据其目的可以分为创建型、结构型、行为型三种类型。创建型模式，主要负责对象的创建工作，程序在确定需要创建对象时，可以获得更大的灵活性。常用的创建型设计模式有：单例模式、工厂方法、原型、构造器、抽象工厂等 5 种模式。结构型模式，负责处理类或对象之间的关系，用于构件结构更加复杂庞大的系统。常用的结构型设计模式有适配器、桥接模式、享元模式、组合模式、外观模式、代理模式等 7 种模式。行为型模式，主要任务是对类或对象如何交互以及为类和对象分配具体职责进行描述。常用的行为型模式有观察者、状态、策略模式、备忘录、命令、责任链、中介者等 11 种模式。这些设计方法都是经过反复使用的成熟方法，对优化软件结构，提高软件质量具有重要的指导意义。

在农业信息平台的开发过程中，我们综合使用了多种设计模式，本文着重对责任链模式、工厂方法、策略模式等 3 种设计模式在该项目中的具体应用进行介绍。

1. 责任链模式

我们在信息平台的开发过程中，需要完成对农产品质量进行标准化评选，从低到高评选无公害农产品、绿色产品、有机食品、地理标志认证 4 种认证方式，其中，无公害农产品的认定数量较多，标准较低，由农业生产处进行认定。在认定过程中，我们采用了责任链的设计模式。首先，定义了农产品对象 fproducts，该对象中保存有农产品质量的各项指标，包括水、空气、土壤等环境质量指标，及耕地净化、品种优质高抗、投入品无害化等生产技术。能够全面反映农产品质量水平。其次，我们定义了接口类 deal，接口中持有一个农产品对象和自身的接口，以及处理函数processrequest。对外提供对农产品进行分类，并存入不同的信息数据库。随后，我们定义了无公害处理类、绿色食品、有机食品和地理标识 4 个实现类。对农产品对象 fproducts 的处理，按照由高到低的顺序，依次进行处理，直到符合某个标准为止，并完成信息处理，将对象信息按照审核的分档标准存入信息库。通过这个方法，可以实现农产品对象与处理方法的分离。

2. 工厂方法

在农业产业化管理过程中，需要对各区（市）数据进行采集，由于不同类型的数据导入算法不同，在程序设计过程中，设计者需要定义若干类分别实现导入 Excel、XML、SQLdata 等类型的数据的算法，而且用户导入的数据类型存在不确定性，设计者无法确定应该实例化哪一个类。为解决这一问题，我们使用工厂方法模式。首先，定义一个数据访问接口类 import。同时，针对不同的数据类型，还定义了 ImportExcel、ImportXML、ImportSQLdata 具体产品类，实现了 import 所声明的公共接口，其主要功能是封装了不同类型的数据导入到数据库的具体算法。ImportCreator 是抽象工厂类，持有一个接口产品类 import 的对象。ImportexcelCreator、ImportXMLCreator、ImportSQLdata 是具体工程类，主要功能是生产具体产品实体，直接在客户端的调用下创建产品实例。通过工厂方法模式的引入，可以有效解决客户需求变化对设计的影响，设计者无须知道哪个子类被实例化，子类会根据具体情况自己决定实例化哪一个类，而且创建具体产品的细节也有着很好的封装，符合高内聚、低耦合的设计原则。当需要在系统中添加新的产品时，也不需要修改抽象工厂和抽象产品的接口，以及其他具体工厂和具体产品，具有很好的可扩展性。

3. 策略模式

在系统的安全性方面，我们采用了用户名—密码—自动验证码相结合的办法，以保证系统访问安全性。根据验证码的使用环境，一般分为数字验证码、汉字验证码、英文验证码三种类型。而生成不同类型验证码的算法存在巨大差异，为此需要定义不同的生成验证码的算法。为了解决此问题，可以利用策略模式将不同的算法封装起来，并使它们可以相互替换，使得算法独立于使用它的客户而变化。在设计策略模式中，我们定义了三个角色。环境角色：持有一个抽象策略角色 StrategyVerifyCode 接口的引用，并通过 StrategyVerifyCode 接口，来实现一个具体的策略算法；抽象策略角色：定义所有的具体策略类所需的统一访问接口；具体策略角色：包装了相关的算法或行为。在该项目中，我们按照数字、文字、字符三种类型，分别定义了 shuzi_verify、zifu_verify、wenzi_verify 三个具体的策略类。通过使用策略算法，将生成验证码的算法封装在一个个独立的策略类中，用户可以根据自己的需求从不同策略中进行选择，有效地避免了使用条件转移语句不易维护的缺点。而且策略模式利用组合代替继承，将算法的实现与算法的选择分离开来，降低了程序之间的耦合度，增强了代码的可扩展性和可维护性。

以上设计模式的选用基本达到了预期的效果。首先，这些设计模式都是一些常用的设计方法，在架构设计师、系统架构设计师、开发人员之间，形成了良好的沟通桥梁，大家很容易进行交流和沟通。其次，在使用设计模式过程中，软件的开发效率较高，能够节省开发成本。最重要的是，这些模式都是一些经过反复使用的成熟设计方案，符合面向对象中的设计规范，如面向接口编程、里氏替换原则、单一职责原则、依赖倒转等设计原则，最大限度地提高软件的标准化，为日后的系统维护打下了很好的基础。

当然，我们在设计过程中，也存在一些问题和不足，不少开发人员在设计过程中，有时还是习惯于原有的设计方法，对模式的使用有些抵触。而且，这些设计模式在应用过程中，往往不是单独使用，需要对多个模式进行综合运用。这方面，我们还缺少相关的经验。所以，在以后的项目设计中，我们将继续应用各种设计模式，做到融会贯通，实现不拘一格的目标，争取能设计出更多的高质量软件项目。

27.4　论高可靠性系统中软件容错技术的应用

27.4.1　真题分析及理论素材

容错技术是当前计算机领域研究的热点之一，是提高整个系统可靠性的有效途径，许多重要行业（如航空、航天、电力、银行等）对计算机系统提出了高可靠、高可用、高安全的要求，用于保障系统的连续工作，当硬件或软件发生故障后，计算机系统能快速完成故障的定位与处理，确保系统正常工作。

对于可靠性要求高的系统，在系统设计中应充分考虑系统的容错能力，通常，在硬件配置上，采用了冗余备份的方法，以便在资源上保证系统的可靠性。在软件设计上，主要考虑对错误（故障）的过滤、定位和处理，软件的容错算法是软件系统需要解决的关键技术，也是充分发挥硬件资源效率，提高系统可靠性的关键。

请围绕"高可靠性系统中软件容错技术的应用"论题，依次从以下三个方面进行论述。

1．简述你参与设计和开发的、与容错相关的软件项目以及你所承担的主要工作。

2．具体论述你在设计软件时，如何考虑容错问题，采用了哪几种容错技术和方法。

3．分析你所采用的容错方法是否达到系统的可靠性和实时性要求。

一、找准核心论点

问题 1 要点：

软件系统的概要：系统的背景、发起单位、目的、开发周期、交付的产品等。

"我"的角色和担任的主要工作。

问题 2 要点：

如何考虑容错问题。

采用的哪几种容错技术和方法。

问题 3 要点：

采用的容错方法是否达到系统的可靠性和实时性要求。

二、理论素材准备

系统可靠性是系统在规定的时间内及规定的环境条件下，完成规定功能的能力，也就是系统无故障运行的概率。

系统可用性是指在某个给定时间点上系统能够按照需求执行的概率。

可靠度就是系统在规定的条件下、规定的时间内不发生失效的概率。

失效率又称风险函数，也可以称为条件失效强度，是指运行至此刻系统未出现失效的情况下，单位时间系统出现失效的概率。

冗余技术：提高系统可靠性的技术可以分为避错（排错）技术和容错技术。避错是通过技术评审、系统测试和正确性证明等技术，在系统正式运行之前避免、发现和改正错误。

容错是指系统在运行过程中发生一定的硬件故障或软件错误时，仍能保持正常工作而不影响正确结果的一种性能或措施。容错技术主要是采用冗余方法来消除故障的影响。

冗余是指在正常系统运行所需的基础上加上一定数量的资源，包括信息、时间、硬件和软件。冗余是容错技术的基础，通过冗余资源的加入，可以使系统的可靠性得到较大的提高。主要的冗余技术有结构冗余（硬件冗余和软件冗余）、信息冗余、时间冗余和冗余附加四种。

软件容错的主要方法是提供足够的冗余信息和算法程序，使系统在实际运行时能够及时发现程序设计错误，采取补救措施，以提高系统可靠性，保证整个系统的正常运行。软件容错技术主要有 N 版本程序设计、恢复块设计和防卫式程序设计等。

N 版本程序设计：是一种静态的故障屏蔽技术，其设计思想是用 N 个具有相同功能的程序同时执行一项计算，结果通过多数表决来选择。其中 N 个版本的程序必须由不同的人独立设计，使用不同的方法、设计语言、开发环境和工具来实现，目的是减少 N 个版本的程序在表决点上相关错误的概率。

恢复块设计（动态冗余）：动态冗余又称为主动冗余，它是通过故障检测、故障定位及故障恢复等手段达到容错的目的。其主要方式是多重模块待机储备，当系统检测到某工作模块出现错误时，就用一个备用的模块来替代它并重新运行。各备用模块在其待机时，可与主模块一样工作，也可以不工作。前者叫热备份系统（双重系统），后者叫冷备份系统（双工系统、双份系统）。

防卫式程序设计：是一种不采用任何传统的容错技术就能实现软件容错的方法，对于程序中存在的错误和不一致性，防卫式程序设计的基本思想是通过在程序中包含错误检查代码和错误恢复代码，使得一旦发生错误，程序就能撤销错误状态，恢复到一个已知的正确状态中去。其实现策略包括错误检测、破坏估计和错误恢复三个方面。

双机容错技术：是一种软硬件结合的容错应用方案。该方案由两台服务器和一个外接共享磁盘阵列及相应的双机软件组成。

双机容错系统采用"心跳"方法保证主系统与备用系统的联系。所谓心跳，是指主从系统之间相互按照一定的时间间隔发送通信信号，表明各自系统当前的运行状态。一旦心跳信号表明主机系统发生故障，或者备用系统无法收到主系统的心跳信号，则系统的高可用性管理软件认为主系统发生故障，立即将系统资源转移到备用系统上，备用系统替代主系统工作，以保证系统正常运行和网络服务不间断。

工作模式：双机热备模式；双机互备模式；双机双工模式。

27.4.2　合格范文赏析

摘要：2016 年 3 月，我所就职的国内某知名互联网公司组织研发了一套分布式支付平台，该支付平台主要满足公司快速发展和各业务线业务流量日益增加的支付需求，用于支撑各业务线的支付功能，我有幸被定为该平台的架构设计师，主要负责架构设计工作。本文以该支付平台为例，主要论述了软件容错技术和方法在该系统中的具体应用。通过采用以集群化的形式进行应用部署；通过主备形式的数据库部署进行软件容错；通过程序设计方面进行软件的容错与避错。事实证明，以上软件容错技术的应用对于系统的可用性、安全性和可扩展性方面起到了很好的效果，满足了该系统的性能需求，并且该平台从上线到目前一直稳定运行，得到了各业务线负责人和公司高层领导的认可和赞赏。

正文：2016 年 3 月，我所就职的国内某知名互联网公司组织研发了一套分布式支付平台，由于公司快速发展和各业务线业务流量的日益增加，各业务线迫切需要一个稳定健壮的支付平台，以下简称为平台，用于支撑各业务线的支付功能，公司的业务流量入口分为 PC 端、移动端、微信端和其他渠道等。我作为该平台的架构设计师，主要负责该平台的架构设计工作。

平台采用的核心架构风格为微服务的架构风格，采用 Java 语言为核心开发语言，将平台服务划分为三类服务：核心服务，平台 Web 服务、平台保障服务。其中，核心服务主要分为订单服务、账户服务、网关服务、清结算对账服务、一键支付聚合服务等；平台 Web 服务主要提供与用户对接的界面等；平台保障服务主要包括 JOB 框架、平台报警服务、MQ 服务等。对这些服务中的核心服务、平台 Web 相关的服务必须要能满足 7×24 小时的稳定运行，对软件的可靠性要求非常高，所以在该平台中的这些核心服务就必须具备一定的容错能力，在某个服务运行出错的情况下不能影响到整个集群中的服务，这就要求在软件架构设计中必须考虑到软件容错技术的应用。

提高软件系统可靠性技术主要分为容错技术和避错技术，容错技术的主要方式为冗余，冗余又分为结构冗余、时间冗余、信息冗余、冗余附加。结构冗余又分为静态冗余、动态冗余和混合冗余。软件容错技术主要有 N 版本程序设计、恢复块设计和防卫式程序设计。结合互联网软件的性质，我主要采用了集群技术、数据库主从方式和程序设计方面来进行软件的容错与避错处理。下面就从以上三方面详细讨论我所采用的容错技术和方法。

1. 通过集群技术来容错

平台中的各服务如果在运行时部署在一台服务器上，那么当服务器发生故障，整个平台将不能再提供任何服务。所以一般非常小规模的应用才会采取这样的部署方式，像互联网应用这样的支付平台来说必须采用多机同时部署的方式，防止单台服务器宕机或者服务进程 Crash 导致整个平台不能提供服务的问题。通过多机同时部署，当一台服务出现问题时，可以很容易替换一台新服务器进行重新部署生效，通过服务客户端的软负载均衡功能，可动态剔除不可用服务机器，动态发现新加入集群的服务机器，使平台在出现故障时可平滑过渡，达到容错的目的。另外，平台中各服务当首次获取到的不易变的静态数据会将其存入非本地缓存中，例如采用了 rediscluster 技术，可以很好地保证写入缓存中的数据获取的高可靠性，恰当使用缓存不但会提升平台性能，同时还可以起到容错的效果，例如当某个服务所依赖的后端存储发生了短时的故障或者网络抖动，在这个时候大量的并发请求发现存储获取失败直接从缓存中获取，将数据返回给调用方，起到了很好的容错效果。

2. 通过数据库主从部署方式来容错

对于该平台来说，所依赖的后端数据库存储的稳定性是非常重要的，所有的订单，交易、账户等数据将直接存储到数据库中。如果数据库在运行过程中频繁宕机，那么带来的问题将是不能容忍的，因为会造成订单丢失、交易丢失、账户余额出错等问题，所以在这里就要求数据库存储要具有非常高的可靠性，同时具有很强的容错性，在这里我主要采用了数据库的部署结构为主从式方式，要求部署在不同服务器上，在不出问题的情况下对于一些时效性要求不是很高的场合从库可以负责承担一部分读流量，当主库发生读写问题时，可快速由其他的从库升级为主库继续服务，达到容错的效果。在这里我还采用了要求数据库宕机加报警的方式来防止宕机的主从数据库实例过多，导致在并发高的情况下没有可用的从库升级为主库提供服务，通过这样的方式也提高了整个平台的高可靠性。数据库的数据文件存储这里我也要求采用了 RAID 磁盘容错技术来防止单块磁盘损坏导致的数据文件丢失问题。

3. 通过程序设计方面进行软件的容错与避错

根据以往的架构经验，系统的不可靠大部分是由于程序内部的设计或者网络请求参数的配置或者连接池参数的配置不当所导致的。所以通过程序设计方面进行软件的容错是非常重要的。在程序设计方面的容错用得最普遍的就是防卫式程序设计，例如平台中的一键支付聚合服务，当在支付的过程中调用账户服务来进行账户金额扣减的时候，势必会调用账户服务传递请求对象来处理，如果说账户服务在被调用的这一刻网络抖动或者丢包的情况下，这个时候一键支付聚合服务必然会收到抛出的错误信息，如果没有通过恰当的容错处理，那么这次一键支付必然会给用户显示支付失败，不太友好，在这里我采用了 TRYCATCH 机制加三次重试的容错处理机制，解决了该次支付因网络抖动导致的支付失败问题。平台采用的是微服务的架构风格，那么在服务之间的通信过程中就涉及数据的传递，这里我采用了在数据传输协议的头部加 CRC 码来做到对错误数据处理的避错。

通过采用以上容错技术的方法和措施后，平台从上线运行到目前为止，各服务运行状态良好，通过日志分析来看，支付成功率很高，得到了公司高层领导和各业务线负责人的赞赏和认可。但在我看来还有如下两点不足：①各服务间调用事物一致性问题的容错处理。针对该问题，目前只能保证事物的最终一致性，因为根据 CAP 理论，要解决该问题确实存在一定的难度，后面我准备研究TCC 事物处理方式，尤其适合支付平台场景，争取在不损失性能的前提下最大限度地解决分布式事务的一致性问题；②目前所采用的最大努力推送型事务服务依赖 MQ 重复消息的问题。针对该问题我采用加了一张消息处理表的方式来解决，当收到消息的时候，先查询该条消息是否已经处理，如果没有处理直接进行处理并将其进行记录，防止重复处理导致支付数据出错。

软件容错技术对软件的稳定性起着至关重要的作用，尤其是针对互联网性质的软件并发高存在流量峰值等问题，软件容错技术的应用的重要性就不言而喻了。经过这次我所采用的软件容错技术的方法和措施的实施效果，使我也看到了自身的不足之处，我会在今后的架构设计过程中，不断更新自己的知识，不断完善自己的架构设计领域，设计出更好的软件架构，更好地支撑业务平台的运行，提高公司的竞争力，为公司、为社会尽一份绵薄之力。

27.5 论软件架构评估

27.5.1 真题分析及理论素材

对于软件系统，尤其是大规模的复杂软件系统来说，软件的系统架构对于确保最终系统的质量具有十分重要的意义，不恰当的系统架构将给项目开发带来很大的代价和难以避免的灾难。对一个系统架构进行评估，是为了：分析现有架构存在的潜在风险，检验设计中提出的质量需求，在系统被构建之前分析现有系统架构对于系统质量的影响，提出系统架构的改进方案。架构评估是软件开发过程中的重要环节。请围绕"论软件系统架构评估"论题，依次从以下三个方面进行论述。

1. 概要叙述你所参与架构评估的软件系统，以及在评估过程中所担任的主要工作。

2. 分析软件系统架构评估中所普遍关注的质量属性有哪些。详细阐述每种质量属性的具体含义。

3. 详细说明你所参与的软件系统架构评估中，采用了哪种评估方法，具体实施过程和效果如何。

一、理论素材准备

（1）质量属性。

1）性能：指系统的响应能力，即要经过多长时间才能对某个事件作出响应，或者在某段时间内系统所能处理的事件的个数，如响应时间、吞吐量。设计策略：优先级队列、增加计算资源、减少计算开销、引入并发机制、采用资源调度等。

2）可靠性：是软件系统在应用或系统错误面前，在意外或错误使用的情况下维持软件系统的功能特性的基本能力，如 MTTF、MTBF。设计策略：心跳、Ping/Echo、冗余、选举。

3）可用性：是系统能够正常运行的时间比例，经常用两次故障之间的时间长度或在出现故障时系统能够恢复正常的速度来表示，如故障间隔时间。设计策略：心跳、Ping/Echo、冗余、选举。

4）安全性：是指系统在向合法用户提供服务的同时能够阻止非授权用户使用的企图或拒绝服务的能力，如保密性、完整性、不可抵赖性、可控性。设计策略：入侵检测、用户认证、用户授权、追踪审计。

5）可修改性：指能够快速地以较高的性价比对系统进行变更的能力。通常以某些具体的变更为基准，通过考查这些变更的代价衡量。设计策略：接口—实现分类、抽象、信息隐藏。

6）功能性：是系统所能完成所期望的工作的能力。一项任务的完成需要系统中许多或大多数构件的相互协作。

7）可变性：指体系结构经扩充或变更而成为新体系结构的能力。这种新体系结构应该符合预先定义的规则，在某些具体方面不同于原有的体系结构。当要将某个体系结构作为一系列相关产品的基础时，可变性是很重要的。

8）互操作性：作为系统组成部分的软件不是独立存在的，经常与其他系统或自身环境相互作用。为了支持互操作性，软件体系结构必须为外部可视的功能特性和数据结构提供精心设计的软件入口。程序和用其他编程语言编写的软件系统的交互作用就是互操作性的问题，也影响应用的软件体系结构。

（2）敏感点：是指为了实现某种特定的质量属性，一个或多个构件所具有的特性。

（3）权衡点：是影响多个质量属性的特性，是多个质量属性的敏感点。

风险点与非风险点不是以标准专业术语形式出现的，只是一个常规概念，即可能引起风险的因素，可称为风险点。某个做法如果有隐患，有可能导致一些问题，则为风险点；而如果某件事是可行的、可接受的，则为非风险点。

二、体系架构权衡分析法

体系架构权衡分析法（Architecture Tradeoff Analysis Method，ATAM）是在 SAAM 的基础上发展起来的，主要针对性能、实用性、安全性和可修改性，在系统开发之前，对这些质量属性进行评价和折中。

（1）特定目标：ATAM 的目标是在考虑多个相互影响的质量属性的情况下，从原则上提供一种理解软件体系结构的能力的方法。对于特定的软件体系结构，在系统开发之前，可以使用 ATAM 方法确定在多个质量属性之间折中的必要性。

（2）质量属性：ATAM 方法分析多个相互竞争的质量属性。开始时考虑的是系统的可修改性、安全性、性能和可用性。

（3）风险承担者：在场景、需求收集有关的活动中，ATAM 方法需要所有系统相关人员的参与。

（4）体系架构描述：体系结构空间受到历史遗留系统、互操作性和以前失败的项目约束。在五个基本架构的基础上进行体系架构描述，这五个结构是从 Kruchten 的 4+1 视图派生而来的。其中逻辑视图被分为功能结构和代码结构。这些结构加上它们之间适当的映射可以完整地描述一个体系结构。用一组消息顺序图显示运行时的交互和场景，对体系结构描述加以注解。ATAM 方法被用于体系架构设计中，或被另一组分析人员用于检查最终版本的体系结构。

（5）评估技术：可以把 ATAM 方法视为一个框架，该框架依赖于质量属性，可以使用不同的分析技术。它集成了多个优秀的单一理论模型，其中每一个都能够高效、实用地处理属性。该方法使用了场景技术。从不同的体系结构角度，有三种不同类型的场景，分别是用例（包括对系统典型的使用，还用于引出信息）、增长场景（用于涵盖与它的系统修改）、探测场景（用于涵盖那些可能会对系统造成压迫的极端修改）。ATAM 还使用定性的启发式分析方法，在对一个质量属性构造了一个精确分析模型时要进行分析，定性的启发式分析方法就是这种分析的粗粒度版本。

（6）方法的活动：ATAM 被分为四个主要的活动领域（或阶段），分别是场景和需求收集、体系结构视图和场景实现、属性模型构造和分析、折中。

（7）领域知识库的可重用性：领域知识库通过基于属性的体系结构风格维护。

（8）**方法验证**：该方法已经应用到多个软件系统，但仍处在研究之中。虽然软件体系结构分析与评价已经取得了很大的进步，但是在某些方面也存在一些问题。

27.5.2　合格范文赏析

摘要：2016 年 3 月，我公司承担了某安全中心漏洞挖掘系统的开发工作，我在该项目中担任系统架构设计师的职务，主要负责系统的架构设计。该项目的主要目的是依托大数据平台从互联网流量中挖掘未知漏洞。本文以漏洞挖掘系统为例，论述了软件系统的架构评估。首先分析了软件架构评估所普遍关注的质量属性并阐述了其性能、可用性、可修改性和安全性的具体含义。整个系统采用了面向服务（SOA）的架构设计方法。在架构设计完成之后，对 SA 评估采用了基于场景的评估方式中的体系结构权衡分析方法（ATAM），并详细描述了其评估过程，项目评估小组经过对项目的风险点、敏感点和权衡点的讨论后生成了质量效应树。目前系统已稳定运行一年多，从而验证了该项目采用 ATAM 架构评估保证了系统的顺利完成。

正文：随着互联网的快速发展，网络上出现的安全问题越来越多，从互联网发展至今，已经爆发了众多的网络攻击事件，如网络蠕虫病毒感染、主机被控制、数据库被非法访问、非法电子银行转账等。针对这些安全问题，很有必要开发一种 Web 漏洞的发现和利用技术。2016 年 3 月我公司承接了国家某安全中心漏洞挖掘系统的开发工作。该项目通过对互联网中的流量进行特征分析，从中提取出相关的攻击内容，并将这些内容存储到大数据平台，结合大数据分析技术，对攻击者进行跟踪分析，从而捕获出未知漏洞。通过这种漏洞挖掘技术可以极大地解决大数据、大流量背景下 Web 攻击入侵，帮助用户做好"事中"的安全工作，协助安全厂商对互联网攻击进行针对性过滤。

系统在整体架构上采用了面向服务的架构。前端采用了 PHP 进行开发，后台流量分析工作采用运行性较高的 C 语言在 Linux 服务器上开发，流量包存储使用了企业磁盘阵列，数据存储采用了 MySQL。通过将系统拆分为多个子模块，在各个子模块的构建上用服务进行了封装，它们之间通过消息进行通信。经过对客户需求的分析，我将该系统拆分为了流量捕获模块（负责从互联网中捕获流量）、PCAP 文件存储模块（负责将互联网中的流量存储到大数据平台）、流量分析模块（负责对流量进行分析验证）、数据库模块（负责漏洞数据的存储）和 Web 管理模块（负责下发漏洞规则和查看漏洞信息）。下面先介绍软件架构评估的质量属性。

架构评估是软件开发过程中的重要环节，在软件架构评估中的质量属性有：性能、可用性、可修改性、安全性、可测试性、可靠性和易用性等。其中前四个质量属性是质量效应树的重要组成部分。性能是指系统的响应能力，即经过多长时间对事件作出响应。可用性是指系统能够正常运行的比例，通过用两次故障之间的时间长度或出现故障时系统能够恢复的速度来表示。可修改性是指系统能以较高的性价比对系统作出变更的能力。安全性是指系统能够向合法用户提供服务，同时拒绝非授权用户使用或拒绝服务的能力。

常用的架构评估方法有：基于问卷调查的评估方式、基于场景的评估方式和基于度量的评估方式。基于问卷调查的评估方式是由多个评估专家通过调查问卷的方式回答问卷中的问题，对多个评估结果进行综合，得到最终结果，其评价具有主观性不太适合本项目。基于度量的评估方式虽然评价比较客观，但是需要评估者对系统的架构有精确的了解，也不太适合本项目。而基于场景的评估要求评估者对系统中等了解，评价比较主观，故本项目采用了基于场景的评估方式。基于场景的评估方式又分为架构权衡分析法（ATAM）、软件架构分析法（SAAM）和成本效益分析法（CBAM）。本项目中根据不同质量属性使用了 ATAM 作为系统架构评估的方法。

在使用 ATAM 进行架构评估时，我们根据项目需要成立了项目评估小组。其主要成员包括：评估小组负责人、项目决策者、架构设计师、用户、开发人员、测试人员、系统部署人员等项目干系人。我在这里的身份是项目的评估小组负责人和首席架构师。架构的评估经历了描述和介绍阶段、调查和分析阶段、测试阶段和报告阶段四个阶段。下面我分别从这四个阶段进行介绍。

在描述和介绍阶段，由于项目评估成员有部分人员对 ATAM 并不熟悉，我首先介绍 ATAM 的方法。它是一种基于场景的软件架构评估方法，对系统的多个质量属性基于场景进行评估。通过该评估确认系统存在的风险，并检查各自的非功能性需求是否满足需求。客户也阐述了系统的目的和商业动机。项目是为了通过捕获互联网流量从而挖掘出有价值的漏洞信息。通过实时获取漏洞可以有效地展开防御，保证网站的安全性。客户关注系统的性能及系统能否获取高质量的漏洞信息。最后作为架构设计师的我描述了系统将要采用的 SOA 架构，并将系统进行了拆分，讲解了各个子模块的功能，初步决定系统服务端在 Linux 下使用 C 语言进行开发。

在调查和分析阶段，不同的需求方基于各自的考虑都提出了各自的要求。其中客户方提出：系统要保证其可靠性，特别是针对黑客 IP 进行跟踪时，系统发生故障必须在 1 分钟内恢复，此优先级最高。经过自动化分析，系统对漏洞的自动识别率必须达到 90% 以上，此优先级较高。系统可以对规则模块实时进行修改，其修改工作必须在 1 人天完成，以便可以根据最新的规则进行漏洞捕获。系统要确保一定的安全性。安全分析人员提出：系统需要过滤大部分正常的流量，以减轻安全分析人员的分析难度。系统必须提取出有价值的高风险 IP，无效的流量跟踪将会带来产出的低下。开发人员提出为了保证系统的开发效率及系统修改性，可以进行并行开发。经过总结我们获得了系统的质量效应树如下（考试时绘简要图）。

针对这些场景我们分析了项目开发过程中的风险点、敏感点和权衡点。经过分析，该项目中存在以下风险点：黑客的 IP 如果不能实时捕获，将会丢失重要漏洞信息；系统中对消息的处理如果超过 12 小时，将会产生大量的消息积压。敏感点有：用户的加密级别、漏洞规则的修改。权衡点有：改变漏洞规则的严格程度会提升漏洞的准确率，同时带来系统性能的下降。改变系统的加密级别对系统的安全性和性能都会产生影响。

在测试阶段：经过评估小组集体讨论，确定了不同场景的优先级。系统的可用性最高，性能其次，可修改性及安全性优先级较低。在保证系统可用性方面，在流量捕获部分使用双机热备技术，在两个捕获系统之间设置心跳，当一台捕获系统出问题时，另一台捕获设备接管。在流量自动化分析部分，采用了集群部署技术，一台分析设备出问题，不会影响整个分析系统。在保证数据安全性方面，磁盘采用企业磁盘阵列 RAID5 机制。在用户数据安全性方面，采用了非对称加密及信息摘要技术。

最后形成了评估报告，经过对架构的评估，确定了系统的风险点、敏感点、权衡点和非风险点，最后以文档的形式表现。其包括的内容有：架构分析方法文档、架构的不同场景及各自的优先级、质量效应树、风险点决策、非风险点决策及每次的评估会议记录。

　　该项目开发工作于 2016 年 8 月完工，系统上线后，我们的安全分析人员和客户使用该系统对互联网流量进行漏洞挖掘，一共产生了 150 种以上的 Web 流量攻击、流量特征和五个未知 Web 漏洞。在国家某安全中心网研室的其他项目中起到了支撑作用，尤其是某变量覆盖漏洞、某文件写入漏洞，某 SQL 注入漏洞在项目使用过程中取得了一定的效果，得到了好评。为开展互联网安全事件的防御、发现、预警和协调处置等工作提供了数据依据，更好地维护了国家公共互联网安全，保障了基础信息网络和重要信息系统的安全运行。

27.6　论信息系统的安全性与保密性设计

27.6.1　真题分析及理论素材

　　在企业信息化推进的过程中，需要建设许多的信息系统，这些系统能够实现高效率、低成本的运行，为企业提升竞争力。但在设计和实现这些信息系统时，除了针对具体业务需求进行详细的分析，保证满足具体的业务需求之外，还要加强信息系统安全方面的考虑。因为如果一个系统的安全措施没有做好，那么系统功能越强大，系统出安全事故时的危害与损失也就越大。

　　请围绕"信息系统的安全性与保密性"论题，依次从以下三个方面进行论述。

　　1．概要叙述你参与分析设计的信息系统及你所承担的主要工作。

　　2．深入讨论作者参与建设的信息系统中，面临的安全及保密性问题，以及解决该问题采用的技术方案。

　　3．经过系统运行实践，客观地评价你的技术方案，并指出不足，以及解决方案。

　　一、找准核心论点

　　问题 1 要点：

　　　软件系统的概要：系统的背景、发起单位、目的、开发周期、交付的产品等。

　　　"我"的角色和担任的主要工作。

　　问题 2 要点：

　　　参与建设的信息系统中面临的安全及保密性问题。

　　　采用的技术方案。

　　问题 3 要点：

　　　评价该技术方案。

　　　指出该方案的不足并提出解决方案。

　　二、理论素材准备

　　信息安全技术：对称加密，非对称加密，数字信封，信息摘要，数字签名，数字证书。

　　网络安全技术：防火墙、入侵检测、计算机病毒和木马的防护。

27.6.2　合格范文赏析

摘要：2015 年 3 月，我所在的公司承接了一款养老管理信息平台，该平台以养老为主线，其中包括养老档案、照护计划、服务审计、状况跟踪、费用管理等方面的 60 多个业务功能模块，我在项目中担任系统架构设计师，主要负责整个系统的架构设计。本文以该养老管理信息平台为例，主要论述了针对该系统的安全及保密性问题，我们所采用的技术手段及解决方案。在网络硬件层通过设置硬件防火墙，来保证内部网络安全性；在数据层通过设置数据加密及容灾备份机制，以此保证数据抗突发风险的安全；在应用层统一采用 RBAC 的授权机制，来保证整个系统认证环节的安全性。事实证明，以上技术方案的实现对整个系统的安全和保密性方面起到了很好的效果，最终项目顺利上线，运行稳定，受到了广大用户的一致好评。

正文：目前我国已经进入到老龄化社会，老龄人口逐年增长，按照老龄办提供的数字，预计到 2020 年中国的老年人口将要达到 2.48 亿，从整个养老产业的规模来看，估算在 2025 年要增加到 5 万亿规模，市场前景巨大。随着互联网的迅猛发展，各行各业都在进行着互联网+的尝试，希望搭上这个发展契机。其中，养老领域更迫切需要解决养老专业化程度低、信息化不足、健康照护水平滞后等一系列亟待解决的问题。

2015 年 3 月，我所在的公司承担了全国老龄办及全国几十家养老和医疗机构合作进行的养老管理信息平台的开发工作，我在该项目中担任系统架构设计师，主要负责应用系统的软件架构设计。由于我们公司在医疗行业领域有着丰富的成功经验，同时，近些年在养老领域也成功实施过很多成熟的案例，所以，一期投资方出资 3000 万元，委托我们进行这项综合性养老管理平台的开发工作。该平台以养老为主线，其中包括养老档案，照护计划，服务审计，状况跟踪，费用管理，决策支持等方面的 60 多个业务功能模块，系统功能相当完备。

经过前期对全国几十家养老机构和相关合作的医疗单位的调研分析，结合原有的经验，对整个系统业务进行详细规划和相关设备的初步选型，即我们内部所说的"两版三端"的方案，机构养老和社区养老两个子系统，同时能够在 PC 端、PAD 端、手机端三端进行呈现和交互。整个养老管理信息平台基于 B/A/S 模式的分层架构风格设计。当前信息安全问题严重，而养老云平台是一个养老大型综合管理平台，确保系统的安全性和保密性显得尤为重要，让使用我们平台的每一家机构、社区、老人及相关亲人都能够安心和放心。这样，只有最终得到了用户的信赖，系统的前景才会发展得更好。所以，我在系统的安全性和保密性方面做了充分的设计。

1. 网络硬件层安全方案

因为网络和硬件是整个系统运行的基础，也是很多外部攻击的主要途径，所以，需要进行合理规划。我把网络拓扑结构划分为外部网络、内部网络和 DMZ 三部分。在外部网络和内部网络之间设置了硬件防火墙，主要是防止外部的恶意攻击。在防火墙后，为了加强对病毒入侵的防范，又设置了硬件的防毒墙。为了防止外部客户通过 DNS 服务直接访问到我们服务器的目标地址，在内部网络中又增加了反向代理服务器，对外只暴露代理服务器的虚拟 IP，更好地保护了应用服务器被攻击的可能性。应用服务器和数据库服务器做了物理隔离，内部人员也无法通过 IP 直接访问，只能通过跳板机由服务器管理员进行操作，阻断了外界通过内部客户端代理的访问对服务器造成攻击。对于一些核心的 FTP 服务器、DNS 服务器、Web 服务器都规划到 DMZ 中。

2. 数据层安全方案

数据是整个系统平台的核心，其中涉及大量个人隐私数据和重要信息资产，安全不容忽视。我主要从数据存储、数据访问和数据容灾几个方面进行了规划。由于系统主要存放的养老档案数据，其中涉及很多个人隐私，为了防止数据泄露，我们在存储时进行了加密处理。虽然在处理中损失些性能，但是，提高了数据的安全性和保密性。我们采购了商业数据库 Oracle 作为后台存储，由于其极佳的商业口碑，可对数据存储的安全提供强大保证。我还加强了访问权限的限制，在数据库的访问权限上，都根据不同角色进行了详细划分，包括对数据库、表、索、记录等的增、删、改、查进行了限制，严格防止非法用户对数据库的恶意破坏。同时，在数据库本身，也制订了基于全量、增量、差量的按周备份计划，保证每时每刻的数据都可以及时恢复。在物理存储上也做了本地多机房的容灾备份，充分保证数据抗突发风险的安全。

3. 应用层安全方案

由于我们的系统架构采用的是分层架构风格，同时，又是采用"三端"的形式，所以，在用户认证、接口传输等方面做了充分设计。由于系统涉及养老机构工作人员、老人及家属等，角色众多，统一采用 RBAC 的授权机制，既增强了系统安全性满足业务需求，同时，也减轻了由于权限信息维护的负担。在登录界面设计上，不仅仅需要提供用户名+口令，同时设置了校验码，而且还增加了动态口令，通过短信接收验证码，以此来防止暴露非法破解登录，保证整个系统认证环节的安全性。密码提交和存储过程中，一律通过 MD5+salt 加密，即使密码泄露也不会被解密。接口设计是整个系统通信的安全保障，为了防止外部人员恶意调用和窃取信息，我们采用了令牌机制保障每次通信的安全性，即在登录后，通过加密传输的用户信息和时间戳获取到 token 令牌，然后在后续每次通信传输过程服务端对 token 进行校验，充分保障了接口调用的安全。

整个项目历时 10 个月开发完成，到目前运行稳定。通过用户一段时间的使用反馈，不论是 PC 端，还是 PAD 端和手机端，在任何环境下使用系统，基本没有信息泄露的情况发生。但是，一些用户反馈，手机登录需要时间较长，查询和保存老人档案信息有时候需要等待，经过分析，是由于登录需要对用户和密码信息进行客户端加密处理，加密算法耗费了移动端 CPU 资源，同时在服务端也对数据进行加密处理，返回客户端 token 也消耗了不少时间。老人档案也是由于敏感信息加密的问题，耗费了 CPU 的处理时间，我们后面通过选择效率更高的加密算法改善了这个问题。

实践证明，项目能够顺利上线并运行稳定、使用良好，与系统在安全性和保密性方面的设计密不可分。系统安全是一个永久的话题，我们对系统安全性的完善是一个持续的过程，接下来，我们还会继续不断完善系统安全方面的设计缺陷和不足，使整个养老平台更加安全、好用。

27.7　基于构件的软件开发

27.7.1　真题分析及理论素材

软件系统的复杂性不断增长、软件人员的频繁流动和软件行业的激烈竞争迫使软件企业提高软件质量、积累和固化知识财富，并尽可能地缩短软件产品的开发周期。

集软件复用、分布式对象计算、企业级应用开发等技术于一体的"基于构件的软件开发"应运而生，这种技术以软件架构为组装蓝图，以可复用软件构件为组装模块，支持组装式软件的复用，大大提高了软件生产效率和软件质量。

请围绕"基于构件的软件开发"论题，依次从以下三个方面进行论述。

1．简述你所参与开发的运用了构件技术的项目，以及你所担任的工作。

2．论述你在项目中如何运用构件技术来进行软件开发。

3．分析并讨论各种构件技术的优点、缺点，并展望构件技术的发展趋势。

一、找准核心论点

问题 1 要点：

　　软件系统的概要：系统的背景、发起单位、目的、开发周期、交付的产品等。

　　"我"的角色和担任的主要工作。

问题 2 要点：

　　如何运用构件技术来进行软件开发。

　　具体实施过程。

问题 3 要点：

　　各种构件技术的优点、缺点。

　　展望构件技术的发展趋势。

二、理论素材准备

（1）构件的概念。构件是一个独立可交付的功能单元，外界通过接口访问其提供的服务。构件由一组通常需要同时部署的原子构件组成。一个原子构件是一个模块和一组资源。原子构件是部署、版本控制和替换的基本单位。原子构件通常成组地部署，但是它也能够被单独部署。

构件和原子构件之间的区别在于，大多数原子构件永远都不会被单独部署，尽管它们可以被单独部署。相反，大多数原子构件都属于一个构件家族，一次部署往往涉及整个家族。

一个模块是不带单独资源的原子构件（在这个严格定义下，Java 包不是模块——在 Java 中部署的原子单元是类文件。一个单独的包被编译成多个单独的类文件——每个公共类都有一个）。

模块是一组类和可能的非面向对象的结构体，比如过程或者函数。

（2）构件和对象。构件的特性：①独立部署单元；②作为第三方的组装单元；③没有（外部的）可见状态。一个构件可以包含多个类元素，但是一个类元素只能属于一个构件。将一个类拆分进行部署通常没什么意义。

对象的特性：①一个实例单元，具有唯一的标志；②可能具有状态，此状态外部可见；③封装了自己的状态和行为。

（3）构件接口。接口标准化是对接口中消息的格式、模式和协议的标准化。它不是要将接口格式化为参数化操作的集合，而是关注输入输出的消息的标准化，它强调当机器在网络中互连时，标准的消息模式、格式、协议的重要性。

（4）面向构件的编程（COP）。COP 关注于如何支持建立面向构件的解决方案。面向构件的编程需要下列基本支持：

——多态性（可替代性）；

——模块封装性（高层次信息的隐藏）；

——后期的绑定和装载（部署独立性）；

——安全性（类型和模块安全性）。

构件技术就是利用某种编程手段，将一些人们所关心的，但又不便于让最终用户去直接操作的细节进行封装，同时对各种业务逻辑规则进行了实现，用于处理用户的内部操作细节。

（5）目前，国际上常用的构件标准主要有三大流派，分别是 COM/DCOM/COM+、CORBA 和 EJB。

1）EJB（Enterprise Java Bean）规范由 Sun 公司制定，有三种类型的 EJB，分别是会话 Bean（Session Bean）、实体 Bean（Entity Bean）和消息驱动 Bean（Message-Driven Bean）。

EJB 实现应用中关键的业务逻辑，创建基于构件的企业级应用程序。EJB 在应用服务器的 EJB 容器内运行，由容器提供所有基本的中间层服务，如事务管理、安全、远程客户连接、生命周期管理和数据库连接缓冲等。

2）COM、DCOM、COM+：COM 是微软公司的。DCOM 是 COM 的进一步扩展，具有位置独立性和语言无关性。COM+并不是 COM 的新版本，是 COM 的新发展或是更高层次的应用。

3）CORBA 标准主要分为三个层次：对象请求代理、公共对象服务和公共设施。

最底层是对象请求代理（ORB），规定了分布对象的定义（接口）和语言映像，实现对象间的通信和互操作，是分布对象系统中的"软总线"。

在 ORB 之上定义了很多公共服务，可以提供诸如并发服务、名字服务、事务（交易）服务、安全服务等各种各样的服务。

最上层的公共设施则定义了组件框架，提供可直接为业务对象使用的服务，规定业务对象有效协作所需的协定规则。

27.7.2　合格范文赏析

摘要：本文以我主持开发的某公司生产经营管理系统为例，探讨了基于构件的软件开发问题。该系统是一个集原料采购、生产管理、物流管控等七大功能于一体的综合信息系统，在该系统的开发过程中，我担任系统架构师角色，主要负责需求分析、系统建模和方案设计三个方面的工作。本文首先简要分析了 CORBA、EJB、COM/DCOM 三种构件技术的特点，然后着重论述了采用构件技术进行软件开发的过程。在构件的获取阶段，我们采用了三种构件获取方式来解决用户提出的三类不同的需求；在构件的开发阶段，我们统一采用一个查询构件进行了封装，以实现将同一功能的不同表现封装到一个独立的构件中；在构件组装阶段，采用了三种构件组装方式完成了构件的组装。最终项目顺利上线并运行稳定，获得用户一致好评。

正文：2013 年 5 月，我所在的公司承接了某大型粮食加工企业某公司生产经营综合管理系统的开发工作。该系统是某公司在国家粮食案例政策的指导下，结合自身经营管理需求提出建设的。其目的是对内加强管理，对外提升服务，以实现提升品牌形象、保护消费者利益的战略目标。系统整体上分为两个部分：一是经营管理 Web 平台；二是手机 App 应用。系统采用了基于服务的层次架构，共分为三层。其中用户界面层使用 Extjs、senchatouch 和 phonegap 框架实现，业务服务层使用.Net 平台实现，数据层使用 IBMDB2V9.5。该系统于 2013 年 5 月开始建设，2014 年 6 月上线运行，历时一年。在系统的开发过程中，我担任系统架构师角色，负责需求的获取和分析、系统建模和总体方案设计工作。在系统的实现过程中，我和我的团队使用了基于构件的软件开发技术，收到了很好的效果。

基于构件的软件开发是在面向对象技术的基础上发展起来的，它是软件危机问题日益突出形势下的产物，它有效地解决了软件系统复杂度、成本、质量、效率等难以控制的问题，受到业界的广泛推崇。当前主流的软件构件技术有三大流派，分别是 OMG 的 CORBA、Sun 的 EJB 和微软的 COM 技术。上述三种技术中，CORBA 实现的是最为典型的，它分为对象请示代理、公共对象服务和公共设施三个层次，其特点是大而全，互操作性和开放性特别好，其缺点是庞大且复杂，相关技术和标准更新缓慢。相比之下，EJB 的发展要更加迅速，它是在 Java 语言基础上建立的服务器端组件模型，具有优秀的跨平台性。EJB 框架提供了远程访问、安全、持久化和生命周期等多种支持分布式计算的服务，目前 Java 和 CORBA 有融合的趋势。最后是 COM 技术，它是微软公司的独家产品，基于 Windows 平台，功能强大、效率很高，且有一系列相应的开发工具支持，其最大的弱点是跨平台性较差，很多人认为 CORBA 将比 COM 技术走得更远。基于构件的软件开发技术能有效地简化设计、提高效率、保证质量，某公司生产经营管理系统的开发项目时间紧、任务重，我们使用基于构件的软件开发技术解决了软件开发中的各种问题，取得了很好的效果。

具体在实践过程中，我们开展了模块划分、构件标识、构件获取、构件组装与测试、构件管理等活动，这里重点谈一下"构件获取""构件开发"和"构件组装"三个方面的问题。

1. 构件获取

在本系统的开发过程中，用户提出的需求从实现方式上可分为三类。第一类需要修改当前的系统来实现，比如用户提出需要将某公司当前在用的两套生产控制系统的支行状态集成到目标系统中。第二类是直接使用我公司现成的构件来实现，如用户登录、角色权限管理、日志记录、数据库访问等基本功能。第三类需要集成第三方的服务来实现，如用户要求 App 软件需要具有消息推送、

GPS 定位功能，可通过集成第三方运营商的产品来实现，无须另行开发。针对上述三种类型的需求，我们采用了三种构件获取方式。首先是通过改造现有系统获得构件，我们与生产控制系统的开发商联系，请他们使用 COM 技术对软件的工作状态进行封装，并开放接口。其次是使用构件库中现成的构件，我公司在长期的软件项目建设过程中，积累了大量可重用的软件构件，如文件序列化、数据库连接等模块，这些构件可直接在新项目中使用。最后是集成第三方的构件，针对用户提出的消息推送和 GPS 定位功能，我们经过对比和测试，选择了一个百度的产品进行集成。此外我们还根据需求，重新开发了一些功能构件，以支撑用户的需求。

2．构件开发

构件的优势体现在其粗粒度的重用性，因此在构件的设计过程中，应尽可能将同一功能的不同表现封装到一个独立的构件中，以保持其高内聚、低耦合的特性，本系统的构件设计就很好地遵循了这一原则。以数据查询构件为例，整个系统中用户需要查询的数据多种多样，对分页显示的要求不尽相同，数据返回格式也不完全一致，可能是 XML，也可能是 JSON，针对所有这些查询需求，我们统一用一个查询构件进行了封装，开发人员只需要构造好 SQL 语句，再配合一些特定的参数，就能得到自己想要的结果，这样最大限度地保证了构件的可重用性和重用粒度。为了实现这一目标，有时还需要用到一些经典的设计模式。比如我们使用的数据库连接构件，就用到了抽象工作方法，构件可根据配置文件的内容，在运行过程中建立对不同数据库、不同方式的连接，很好地体现了构件的优势。

3．构件组装

不同的构件类型，需要采用不同的组装方式。在本系统的开发过程中，我们用到了以下三种方式。首先是 DCOM 构件的组装，采用了远程调用方式，该方式主要用于对生产控制系统构件的组装。其实现比较复杂，需要在控制系统上部署 DCOM 服务，还得在 Web 平台的 IIS 上配置相应的权限。其次是构件库中构件的组装，该方式比较简单，直接引用构件库中的产品文件，可能是 DLL 格式，或者是 C#的源码文件。最后是 SOA 服务调用组装，主要针对第三方的软件服务，其实现也很简单，使用基于 HTTP 的 Web Service 访问即可。需要注意的是在这种组装方式中，由于数据需要经过第三方的软件平台进行传输，需要采用一定的数据加密措施提高系统的安全性。

由于使用了基于构件的软件开发方式，某公司生产经营管理系统的开发工作进行得十分顺利，系统按期上线，并得到了用户的肯定。该项目的成功让我认识到好的软件设计思想和技术在软件开发过程中的作用和价值，坚定了我对基于构件的软件开发技术的信心。从软件行业的发展来看，从汇编语言、基于过程的软件开发、面向对象的软件开发，直到现在基于构件、面向服务的软件开发，我们可以认识到软件元素在两个维度上的进化趋势，即内部功能越来越强大、全面，对外的接口却越来越简单、标准，终有一日各领域的软件必将能在一个统一的标准下进行无缝组装，届时面向协作的软件开发、基于职能的软件开发等新技术都可能会出现，上层应用功能的实现也将变得异常简单，计算机软件可能会变得无所不在，数字化生活、智能地球等现在还比较超前的概念，将在那里得以实现。我想这一天值得每一位软件从业人员为之努力、期待。

27.8 论企业集成平台的技术与应用

27.8.1 真题分析及理论素材

企业集成平台是一个支持复杂信息环境下信息系统开发、集成和协同运行的软件支撑环境。它基于各种企业经营业务的信息特征，在异构分布环境（操作系统、网络、数据库）下为应用提供一致的信息访问和交互手段，对其上运行的应用进行管理，为应用提供服务，并支持企业信息环境下各特定领域的应用系统的集成。企业集成平台的核心是企业集成架构，包括信息、过程、应用集成的架构。

请以"企业集成平台的技术与应用"为题，依次从以下三个方面进行论述。

1. 概要叙述你参与管理和开发的企业集成平台相关的软件项目以及你在其中所承担的主要工作。

2. 简要说明企业集成平台的基本功能及企业集成的关键技术，并结合项目实际情况，阐述该项目所选择的关键技术及其原因。

3. 结合你具体参与管理和开发的实际项目，举例说明所采用的企业集成架构设计技术的具体实施方式及过程，并详细分析其实现效果。

一、找准核心论点

问题 1 要点：

软件系统的概要：系统的背景、发起单位、目的、开发周期、交付的产品等。

"我"的角色和担任的主要工作。

问题 2 要点：

企业集成平台的基本功能及企业集成的关键技术。

结合项目实际情况，阐述该项目所选择的关键技术及其原因。

问题 3 要点：

采用的企业集成架构设计技术的具体实施方式及过程。

详细分析其实现效果。

二、理论素材准备

1. 企业集成分类

（1）表示集成：即界面集成，是最原始的集成，黑盒集成。将多个信息系统的界面集成在一起，统一入口，为用户提供一个看上去统一，但是由多个系统组成的应用系统的集成，如桌面。

（2）数据集成：白盒集成，把不同来源、格式、特点性质的数据在逻辑上或者物理上有机地集中，从而为企业提供全面的数据共享，如数据仓库。

（3）控制集成（功能集成、应用集成）：黑盒集成，业务逻辑层次的集成，可以借助于远程过程调用或远程方法调用、面向消息的中间件等技术，将多个应用系统功能进行绑定，使之像一个实时运行的系统一样接受信息输入和产生数据输出，实现多个系统功能的叠加，如钉钉。

（4）业务流程集成：即过程集成，最彻底的、综合的集成，这种集成超越了数据和系统，由一系列基于标准的、统一数据格式的工作流组成。当进行业务流程集成时，企业必须对各种业务信息的交换进行定义、授权和管理，以便于改进操作、减少成本、提高响应速度。它包括应用集成、B2B 集成、自动化业务流程管理、人工流程管理、企业门户，以及对所有应用系统和流程的管理和监控等，如电子购物网站－第三方支付平台－银行－物流等流程集成。

2. 应用集成数据交换方式

共享数据库：在应用集成时，让多个应用系统通过直接共享数据库的方式，来进行数据交换，实时性强，可以频繁交互，属于同步方式；但是安全性、并发控制、死锁等问题突出。

消息传递：消息是软件对象之间进行交互和通信时所使用的一种数据结构，可以独立于软件平台而存在，适用于数据量小、但要求频繁、立即、可靠、异步的数据交换场合。

文件传输：是指在进行数据交换时，直接将数据文件传送到相应位置，让目标系统直接读取数据，可以一次性传送大量信息，但不适合频繁进行数据传送。适用于数据量大、交换频度小、即时性要求低的情况。

3. 企业集成平台

集成平台是支持企业集成的支撑环境，包括硬件、软件、软件工具和系统，通过集成各种企业应用软件形成企业集成系统。由于硬件环境和应用软件的多样性，企业信息系统的功能和环境都非常复杂，因此，为了能够较好地满足企业的应用需求，作为企业集成系统支持环境的集成平台，其基本功能主要有：

（1）通信服务。它提供分布环境下透明的同步/异步通信服务功能，使用户和应用程序无须关心具体的操作系统和应用程序所处的网络物理位置，而以透明的函数调用或对象服务方式完成它们所需的通信服务要求。

（2）信息集成服务。它为应用提供透明的信息访问服务，通过实现异种数据库系统之间数据的交换、互操作、分布数据管理和共享信息模型定义（或共享信息数据库的建立），使集成平台上运行的应用、服务或用户端能够以一致的语义和接口实现对数据（数据库、数据文件、应用交互信息）的访问与控制。

（3）应用集成服务。它通过高层应用编程接口来实现对相应应用程序的访问，这些高层应用编程接口包含在不同的适配器或代理中，它们被用来连接不同的应用程序。这些接口以函数或对象服务的方式向平台的组件模型提供信息，使用户在无须对原有系统进行修改（不会影响原有系统的功能）的情况下，只要在原系统的基础上加上相应的访问接口就可以将现有的、用不同的技术实现的系统互联起来、通过为应用提供数据交换和访问操作，使各种不同的系统能够相互协作。

（4）二次开发工具。二次开发工具是集成平台提供的一组帮助用户开发特定应用程序（如实现数据转换的适配器或应用封装服务等）的支持工具，其目的是简化用户在企业集成平台实施过程中（特定应用程序接口）的开发工作。

（5）平台运行管理工具。它是企业集成平台的运行管理和控制模块，负责企业集成平台系统的静态和动态配置、集成平台应用运行管理和维护、事件管理和出错管理等。通过命名服务、目录服务、平台的动态静态配置，以及其中的关键数据的定期备份等功能来维护整个服务平台的系统配置及稳定运行。

27.8.2　合格范文赏析

摘要：2015 年 2 月，本人所在的某家商业银行启动了零售 CRM 项目建设，该项目主要实现客户管理、客户分析、营销管理、绩效管理、数据 ETL 处理、多渠道数据服务等功能，在此项目中，我担任架构师，负责项目总体架构设计工作。本文以该零售 CRM 项目建设为例，主要论述了企业集成架构设计技术在该系统中的具体应用。操作型 CRM 和分析型 CRM 两个子系统通过零售 CRM 门户实现界面集成；数据服务系统通过银行已有 ESB 与各请求系统实现应用集成；利用数据总线和数据仓库实现数据集成，建立仓内零售 CRM 数据集市，为客户分析、绩效管理、数据服务提供数据支持。通过以上集成架构技术将项目中多个子系统进行整合，形成有机整体，最终项目顺利上线，至今系统运行稳定，受到用户一致好评。

正文：本人所在的某家商业银行分支机构遍布全国省会和重点城市，零售客户数量近 6000 万，客户经理数量约 5000。客户经营维系情况参差不齐，客户经理经营维系客户的策略、方法、工具缺乏统一性，抬高了经营成本，降低了客户体验。营销活动的有效性和目标性不强，往往营销成本较大但效果不明显，针对这些问题，同时为了适应竞争激烈的市场环境，该银行制定了零售 CRM 业务战略，并于 2015 年 2 月启动了零售 CRM 项目建设，主要实现客户管理、客户分析、营销管理、绩效管理、数据 ETL 处理、多渠道数据服务等功能，该项目旨在建立全行统一的零售客户经营管理体系和零售数据分析环境，充分发挥长期积累数据的业务价值，科学、有效地指导客户获取、营销、服务、挽留等全生命周期活动，提高客户经营和服务水平，增强客户体验，提升客户价值，从而提高零售业务的利润回报。

在此项目中，我担任架构师，负责项目总体架构设计。项目涉及范围广泛，我采用"分而治之"策略，根据应用类型、用户角色、数据处理特征的不同，将项目分为多个（子）系统，并研究企业集成的关键技术，根据项目实际情况，选择合适的集成技术并进行架构设计。

企业集成是指使用应用服务器、中间件等平台和技术，连接企业内的各应用系统，实现异构系统之间的交互和协作，以及数据交换和共享。企业集成模式与技术主要有以下四种：①界面集成，把各个应用系统的界面集中在一个界面之中，常用技术为企业门户；②过程集成，使各个应用系统连接起来支持完整的业务流程，常用技术为工作流、企业门户；③应用集成，为两个以上应用系统中的数据和程序提供接近实时的集成，常用技术为远程过程调用、消息中间件、服务总线（ESB）、Web 服务等；④数据集成，解决的是信息系统之间数据同步（包括主数据系统向副本系统同步、源系统向数据仓库同步）和时效性（包括实时、批量）问题，常用技术为适配器、消息中间件、数据总线、数据仓库。下面我将通过企业门户、服务总线、数据总线、数据仓库等技术或平台，来具体论述实现界面、应用、数据集成的实现过程。

（1）操作型 CRM 和分析型 CRM 两个子系统通过零售 CRM 门户实现界面集成。

客户管理、营销管理、客户分析、绩效管理四部分功能，属于面向银行内部用户的管理分析类需求，适宜采用 B/S 架构搭建零售 CRM 系统。为了降低耦合，将零售 CRM 系统划分为操作型 CRM（实现客户管理和营销管理功能）和分析型 CRM（实现客户分析、绩效管理功能）两个子系统。但对于用户使用便捷性却不能降低，需要将两个子系统的界面集中在一起，这要使用界面集成技术，于是开发零售 CRM 门户进行界面集成。零售 CRM 门户作为零售用户的统一工作台，为两个子系统提供统一登录界面和访问入口、统一用户认证和授权、统一界面风格、统一功能菜单和待办事项，使用代理技术实现门户系统向两个子系统页面的路由和跳转，提高了用户体验，使得子系统划分对于用户透明。门户系统采用 J2EE 开源框架（Spring、MyBatis）进行开发，技术架构分为页面展现、接入控制、业务逻辑、数据访问四层。

（2）数据服务系统通过银行已有 ESB 与各请求系统实现应用集成。

多渠道数据服务功能，既面向客户经理通过零售 CRM 系统 Web 界面查询客户交易数据，也面向客户通过网上银行和手机银行系统查询交易数据。经分析，查询功能可以定义为标准的服务，支持复用且面向多个请求系统提供接口访问，各系统技术异构，适宜采用 SOA 架构风格搭建数据服务系统，并使用应用集成技术，利用银行已有服务总线（ESB）向多个系统提供查询服务。ESB 包括服务管理、协议转换、格式转换、服务路由、消息处理等功能。将数据服务系统的查询服务在 ESB 中注册并发布，各请求系统向 ESB 发起服务请求，ESB 接入请求，通过适配器技术进行通信协议和报文格式的转换，经服务路由，向数据服务系统提交查询请求。

（3）利用数据总线和数据仓库实现数据集成。

数据 ETL 处理指将银行前台存款、贷款、信用卡、理财等上百个技术异构、数据标准不统一的交易系统的数据进行采集、转换、清洗、存储、整合、加工，为客户分析、绩效管理、数据服务提供数据支持，这正是数据总线和数据仓库要解决的问题，属于数据集成范畴。数据总线设计过程为：通过数据采集器（IBMII 产品），每日日终自动从源系统采集数据并将编码转换为文本格式，通过数据处理器（IBMDataStage 产品），进行数据质量检查（要定义检查规则）、增量数据生成、数据标准转换等（要定义数据标准）处理，通过数据传输器，将数据文件传输给目标系统（包括数据仓库）。数据仓库设计过程为：接收数据总线传输来的数据，加载至数据仓库系统（要选择具有海量数据处理能力且能水平扩展的产品），对数据按照主题模型（比如客户、产品、账户、交易、渠道等）进行归类、整合，并存放长期历史数据，之上建立零售 CRM 数据集市，根据本次需求的数据加工规则，对数据进行关联、聚合等加工处理，生成数据文件，传输并加载至分析型 CRM 子系统、数据服务系统，为客户分析、绩效管理、交易查询提供数据支持。

项目经过一年时间的开发测试，于 2016 年 2 月上线运行，至今系统运行稳定，使用效果良好，有力地支持了零售数据分析和客户经营管理。项目总结会上，领导对于系统划分方法及采用的界面、应用、数据集成方式表示高度认同。

近来，业务提出呼叫中心客服座席要查询客户历史交易明细，由于采用了 ESB 应用集成技术，所以可以方便接入呼叫中心系统。面对客户分析和绩效管理的数据维度和指标经常发生变化且要重算，由于数据仓库积累了长期历史数据，所以方便应对数据变更需求。但面对客户提出通过网上银行和手机银行系统查询当日发生的交易明细需求，由于目前数据总线只支持数据 T+1 时效，所以要在数据总线中增加实现数据准实时采集机制，将交易数据准实时同步至数据服务系统，以提高数据服务时效性。

27.9 论软件多层架构的设计

27.9.1 真题分析及理论素材

目前，三层架构或多层架构已经成为软件开发的主流，采用多层架构有很多好处，如能有效降低建设和维护成本，简化管理，适应大规模和复杂的应用需求，可适应不断的变化和新的业务需求等。在多层架构的开发中，中间件的设计占重要地位。

请围绕"软件多层架构的设计"论题，依次对以下三个方面进行论述。

1．概要叙述你参与设计和开发的软件项目，以及你所承担的主要工作。

2．具体讨论你是如何设计多层架构的，详细描述其设计过程，遇到过的问题，以及解决的办法。

3．分析你采用多层架构所带来的效果如何，以及有哪些还需要进一步改进的地方，如何改进？

27.9.2 合格范文赏析

摘要：我所在的单位是国内主要的商业银行之一，作为单位的主要技术骨干，2009 年 1 月，我主持了远期结售汇系统的开发，该系统是我行综合业务系统的一个子系统，由于银行系统对安全性、可靠性、可用性和响应速度要求很高，我选择了三层 C/S 结构作为该系统的软件体系结构，在详细的设计三层结构的过程中，我采用了字符终端为表示层，CICS TRANSATION SERVER 为中间层，DB2 UDB 7.1 为数据库层，并采用了 CICS SWITCH 组，并行批量的办法来解决设计中遇到的问题，保证了远期结售汇系统按计划完成并顺利投产，我设计的软件三层结构得到了同事和领导的一致认同和称赞。但是，我也看到在三层结构设计中存在一些不足之处，如中间层的负载均衡算法过于简单，容易造成系统负荷不均衡，并行批量设计不够严谨，容易造成资源冲突等。

正文：我所在的单位是国内主要的商业银行之一。众所周知，银行的业务存在一个"二八定理"：即银行的百分之八十的利润由百分之二十的客户所创造。为了更好地服务大客户，适应我国对外贸易的蓬勃发展态势，促进我国对外贸易的发展，2009 年 1 月，我行开展了远期结售汇业务。所谓的远期结售汇就是企业在取得中国外汇管理局的批准后，根据对外贸易的合同等凭证与银行制定合约，银行根据制定合约当天的外汇汇率，通过远期汇率公式，计算出交割当天的外汇汇率，并在那天以该汇率进行成交的外汇买卖业务。远期结售汇系统是我行综合业务系统的一个子系统，它主要包括了联机部分、批量部分、清算部分和通兑部分，具有协议管理、合约管理、报价管理、外汇敞口管理、账务管理、数据拆分管理、报表管理、业务缩微和事后监督等功能。我作为单位的主要技术骨干之一，主持并参与了远期结售汇系统的项目计划、需求分析、设计、编码和测试阶段的工作。

　　由于银行系统对安全性、可靠性、可用性和响应速度要求很高，我选择了三层 C/S 结构作为该系统的软件体系结构。下面，我将分层次详细介绍三层 C/S 软件体系结构的设计过程。

　　（1）表示层为字符终端。我行以前一直使用 IBM 的 VISUALGEN 2.0 附带的图形用户终端来开发终端程序，但在使用的过程中，分行的业务人员反映响应速度比较慢，特别是业务量比较大的时候，速度更是难以忍受。为此，我行最近自行开发了一套字符终端 CITE，它采用 VISUAL BASIC 作为开发语言，具有响应速度快、交互能力强、易学、编码快和功能强大的特点，在权衡了两者的优点和缺点之后，我决定选择字符终端 CITE 作为表示层。

　　（2）中间层为 CICS TRANSATION SERVER（CTS）。首先，我行与 IBM 公司一直保持着良好的合作关系，而我行的大部分技术和设备都采用了 IBM 公司的产品，其中包括了大型机，由于 CICS 在 IBM 的大型机上得到了广泛的应用，并在我行取得了很大的成功，为了保证与原来系统的兼容和互用性，我采用了 IBM 的 CTS 作为中间层，连接表示层和数据库层，简化系统的设计，使开发人员可以专注于表示逻辑和业务逻辑的开发工作，缩短了开发周期，减少开发费用和维护费用，提高了开发的成功率；其次，对于中间层的业务逻辑，我采用了我行一直使用的 VISUALAGE FOR Java 作为开发平台，它具有简单易用的特点，特别适合开发业务逻辑，可以使开发人员快速而准确地开发出业务逻辑，确保了远期结售汇系统的顺利完成；最后，由于采用了 CTS，确保了系统的开放性和互操作性，保证了与我行原来的联机系统和其他系统的兼容，保护了我行的原有投资。

　　（3）数据层为 DB2 UDB7.1。由于 DB2 在大型事务处理系统中表现出色，我行一直使用 DB2 作为事务处理的数据库，并取得了很大的成功，在 DB2 数据库的使用方面积累了自己独到的经验和大量的人才，为了延续技术的连续性和保护原有投资，我选择了 DB2 UDB7.1 作为数据层。

　　但是，在设计的过程中我也遇到了一些困难，我主要采取了以下的办法来解决：

　　（1）CICS SWITCH 组。众所周知，银行系统对于安全性、可靠性、可用性和响应速度要求很高，特别是我行最近进行了数据集中，全国只设两个数据中心，分别在 XX 和 YY 两个地方，这样对以上的要求就更高了，为了保障我行的安全生产，我采用了 CTS SWITCH 组技术，所谓的 CICS SWITCH 组，就是一组相同的 CTS，每个 CTS 上都有相同的业务逻辑，共同作为中间层，消除了单点故障，确保了系统的高度可用性。为了简化系统的设计和缩短通信时间，我采用了简单的负载均衡算法，比如这次分配给第 N 个 CTS，下次则分配给第 N+1 个 CTS，当到了最后一个，就从第一个开始；为了更好地实现容错，我采用了当第 N 个 CTS 失效的时候，把它正在处理的业务转到第 N+1 个上面继续处理，这样大大增加了系统的可用性，可以为客户提供更好的服务；此外，我还采用了数据库连接池的技术，大大缩短了数据库处理速度，提高了系统运行速度。

　　（2）并行批量。银行系统每天都要处理大量的数据，为了确保白天的业务能顺利进行，有一部分的账务处理，比如一部分内部户账务处理，或者代理收费业务和总账与分户账核对等功能就要到晚上批量地去处理，但是，这部分数据在数据集中之后就显得更加庞大，我行以前采用串行提交批量作业的办法，远远不能适应数据中心亿万级的数据处理要求，在与其他技术骨干讨论之后，并经过充分的论证和试验，我决定采用并行批量的技术，所谓的并行批量，就是在利用 IBM 的 OPC

（Operations，Planning and Control）技术，把批量作业按时间和业务处理先后顺序由操作员统一提交的基础上，再利用 DB2 的 PARTITION 技术，把几个地区分到一个 PARTITION 里面分别处理，大大提高了银行系统的数据处理速度，确保了远期结售汇系统三层结构的先进性。在并行批量的设计过程中，我考虑到批量作业有可能因为网络错误或者资源冲突等原因而中断，这样在编写批量程序和作业的时候必须支持断点重提，以确保生产的顺利进行。

由于我的软件三层结构设计得当，并采取了有效的措施去解决设计中遇到的问题，远期结售汇系统最后按照计划完成并顺利投产，不但保证了系统的开放性、可用性和互用性，取得了良好的社会效益和经济效益，而且我的软件三层结构设计得到了同事和领导的一致认同与称赞，为我行以后系统地开发打下了良好的基础。

在总结经验的同时，我也看到了我在软件三层结构设计中的不足之处：首先，负载算法过于简单，容易造成系统的负荷不均衡。由于每个业务的处理时间不一样，有的可能差距很远，简单的顺序加一负载分配算法就容易造成负载不均衡，但是如果专门设置一个分配器，则增加了一次网络通信，使得系统的速度变慢，这样对响应速度要求很高的银行系统来说也是不可行的，于是我决定采用基于统计的分配算法，即在收到请求的时候，根据预先设定的权值，按概率直接分配给 CTS。其次，由于批量作业顺序设计得不够严谨等各种原因，容易造成资源冲突。在远期结售汇系统运行了一段时间之后，数据中心的维护人员发现了系统有的时候会出现资源冲突现象，在经过仔细地分析之后，我发现由于每天各个业务的业务量大小不一样，顺序的两个作业之间访问同一个表的时候便会资源冲突，另外，在 OPC 作业运行的过程中，操作员提交的其他作业与这个时间的 OPC 作业也有可能产生资源冲突。对于第一种情况，可以在不影响业务的情况下调整作业顺序或者对于查询作业运用 DB2 的共享锁的技术，而第二种情况则要制定规范，用规定在某时间段内不允许提交某些作业来解决。为了更好地开展系统分析工作，我将在以后的工作实践中不断地学习，提高自身素质和能力，为我国的软件事业贡献自己的微薄力量。